环保公益性行业科研专项经费项目系列丛书

空气污染对气候变化的影响及反馈研究

师华定　等　著

中国环境出版社·北京

图书在版编目（CIP）数据

空气污染对气候变化的影响及反馈研究/师华定等著.
—北京：中国环境出版社，2014.10
（环保公益性行业科研专项经费项目系列丛书）
ISBN 978-7-5111-2075-5

Ⅰ.①空… Ⅱ.①师… Ⅲ.①空气污染—影响—
气候变化—研究—中国 Ⅳ.①X51 ②P467

中国版本图书馆 CIP 数据核字（2014）第 215566 号

出 版 人 王新程
责任编辑 王 焱 沈 建
责任校对 尹 芳
封面设计 宋 瑞

出版发行 中国环境出版社
（100062 北京市东城区广渠门内大街 16 号）
网 址：http://www.cesp.com.cn
电子邮箱：bjgl@cesp.com.cn
联系电话：010-67112765（编辑管理部）
发行热线：010-67125803，010-67113405（传真）
印 刷 北京中科印刷有限公司
经 销 各地新华书店
版 次 2014 年 10 月第 1 版
印 次 2014 年 10 月第 1 次印刷
开 本 787×1092 1/16
印 张 15.5
字 数 366 千字
定 价 52.00 元

《空气污染对气候变化的影响及反馈研究》

编写组

主　　笔	师华定			
主要成员	高庆先	付加锋	罗　宏	张时煌
	陈东升	杜吴鹏	吕连宏	王占刚
其他成员	薛　婕	马占云	白鹤鸣	马　欣
	宋　飞	李文杰	周兆媛	周　颖
	史华伟	王　晓	陈跃浩	严茹莎
	孔珊珊	耿丽娟	裴莹莹	杨占红
	汪宏清	郭秀锐	姚峰峰	赵凌美
	丁抗抗	张艳艳	曾令建	宋丽丽
	李　崇	李　悦	陈　媛	包　哲
	李文涛	刘俊蓉	许　霜	王　蒙
	王　丹	周锡饮	梁海超	

序

我国作为一个发展中的人口大国，资源环境问题是长期制约经济社会可持续发展的重大问题。党中央、国务院高度重视环境保护工作，提出了建设生态文明、建设资源节约型与环境友好型社会、推进环境保护历史性转变、让江河湖泊休养生息、节能减排是转方式调结构的重要抓手、环境保护是重大民生问题、探索中国环保新道路等一系列新理念新举措。在科学发展观的指导下，“十一五”环境保护工作成效显著，在经济增长超过预期的情况下，主要污染物减排任务超额完成，环境质量持续改善。

随着当前经济的高速增长，资源环境约束进一步强化，环境保护正处于负重爬坡的艰难阶段。治污减排的压力有增无减，环境质量改善的压力不断加大，防范环境风险的压力持续增加，确保核与辐射安全的压力继续加大，应对全球环境问题的压力急剧加大。要破解发展经济与保护环境的难点，解决影响可持续发展和群众健康的突出环境问题，确保环保工作不断上台阶出亮点，必须充分依靠科技创新和科技进步，构建强大坚实的科技支撑体系。

2006 年，我国发布了《国家中长期科学和技术发展规划纲要（2006—2020 年）》（以下简称《规划纲要》），提出了建设创新型国家战略，科技事业进入了发展的快车道，环保科技也迎来了蓬勃发展的春天。为适应环境保护历史性转变和创新型国家建设的要求，原国家环境保护总局于 2006 年召开了第一次全国环保科技大会，出台了《关于增强环境科技创新能力的若干意见》，确立了科技兴环保战略，建设了环境科技创新体系、环境标准体系、环境技术管理体系三大工程。五年来，在广大环境科技工作者的努力下，水体污染控制与治理科技重大专项启动实施，科技投入持续增加，科技创新能力显著增强；发布了 502 项新标准，现行国家标准达 1 263 项，环境标准体系建设实现了跨越式发展；完成了 100 余项环保技术文件的制修订工作，初步建成以重点行业污染防治技术政策、技术指南和工程技术规范为主要内容的国家环境技术管理体系。环境科技为全面完成“十一五”环保规划的各项任务起到了重要的引领和支撑作用。

为优化中央财政科技投入结构，支持市场机制不能有效配置资源的社会公益研究活动，“十一五”期间国家设立了公益性行业科研专项经费。根据财政部、科技部的总体部署，环保公益性行业科研专项紧密围绕《规划纲要》和《国家环境保护“十一五”科技发展规划》确定的重点领域和优先主题，立足环境管理中的科技需求，积极开展应急性、培育性、基础性科学研究。“十一五”期间，环境保护部组织实施了公益性行业科研专项项目234项，涉及大气、水、生态、土壤、固废、核与辐射等领域，共有包括中央级科研院所、高等院校、地方环保科研单位和企业等几百家单位参与，逐步形成了优势互补、团结协作、良性竞争、共同发展的环保科技“统一战线”。目前，专项取得了重要研究成果，提出了一系列控制污染和改善环境质量技术方案，形成一批环境监测预警和监督管理技术体系，研发出一批与生态环境保护、国际履约、核与辐射安全相关的关键技术，提出了一系列环境标准、指南和技术规范建议，为解决我国环境保护和环境管理中急需的成套技术和政策制定提供了重要的科技支撑。

为广泛共享“十一五”期间环保公益性行业科研专项项目研究成果，及时总结项目组织管理经验，环境保护部科技标准司组织出版“十一五”环保公益性行业科研专项经费项目系列丛书。该丛书汇集了一批专项研究的代表性成果，具有较强的学术性和实用性，可以说是环境领域不可多得的资料文献。丛书的组织出版，在科技管理上也是一次很好的尝试，我们希望通过这一尝试，能够进一步活跃环保科技的学术氛围，促进科技成果的转化与应用，为探索中国环保新道路提供有力的科技支撑。

中华人民共和国环境保护部副部长

吴晓青

2011年10月

目 录

第 1 章　项目背景

1.1　项目研究意义

《国家中长期科学和技术发展规划纲要（2006—2020 年）》在环境重点领域研究中指出："加强全球环境公约履约对策与气候变化科学不确定性及其影响研究，开发全球环境变化监测和温室气体减排技术，提升应对环境变化及履约能力。"可见，我国政府对全球气候变化及控制温室气体和污染物减排的高度重视。研究空气污染对气候变化的影响及相互反馈对应对气候变化和控制大气污染具有积极有效的双重作用。

气候变化是当前世界上最受关注的重大环境问题之一。我国处于气候变化的敏感带和脆弱带，是气候灾害多发地区，也是受气候变化影响最为严重的国家之一。由于我国是一个人口众多的发展中大国，正处于经济快速发展期，环境压力日益加重，气候变化问题成为制约我国经济和社会可持续发展的一个重大因素。在过去的几十年，随着我国经济的快速发展、工农业活动的加剧以及城市化进程的加快，大量的煤炭、化石燃料和生物质燃烧使得二氧化碳、甲烷、氧化亚氮等温室气体的排放量快速增加，同时，大气中气溶胶等空气污染物也呈明显上升趋势，我国已成为主要的引起全球气溶胶辐射效应和气候效应不确定性区域之一。

目前我国的二氧化碳等温室气体和气溶胶等大气污染物的排放量增长迅速，对空气污染和气候变化造成了严重的影响。虽然我国现今仍是第二大温室气体排放国，但严重的是，随着我国经济和社会的快速发展，温室气体在全球排放中所占的份额将会急剧增加，它的增长量占了全世界增长量的 40%。由于我国的很多火力发电站技术陈旧、装备落后，发电厂等能源部门排放出大量的污染有害气体，大量的污染物质被排入空气，并在短期内对环境造成了影响，导致了严重的大气污染。据国际能源机构报道，由于大量燃烧煤炭，在世界 10 大污染最严重的城市中，我国的城市占了 5 个。我国 1/3 的国土遭受酸雨影响，1/3 的农村人口生活在严重污染的空气中。

我国目前面临污染物和温室气体减排的国际压力越来越大，特别是在温室气体的控制和减排方面，如果不能很好地处理温室气体和大气污染的控制与国民经济重点行业的相互协调问题，将严重影响未来我国经济的可持续发展和人民生活水平的提高。空气污染控制和温室气体排放控制作为环境监管的重要内容，越来越成为政府工作的核心内容，但目前对这一领域的研究明显缺乏，尤其是空气污染对气候变化的影响与反馈目前还没有详细的研究，不能满足未来国家空气污染控制和应对气候变化的要求。开展空气污染对气候变化的影响与反馈研究和综合评估对于我国应对气候变化、经济社会的可持续发展有着十分重要的紧迫性。

1.2 国内外研究进展

国内外许多科研结构和科学家针对气候变化问题和空气污染问题进行了大量研究。其中，早期对大气污染的认识主要着眼于空气污染及其所导致的环境和健康问题，并没有特别关注大气污染对气候及气候变化的影响。随着科学研究的进一步深入，特别是政府间气候变化专门委员会（IPCC）陆续发布的 4 次评估报告，使得空气污染对气候变化的可能影响，未来气候变化可能对大气环境的影响以及二者的相互反馈等问题的研究成为目前大气环境和气候变化研究领域的热门话题。

随着人类生产生活等活动排放的空气污染物对气候的显著影响使气候系统更加复杂，弄清气候变化原因并进行气候变化预测相当困难。全世界的科学家在这方面进行了大量的工作。IPCC 成立以后，先后出版了 4 次评估报告和一系列特别报告。IPCC 第 3 次和第 4 次评估报告均指出气候变化原因和气候变化预测仍存在着相当大的不确定性，在众多影响因子中，最不确定、亟待解决的是大气气溶胶的作用，特别是大气气溶胶的间接辐射强迫作用，所以，作为主要大气污染物的气溶胶对气候变化的影响起到了极其重要的作用。在学术界除了 IPCC 组织编写的评估报告之外，其他国际组织也从各自所管辖的领域开展了相关研究。比如 UNEP 就在黑炭气溶胶和臭氧前体物方面开展了评估，非政府间气候变化专门委员会（NIPCC）也发布了自己的评估报告。在所有的研究报告中大气气溶胶的气候效应问题均是热点和难点，也是最为急迫需要开展的研究课题。目前 IPCC 正在组织第 5 次评估报告的撰写，编写大纲已经得到 IPCC 全会的通过，正在组织编写专家队伍，气溶胶等大气污染物的气候效应问题也必将继续得到科学家和评估报告编写者的极大重视。

近年来，国内许多科研机构开展了与空气污染和气候变化相关研究，其中中国气象局、中国科学院、中国环境科学研究院等单位的技术力量和研究基础较为雄厚。2006 年国家“973”项目“中国大气气溶胶及其气候效应的研究”的启动标志着中国大气气溶胶观测和研究进入了一个新的里程，其他关于温室气体和气溶胶等大气污染物的地基网络观测、卫星遥感观测与模式模拟也广泛发展起来。另外，中国环境科学研究院等单位针对我国重点行业温室气体排放进行了统计，初步建立了温室气体排放数据库，还利用卫星反演和模式模拟方法研究了黑炭、沙尘等气溶胶的气候效应，为本项目的顺利开展提供了借鉴和研究基础。

虽然我国已经开展了很多关于大气污染控制和减缓温室气体排放方面的研究，但是将两者有机结合起来的研究还很少。另外，在排放机理和定量化模式方面的研究还比较缺乏和不成熟，特别需要科研工作者的进一步重视和加强。相关研究表明，在控制大气污染的同时，温室气体的排放量很大程度上会减少，这对于改善大气环境和应对气候变化具有双重效果。

在利用数值模拟技术研究空气污染物对气候变化影响方面，很多科学家也进行了大量尝试。近二三十年来很多学者密切关注城市、区域以及全球范围的大气污染物的输送、转化、沉降及其对气候和生态环境的影响。除建立监测网站进行观测分析研究外，还借助计算机数值求解大气污染物输送/扩散方程来研究各种尺度的大气污染物输送与沉降规律及其对气候变化的影响。20 世纪 80 年代以来出现了一批区域污染物输送模式，这些模式分别研究了欧洲、北美和东亚等地区 SO_2、NO_x、O_3、大气气溶胶等的分布、输送和沉降。在对区域大气输送模式研究过程中，不少学者对大气污染的特征行为及大气环境过程进行了较系统的研究，污染物的化学过程、反应机理、影响转化的因素、区域下垫面的影响、干沉积、下垫面对扩散的影响以及模型的数值解等均是主要的研究内容。大气质量数值模拟技术系统广泛应用于对各种大气污染物在不同尺度下的不同类型污染过程进行模拟，已经成为大气环境研究中不可缺少的组成部分。目前应用较为广泛的区域环境质量模型包括简单的扩散模式（如工业多源模式 ISC3 等），建立在质量平衡理论上的箱式模式（如多维多箱模型等），针对特定污染问题研究的欧拉数值模型（如空气流域模型 UAM 等），综合的多污染物、多尺度空气质量模式（如 CAM_x、Models-3 等）以及一些大气环流与化学完全在线耦合大气-化学模式（如 RAMS-Chem、MM5-Chem、WRF-Chem 等）。

在气候模式方面，关于气溶胶等大气污染物气候效应的研究，借助数值方法对污染物的源、汇、输送、微物理和化学转化等过程进行描述是研究和模拟空气污染物气候效应的基本方法，它们推动了大气环流模式（GCM）和区域气候模式（RegCM）以及三维化学输送模式（CTM）的迅速发展。很多数值模拟方法在气溶胶光学特性研究中日趋成熟。Steiner 和 Chameides（2005）、Qian 等（2003）、Kinne 等（2003）、Giorgi 等（2002）等国际学者分别针对中国和东亚地区大气气溶胶的气候效应进行了模拟研究，不同模拟结果间存在一定差异，对不同地区气候因子和气溶胶气候效应的模拟不同模式系统有一定的差别。

国内外相关部门已经开展了一定的大气污染控制以及空气污染对气候变化的影响和反馈研究，这对于本项目的顺利开展提供了较好的借鉴作用，但仍存在一定的缺陷与不足，本项目旨在充分吸收国内外研究经验，充分利用其研究成果，完成预定的各项目标和任务。

第2章　空气污染物和主要温室气体排放特征研究

2.1　研究背景

2.1.1　国内外研究进展

2.1.1.1　污染排放数据国内外研究对比分析

目前，世界上有多种不同版本的大气污染物排放清单，包括官方正式发布的和研究机构的研究成果。清单的编制根据不同的目的，覆盖了不同的地区，针对不同的时间阶段考虑了不同的污染物，具有不同的网格精度。有些清单覆盖全球范围，有些涵盖多种污染物，有些只针对具体的某个区域或某类污染物（见表2-1）。但是，目前还没有一个清单能包含所有污染物和所有污染源，而且已有的数清单多数是在发达国家建立的，而发展中国家仍然缺乏建立排放清单的可靠信息，尤其是对于像中国和印度这些快速发展的经济体更是如此。

表2-1　国际上著名排放清单特征

名称	最新版本	时间尺度	空间尺度	网格精度	污染物种类
全球大气研究排放数据库（EDGAR）	2009年 EDGAR4.1	2000年	全球	1°×1°	GHG、臭氧前体物、SO_2
全球环境历史数据库（HYDE）[①]	2011年 HYDE3.1	1890—2000年	全球	1°×1°	GHG、臭氧前体物、SO_2、NH_3
美国国家污染物排放清单（NEI）	最新版本是2008年	1999年，2002年，2005年	全美国	4 km×4 km	SO_2、NO_x、VOC、NH_3、CO、PM_{10}、$PM_{2.5}$和188种有毒大气污染物（HAPs）
欧盟污染物排放清单（CORINAIR）	最新是2011年	1980—2011年	欧洲30个国家	50 km×50 km、0.5°×0.5°	SO_x、NO_x、NH_3、CO、NMVOC、$PM_{2.5}$、PM_{10}、TSP、9种重金属、26种POPs

① http://themasites.pbl.nl/en/themasites/hyde/introduction/index.html.

（1）美国

20世纪90年代初，美国国家环保署（EPA）就建立起了全国性大气污染物排放清单数据库，每三年更新发布一次，目前的最新版本是2008 NEI（National Emission Inventory）①。美国国家污染物排放清单数据库只包含大气污染物排放量数据，主要统计的污染物包括：①主要大气污染物：臭氧前体物和$PM_{2.5}$，具体为NO_x、SO_x、VOCs、CO、原PM_{10}、可过滤的PM_{10}、原$PM_{2.5}$、可过滤的$PM_{2.5}$、NH_3；②188种有毒大气污染物（HAPs）：清洁大气法案（CAA）中规定的污染物。统计范围包括点源、面源和移动源。美国国家排放清单数据库的绝大部分数据是由国家和地方环保部门上报提供，对各种数据源数据上报表格的形式和数据审核都制定了相应的规则②。

（2）欧洲

欧洲自1980年起进行排放清单的编制工作，于90年代形成了CORINAIR大气污染物排放清单。目前欧洲排放清单编制工作由欧洲空气污染物长距离输送监测和评价项目（European Monitoring and Evaluation Programme，EMEP）下属的排放清单与预测中心（Emission Inventories and Projections，CEIP）负责，各国清单编制都依照欧盟环境署（EEA）发布的排放清单指南（Emep/eea Emission Inventory Guidebook）。清单包含了5种气态污染物、9种重金属、26种POPs和$PM_{2.5}$、PM_{10}、TSP三个粒径段颗粒物，空间上覆盖欧洲30个国家，网格精度为50 km×50 km和0.5°×0.5°两种，时间跨度为1980—2011年，并且以5年为步长预测了直至2050年的排放量③。

由欧盟联合研究中心和荷兰环境评估局的Livier等于1995年开发的全球大气研究排放数据库（Emission Database for Global Atmospheric Research，EDGAR），是一个全球性的大气污染排放清单，也被全球科学界和世界各地的决策者广泛使用。该清单空间尺度覆盖了全球范围，包括CO_2等人为温室气体和其他大气污染物，提供了1990年之前的20年的历史排放数据，目前已经更新至EDGAR4.1版④。

（3）亚洲

亚洲地区的大气污染排放清单的编制工作基本处于起步阶段，目前很多国家的成果主要停留在科研层面，基本上没有官方正式发布的国家排放清单。

第一个亚洲排放清单是由Kato和Akimoto（1992）、Akimoto和Narita（1994）等研究开发的，但是覆盖的污染物种类较少。由Downing等（1997）在世界银行资助的IIASA项目（International Institute for Applied Systems Analysis）的研究中，建立了以1990年和1995年为基准年的亚洲二氧化硫排放清单，并对2000—2030年的排放数据进行了估计⑤。全球大气研究排放数据库EDGAR中也包括了亚洲排放清单。2003年美国Argonne国家重点实验室的David G.Streets等开发了一个2000年亚洲地区包括东亚、东南亚、南亚的22个国家和地区的气态及一次气溶胶排放清单，此清单包含了所有的主要气态污染物（二氧

① http://www.epa.gov/ttn/chief/eiinformation.html.

② http://www.epa.gov/ttn/chief/eiinformation.html；王鑫，傅德黔，李锁强．美国国家污染物排放清单[J]．中国统计，2007（2）：60-61.

③ http://www.ceip.at.

④ http://www.mnp.nl/edgar.

⑤ P S Monks，et al. Atmospheric composition change－global and regional air quality[J]. Atmospheric Environment，2009（43）：5268-5350.

化硫、氮氧化物、一氧化碳、甲烷、挥发性有机物的物种和两种关键的颗粒物，即黑炭和有机碳。这些排放量在亚洲区域进行了 1°×1°的空间网格化分。随后，开发了精度更高的排放清单，目前最新版本已更新至 2006 年，网格精度为 0.5°×0.5°[①,②]。T.ohara 等于 2007 年建立了 1980—2020 年亚洲区域排放清单 REAS Version 1.1（Regional Emission inventory in Asia），涵盖了多种污染物，整合了 1980—2003 年的历史排放量、2000 年的现状排放量和 2010—2020 年的未来排放趋势，是亚洲目前最完整的综合性排放清单[③]。

表 2-2 亚洲地区排放清单的特征

开发者	时间/空间范围	污染物种类	网格精度
美国 Argonne 国家实验室 David G Street 等	2000 年/亚洲排放；2006/亚洲排放	SO_2、NO_x、CH_4、VOC、NH_3、CO、有机碳等	1°×1°/0.5°×0.5°
T Ohara 等	1980—2003 年、2000 年，2010—2020 年/亚洲排放	SO_2、NO_x、CO、NMVOC、炭黑（BC）和有机碳（OC）	0.5°×0.5°
Downing 等	1990 年，1995 年，2000—2030 年亚洲排放	SO_2	—

（4）中国

我国大气污染物排放清单编制工作相对滞后，目前尚未建立一套全国尺度的综合性大气污染物排放清单编制规范，也没有启动综合污染物排放清单的编制工作。在国家层面上，我国目前只有以 2004 年为基准年的二噁英排放清单，这是 2007 年我国向 POPs 公约秘书处递交《中华人民共和国履约〈关于持久性有机污染物的斯德哥尔摩公约〉国家行动计划》中给出的，是目前唯一的官方清单[④]。对于其他污染物，我国仅是每年开展对 SO_2 和烟尘、粉尘的排放量统计，涵盖污染物包括 SO_2 和颗粒物两种污染物，对颗粒物而言，更是缺乏粒径分布的信息和其中关键化学组分的信息；涵盖的排放源种类不齐全，仅包括工业活动和电力、民用燃煤等人类活动，不涉及移动源和生物质燃料的排放；缺乏及时更新的排放因子信息；缺乏必要的质量保证和质量控制（QA/QC）。这些差距使我国的污染物排放统计数据远远不能满足国家层面空气质量管理的需求。

在城市和地区层面，北京、上海、广东等地区为了满足地区空气质量控制和管理的需要，参考欧美发达国家的排放清单编制方法，编制了一些地区排放清单。但是由于关注尺度的不同和数据获取能力的因素，这些地区排放清单的编制经验很难在全国范围内进行直接推广。

2010 年，国家发展改革委气候司组织编制了国家 2005 年温室气体排放清单，建立了中国温室气体清单数据库，并启动了广东、湖北、辽宁、云南、浙江、陕西、天津 7 个省市作为试点，编制 2005 年温室气体排放清单。

---

① Streets D G，Bond T C，Carmichael G R，et al. An inventory of gaseous and primary aerosol emissions in Asia in the year 2000[J]. J Geophys Res，2003，108（D21）：8809-8820.

② Streets D G，Waldho S T. Present and future emissions of air pollutants in China：SO_2，NO_x，and CO[J]. Atmospheric Environment，2000（34）：363-374.

③ T Ohara，H Akimoto，X Yan，et al. An Asian emission inventory for the period 1980—2020[J]. Atmos.Chem.Phys.Discuss.，2007（7）：6843-6902.

④ 吕亚辉，黄俊，余刚，等. 中国二噁英排放清单的国际比较研究[J]. 环境污染与防治，2008，30（6）：71-74.

表 2-3　部分城市排放清单研究

机构	时间/空间范围	污染物种类	网格精度
华东师范大学	上海市 1 300 多个工业点源	SO_2	—
清华大学①	1999 年/北京市城八区	PM_{10}、SO_2、NO_x 等	1 km×1 km
上海市环境监测中心②	2003 年/上海港	NO_x、SO_2、PM、HC、CO_2	1 km×1 km

2.1.1.2　排放计算方法

（1）污染物排放量估算方法

空气污染物排放量的估算方法主要有四种，分别是直接估算法、物质平衡法、工程计算法、间接估算法。直接估算法是通过测量污染物的浓度与其体积流量估算而得，最常应用于工厂烟囱排放口的排放量估算。物质平衡法是通过物质输入与输出间的平衡关系进行估算。工程计算法是利用物质成分特性及理论公式进行估算。间接估算法，也称为排放因子估算法，是利用排放因子和活动水平进行估算。直接估算法理论上应该是最可靠的，但是由于成本较高，实际上也只能是有限的测量，针对重要排放源才能进行实地测量。物质平衡法与工程计算法在实际应用中需要有排放源输入物质的相关活动操作参数才能准确计算。相比较而言，最方便和最常用的是排放因子法。

全球排放清单普遍都采用排放因子法估算，源分辨率一般到经济部门，空间分辨率一般到国家。区域排放清单主要关注国家和区域尺度的 SO_2、NO_x 等致酸物质、臭氧前体物、颗粒物等，一般用于区域大气污染研究和区域空气质量管理。区域排放清单一般综合使用排放因子法和污染源监测数据等，源分辨率一般到工业部门，空间分辨率一般到省、州级。局地排放清单主要关注影响城市空气质量的 SO_2、NO_x、颗粒物常规污染物，一般用于城市空气质量管理。局地排放清单大多基于污染源调查法获得，源分辨率和空间分辨率可达到终端排放设备。为了满足区域大气污染研究和区域空气质量管理的需求，发达国家大多根据自己的实际情况构建了一套排放清单编制方法，并在此基础上建立了国家一级的排放清单，用于空气质量模拟和政策分析③。

（2）源分类方法

美国国家排放清单包括点源、面源、移动源（行驶源和非行使源）三大类污染源。该清单的编制，使用了基于源分类编码（Source Classification Code，SCC）的源分类体系（U.S. Environmental Protection Agency，2008）。该分类编码是一套 8 个码的污染源分类代码，共分为 4 个层级。在欧洲，国际应用系统分析研究所（International Institute for Applied Systems Analysis，IIASA）在 RAINS 模型的系统中开发了 RAINS-PM 模型（Lukewille et al.，2001），提出在满足控制决策需要的颗粒物排放清单中，对排放源的分类需要基于 5 个原则（Klimont，2002）。

目前，我国排放源分类多是按照行业和产品分类，以珠江三角洲为例，尽管污染源申

① 贺克斌，余学春，陆永祺．城市大气污染物来源特征[J]．城市环境与城市生态，2003，16（6）：269-271.

② Dong-qing Yang, Stephanie H Kwan. An Emission Inventory of Marine Vessels in Shanghai in 2003[J]. Environ.Sci.Technol, 2007, 41（15）：5183-5190.

③ 雷宇．中国人为源颗粒物及关键化学组分的排放与控制研究[D]．北京：清华大学，2008.

报的行业分类参考了美国的方法，但也只是分 20 个行业、98 大类产品。由于每类源中又存在千差万别的工艺，而且我国的许多行业工艺类型复杂，还存在一些在发达国家很少见到的、污染排放较高的落后生产工艺，例如土砖窑、水泥立窑等。因此，我国目前的分类方法无法满足高精度源排放清单的源分类需求，而我国活动水平和控制措施应用率等数据的稀缺，以及复杂排放源的构成情况又决定了我国不能直接借用欧美国家现成的源分类系统。

（3）活动水平

在使用排放因子法估算排放量的过程中，活动水平的可获得程度直接影响着源分类的结构和精细程度。表 2-4 列出了描述几类主要排放源活动特征的关键信息。

表 2-4 描述排放源活动特征的关键信息

源类型	燃烧源	工艺源	移动源
排放单位地理信息	排放单位所在区域	排放单位所在区域	路网信息
产污设备信息	锅炉信息	炉窑信息	车辆类型
生产工艺信息	燃料种类	主要工艺类型	燃料种类
排放量的时间分布信息	运行时间	运行时间	行驶时间
排放点位置信息及排放方式	经纬度、高度	经纬度、高度	路网信息
控制措施信息	污控设备效率	污控设备效率	净化装置效率

欧美国家在排放清单的编制过程中充分应用了这些信息，并且对这些信息的获取和处理过程使用了标准化的处理流程。如美国给国家排放清单制定了标准的输入格式（NEI Input Format，NIF）（U.S. Environmental Protection Agency，2007c），为国家排放清单在空间和时间尺度上的一致性提供了基础。在标准化的活动水平处理流程中，欧美国家开发了一系列软件工具和数据库工具进行数据的收集和处理。对固定源的活动水平信息，包括信息调查内容、推荐的获取途径、信息汇报格式等以及某些通过在线监测直接得到的排放信息，设定了数据格式规范和标准。根据这些信息获取规范及数据标准可制作相应的 QA/QC 软件，用以对活动水平信息的数据进行质量监控。对道路交通源活动水平信息，包括各类机动车的保有量和单车年均行驶里程，国外排放清单规范一般采用一定的数学统计方法（如加权平均或概率分布估计）将每类机动车各单车行驶里程的数据集转化为该类机动车的单车平均行驶里程，再结合保有量可获得该类机动车的总行驶里程。最后将各类机动车的总行驶里程进行加和获得以行驶里程为表现形式的道路交通源活动水平。

目前我国的活动水平信息主要是依靠国家统计途径，利用各级统计数据获取各类人为生产、生活的活动量，尚缺乏系统、规范的渠道对描述排放源活动特征的关键信息进行收集和整理，因此欧美国家用于活动水平处理的软件和方法不能直接用于我国的排放清单编制工作，需要建立适用于我国统计系统的活动水平收集、整理方法。

（4）排放因子

美国国家环保局和欧洲环境署的排放因子数据库是目前国际上较为普遍被引用的。其中，美国的排放因子数据库所涵盖的污染源类别较多。美国国家环保局从 20 世纪 60 年代开始就对各类污染源组织了大量的测试，在此基础上编写了一套相当庞大的大气污染物排放因子手册 AP-42，于 1968 年首次出版，其后又陆续更新。目前，最新的 AP-42 已更新至 2008 年，共分为上、下两册，上册涵盖固定点源和面源的排放系数，下册主要为移动源的排放系数。总结了绝大部分种类的人为污染源的排放因子，并且对各个部门中主要的排放过程进行了描述。

在具体的针对不同种类污染源的排放因子研究基础上，欧美国家通过构建排放因子数据库和排放因子模型等工具，为排放清单的建立服务。以美国为例，针对固定源，美国国家环保局整理了 AP-42 中所涉及污染物的排放因子，开发了一个数据库 FIRE（the Factor Information REtrieval data system），作为国家排放清单的排放因子库。其最新版为 FIRE 6.25，包含了 2004 年 9 月 1 日所更新的 AP-42 的排放因子信息（U.S. Environmental Protection Agency，2004）。针对道路流动源，美国国家环保局开发了一系列排放因子模型，用于估算全国尺度机动车的平均排放因子，其中在目前的国家排放清单中使用的是 MOBILE6 模型（U.S.Environmental Protection Agency，2003），能够产生碳氢（Hydrocarbons，HC）、CO、NO_x、CO_2、颗粒物以及有毒污染物（Toxics）的排放因子。

为了满足目前空气质量模型对排放的污染物中化学组分信息的需求，美国国家环保局还整理了颗粒物和 VOC 中的化学组分研究成果，形成了其化学组分信息库 SPECIATE（U.S. Environmental Protection Agency，2007d）。这使其排放因子库进一步得到扩充，从而可以对颗粒物中 BC（黑炭）、OC、Ca^{2+}、Mg^{2+}和 Hg 等对区域和欧美国家的排放因子库和排放因子模型反映了其排放源的特征。

由于我国还有很多特有的排放源，如土砖窑、水泥立窑、民用煤炉、柴灶、炕等，其排放因子有特殊性，而且我国各种燃烧和工艺设备的操作条件、燃烧性质都可能与欧美国家有差异，因此在我国排放清单的编制过程中，除了借用欧美国家的排放因子外，应当尽可能地使用来源于实测的我国排放因子。

综上所述，我国目前的排放清单编制工具和使用的技术方法与欧美国家相比都有很大的差距，远远不能满足编制反映我国复杂源排放特征的高分辨率排放清单这一要求；而我国大量基础数据的缺失又不能支持欧美国家已有方法和工具的使用。因此，为了识别我国大气颗粒物的排放分布特征和历史变化趋势，为我国的区域颗粒物污染研究和污染控制政策提供高分辨率的排放清单，必须基于我国较为稀缺的排放源信息，建立能反映我国排放水平变化特征的排放清单编制方法。

2.1.1.3 问题与展望

我国城市温室气体研究刚刚起步，研究成果很少，缺乏系统、规范的城市温室气体研究方法和操作流程。同时我国城市和西方城市在建制市的管辖范围上存在很大差异，数据获取和统计口径差异较大，都使得我国城市难以直接运用国际上通用的城市温室气体清单方法，科学有效地开展温室气体的研究和核算。要开展科学计量，准确掌握城市温室气体排放结构、排放量和排放特征，跟踪温室气体增减变化及发展趋势，提高城市温室气体清单研究成果的国际可比性，为城市在国际上进行气候变化和温室气体谈判、交流奠定坚实的科学基础，必须尽快建立与国际接轨的中国城市温室气体排放清单。这对于城市开展清洁发展机制（CDM）和低碳经济，促进城市节能减排具有重大的现实意义，更有利于建立我国城市应对气候变化的城市规划理论框架和方法体系。

2.1.2 研究目标和任务

2.1.2.1 研究目标

阐明我国主要空气污染物和温室气体的排放轨迹和关联性。收集整理相关数据和资料文献，统计分析我国空气污染物和温室气体排放过去、现在以及将来的变化轨迹以及驱动要素；从全国、典型区域和典型行业不同尺度，解析空气污染物与温室气体排放的关联性。

2.1.2.2 主要任务

（1）空气污染物与温室气体排放现状与趋势评估

在综合分析国内外相关文献和资料的基础上，根据全国空气污染物及温室气体排放的总体情况，整理国内外现有空气污染物及温室气体排放数据，借鉴相关研究成果，通过引用新的统计数据、修正排放因子和估算等手段更新与整合现有的排放数据，建立基准年典型空气污染物（包括 SO_2、NO_x、颗粒物等）和主要温室气体（CO_2）排放数据库，分区域、分行业综合评估我国空气污染物和温室气体排放现状与趋势，筛选出重点控制区域及重点行业，为进一步开展空气污染对气候变化的影响综合评估奠定基础。

（2）空气污染物与温室气体的关联性分析

开展空气污染物和温室气体关联性的理论研究，揭示空气污染物与温室气体的内在联系。基于上述基准年排放数据库，采用数理统计方法核算空气污染和温室气体排放量及排放强度间的相关系数，结合空气污染物和温室气体的内在联系，进行空气污染物与温室气体关联性分析，揭示我国重点区域与重点行业空气污染物和温室气体排放间的关联性，摸清空气污染控制和温室气体减排间的协同关系，为应对气候变化的空气污染联防联控对策及措施提供依据。

2.2 研究数据和方法

2.2.1 研究数据

研究数据来源为历年《中国统计年鉴》和《中国环境统计年报》。

2.2.2 研究方法

CO_2 核算方法：IPCC 碳排放系数法。

$$排放量 = 活动水平 \times 排放系数$$

关联性分析方法：相关系数法。

Spearman 相关系数：$r = \dfrac{\sum (R_i - \bar{R})(S_i - \bar{S})}{\sqrt{\sum (R_i - \bar{R})^2 (S_i - \bar{S})^2}}$

2.3　结果分析

2.3.1　我国能源供需状况

我国拥有较为丰富的化石能源资源，能源资源总量比较丰富。煤炭占主导地位，煤炭保有资源量超过 10 000 亿 t，剩余探明可采储量约占世界的 13%，列世界第三位。已探明的石油、天然气资源储量相对不足，油页岩、煤层气等非常规化石能源储量潜力较大。我国拥有较为丰富的可再生能源资源。水力资源理论蕴藏量折合年发电量为 6.19 万亿 kWh，经济可开发年发电量约 1.76 万亿 kWh，相当于世界水力资源量的 12%，列世界首位。这种以煤炭为主的资源赋存特点决定了我国以煤炭为主的能源生产与消费结构。

2.3.1.1　能源生产

我国已经初步形成了以煤炭为主体、电力为中心、石油天然气和可再生能源全面发展的能源供应格局，基本建立了较为完善的能源供应体系。

我国历年能源生产总量构成见图 2-1、图 2-2 和表 2-5。从图表中可以看出，我国能源生产发展大体可分为 3 个阶段：一是 1997 年以前，一次能源生产处于缓慢增长阶段；二是 1998—2001 年，经济增长相对平缓，能源生产总量出现较大波动，反而呈下降趋势；三是 2001 年以来，我国能源供给能力明显增强，年均增长率超过 10%。

20 世纪 50 年代末至 60 年代初我国煤炭占一次能源生产总量的比重一直在 90%以上，此后逐年下降，现维持在 75%左右。虽然 1999 年和 2001 年其比重下降至 68%，但近几年煤炭占一次能源生产总量的比例又呈逐步回升态势，至 2009 年达到 77.3%；原油生产比例正逐步下降，已由 1980 年的 23.8%下降至 2009 年的 9.9%，这可能与我国各大油田可供开采量在日益减少有关；天然气和水电、核电、风电生产所占比重正不断上升，这说明我国的能源结构在向发展清洁能源方向调整，但增长十分缓慢。

由以上可以看出，我国一次能源生产长期以煤炭为主，虽然目前加紧新能源和可再生能源的开发和利用，但是预计今后相当长的一段时间内，煤炭仍将继续是推动我国经济增长和社会发展的基础能源。

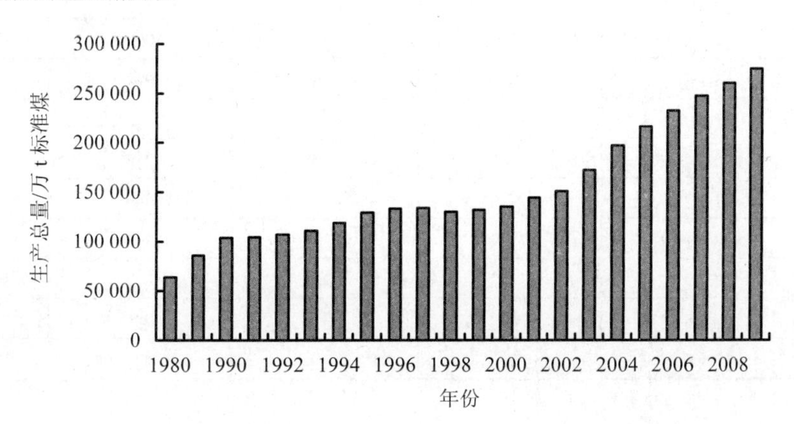

图 2-1　1980—2009 年中国一次能源生产总量

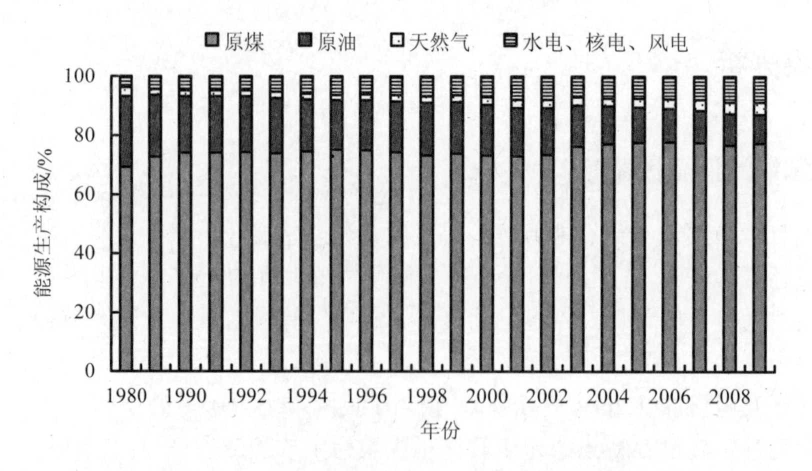

图 2-2 1980—2009 年中国一次能源生产构成

表 2-5 1980—2009 年中国一次能源生产总量和构成

年份	能源生产总量/万 t 标准煤	占能源生产总量的比重/%			
		原煤	原油	天然气	水电、核电、风电
1980	63 735	69.4	23.8	3.0	3.8
1985	85 546	72.8	20.9	2.0	4.3
1990	103 922	74.2	19.0	2.0	4.8
1991	104 844	74.1	19.2	2.0	4.7
1992	107 256	74.3	18.9	2.0	4.8
1993	111 059	74.0	18.7	2.0	5.3
1994	118 729	74.6	17.6	1.9	5.9
1995	129 034	75.3	16.6	1.9	6.2
1996	133 032	75.0	16.9	2.0	6.1
1997	133 460	74.3	17.2	2.1	6.4
1998	129 834	73.3	17.7	2.2	6.8
1999	131 935	73.9	17.3	2.5	6.3
2000	135 048	73.2	17.2	2.7	6.9
2001	143 875	73.0	16.3	2.8	7.9
2002	150 656	73.5	15.8	2.9	7.8
2003	171 906	76.2	14.1	2.7	7.0
2004	196 648	77.1	12.8	2.8	7.3
2005	216 219	77.6	12.0	3.0	7.4
2006	232 167	77.8	11.3	3.4	7.5
2007	247 279	77.7	10.8	3.7	7.8
2008	260 552	76.8	10.5	4.1	8.6
2009	274 618	77.3	9.9	4.1	8.7

数据来源：《2010 年中国统计年鉴》。

2.3.1.2　能源消费

我国是仅次于美国的世界第二大能源消费国，也是世界能源消费增长最快的国家之一，历年能源消费总量及构成见图 2-3、图 2-4 和表 2-6。

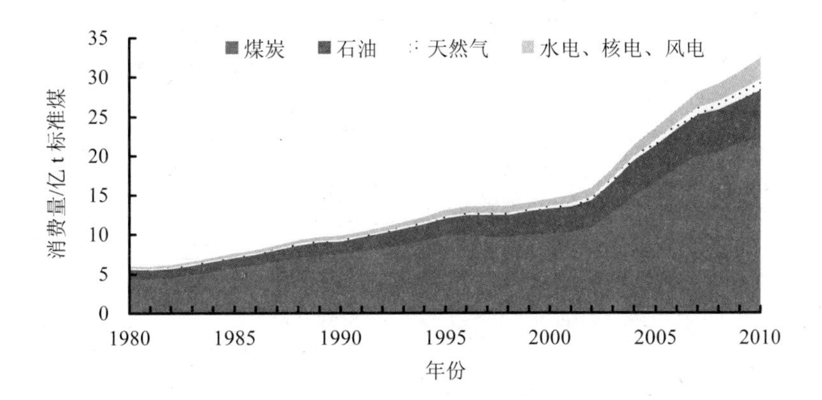

图 2-3　1980—2009 年中国能源消费总量及结构示意图

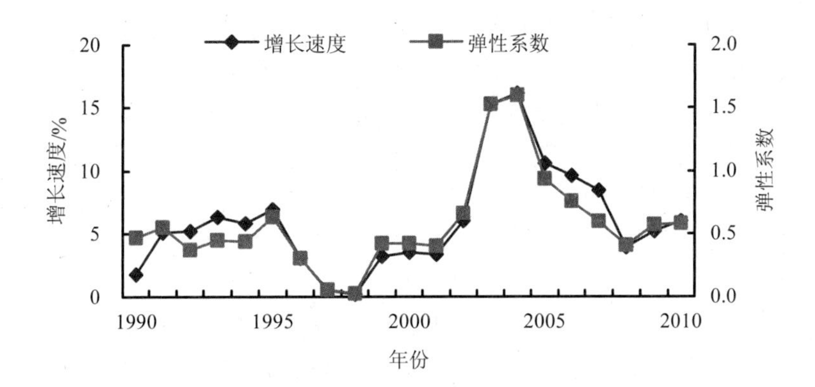

图 2-4　1980—2009 年中国能源消费增长趋势图

表 2-6　1980—2010 年中国一次能源消费总量和构成

年份	能源消费总量/万 t 标煤	占能源消费总量的比重/%			
		煤炭	石油	天然气	水电、核电、其他
1991	100 413	78.7	17.7	2.1	1.5
1992	105 602	78.3	18.1	2.0	1.6
1993	111 490	79.0	17.1	2.1	1.8
1994	118 071	79.5	16.2	2.2	2.1
1995	123 471	77.0	18.6	1.9	2.5
1996	129 665	76.7	19.5	1.9	1.9
1997	130 082	74.9	21.3	1.8	2.0
1998	130 260	74.2	21.8	1.9	2.1
1999	135 132	73.6	22.4	2.1	1.9
2000	139 445	72.4	23.2	2.3	2.1

年份	能源消费总量/万 t 标煤	占能源消费总量的比重/%			
		煤炭	石油	天然气	水电、核电、其他
2001	142 972	71.8	23.0	2.6	2.6
2002	151 789	71.5	23.3	2.6	2.6
2003	176 074	73.0	22.1	2.6	2.3
2004	204 219	72.7	22.2	2.6	2.5
2005	225 781	74.0	20.7	2.8	2.5
2006	247 562	74.3	20.2	3.0	2.5
2007	268 413	74.2	19.7	3.5	2.6
2008	277 515	74.9	19.2	2.9	3.0
2009	292 028	74.0	18.8	4.1	3.1
2010	307 987	71.9	20.0	4.6	3.5

注：① 1994 年开始有核电，2010 年核电所占比重为 0.3%，水电占 2.9%；②数据来源：《2011 年中国能源统计年鉴》。

从图表中可以看出，我国近 20 年一次能源消费总量整体呈上升趋势，且消费结构一直以煤炭为主，煤炭消费一直占 2/3 以上的份额。以煤炭为主的资源赋存与生产现状，决定了其消费结构也必然并且长期是以煤炭为主。

我国近年来能源生产和消费总量均快速增长，但消费量大于生产量，供需出现缺口，并呈逐渐增大的趋势。其中原煤生产比例保持稳定略有增长，由于总量的快速增长，原煤的生产和消费量增幅也较大。相比较而言，原油生产比例正逐年下降，但消费比例保持稳定，并且原油的消费水平始终高于原油的生产水平，因此缺口逐年增大。我国历年原煤自给率基本保持稳定，产消差在平衡水平上下波动，随着原油消费量的持续升高，原油产消差不断上升，进口依赖不断加大。

2.3.1.3 能源资源赋存

从总量上看，我国拥有较为丰富的化石能源资源。其中，煤炭占主导地位。2006 年，煤炭保有资源量 10 345 亿 t，剩余探明可采储量约占世界的 13%，列世界第三位。已探明的石油、天然气资源储量相对不足，油页岩、煤层气等非常规化石能源储量潜力较大。我国拥有较为丰富的可再生能源资源。水力资源理论蕴藏量折合年发电量为 6.19 万亿 kWh，经济可开发年发电量约 1.76 万亿 kWh，相当于世界水力资源量的 12%，列世界首位。

从人均占有量上看，我国人口众多，人均能源资源拥有量在世界上处于较低水平。煤炭和水力资源人均拥有量相当于世界平均水平的 50%，石油、天然气人均资源量仅为世界平均水平的 1/15 左右。耕地资源不足世界人均水平的 30%，制约了生物质能源的开发。

从空间分布上看，我国能源资源分布广泛但不均衡。我国能源资源地区分布见表 2-7。

我国煤炭资源主要赋存在华北、西北地区，水力资源主要分布在西南地区，石油、天然气资源主要赋存在东、中、西部地区和海域。我国主要的能源消费地区集中在东南沿海经济发达地区，资源赋存与能源消费地域存在明显差别。大规模、长距离的北煤南运、北油南运、西气东输、西电东送，是我国能源流向的显著特征和能源运输的基本格局。

表 2-7　我国能源资源地区分布

地区	能源资源比重/%			
	合计	煤炭	水力	石油天然气
华北	43.9	64.0	1.8	14.4
东北	3.8	3.1	1.8	48.3
华东	6.0	6.5	4.4	18.2
中南	5.6	3.7	9.5	2.5
西南	28.6	10.7	70.0	2.5
西北	12.1	12.0	12.5	14.1

2.3.1.4　能源消费与环境问题

我国能源消费主要以煤为主，多年来煤炭占全国能源消费 60%以上。煤炭为主的能源消费结构，造成我国大气污染与能源消费有直接的关系，煤炭使用过程产生的污染是我国最大的大气环境污染问题。全国烟尘排放量的 70%、SO_2 排放量的 90%、NO_x 排放量的 67%、CO_2 排放量的 70%都来自于燃煤。

2.3.2　空气污染物与温室气体排放特征研究

2.3.2.1　年际变化

（1）工业废气

工业废气排放量指报告期内企业厂区内燃料燃烧和生产工艺过程中产生的各种排入大气的含有污染物的气体的总量，以标准状态（273K，101 325 Pa）计算。测算公式为：工业废气排放量=燃料燃烧过程中废气排放量+生产工艺过程中废气排放量。

1991—2012 年全国工业废气排放总量变化如图 2-5 所示。分析可以看出，我国自 1991 年后 20 年间全国工业废气排放量基本保持上升趋势，特别是 2000 年以后随着工业和经济的高速发展，工业废气的排放量也高速增长。1991 年全国工业废气排放量为 84 734 亿 m^3，2000 年增长了 63%，增长到 138 145 亿 m^3，至 2010 年，比 1991 年翻了 5 倍多，急剧增长到 519 168 亿 m^3，2012 年较 2011 年工业废气排放总量出现了下降的趋势。

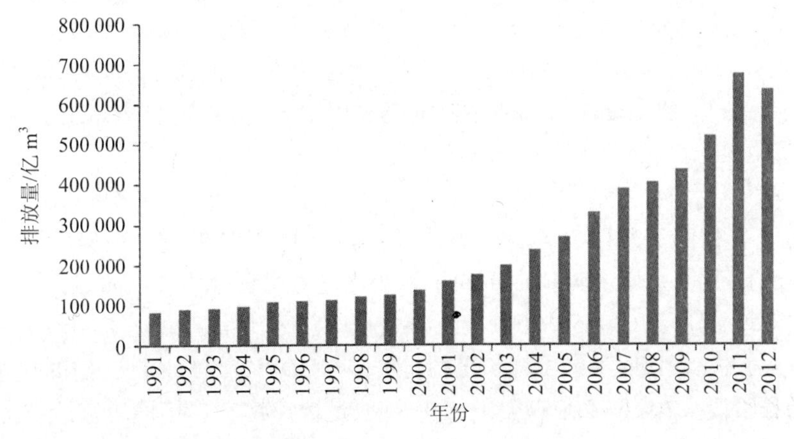

图 2-5　1991—2012 年全国工业废气排放量（数据来源：《中国统计年鉴》）

2012 年，全国各省区工业废气排放量如图 2-6 所示。排放量排在前 5 名的省份分别是河北、江苏、山东、山西、河南，其排放总量约占全国总排放量的 37%，排放量最少的省份分别是西藏、海南、北京、青海和重庆。

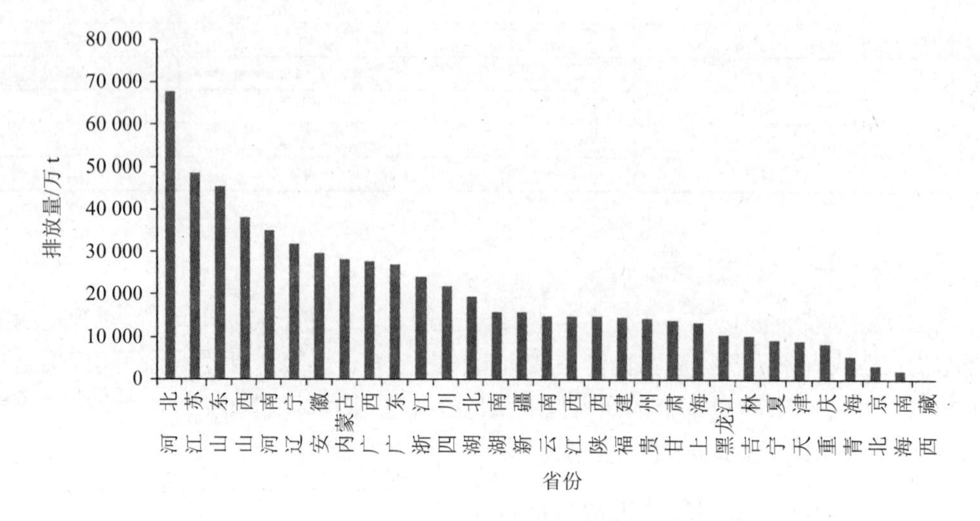

图 2-6 2012 年全国各省区工业废气排放量（数据来源：《中国统计年鉴》）

（2）二氧化硫

在能源强度变化、排放强度变化和排放系数变化这三个引起 SO_2 排放强度变化的主要影响因素中，能源强度变化对我国 SO_2 排放强度变化起到了最为显著的作用；我国 SO_2 排放强度存在较为明显的地区差异，在不同的地区，SO_2 排放强度变化的主要影响因素不完全一致。近 10 年来，能源强度变化导致的 SO_2 排放强度削减量和排放系数变化引起的 SO_2 年均排放强度变化率从东部向西部递增；从“十五”时期开始，东、中、西三个地区的年均排放强度开始下降，排放系数变化开始使排放强度降低。因此，要把提高能源利用效率作为重要工作方向。建议按照东、中、西地区不同的实际情况实行灵活的减排政策。

指标说明如下：

生活及其他 SO_2 的排放量是以生活及其他煤炭消费量和其含硫量为基础，根据以下公式计算：生活及其他 SO_2 的排放量=生活及其他煤炭消费量×含硫量×0.8×0.2。

工业 SO_2 的排放量指报告期内企业在燃料燃烧和生产工艺过程中排入大气的 SO_2 总量，计算公式为：工业 SO_2 排放量=燃料燃烧过程中 SO_2 排放量+生产工艺过程中 SO_2 排放量。

①排放总量

研究收集了 1985—2012 年全国 SO_2 排放量和全国 GDP 的统计数据，见图 2-7。

1985—2012 年，中国 SO_2 排放量的年际变化趋势可划分为 3 个阶段：

缓慢波动增长阶段（1985—2001 年）：SO_2 排放量呈现波动增长趋势且增速相对较缓，年均增速约为 2%，在该时期经济增长也相对缓慢，GDP 与 SO_2 呈现一定的共同增长趋势；

快速增长阶段（2002—2005 年）：SO_2 排放量快速增长，年均增速达到 5%，特别是 2004 年增速达到 13%，同时该时期经济增长迅速，GDP 年均增速达到了 11%；

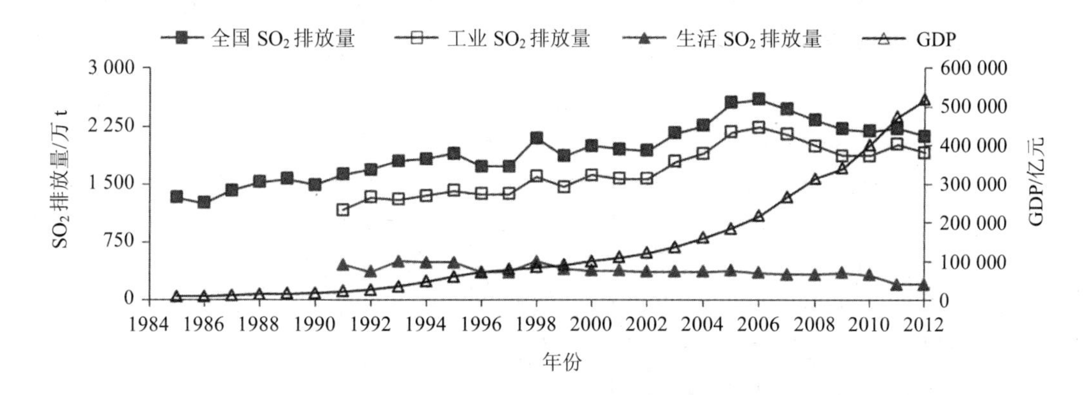

图 2-7　1985—2012 年全国 SO_2 排放量与 GDP 的年际变化（数据来源：《中国统计年鉴》（1985—2013））

下降阶段（2006—2012 年）：在此期间 SO_2 排放量呈下降趋势，降幅约在 5%，至 2010 年降至 2 185.1 万 t，比上年下降 1.3%，此期间经济发展依然迅速，GDP 增速为 11.22%。2011 年和 2012 年为“十二五”开始阶段，新的统计标准的实施，在数值上 2011 年和 2012 年较 2010 年的数值稍大，折算后 2011 年比上年下降 2.21%，2012 年与上年下降 4.52%。究其原因，“十一五”期间我国将 SO_2 减排纳入了经济发展规划的约束性指标，通过工程减排、结构减排和监管减排三大措施实现了 SO_2 排放量逐年下降，但其降速呈现放缓趋势，表明了 SO_2 减排的难度不断加大，随着“十一五”措施的大力推行，“十二五”期间的 SO_2 减排则更应偏重于结构减排。

②排放强度和弹性系数

我国单位 GDP 的 SO_2 排放强度见图 2-8。由图可见，我国单位 GDP 的 SO_2 排放强度呈逐年下降趋势。

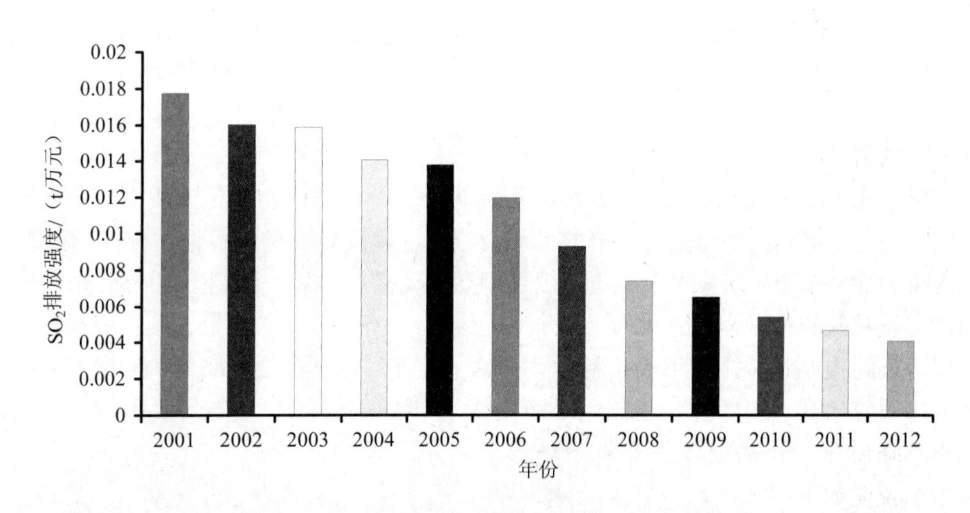

图 2-8　全国 2001—2012 年单位 GDP 的 SO_2 排放强度年际变化

弹性系数是一定时期内相互联系的两个经济指标增长速度的比率，它是衡量一个经济变量的增长幅度对另一个经济变量增长幅度的依存关系。SO_2 排放弹性系数是每年 SO_2 排放量增速与 GDP 增速的比率，反映了 SO_2 排放量的增长幅度对 GDP 增长幅度的关系，2000—2012 年我国 SO_2 排放弹性系数见图 2-9。

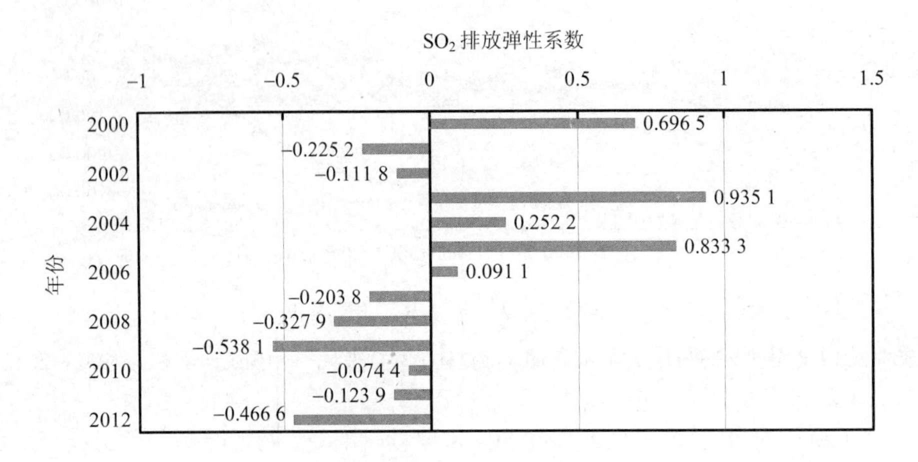

图 2-9　2000—2012 年我国 SO_2 排放弹性系数

由图 2-9 可见，2000 年、2003 年和 2005 年 SO_2 排放弹性系数大于 1，说明其排放增速已经高于经济增长速度，其余各年都小于 1，且自 2006 年以后 SO_2 排放呈现负增长趋势。综上所述，“十五”期间伴随着经济的快速增长，SO_2 控制力度较弱，造成了增长速率大于经济增长；“十一五”期间采取了一系列行之有效削减措施，在保持经济高速增长的同时实现了 SO_2 排放量逐年下降；“十二五”初期经济增长的同时 SO_2 排放量保持下降，下降趋势缓于“十一五”期间。

从年际变化特征看，1985—2005 年，我国 SO_2 排放总量呈现逐年增长趋势，2006 年以后开始下降，年降幅约 5%。我国人均 SO_2 排放强度变化趋势和排放总量的变化趋势基本相同，单位 GDP 的 SO_2 排放强度基本呈逐年递减趋势。2000 年以后，SO_2 排放弹性系数除 2003 年、2005 年大于 1 外，其余各年都小于 1，说明我国 SO_2 排放增长低于经济增长速率。

（3）氮氧化物

大气污染与氮氧化物、$PM_{2.5}$ 等污染物密切相关。氮氧化物也是产生有害悬浮颗粒的主要成因之一。氮氧化物污染在各省均普遍存在，是直接导致我国各地阴霾天、臭氧破坏、空气污染的罪魁祸首。国家“十二五”规划纲要明确提出，总量控制工作在原来“十一五”期间的二氧化硫和化学需氧量两项主要控制污染物的基础上，又将氨氮和氮氧化物列入国家主要污染物控制和减排约束性指标。作为“十二五”规划主要污染物约束性指标，氮氧化物减排不容乐观。2011 年，全国主要污染物 4 个排放指标中，三个均同比下降，只有氮氧化物不降反升，至 2012 年才略有下降。

指标说明如下：

氮氧化物排放量指报告期内企业排入大气的氮氧化物量。

氮氧化物去除量指报告期内企业利用各种废气治理设施去除的氮氧化物量。

生活及其他氮氧化物排放量指报告期内除工业生产活动以外的所有社会、经济活动及公共设施的经营活动中燃料所排放的氮氧化物纯重量。

按照污染源分类，NO_x 排放量统计分为工业、生活和移动源三部分。生活 NO_x 排放量统计采取系数测算方法。具体方法是以地市级为单位，根据该地区生活燃料消费量和生活 NO_x 排放系数，统计该地区生活 NO_x 排放量。移动源 NO_x 排放量统计方法同生活源、其排放量包含在生活排放量中。

生活 NO_x 排放量=生活燃料消费量×生活 NO_x 排放系数+公路交通 NO_x 排放量

① NO_x 排放总量

目前，我国空气中氮氧化物的浓度在逐渐增加，研究显示，如果不进一步采取有效的措施控制氮氧化物排放，未来 15 年我国氮氧化物的排放量将继续增长，到 2020 年可能达到 3 000 万 t 以上。如此巨大的排放量，势必对公众健康、生态环境和社会经济造成严重影响。国家“十二五”规划纲要明确提出，总量控制工作在原来“十一五”期间的二氧化硫和化学需氧量两项主要控制污染物的基础上，又将氨氮和氮氧化物列入国家主要污染物控制和减排约束性指标[①]。

由图 2-10 可见，“十一五”期间全国氮氧化物排放量的年际变化总体呈上升态势，氮氧化物排放总量与工业氮氧化物趋势相同，生活氮氧化物的排放量变化不明显。2010 年，氮氧化物排放量为 1 852.4 万 t，比上年增加 9.4%。其中工业氮氧化物排放量为 1 465.6 万 t，比上年增加 14.1%，占全国氮氧化物排放量的 79.1%。生活氮氧化物排放量为 386.8 万 t，比上年减少 5.2%，占全国氮氧化物排放量的 20.9%；其中交通源氮氧化物排放量为 290.6 万 t，占全国氮氧化物排放量的 15.7%。

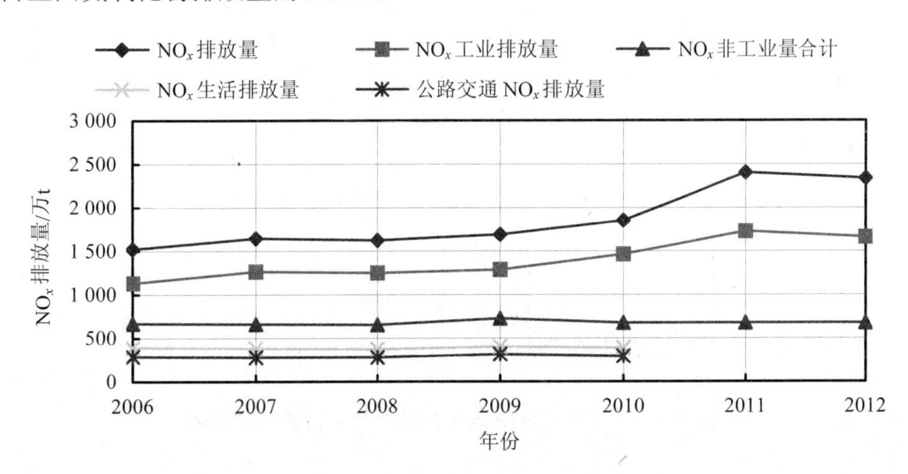

图 2-10　2006—2012 年全国 NO_x 排放量年际变化

注：①图中氮氧化物非工业合计量为氮氧化物生活源排放量和机动车氮氧化物排放量之和；

②数据来源：历年《中国环境统计年报》。

②排放强度和弹性系数

2006—2012 年，我国人均氮氧化物排放强度和单位 GDP 氮氧化物排放强度趋势如图 2-11 所示。由图可见单位 GDP 氮氧化物排放量呈逐年下降趋势。

---

① 田贺忠，郝吉明，陆永琪，等. 中国氮氧化物排放清单及分布特征[J]. 中国环境科学，2001，21（6）：493-497.

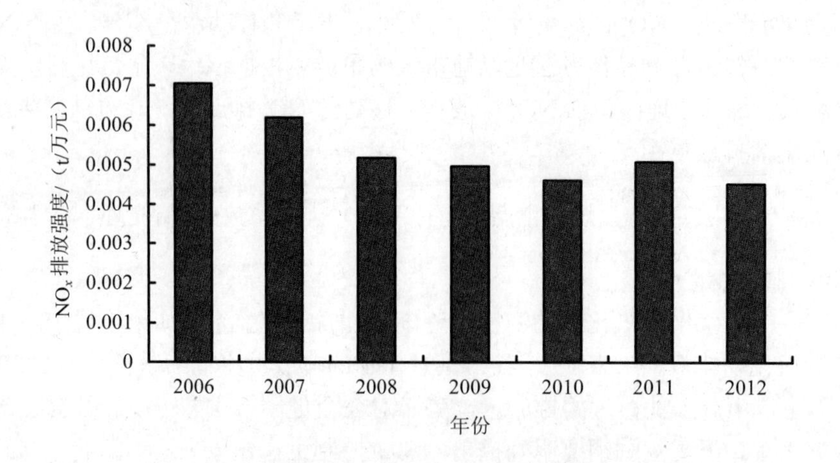

图 2-11 2006—2012 年全国单位 GDP 氮氧化物排放量

2007—2011 年，我国 NO_x 排放弹性系数如图 2-12 所示，分别为 0.34、−0.064、0.49、0.53、0.32，均小于 1，表明 NO_x 较经济增长有高于经济增长的趋势，随着“十二五”对 NO_x 管控力度的加强，机动车的淘汰更替等措施，2012 年弹性系数出现负值 −0.29，NO_x 出现降低趋势，NO_x 的增长速率有大于 GDP 增长速率的趋势，随着监管力度的加强，“十二五”期间能够遏制 NO_x 排放增长。

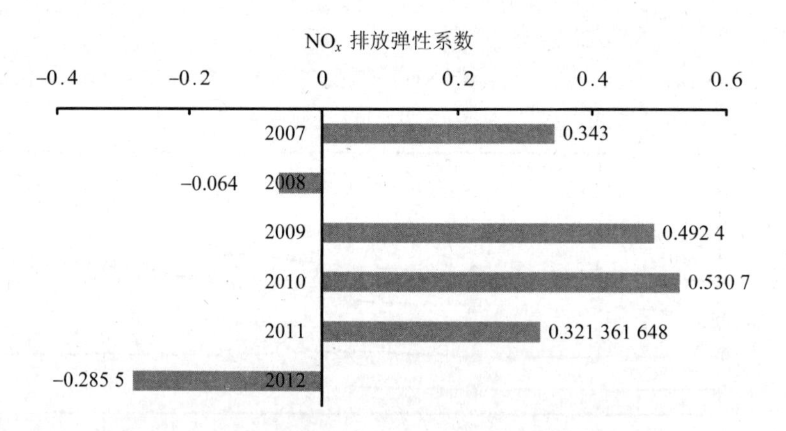

图 2-12 2007—2012 年全国氮氧化物排放弹性系数

从年际变化特征看，“十一五”期间全国氮氧化物排放量的年际变化总体呈上升态势，2010 年全国 NO_x 排放总量较 2006 年上升了 21.6%。我国人均氮氧化物排放量趋势与排放总量趋势基本一致，呈逐年上升趋势，而单位 GDP 氮氧化物排放量呈逐年下降趋势；2007—2012 年，我国氮氧化物排放弹性系数分别为 0.34、−0.06、0.49、0.53、0.32、−0.29，均小于 1。

（4）颗粒物

颗粒物一直是影响城市空气质量的首要污染物。相比可吸入颗粒物（PM_{10}），$PM_{2.5}$ 更容易长时间悬浮在空中，由于它粒径小，吸入几率变得更大，它可抵达肺的深部，深入下呼吸道，甚至穿透肺泡膜等，对人体健康造成巨大伤害。据调查，我国各地区的大气中，

$PM_{2.5}$ 占公布的 PM_{10} 数值的 50%以上，而大城市的比例有时可高达 70%[①]。由于颗粒物统计数据的缺乏，以烟尘和工业粉尘指标替代，指标说明如下：

工业烟尘排放量指企业厂区内燃料燃烧过程中产生的烟气中夹带的颗粒物排放量。

生活及其他烟尘排放量指除工业生产活动以外的所有社会、经济活动及公共设施的经营活动中燃烧所排放的烟尘纯重量。以生活及其他煤炭消费量为基础进行测算。

工业粉尘排放量指企业在生产工艺过程中排放的能在空气中悬浮一定时间的固体颗粒物排放量。如钢铁企业的耐火材料粉尘、焦化企业的筛焦系统粉尘、烧结机的粉尘、石灰窑的粉尘、建材企业的水泥粉尘等。不包括电厂排入大气的烟尘。

2003—2010 年全国工业烟尘、生活烟尘、烟尘总量和工业粉尘年际变化见图 2-13。可以看出，我国工业烟尘、烟尘总量和工业粉尘年际变化趋势大致相同，均自 2006 年起呈下降趋势，生活烟尘年际变化趋势不明显。

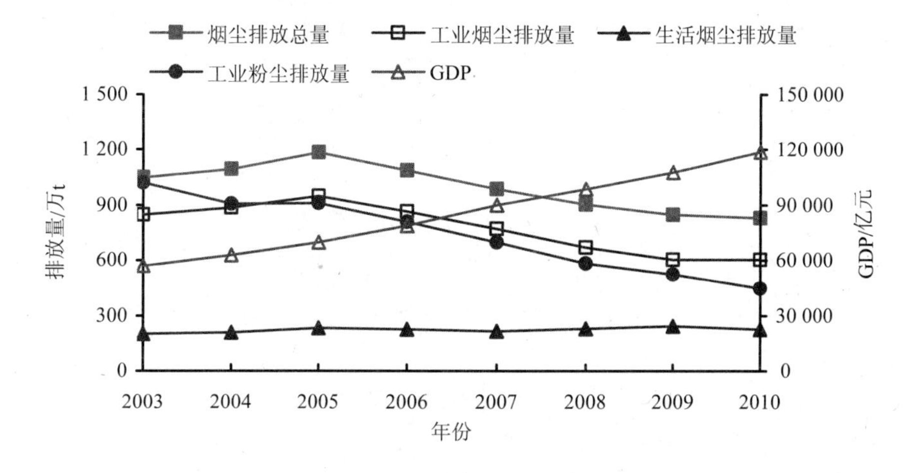

图 2-13　2003—2010 年全国烟尘及工业粉尘排放量的年际变化

2011 年开始，统计数据中将烟尘和粉尘数据合并计算为烟粉尘。从 2003—2012 年烟粉尘变化可以看出，烟粉尘的排放量一直处于下降趋势。

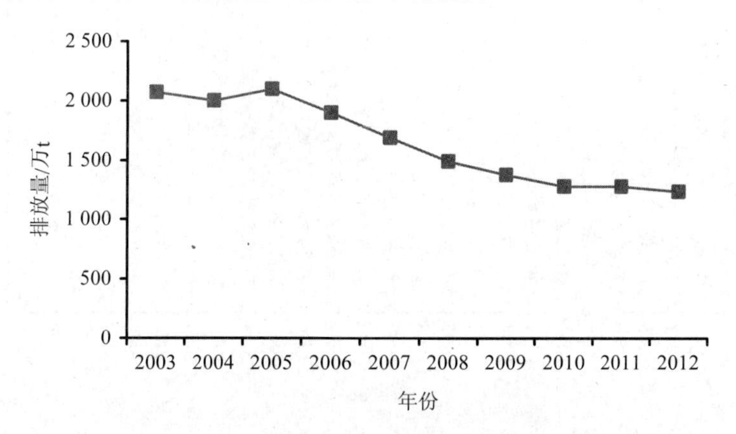

图 2-14　2003—2012 年全国烟粉尘变化趋势图

① 曹国良，张小曳，龚山陵，等. 中国区域主要颗粒物及污染气体的排放源清单[J]. 科学通报，2011，56（3）：261-268.

1991—2010 年全国工业烟尘排放量及去除量如图 2-15 所示。分析可以看出我国工业烟尘的排放大体分为 3 个阶段，1991—1997 年基本呈波动下降趋势，1998 年排放量最大达到了 1 175.4 万 t，1999—2005 年变化比较平缓，2005—2010 年，也就是“十一五”期间呈下降趋势。我国工业烟尘的去除量随着工业的进步和环境标准的日趋严格持续上升，特别是 2006 年以后，上升迅速。

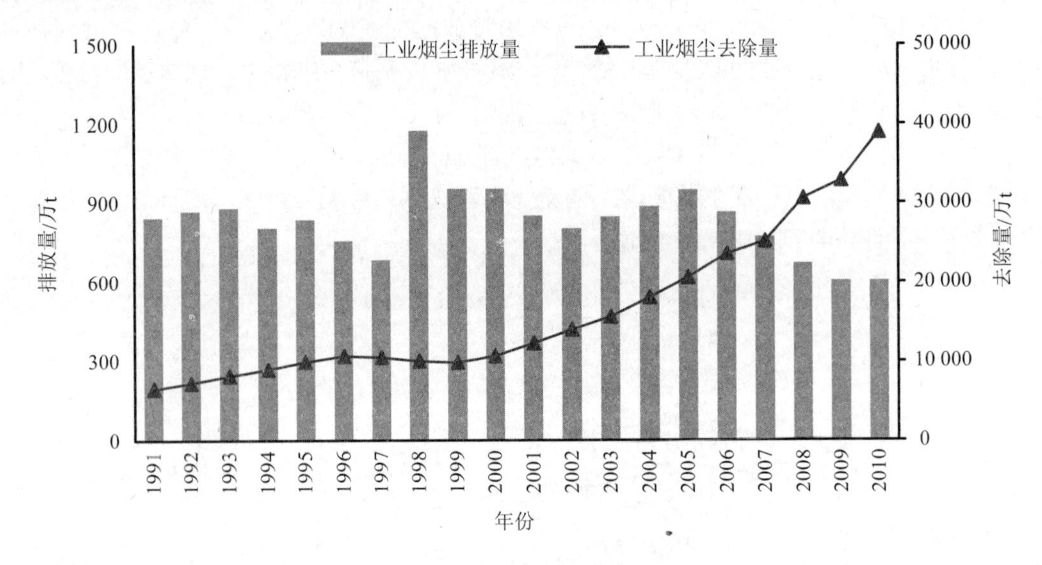

图 2-15 1991—2010 年全国工业烟尘排放量及去除量

1985—2010 年全国工业粉尘排放量及去除量如图 2-16 所示。可以看出我国工业粉尘的排放分为 2 个阶段，1985—1997 年基本呈波动下降趋势，1998 年排放量最大达到了 1 175.4 万 t，1999—2010 年呈下降趋势。我国工业粉尘的去除量变化为上升趋势。

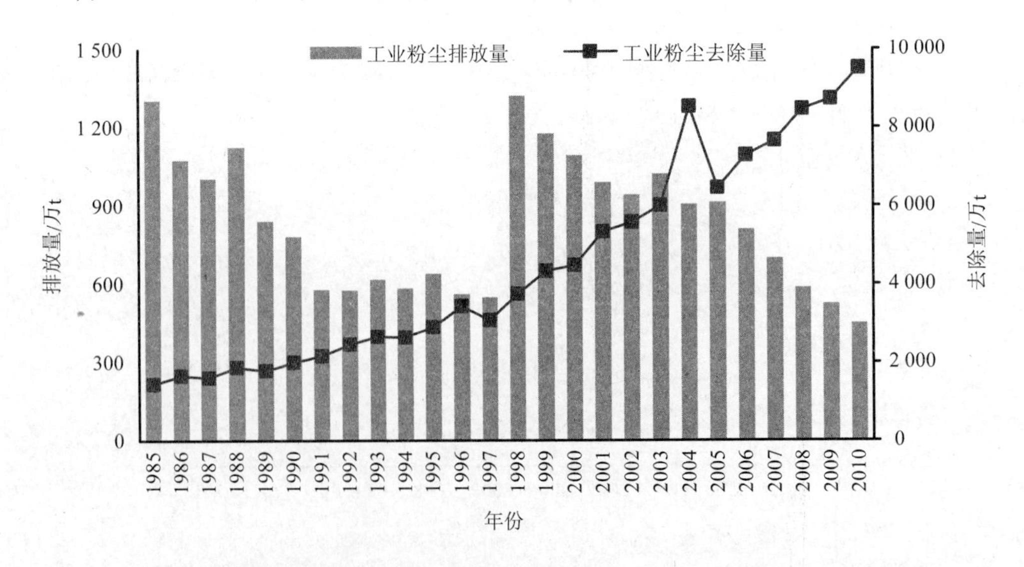

图 2-16 1985—2010 年全国工业粉尘排放量及去除量

②弹性系数

2004—2010 年，我国烟尘排放弹性系数如图 2-17 所示，由图可见 2004 年以后，我国烟尘排放弹性系数均小于 1，并且，自 2005 年以后烟尘排放呈现负增长趋势。

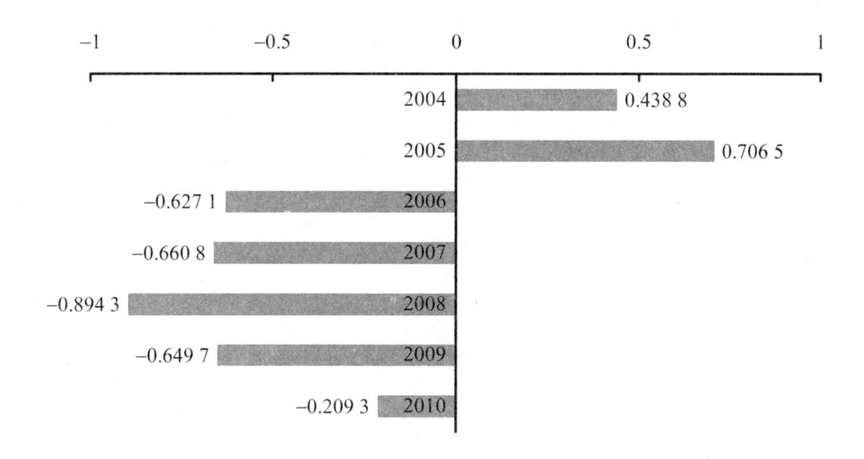

图 2-17　2004—2010 年我国烟尘排放弹性系数

从年际变化特征看，烟尘排放总量、工业烟尘排放量和工业粉尘排放量自 2005 年后开始呈现逐年下降趋势，2010 年烟尘排放总量较 2005 年下降了 30%。

CO_2 排放量的计算方法如下：

$$M_{CO_2}=\sum_{i=1}^{n}M_i\times EF_i+\sum_{j=1}^{m}M_j\times EF_j/e_j+\sum_{k=1}^{r}M_k\times EF_k$$

式中：M_{CO_2}——能源消耗产生的 CO_2 的排放量；

M_i——煤炭类能源的实际消耗量（数据来源《中国能源统计年鉴》，利用终端消费量扣除损失量计算得出）；

EF_i——煤炭类能源的 CO_2 排放系数，选用 IPCC 碳排放系数（代入中国能源热值后，计算出碳排放系数）；

i——煤炭类能源种类，分别是原煤、洗精煤、其他洗煤、型煤、焦炭；

M_j——石油类能源的实际消耗量（数据来源《中国能源统计年鉴》，利用终端消费量扣除损失量计算得出）；

EF_j——石油类能源的 CO_2 排放系数，选用 IPCC 碳排放系数（代入中国能源热值后，计算出碳排放系数）；

e_j——石油类能源的密度，用于折算质量单位；

j——石油类能源种类，分别是原油、汽油、煤油、柴油、燃料油、其他石油制品；

M_k——气体能源的实际消耗量（数据来源《中国能源统计年鉴》，利用终端消费量扣除损失量计算得出）；

EF_k——气体类能源的 CO_2 排放系数，选用 IPCC 碳排放系数（代入中国能源热值后，计算出碳排放系数）；

k——气体类能源种类，分别是焦炉煤气、其他煤气、液化石油气、炼厂干气、天然气。

热力和电力不能直接代入公式，计算时利用《中国能源统计年鉴》中火力发电和供热的加工转换投入能源量，折算到相应的能源中，并计算相应的消耗比例。

同时计算煤炭类能源的 CO_2 排放量，石油能源的 CO_2 排放量和气体类能源的 CO_2 排放量以及其所占的百分比例。

$$M_{i\mathrm{CO_2}} = \sum_{i=1}^{n} M_i \times \mathrm{EF}_i$$

$$M_{j\mathrm{CO_2}} = \sum_{j=1}^{m} M_j \times \mathrm{EF}_j / e_j$$

$$M_{k\mathrm{CO_2}} = \sum_{k=1}^{r} M_k \times \mathrm{EF}_k$$

$$\theta_i = \frac{M_{i\mathrm{CO_2}}}{M_{\mathrm{CO_2}}}$$

$$\theta_j = \frac{M_{j\mathrm{CO_2}}}{M_{\mathrm{CO_2}}}$$

$$\theta_k = \frac{M_{k\mathrm{CO_2}}}{M_{\mathrm{CO_2}}}$$

表 2-8 和表 2-9 为选用数据列表：

表 2-8　能源系数的选用及相应的其他数据

能源类型	系数	单位	其他相关数据		单位	备注（IPCC 未列出项目选择近似系数）
原煤	2.69	$kgCO_2/kg$				
洗精煤	3.09	$kgCO_2/kg$				
其他洗煤	2.69	$kgCO_2/kg$				
型煤	1.55	$kgCO_2/kg$				
煤矸石	2.69	$kgCO_2/kg$				其他洗煤系数
焦炭	3.14	$kgCO_2/kg$				
焦炉煤气	0.93	$kgCO_2/m^3$	焦炉煤气密度	0.45	kg/m^3	
*高炉煤气	0.93	$kgCO_2/m^3$	其他煤气密度	0.45	kg/m^3	其他煤气系数
*转炉煤气	0.93	$kgCO_2/m^3$	其他煤气密度	0.45	kg/m^3	其他煤气系数
其他煤气	0.93	$kgCO_2/m^3$	其他煤气密度	0.45	kg/m^3	
其他焦化产品	3.14	$kgCO_2/kg$				
原油	2.76	$kgCO_2/L$	原油密度	0.81	kg/L	
汽油	2.26	$kgCO_2/L$	汽油密度	0.727	kg/L	
煤油	2.56	$kgCO_2/L$	煤油密度	0.84	kg/L	
柴油	2.73	$kgCO_2/L$	柴油密度	0.832 5	kg/L	
燃料油	2.98	$kgCO_2/L$	燃料油密度	0.785	kg/L	
*石脑油	2.76	$kgCO_2/L$	其他石油制品密度	0.81	kg/L	其他石油制品系数

能源类型	系数	单位	其他相关数据		单位	备注（IPCC 未列出项目选择近似系数）
*润滑油	2.76	$kgCO_2/L$	其他石油制品密度	0.81	kg/L	其他石油制品系数
*石蜡	2.76	$kgCO_2/L$	其他石油制品密度	0.81	kg/L	其他石油制品系数
*溶剂油	2.76	$kgCO_2/L$	其他石油制品密度	0.81	kg/L	其他石油制品系数
*石油沥青	2.76	$kgCO_2/L$	其他石油制品密度	0.81	kg/L	其他石油制品系数
石油焦	2.76	$kgCO_2/L$	其他石油制品密度	0.81	kg/L	其他石油制品系数
液化石油气	1.75	$kgCO_2/m^3$	液化石油气密度	2.35	kg/m^3	
炼厂干气	2.17	$kgCO_2/m^3$	炼厂干气密度（未找到，选用天然气密度）	0.717 4	kg/m^3	
其他石油制品	2.76	kg/L				
天然气	2.09	$kgCO_2/m^3$	天然气密度	0.717 4	kg/m^3	
液化天然气	2.66	$kgCO_2/m^3$	液化天然气密度	440	kg/m^3	

表 2-9　选用的能源的热值

热值名称	热值大小/（kcal[1]/kg）	热值名称	热值大小/（kcal/kg）
原煤热值	6 800	燃料油热值	9 200
洗精煤热值	7 500	*石脑油热值	9 000
其他洗煤热值	6 800	*润滑油热值	9 000
焦炭热值	7 000	*石蜡热值	9 000
焦炉煤气热值	5 000	*溶剂油热值	9 000
*高炉煤气热值	5 000	*石油沥青热值	9 000
*转炉煤气热值	5 000	*石油焦热值	9 000
其他煤气热值	5 000	液化石油气热值	6 635
其他焦化产品热值	7 000	炼厂干气热值	9 000
原油热值	9 000	其他石油制品热值	9 000
汽油热值	7 800	天然气热值	8 900
煤油热值	8 500	天然气热值	8 900
柴油热值	8 800		

注：其中*的数据只出现在 2011 年《能源统计年鉴》中，为了与之前数据保持一致，将这类数据归入到其他类能源中，因此二氧化碳排放系数和热值都是选用其他能源的数据。
1）1 kcal=4.186 8 kJ。

①排放总量

近几十年来，我国温室气体排放总量增长较为迅速，且二氧化碳所占份额达到 90%以上。仅从 1970 年到 2007 年，我国的二氧化碳排放总量增长了 7.7 倍。2007 年，我国二氧化碳排放量已经超过美国跃居世界首位（IEA，2010）。世界横向比较，我国二氧化碳排放总量巨大，但历史积累量低，人均排放量也属于世界较低水平，但二氧化碳排放强度较高①。

我国 1995—2012 年 CO_2 排放量（见图 2-18）整体呈上升趋势，1995—2000 年变化缓

① 吴季松，刘斐．国内外温室气体排放的对比分析[J]．生产力研究，2009（13）：9-11，20.

慢，2000 年以后呈快速增长趋势。我们估算数据与 IEA 公布的数据趋势基本相同，估算 CO_2 排放量数值略高于 IEA 的估算值。

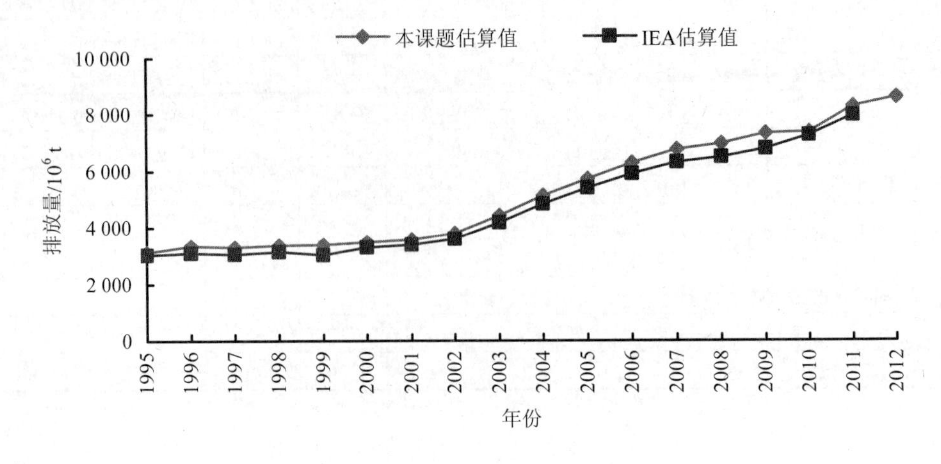

图 2-18　1995—2012 年全国 CO_2 排放量

②排放强度

a．单位 GDP 二氧化碳排放量

我国单位 GDP 的二氧化碳排放强度见图 2-19。由图可见，我国单位 GDP 的二氧化碳排放强度基本呈逐年递减趋势。

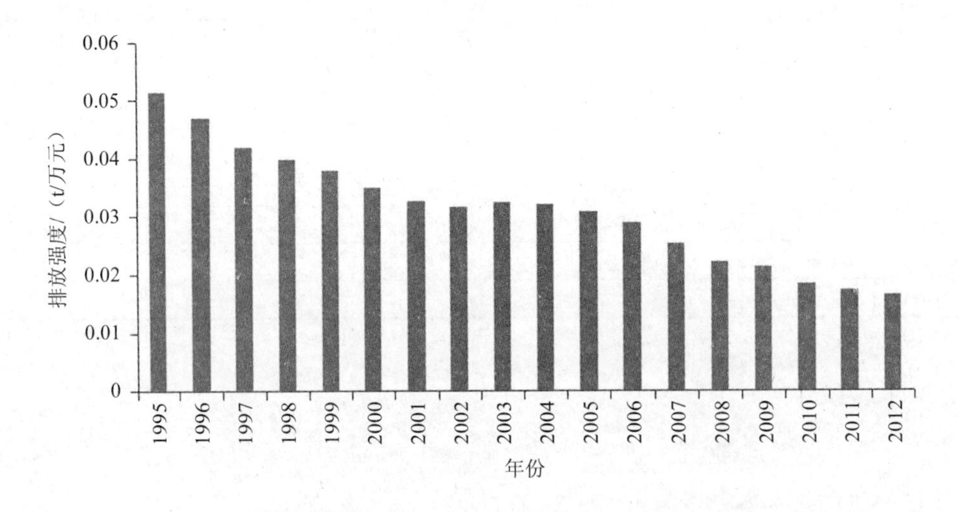

图 2-19　1995—2012 年单位 GDP 的二氧化碳排放强度

b．二氧化碳排放弹性系数

全国二氧化碳排放弹性系数见图 2-20，由图可见，2003—2005 年我国二氧化碳排放系数均大于 1，是二氧化碳排放的高速增长期，其增速已经高于我国经济发展水平。2006 年起我国二氧化碳排量增速放缓，但仍然处于高速增长的过程中，需要引起一定的关注。

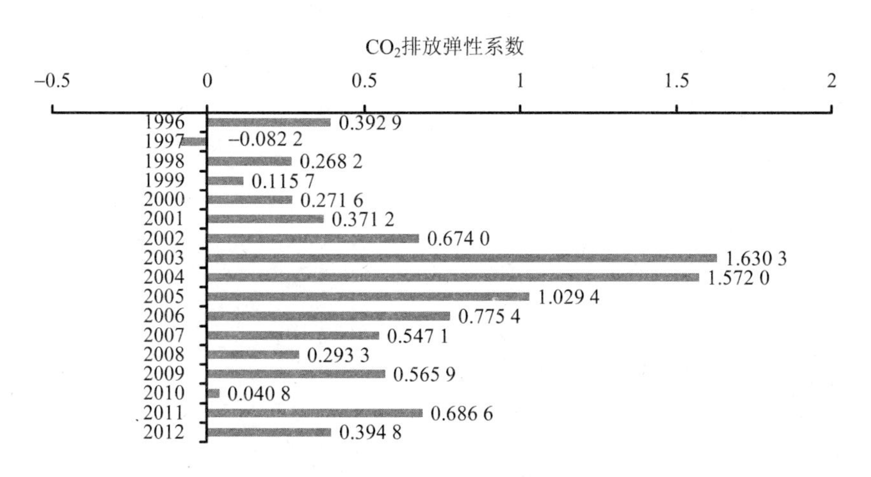

图 2-20　全国二氧化碳排放弹性系数变化趋势

从年际变化特征看，1995—2012 年我国 CO_2 排放量整体呈逐年上升趋势，2012 年 CO_2 排放量较 2000 年增长超过了 1.5 倍，增长迅速。我国人均二氧化碳排放强度变化趋势和排放总量的变化趋势基本相同，单位 GDP 的二氧化碳排放强度基本呈逐年递减趋势。2003—2005 年我国二氧化碳排放系数均大于 1，是二氧化碳排放的高速增长期，其增速已经高于我国经济发展水平。2006 年起我国二氧化碳排量增速放缓。

2.3.2.2　地区变化

（1）二氧化硫

①排放总量

2012 年，二氧化硫排放量超过 100 万 t 的地区依次为山东、内蒙古、河北、山西、河南、辽宁和贵州共 7 个地区。这 7 个地区的二氧化硫排放量占全国排放量的 43.2%。工业二氧化硫排放量最大的地区是山东省，占全国工业二氧化硫排放量的 8%；生活二氧化硫排放量最大的是贵州，占全国生活二氧化硫排放量的 9.9%[①]（图 2-21）。

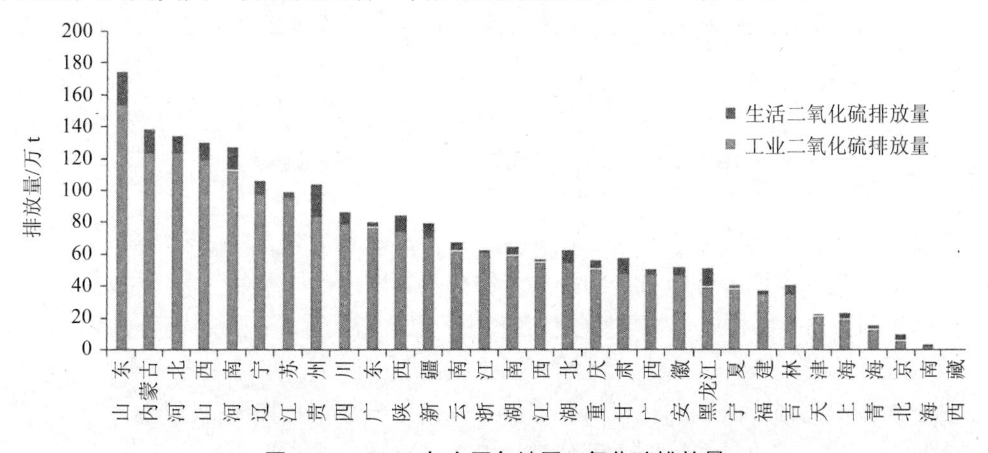

图 2-21　2012 年全国各地区二氧化硫排放量

① 2011 年环境保护部对统计制度中的指标体系、调查方法及相关技术规定等进行了修订，因此 2012 年数据与 2010 年数据存在一定的差异性，不宜进行直接比较。

②排放强度

2010 年及 2012 年我国各省单位 GDP 二氧化硫排放强度排序如图 2-22 和图 2-23 所示。2010 年单位 GDP 二氧化硫排放居全国前 5 位的省份分别是：贵州、宁夏、山西、甘肃和内蒙古；其中，内蒙古和山西二氧化硫排放总量居于全国的第二和第四。2012 年单位 GDP 二氧化硫排放居全国前 5 位的省份分别是：宁夏、贵州、山西、新疆和甘肃，其中山西二氧化硫排放量居全国第四。

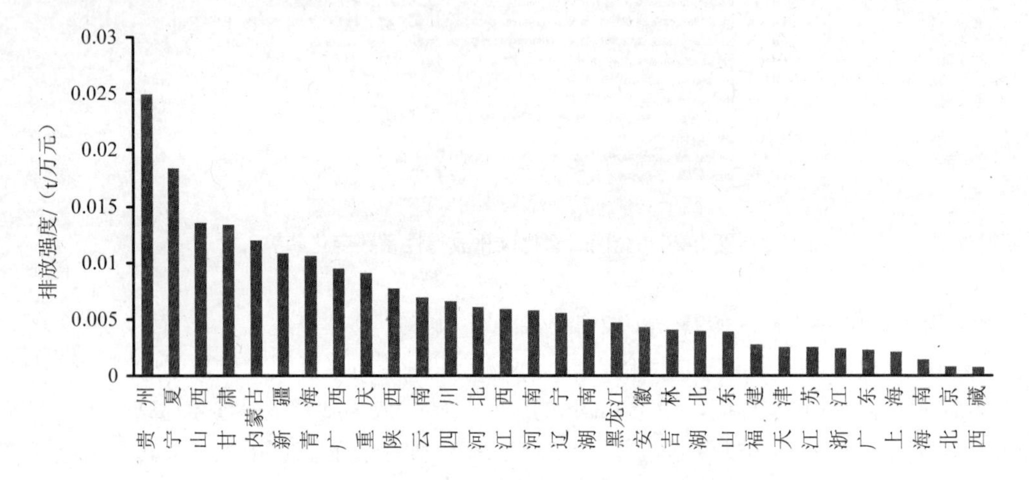

图 2-22　2010 年全国各省区二氧化硫排放强度

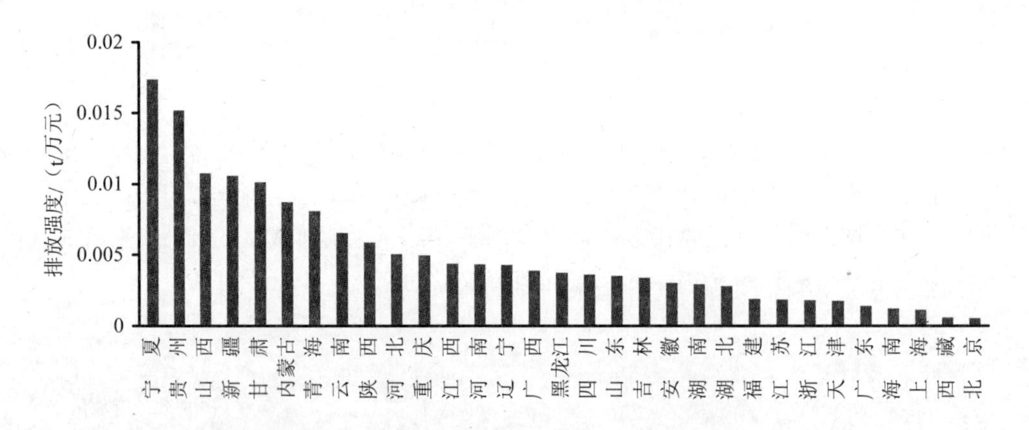

图 2-23　2012 年全国各省区二氧化硫排放强度

③排放量与排放强度分类

为了更加直观地比较各个省份的排放量和排放强度，以排放量为横坐标，以排放强度为纵坐标作图。图中以排放全国平均值和各省中位数划分为 4 个区域：高排放高强度区域、高排放低强度区域、低排放高强度区域和低排放低强度区域。

处于高排放高强度区域的“双高”省份，应该是未来重点控制的区域。

2011 年，SO_2 排放量与排放强度分类如表 2-10 所示。

表 2-10　2011 年 SO_2 排放量与排放强度分类

	高排放量	低排放量
高排放强度	河北、内蒙古、山西、河南、辽宁、贵州、陕西	新疆、云南、甘肃、重庆、江西、宁夏、青海
低排放强度	山东、江苏、四川	广东、湖南、湖北、浙江、安徽、黑龙江、广西、吉林、福建、上海、天津、北京、海南、西藏

2012 年，SO_2 排放量与排放强度分类如表 2-11 所示。

表 2-11　2012 年 SO_2 排放量与排放强度分类

	高排放量	低排放量
高排放强度	内蒙古、河北、山西、河南、辽宁、贵州、陕西	新疆、云南、甘肃、江西、重庆、宁夏、青海
低排放强度	山东、江苏、四川	广东、湖南、浙江、湖北、安徽、黑龙江、广西、吉林、福建、上海、天津、北京、海南、西藏

对比表格得出，相同的对比条件下，2011—2012 年排放量和排放强度高的地区包括：内蒙古、河北、山西、河南、辽宁、贵州、陕西。这些区域为 SO_2 的重点治理区域，其中河北和河南近两年排放强度略有提高，应针对变化采取合理的结构减排措施。

从区域分布来看，中国不同省份间 SO_2 排放水平差异显著，排放总量与排放强度的差异显著。2010 年，SO_2 排放总量居全国前 5 位的省份分别是：山东、内蒙古、河北、山西、河南；单位 GDP 二氧化硫排放居全国前 5 位的省份分别是：宁夏、贵州、山西、新疆和甘肃；其中，内蒙古和山西 3 项指标均居于全国前 5 位。2011—2012 年排放量和排放强度高的地区包括：内蒙古、河北、山西、河南、辽宁、贵州、陕西。这些区域为 SO_2 的重点治理区域，其中河北和河南近两年排放强度略有提高，应针对变化采取合理的结构减排措施。

（2）氮氧化物

①排放总量

2010 年，氮氧化物排放量超过 100 万 t 的地区依次为山东、广东、内蒙古、江苏、河南、河北共 6 个地区，氮氧化物排放总量占全国排放量的 40.95%。工业氮氧化物排放量最大的地区是山东省，占全国工业氮氧化物排放量的 7.96%；生活氮氧化物排放量最大的是广东，占全国生活氮氧化物排放量的 12.05%。2012 年氮氧化物排放量居于前四的省份山东、内蒙古、河南、江苏的工业氮氧化物去除率均低于全国平均水平（见图 2-24 和图 2-25）。

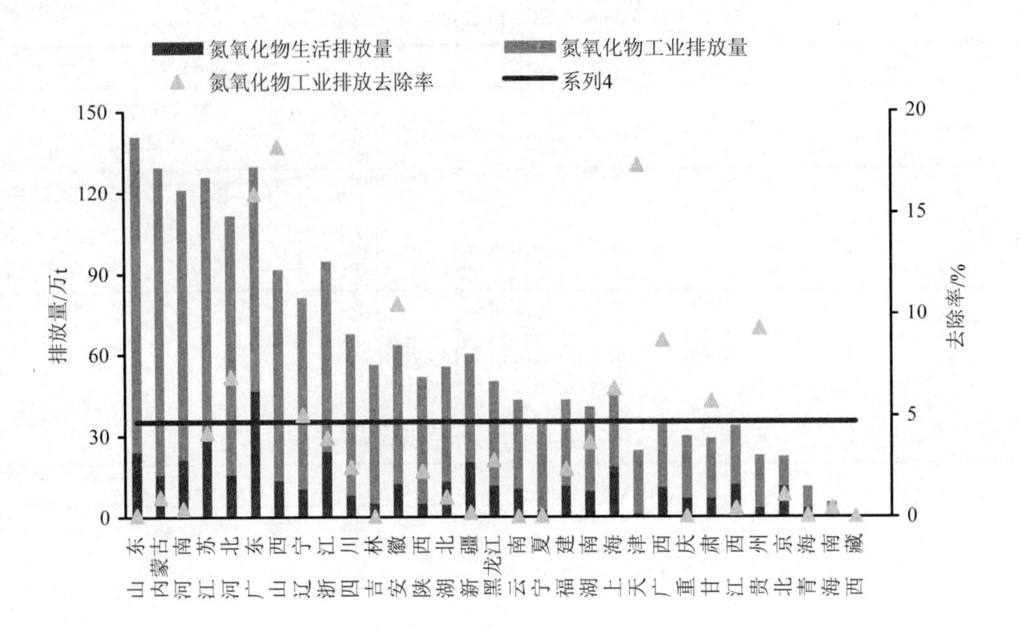

图 2-24 2010 年各地区氮氧化物排放量排序

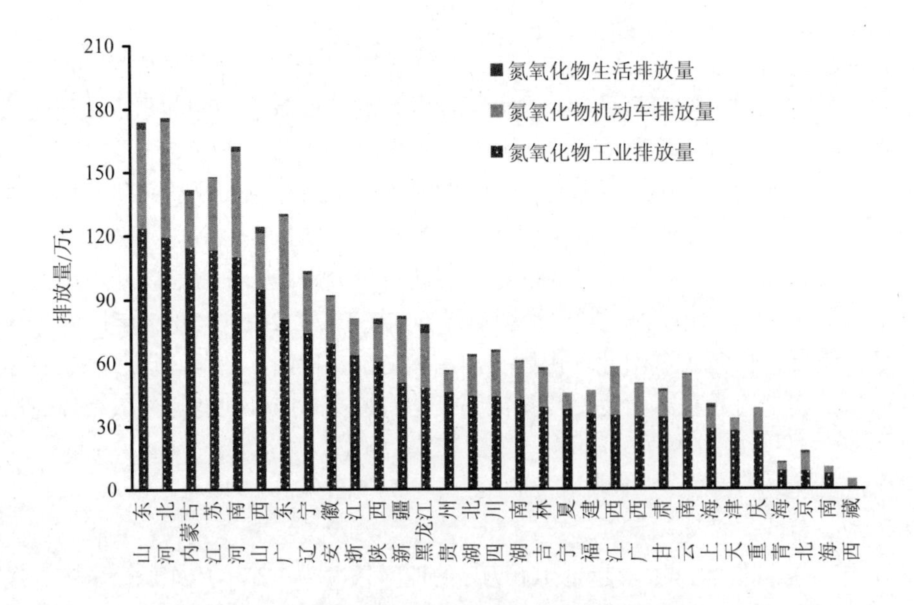

图 2-25 2012 年各地区氮氧化物排放量排序

②排放强度

2010 年，我国各省单位 GDP 氮氧化物排放强度排序如图 2-26 所示。可以看出宁夏、新疆、内蒙古和山西是我国人均氮氧化物排放量和单位 GDP 氮氧化物的排放量最高的省份，其中内蒙古的氮氧化物排放总量也居全国第二位。

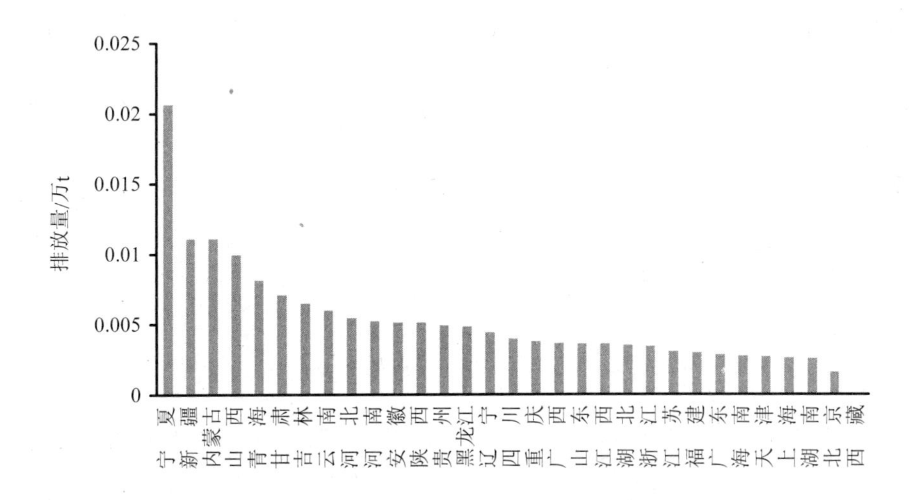

图 2-26　2010 年全国各省区单位 GDP 氮氧化物排放强度

③排放量与排放强度分类

2011 年，NO_x 排放量与排放强度分类如表 2-12 所示。

表 2-12　2011 年 NO_x 排放量与排放强度分类

	高排放量	低排放量
高排放强度	河北、河南、内蒙古、山西、安徽、新疆、陕西、黑龙江	江西、吉林、贵州、云南、甘肃、宁夏、青海、西藏
低排放强度	山东、江苏、广东、辽宁、浙江	四川、湖北、湖南、福建、广西、上海、重庆、天津、北京、海南

2012 年，NO_x 排放量与排放强度分类如表 2-13 所示。

表 2-13　2012 年 NO_x 排放量与排放强度分类

	高排放量	低排放量
高排放强度	河北、河南、内蒙古、山西、安徽、新疆、陕西、黑龙江	吉林、贵州、云南、甘肃、宁夏、青海、西藏
低排放强度	山东、江苏、广东、辽宁、浙江	四川、湖北、湖南、江西、广西、福建、上海、重庆、天津、北京、海南

对比表格得出，相同的对比条件下，2010—2012 年排放量和排放强度高的地区包括：河北、河南、内蒙古、山西、安徽、新疆、陕西和黑龙江。这些区域为 NO_x 的重点治理区域，其中安徽、河北和河南近两年排放强度略有提高，应针对变化采取合理的结构减排措施。

从区域分布来看，2010 年，我国氮氧化物排放量最多的 3 个省市分别是山东、广东和内蒙古，都集中在东中部地区；宁夏、新疆、内蒙古和山西是我国人均氮氧化物排放量和单位 GDP 氮氧化物的排放量最高的省份，其中内蒙古的氮氧化物排放总量也居全国第二位。2010—2012 年排放量和排放强度高的地区包括：河北、河南、内蒙古、山西、安徽、新疆、陕西、黑龙江。这些区域为 NO_x 的重点治理区域，其中安徽、河北和河南近两年排放强度略有提高，应针对变化采取合理的结构减排措施。

（3）颗粒物

①烟尘

2010 年，烟尘排放量超过 50 万 t 的省份依次为内蒙古、辽宁、山西、河南和河北，5 个省份烟尘排放量占全国的 35.6%。工业和生活烟尘排放量最大的分别是内蒙古和辽宁，分别占全国工业和生活烟尘排放量的 7.9%和 10.4%（见图 2-27）。

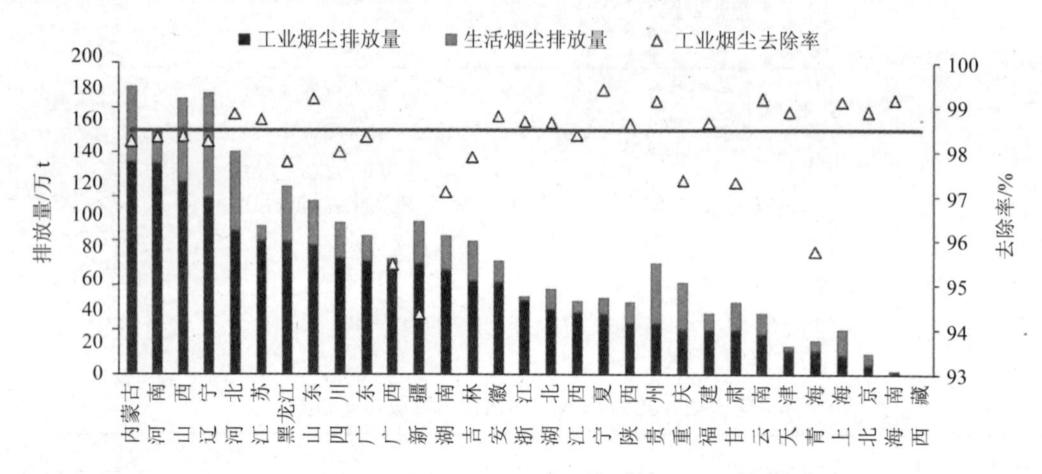

图 2-27　2010 年各地区烟尘排放量排序

②工业粉尘

2010 年，工业粉尘排放量最多的 5 个地区分别为湖南、山西、河北、广西和安徽，5 个省份工业粉尘排放量占全国的 37%（见图 2-28）。

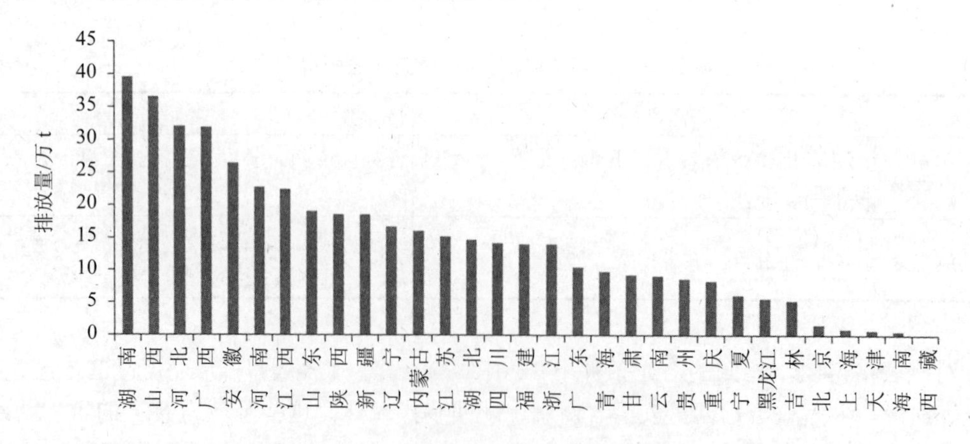

图 2-28　2010 年各地区工业粉尘排放量排序

③烟粉尘排放量与排放强度分类

2011 年，烟粉尘排放量与排放强度分类如表 2-14 所示。

表 2-14　2011 年烟粉尘排放量与排放强度分类

	高排放量	低排放量
高排放强度	河北、山西、内蒙古、辽宁、黑龙江	新疆、陕西、安徽、吉林、江西、云南、贵州、甘肃、宁夏、青海
低排放强度	山东、河南	江苏、四川、湖南、湖北、广东、浙江、广西、福建、重庆、上海、天津、北京、海南、西藏

2012 年，烟粉尘排放量与排放强度分类如表 2-15 所示。

表 2-15　2012 年烟粉尘排放量与排放强度分类

	高排放量	低排放量
高排放强度	河北、山西、内蒙古、辽宁、黑龙江、新疆	安徽、陕西、云南、江西、贵州、甘肃、宁夏、青海
低排放强度	山东、河南	江苏、湖北、湖南、广东、广西、四川、吉林、浙江、福建、重庆、上海、天津、北京、海南、西藏

对比表格得出，相同的对比条件下，2010—2012 年排放量和排放强度高的地区包括：河北、山西、内蒙古、辽宁、黑龙江和新疆。这些区域为烟粉尘控制的重点区域，由于统计标准的变化，河南、广西和吉林退出了“双高”区域，但河南依然排放量较大，需要重点监管。

从区域分布来看，我国不同省份间烟尘排放水平差异显著，排放总量与排放强度的差异显著。2010 年，烟尘排放量超过 50 万 t 的省份依次为内蒙古、辽宁、山西、河南和河北；人均烟尘排放居全国前 5 位的省份分别是：内蒙古、宁夏、山西、贵州和新疆；单位 GDP 二氧化硫排放居全国前 5 位的省份分别是：宁夏、贵州、山西、内蒙古和新疆；其中，内蒙古和山西 3 项指标均居于全国前 5 位。

（4）二氧化碳

①排放总量

不同地区由于产业结构、能源消耗的不同，CO_2 的排放量也有很大差异。图 2-29 给出了 2010 年全国各省区的 CO_2 排放量及地区分布图。可以看出山东、河北、江苏、内蒙古和河南是我国 CO_2 排放最高的省份，排放量均超过了 50 000 万 t，这 5 个省份 CO_2 排放量约占全国总排放量的 42%。我国 CO_2 排放量整体具有中东部发达地区高于西部欠发达地区的特点，见图 2-30。

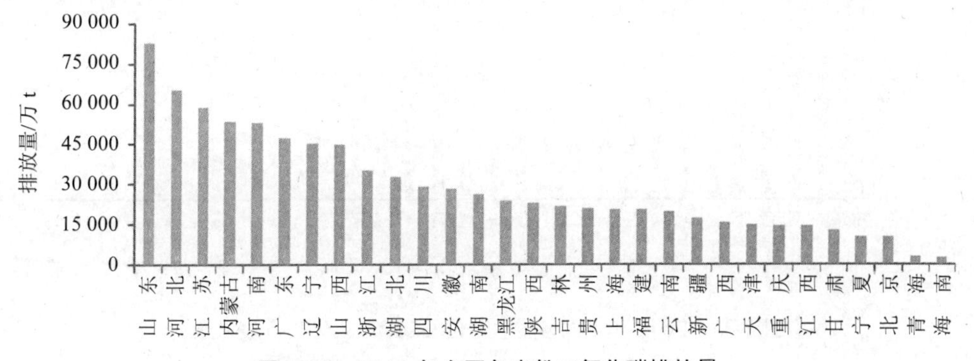

图 2-29　2010 年全国各省份二氧化碳排放量

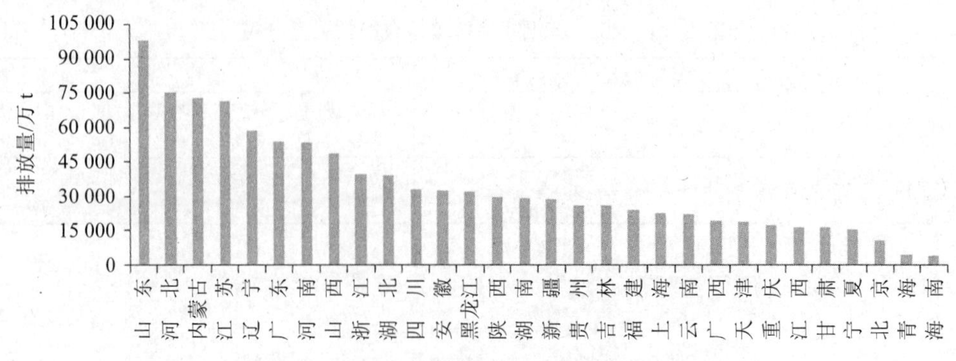

图 2-30　2012 年全国各省份二氧化碳排放量

②排放强度

不同地区由于经济发展水平差异，单位 GDP 二氧化碳的排放量与二氧化碳排放总量间有很大差异。2010 年，宁夏、山西、内蒙古和贵州是我国单位 GDP 二氧化碳的排放最高的省份，排放强度均超过了全国平均排放强度水平。2012 年，宁夏、内蒙古、山西、新疆和贵州是我国单位 GDP 二氧化碳的排放最高的省份，排放强度均超过了全国平均排放强度水平。我国单位 GDP 二氧化碳的排放强度整体具有西部欠发达地区远高于中东部发达地区的特点，见图 2-31、图 2-32。

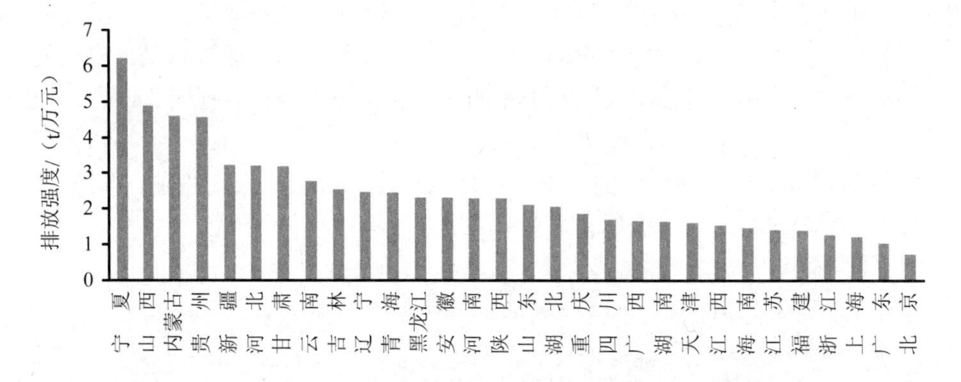

图 2-31　2010 年全国各省区单位 GDP 二氧化碳排放强度

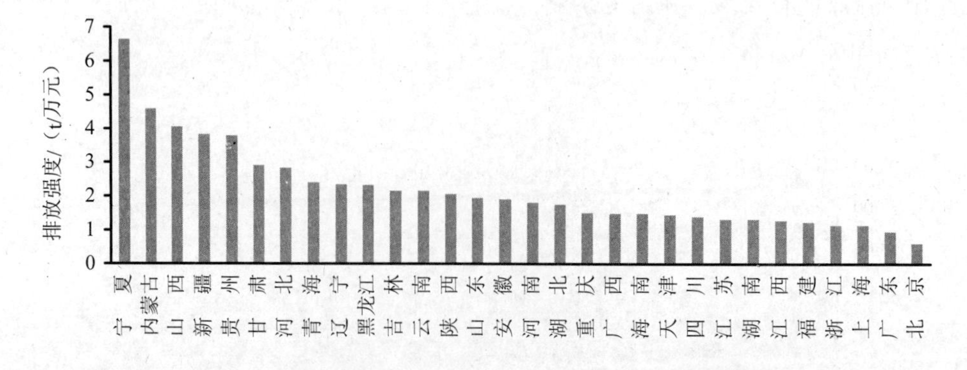

图 2-32　2012 年全国各省区单位 GDP 二氧化碳排放强度

人均二氧化碳的排放强度反映了各地区人口与大气污染物的排放情况。2010 年和 2012 年我国各省市人均二氧化碳排放量如图 2-33、图 2-34 所示。2010 年人均二氧化碳的排放量最高的 5 个省份依次为内蒙古、宁夏、山西、天津和辽宁，2012 年人均二氧化碳的排放量最高的 5 个省份依次为内蒙古、宁夏、山西、辽宁和天津。其中，内蒙古、宁夏和山西是排放总量，单位 GDP 排放量和人均排放量排名均处于前 5 的省份。

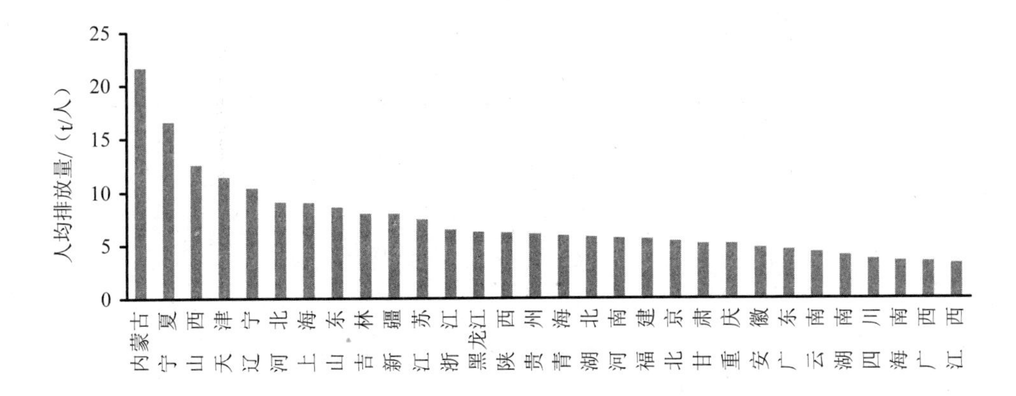

图 2-33　2010 年全国各省份人均二氧化碳排放强度

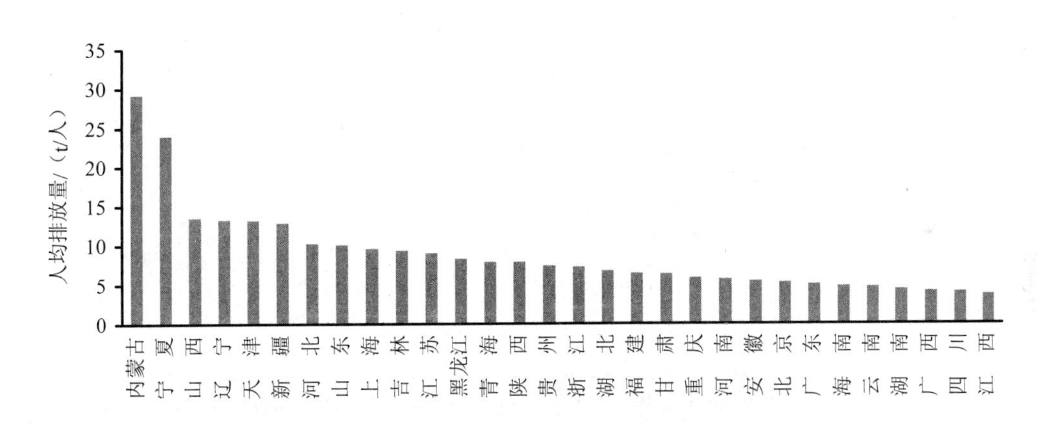

图 2-34　2012 年全国各省份人均二氧化碳排放强度

③排放量与排放强度分类

2011 年，CO_2 排放量与排放强度分类如表 2-16 所示。

表 2-16　2011 年 CO_2 排放量与排放强度分类

	高排放量	低排放量
高排放强度	河北、山西、内蒙古、辽宁、黑龙江、安徽、山东、河南、湖北	吉林、贵州、云南、陕西、甘肃、青海、宁夏、新疆
低排放强度	江苏、浙江、湖南、广东、四川	北京、天津、上海、福建、江西、广西、海南、重庆

2012 年，CO_2 排放量与排放强度分类如表 2-17 所示。

表 2-17 2012 年 CO_2 排放量与排放强度分类

	高排放量	低排放量
高排放强度	河北、山西、内蒙古、辽宁、黑龙江、安徽、山东、河南、湖北、陕西	吉林、贵州、云南、甘肃、青海、宁夏、新疆
低排放强度	江苏、浙江、广东、四川	北京、天津、上海、福建、江西、湖南、广西、海南、重庆

2.3.2.3 典型地区排放特征

（1）二氧化硫

①东部地区

东部地区是我国二氧化硫排放最为严重地区。2010 年，排放量超过 100 万 t 的省份有山东、河北、广东、江苏、辽宁，这 5 个省份共排放二氧化硫 589.5 万 t，占全国二氧化硫排放总量的 27%。东部地区二氧化硫排放趋势大致相同，辽宁省 2004 年以后增长较为迅速（见图 2-35）。

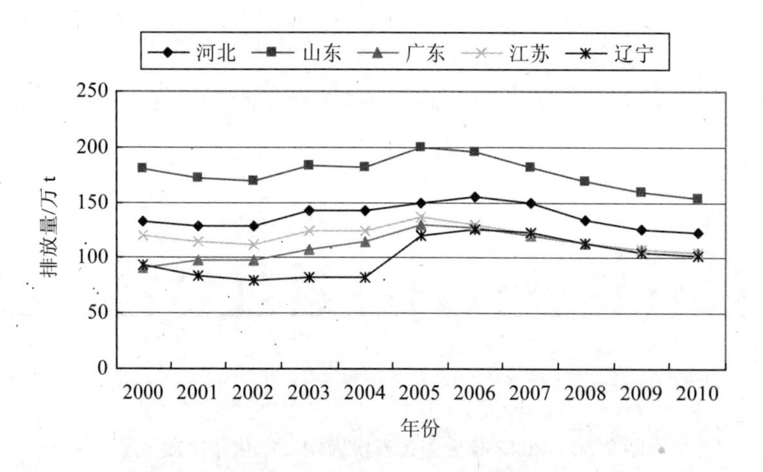

图 2-35 东部地区主要省份二氧化硫排放量年际变化

②中部地区

2010 年，中部地区排放量超过 100 万 t 的省份有内蒙古、河南、山西，共排放二氧化硫 389 万 t，占全国二氧化硫排放总量的 18%。从中部地区主要省份二氧化硫排放年际变化中可以看出内蒙古和河南二氧化硫排放量 2002 年以后增长迅速，2006 年以后呈下降趋势（见图 2-36）。

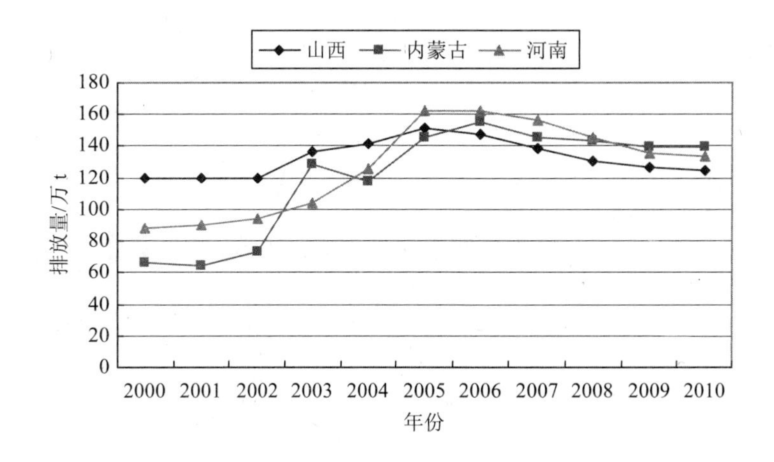

图 2-36　中部地区主要省份二氧化硫排放量年际变化

③西部地区

贵州和四川是西部地区二氧化硫排放最大的省份，排放量均超过 100 万 t。2000—2010 年西部地区主要省份二氧化硫排放量年际变化见图 2-37，可以看出 2006 年后四川省和贵州省二氧化硫排放量均呈现下降趋势，贵州省的下降速度较快。另外，贵州省的生活二氧化硫排放量最大，占全国生活二氧化硫排放量的 12%。

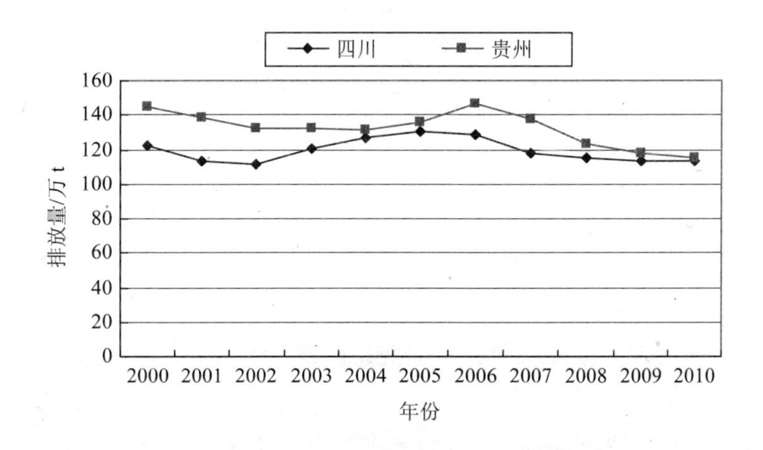

图 2-37　西部地区主要省份二氧化硫排放量年际变化

（2）氮氧化物

①年际变化特征

不同地区的氮氧化物排放量变化趋势也不尽相同（见图 2-38）。北京和广东的氮氧化物排放量在 2008 年后呈下降趋势，这与这两个地区排放标准相对较严、实施脱销技术政策有关。内蒙古不仅排放量高，而且增长较快，排放量在 5 年间增长了近 50%，2010 年排放量超过 120 万 t。其余省份的排放量也均呈现出快速增长趋势。

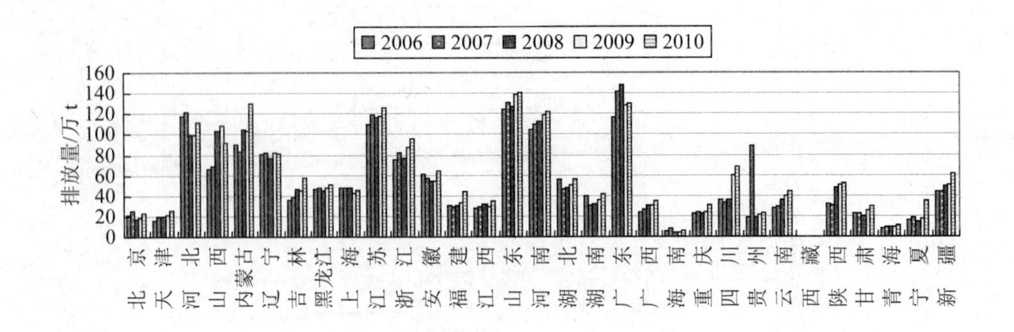

图 2-38 全国各省份“十一五”期间氮氧化物排放量

我国氮氧化物排放量较高的地区集中在中东部地区。排放量最大的山东、广东、内蒙古、江苏、河南、河北 6 个省份的排放量年际变化见图 2-39。可以看出广东和河北氮氧化物排放量下降比较迅速，山东和内蒙古氮氧化物排放量基本呈上升趋势，且内蒙古上升迅速。

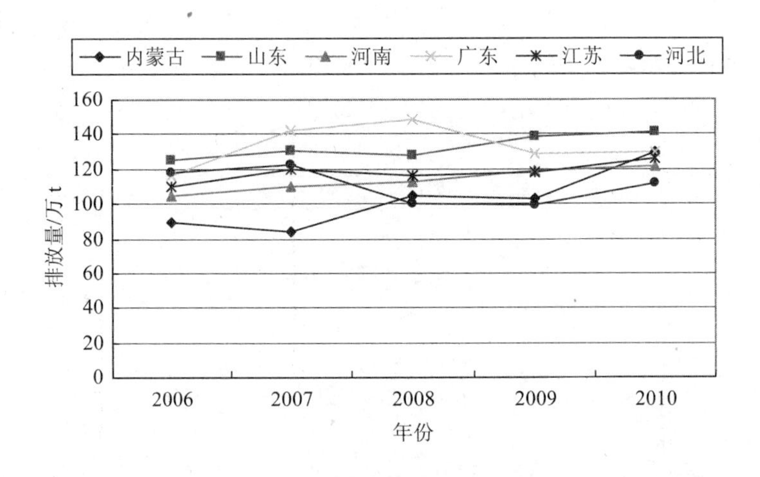

图 2-39 2006—2010 年重点地区氮氧化物排放量年际变化

②移动源的地区排放特征

不同地区的工业氮氧化物排放量和生活氮氧化物排放量的比重也不相同。汽车尾气是氮氧化物污染的第二大主要来源。经济发达的省份由于机动车保有量的持续上升导致生活氮氧化物排放量不断上升。比较明显的是广东、江苏、浙江、北京和上海等我国经济发达的地区，移动源产生的氮氧化物排放量占氮氧化物排放总量很大比重（见图 2-40）。2010 年，北京市氮氧化物排放总量 22.4 万 t，其中工业 10.9 万 t，生活 11.5 万 t，生活氮氧化物排放量已经超过工业氮氧化物排放量。

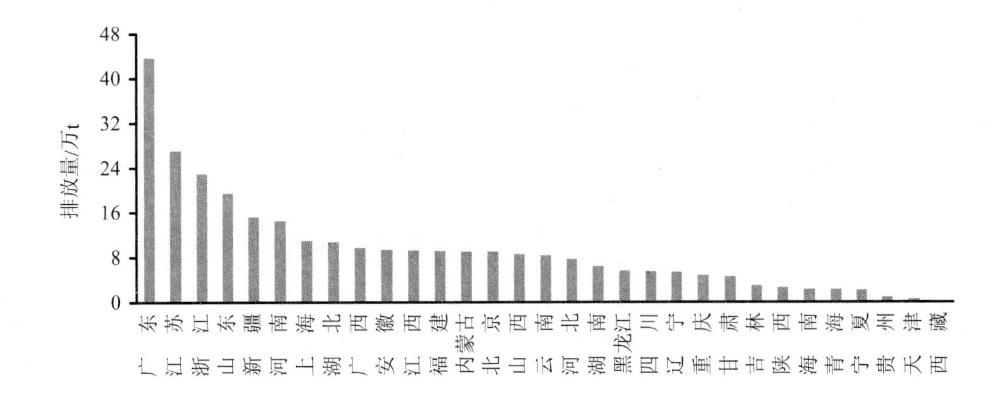

图 2-40　2010 年移动源氮氧化物排放量的地区排序

（3）颗粒物

我国烟尘排放的典型地区主要集中在东中部地区，重点地区是内蒙古、辽宁、山西、河南和河北。2003—2010 年重点地区烟尘排放量年际变化见图 2-41，可以看出辽宁、山西、河南和河北的烟尘排放量自 2005 年以后基本呈下降趋势，山西省下降迅速，而内蒙古 2010 年烟尘排放量大幅增长，比上年增长了 31%。

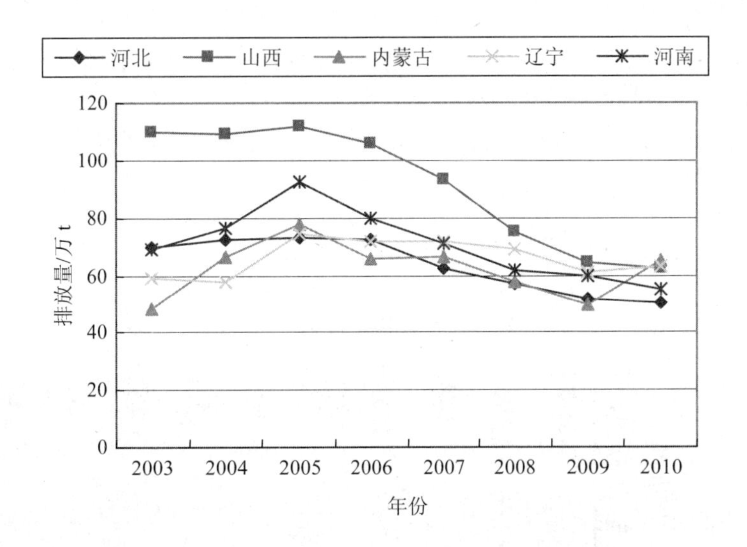

图 2-41　2003—2010 年重点地区烟尘排放量年际变化

（4）二氧化碳

由图 2-42 可以发现，不同地区的 CO_2 排放量变化趋势也不尽相同。2000 年以前 5 省 CO_2 排放量变化趋势不明显。2000 年以后开始进入快速增长期，特别是山东省不仅排放量高，而且增长迅速，其中山东的 CO_2 排放量在 15 年间增长了近 2.6 倍，2008 年排放超过 50 000 万 t，2012 年达到 97 671.2 万 t。

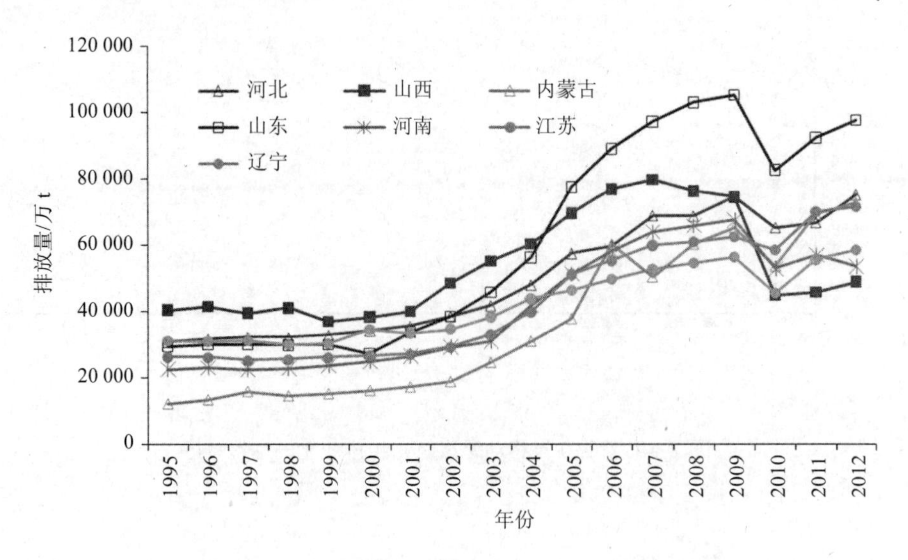

图 2-42　CO_2 排放量排名前 5 的地区排放量年际变化

2.3.2.4　排放量的行业分布

（1）二氧化硫

2001—2012 年，我国各工业行业二氧化硫排放情况见图 2-43，可以看出电力、热力的生产和供应业仍然是排放量贡献率最高的工业部门，其次是黑色金属冶炼及压延加工业和非金属矿物制品业，这 3 个行业为我国主要的二氧化硫排放行业。2012 年，电力、热力的生产和供应业、非金属矿物制品业、黑色金属冶炼及压延加工业的二氧化硫排放量均超过 100 万 t，占统计行业二氧化硫排放量的 70%。其中，电力、热力的生产和供应业最多占 45%。

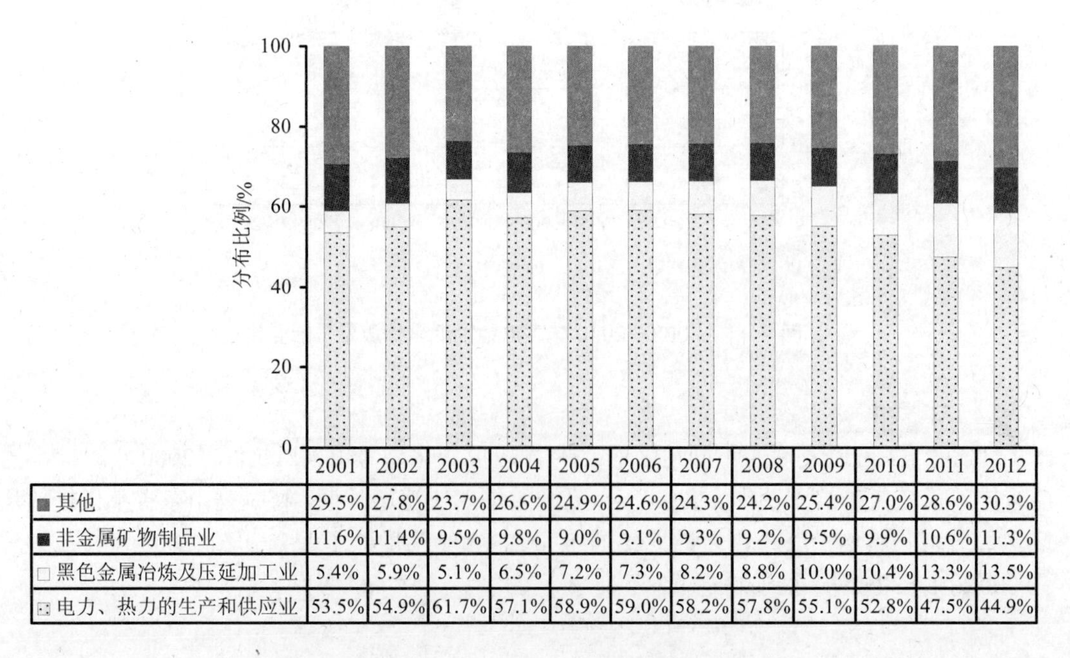

	2001	2002	2003	2004	2005	2006	2007	2008	2009	2010	2011	2012
其他	29.5%	27.8%	23.7%	26.6%	24.9%	24.6%	24.3%	24.2%	25.4%	27.0%	28.6%	30.3%
非金属矿物制品业	11.6%	11.4%	9.5%	9.8%	9.0%	9.1%	9.3%	9.2%	9.5%	9.9%	10.6%	11.3%
黑色金属冶炼及压延加工业	5.4%	5.9%	5.1%	6.5%	7.2%	7.3%	8.2%	8.8%	10.0%	10.4%	13.3%	13.5%
电力、热力的生产和供应业	53.5%	54.9%	61.7%	57.1%	58.9%	59.0%	58.2%	57.8%	55.1%	52.8%	47.5%	44.9%

图 2-43　2001—2012 年二氧化硫排放量的行业分布

从行业分布来看，电力行业，非金属矿物制品业和黑色金属冶炼及压延加工业是二氧化硫排放最多的工业部门。其中，电力行业和非金属矿物制品业的排放量自 2006 年后随着去除量的上升而开始呈现下降趋势，黑色金属冶炼及压延加工业仍保持上升趋势。

（2）氮氧化物

2006—2010 年，各工业部门及移动源氮氧化物排放情况见图 2-44。由图可知电力、热力的生产和供应业对氮氧化物的贡献率远大于其他部门，移动源是第二大氮氧化物排放源，其次黑色金属冶炼及压延加工业、非金属矿物制品业和其他制造业为我国主要的氮氧化物排放部门。2010 年，工业行业氮氧化物排放量位于前 3 位的行业分别是：电力、热力的生产和供应业，非金属矿物制品业和黑色金属冶炼及压延加工业。3 类行业占统计行业氮氧化物排放量的 83.5%，其中电力、热力的生产和供应业占 65.1%。

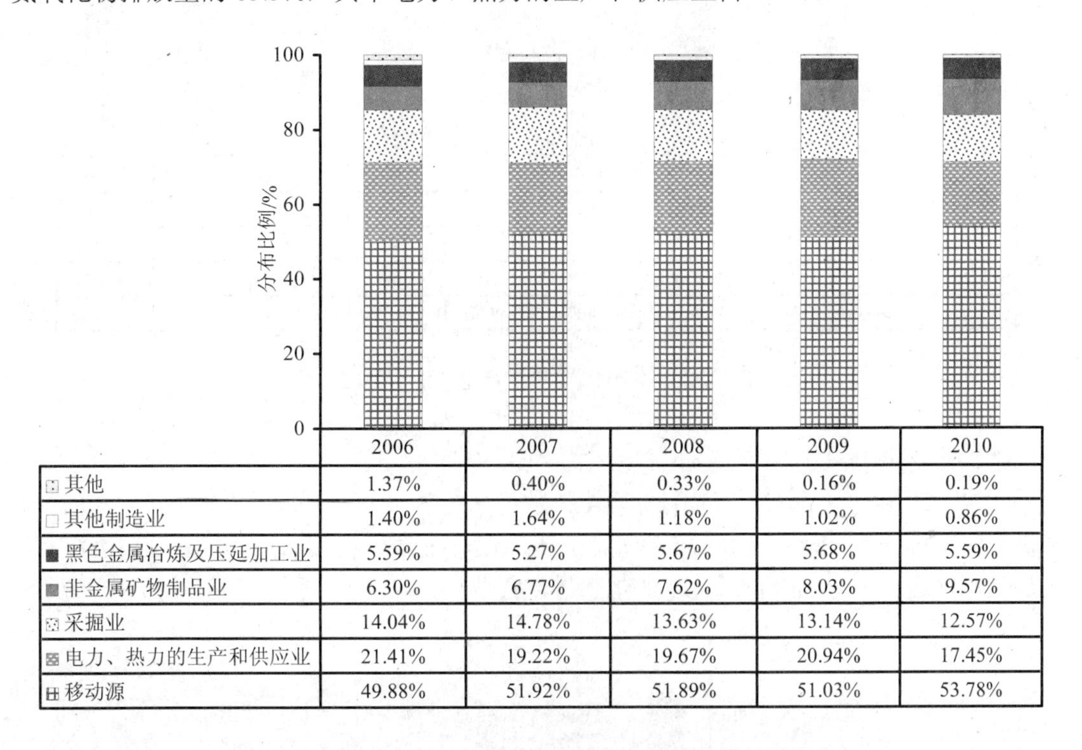

	2006	2007	2008	2009	2010
其他	1.37%	0.40%	0.33%	0.16%	0.19%
其他制造业	1.40%	1.64%	1.18%	1.02%	0.86%
黑色金属冶炼及压延加工业	5.59%	5.27%	5.67%	5.68%	5.59%
非金属矿物制品业	6.30%	6.77%	7.62%	8.03%	9.57%
采掘业	14.04%	14.78%	13.63%	13.14%	12.57%
电力、热力的生产和供应业	21.41%	19.22%	19.67%	20.94%	17.45%
移动源	49.88%	51.92%	51.89%	51.03%	53.78%

图 2-44　2006—2010 年我国工业氮氧化物排放量的行业分布

我国经济正处于高速增长时期，煤炭、燃气消耗过快和汽车拥有量持续增长，是制约氮氧化物减排的主因。传统污染物指标（如二氧化硫）经过“十一五”严厉措施已普遍下降，而氮氧化物是 2012 年“十二五”开局之年新增指标。2012 年将实施《火电厂大气污染物排放标准》，其大幅提高了火电行业的环保准入门槛。

从行业分布来看，氮氧化物的来源主要是燃煤和汽车尾气。2010 年，我国排放 1 852 万 t 氮氧化物，火电占 48%，移动源排放占 16%，其次是制造业的非金属矿物制品业和黑色金属冶炼及压延加工业。

（3）颗粒物

①工业烟尘

2004—2010 年，我国各工业行业烟尘排放情况见图 2-45，可以看出电力、热力的生产和供应业是排放量贡献率最高的工业部门，其次是非金属矿物制品业和黑色金属冶炼及压延加工业，这 3 个行业为我国主要的烟尘排放行业。同时可以看出，电力、热力的生产和供应业烟尘排放量占比在逐年下降，非金属矿物制品业和黑色金属冶炼及压延加工业占比及气体行业为逐年上升。

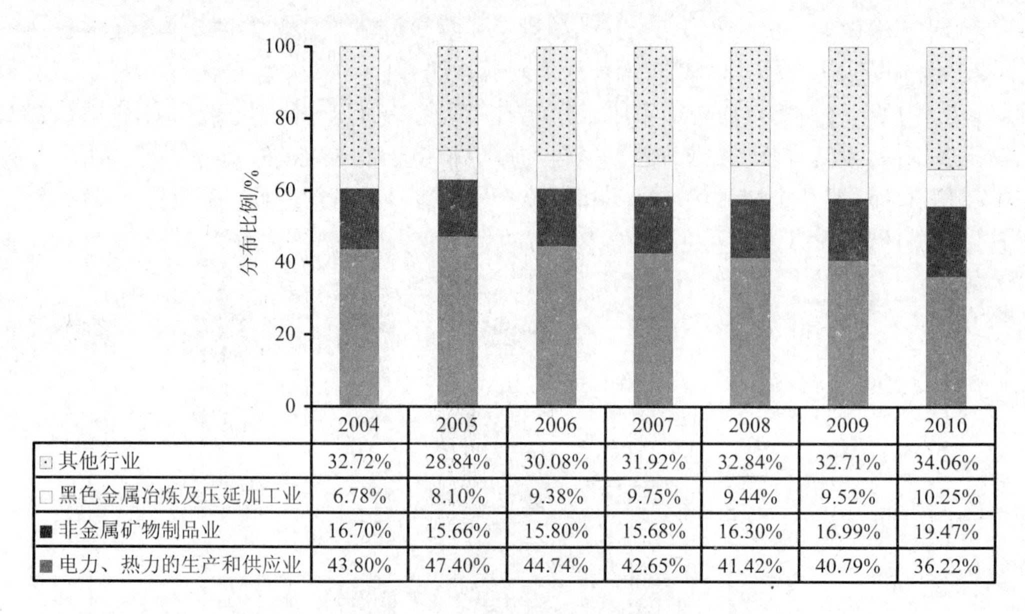

	2004	2005	2006	2007	2008	2009	2010
其他行业	32.72%	28.84%	30.08%	31.92%	32.84%	32.71%	34.06%
黑色金属冶炼及压延加工业	6.78%	8.10%	9.38%	9.75%	9.44%	9.52%	10.25%
非金属矿物制品业	16.70%	15.66%	15.80%	15.68%	16.30%	16.99%	19.47%
电力、热力的生产和供应业	43.80%	47.40%	44.74%	42.65%	41.42%	40.79%	36.22%

图 2-45 2004—2010 年工业烟尘排放量的部门分布

②工业粉尘

2004—2010 年，我国各工业行业烟尘排放情况见图 2-46，可以看出电力、热力的生产和供应业是排放量贡献率最高的工业部门，其次是非金属矿物制品业和黑色金属冶炼及压延加工业，这 3 个行业为我国主要的烟尘排放行业。

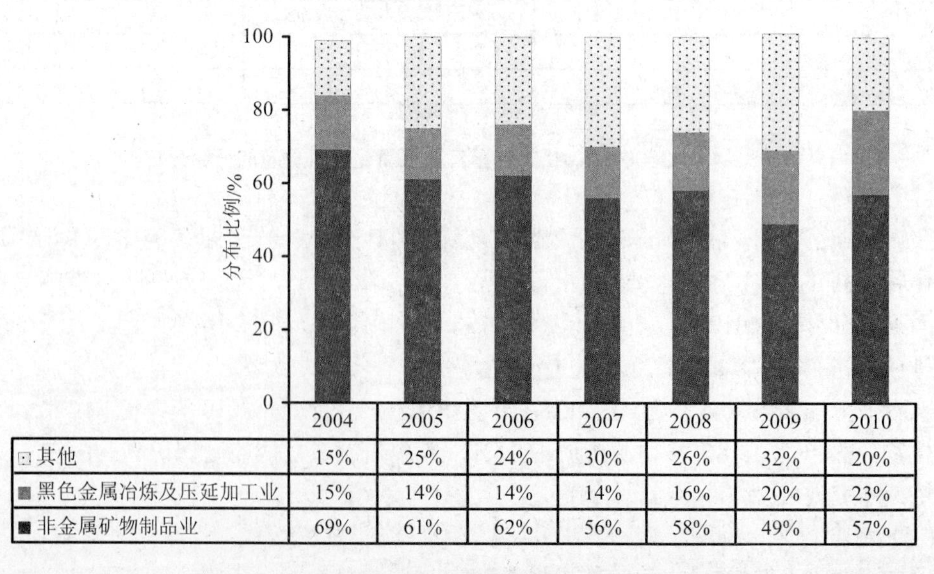

	2004	2005	2006	2007	2008	2009	2010
其他	15%	25%	24%	30%	26%	32%	20%
黑色金属冶炼及压延加工业	15%	14%	14%	14%	16%	20%	23%
非金属矿物制品业	69%	61%	62%	56%	58%	49%	57%

图 2-46 2004—2010 年工业粉尘排放量的部门分布

从行业分布来看，电力行业、非金属矿物制品业和黑色金属冶炼及压延加工业，是我国目前和未来控制大气污染、减缓碳排放增长的重点部门。特别是电力行业是大气污染的首要控制行业。2010 年，电力行业排放 SO_2 899.79 万 t，烟尘 198.95 万 t，NO_x 895.77 万 t，分别占行业总计的 53%、36%、65%，是绝对的大气污染物排放大户。

（4）二氧化碳

本研究行业二氧化碳的计算是根据《中国能源统计年鉴》（1996—2011 年）分行业终端能源消费量即扣除了加工转换二次能源量和损失量计算。因此，电力行业的能源消耗是扣除了转化为电能的那部分能源。

从 1996—2010 年我国二氧化碳的行业分布可以看出，电力、热力的生产和供应业、黑色金属冶炼及压延加工业、非金属矿物制品业和化学原料及化学制品制造业是我国目前和未来减缓碳排放增长的重点部门（见图 2-47）。

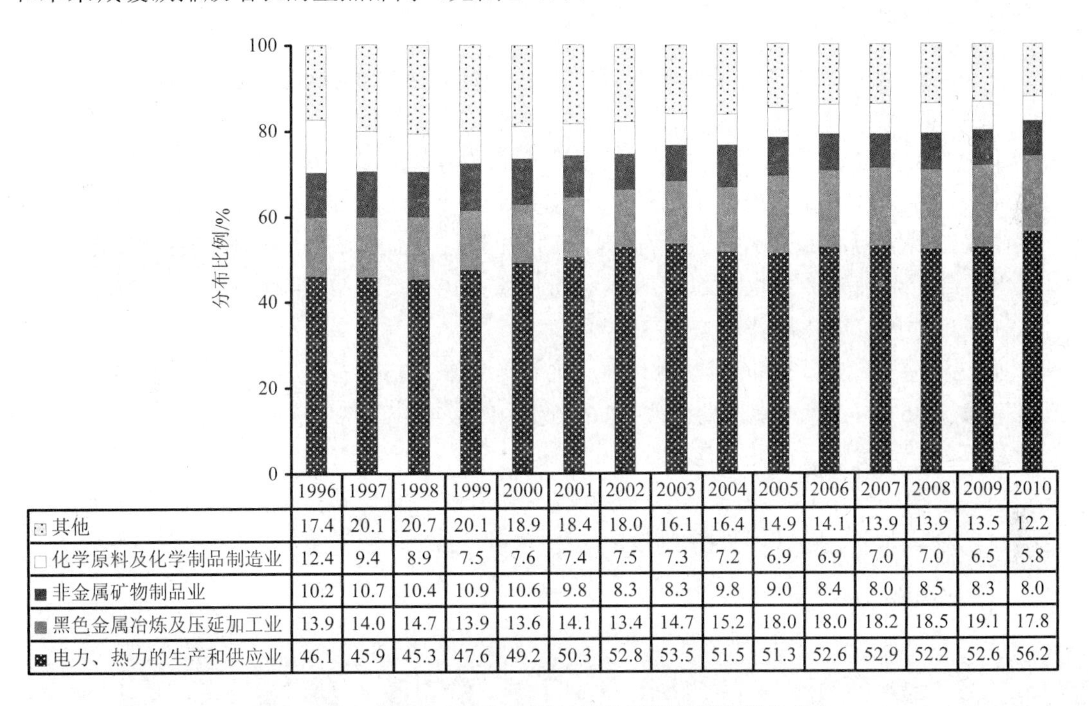

	1996	1997	1998	1999	2000	2001	2002	2003	2004	2005	2006	2007	2008	2009	2010
其他	17.4	20.1	20.7	20.1	18.9	18.4	18.0	16.1	16.4	14.9	14.1	13.9	13.9	13.5	12.2
化学原料及化学制品制造业	12.4	9.4	8.9	7.5	7.6	7.4	7.5	7.3	7.2	6.9	6.9	7.0	7.0	6.5	5.8
非金属矿物制品业	10.2	10.7	10.4	10.9	10.6	9.8	8.3	8.3	9.8	9.0	8.4	8.0	8.5	8.3	8.0
黑色金属冶炼及压延加工业	13.9	14.0	14.7	13.9	13.6	14.1	13.4	14.7	15.2	18.0	18.0	18.2	18.5	19.1	17.8
电力、热力的生产和供应业	46.1	45.9	45.3	47.6	49.2	50.3	52.8	53.5	51.5	51.3	52.6	52.9	52.2	52.6	56.2

图 2-47　1996—2010 年我国二氧化碳排放量的行业分布

从行业分布来看，电力、热力的生产和供应业、黑色金属冶炼及压延加工业、非金属矿物制品业和化学原料及化学制品制造业 4 个行业二氧化碳排放量占整个工业行业二氧化碳排放总量的 80%以上，是我国目前和未来减缓碳排放增长的重点部门。

2.3.2.5　重点行业排放特征

（1）二氧化硫

①电力、热力的生产和供应业

电力、热力的生产和供应业是我国工业行业中二氧化硫排放量最高的行业，从图 2-48 可以看出，2006 年后随着去除量的上升，二氧化硫排放量开始下降，2008 年二氧化硫的去除量已经超过排放量。

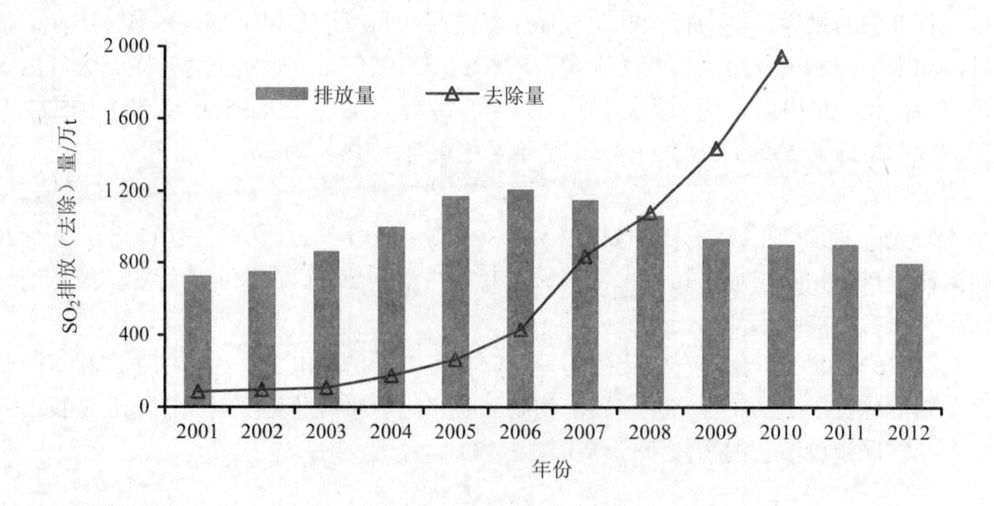

图 2-48 2001—2012 年电力、热力的生产和供应业二氧化硫排放及去除情况

2010 年，纳入重点调查统计范围的电力企业 2 386 家。其中，独立火电厂 1 642 家，自备电厂 744 家。独立火电厂工消耗燃料煤 16.6 亿 t，占全国工业煤炭消耗量的 49.2%。二氧化硫排放量为 835 万 t，比上年减少 4.8%，占全国工业二氧化硫排放量的 44.8%。独立火电厂二氧化硫排放量大于 50 万 t 的省份依次为山东、山西、内蒙古、河南和江苏，占全国独立火电厂二氧化硫排放量的 37.3%。

独立火电厂安装了 3 266 套脱硫设施，比上年增加了 134 套。去除二氧化硫 1 900 万 t，比上年增加 35%；二氧化硫去除率达到 69.5%，比上年升高 7.9 个百分点。

②黑色金属冶炼及压延加工业

2004—2012 年我国黑色金属冶炼及压延加工业二氧化硫排放量呈逐年上升趋势，二氧化硫的去除量水平仍较低（见图 2-49）。

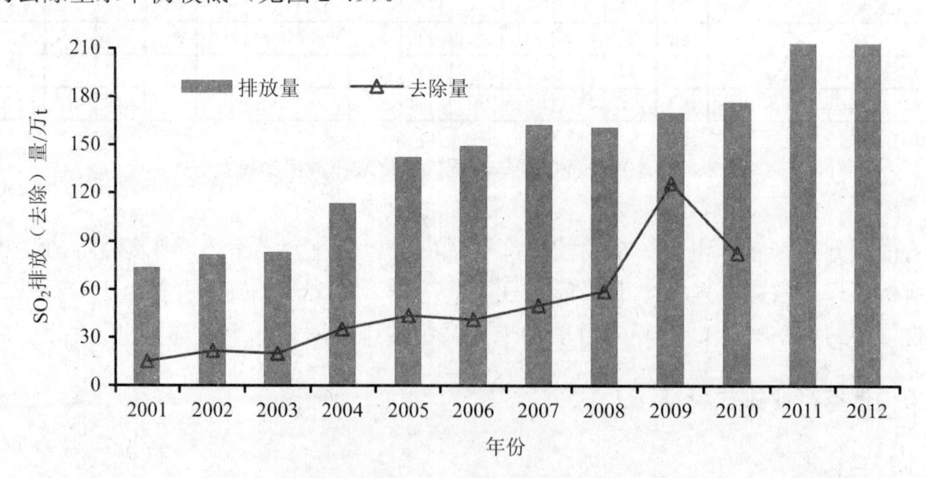

图 2-49 2001—2012 年黑色金属冶炼及压延加工业二氧化硫排放及去除情况

③非金属矿物制品业

我国非金属矿物制品业二氧化硫排放量自 2006 年后呈逐年下降趋势，但二氧化硫的

去除量水平仍较低（见图 2-50）。

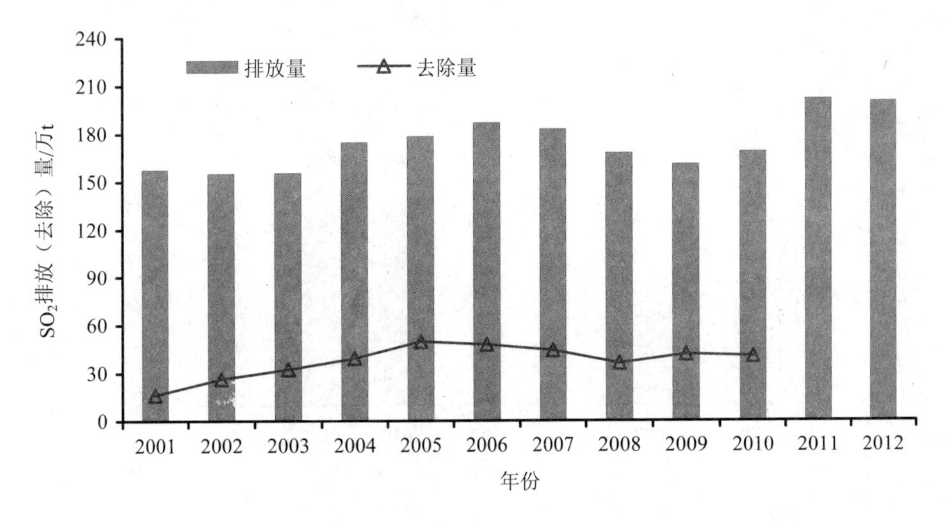

图 2-50　2001—2012 年非金属矿物制品业二氧化硫排放及去除情况

（2）氮氧化物

①电力、热力的生产和供应业

电力、热力的生产和供应业是我国工业行业中氮氧化物排放量最高的行业，从图 2-51 可以看出，氮氧化物的排放量总体呈上升态势，而氮氧化物的去除量总体却呈小幅下降趋势。

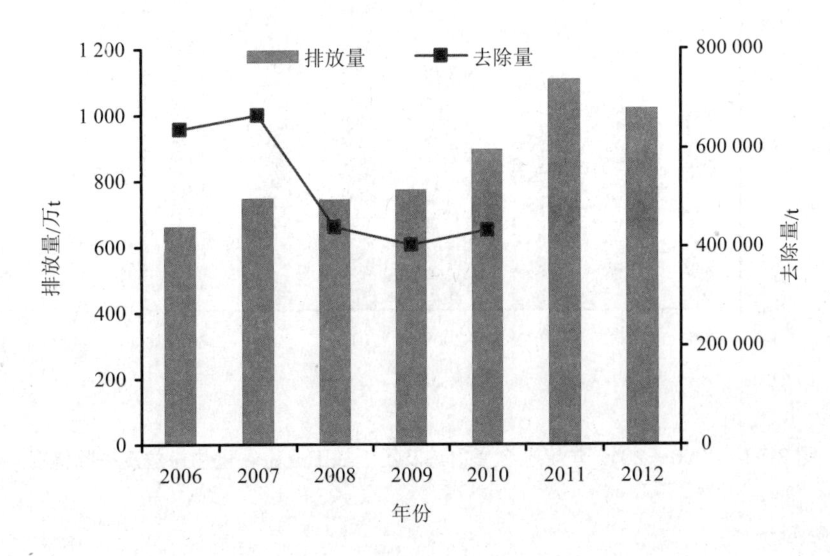

图 2-51　2006—2012 年电力、热力的生产和供应业氮氧化物排放及去除情况

②非金属矿物制品业

2006—2012 年我国非金属矿物制品业氮氧化物排放量呈逐年上升趋势，氮氧化物的去除量处于较低水平（见图 2-52）。

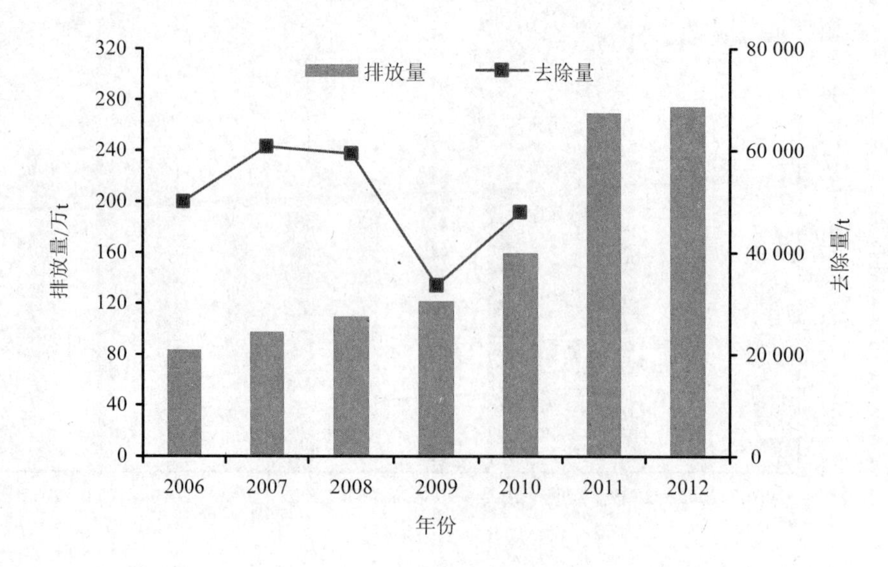

图 2-52 2006—2012 年非金属矿物制品业氮氧化物排放及去除情况

③黑色金属冶炼及压延加工业

2006—2012 年我国黑色金属冶炼及压延加工业氮氧化物排放量呈逐年上升趋势，氮氧化物的去除量处于较低水平（见图 2-53）。

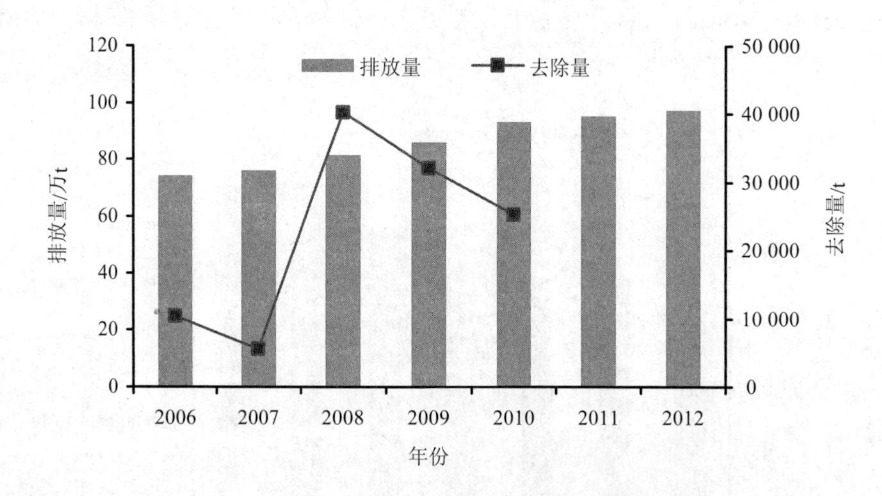

图 2-53 2006—2012 年黑色金属冶炼及压延加工业氮氧化物排放及去除情况

（3）颗粒物

①工业烟尘

a．电力、热力的生产和供应业

电力、热力的生产和供应业是我国工业行业中烟尘排放量最高的行业，从图 2-54 可以看出，2005 年起电力行业工业烟尘排放量在逐年降低，同时工业烟尘的去除水平在逐年提高。

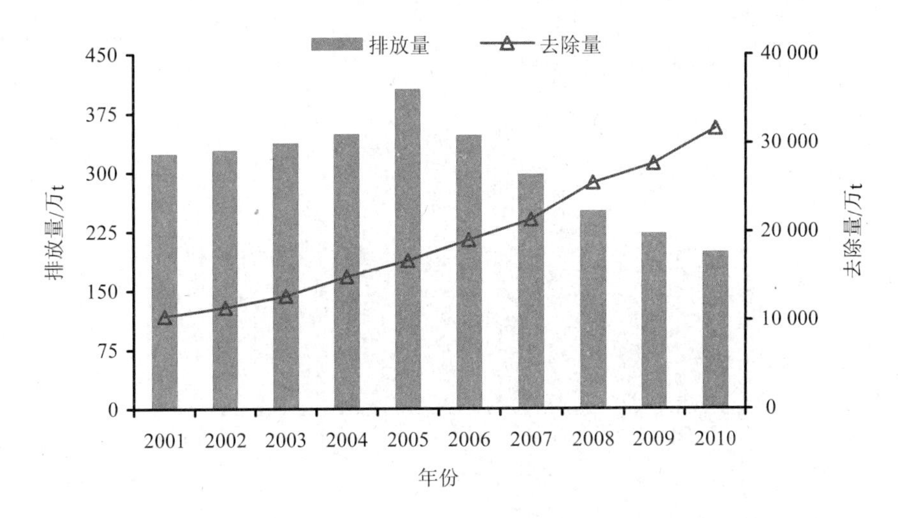

图 2-54　2004—2010 年电力、热力的生产和供应业工业烟尘排放及去除情况

b．非金属矿物制品业

2005 年以后我国非金属矿物制品工业烟尘排放量呈逐年下降趋势，2010 年略有反弹，2007 年后我国非金属矿物制品工业烟尘去除量呈较快增长（见图 2-55）。

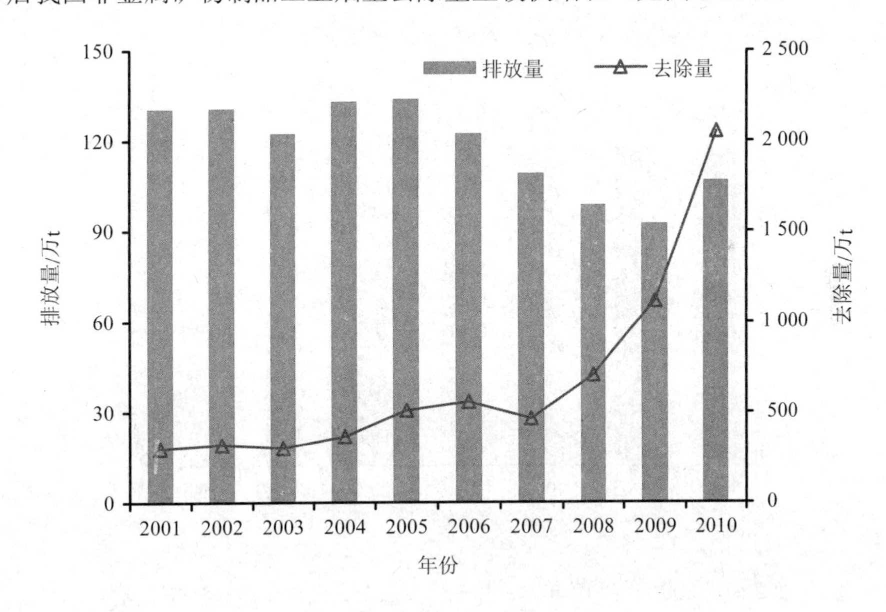

图 2-55　2001—2010 年非金属矿物制品业工业烟尘排放及去除情况

c．黑色金属冶炼及压延加工业

2004—2010 年我国黑色金属冶炼及压延加工业烟尘排放量呈波动趋势，自 2006 年以后排放量开始下降，2010 年小幅反弹，去除量水平不断增长，2009—2010 年去除量增长迅速（见图 2-56）。

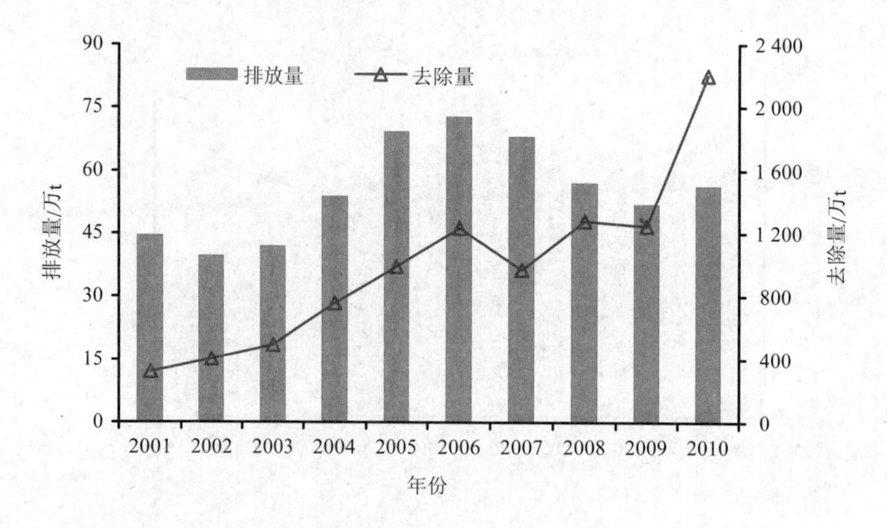

图 2-56　2001—2010 年黑色金属冶炼及压延加工业烟尘排放及去除情况

②工业粉尘

a．非金属矿物制品业

2004—2010 年我国非金属矿物制品业工业粉尘排放量呈逐年下降趋势，去除量自2005 年以后均逐年上升趋势，工业粉尘去除水平不断提高（见图 2-57）。

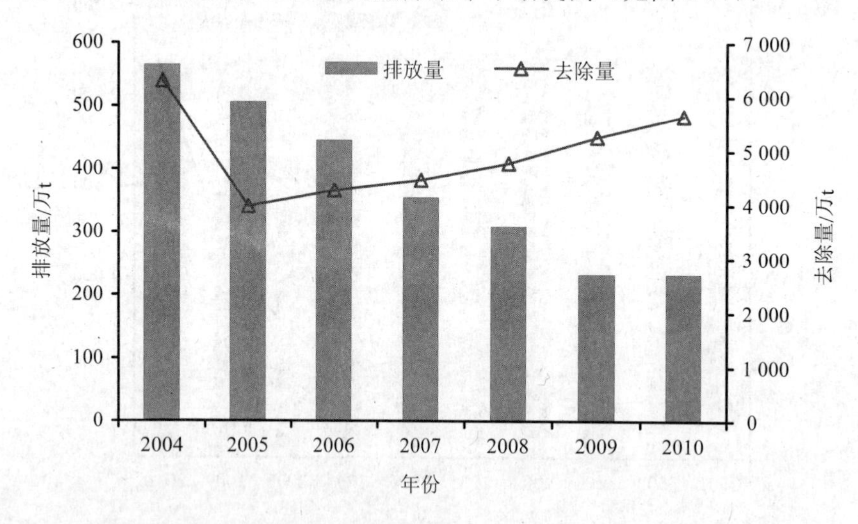

图 2-57　2004—2010 年非金属矿物制品业工业粉尘排放及去除情况

b．黑色金属冶炼及压延加工业

2004—2008 年我国黑色金属冶炼及压延加工业工业粉尘排放量呈下降趋势，2009—2010 年略有上升，去除量呈上升趋势（见图 2-58）。

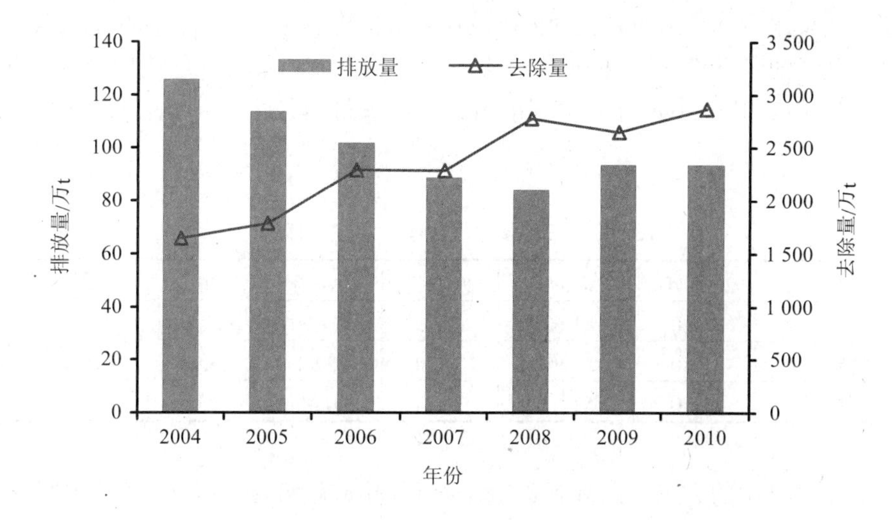

图 2-58　2004—2010 年黑色金属冶炼及压延加工业工业粉尘排放及去除情况

2.3.2.6　常规污染物和温室气体排放趋势分析

我国温室气体排放趋势与拐点出现时间是国内外科学研究的热点问题。国务院发展研究中心产业经济研究部、国家发展和改革委员会能源研究所（ERI）和清华大学核能与新能源技术研究所等单位主持编写的《2050 中国能源和碳排放报告》开展了我国能源消费与温室气体排放的中长期情景研究，比较全面地反映我国未来温室气体可能的排放趋势，根据与未来排放密切相关的几个主要因素设计了 3 个排放情景。

第一个是不采取气候变化对策的情景（BAU），即以各种可能的发展模式设计的情景，主要驱动因素是经济发展。根据以往情景分析研究的结论，基本反映目前所能够回顾评述的有关我国未来 50 年的经济发展途径。人口发展模式按国家人口规划，即在 2030—2040 年达到人口高峰 14.7 亿，同时，已经采取的常规能源政策将持续下去，“十一五”期间的 20%能源强度目标下的新政策不包括在该情景下。

第二个是低碳情景（Low Carbon Scenario，LC）或政策情景，即在考虑到我国国家能源安全、国内环境约束、低碳发展要求的因素下，采取国家政策促进所能够实现的低碳排放情景。这种情景要求不以单纯的经济增长为核心目标，而是同时考虑到国内社会、经济、环境各方面的发展需求，依据国内自身努力，通过强化技术进步、转变经济发展模式、改变消费方式、采取低能耗低温室气体排放政策，来实现一种低碳的能源与排放目标。

第三个是强化低碳情景（Enhanced Low Carbon Scenario，ELC），即设想在全球共同一致减缓气候变化的愿景下，我国可以作出的进一步贡献。这种情景的前提是，首先，全球各国就应对气候变化达成了一致，共同努力互助，使技术进步进一步强化，重大技术成本下降加速，发达国家的政策及其先进技术逐渐扩展到发展中国家。其次，假设到 2030 年之后我国经济实力已经是世界第一，可以进一步加大对低碳经济的投入，更好地利用低碳经济提供的机会促进经济发展。再次，我国在一些领域的技术开发方面成为世界领先，如清洁煤技术和碳收集与捕获技术（CCS），并使得这些技术得到大规模应用。

从研究结果来看，我国的温室气体排放量未来仍将持续快速增长，在不采取应对气候变化措施的基准情景下将在 2040—2050 年出现下降拐点，而强化低碳情景条件下出现下降拐点的时间为 2030—2040 年，但基准情景的排放量是强化低碳情景的 2.5 倍之多（见表 2-18）。

表 2-18　ERI 三种情景下我国的温室气体排放量　　单位：亿 t CO_2

排放情景	2000 年	2005 年	2010 年	2020 年	2030 年	2040 年	2050 年
基准情景	31.80	51.67	78.25	101.90	116.56	129.25	127.05
低碳情景	31.80	51.67	71.24	82.94	85.98	87.93	88.22
强化低碳情景	31.80	51.67	71.24	80.45	81.69	73.85	51.15

作为一个发展中的大国，我国未来的温室气体排放趋势也是国际社会关心的一个热点问题。针对我国未来的温室气体排放趋势，英国廷德尔气候变化研究中心（Tyndall Center for Climate Change Research，Tyndall）、美国劳伦斯—伯克利国家重点实验室（Ernest Orlando Lawrence Berkeley National Laboratory，LBNL）、麦肯锡公司（McKinsey & Company，McKinsey）、国际能源机构（International Energy Agency，IEA）和联合国开发计划署（United Nations Development Program，UNDP）等国外研究机构都开展了研究工作，李惠民等对这些研究成果进行了梳理和比较。

不同情景下的温室气体排放量结果差异很大，2030 年为 70 亿～140 亿 t CO_2，2050 年为 43 亿～162 亿 t CO_2。不同研究情景中的温室气体排放量具有不同的趋势，总体上看我国温室气体排放量仍呈增长趋势，但多数情景都会在 2050 年之前出现排放峰值，峰值出现的时间集中在 2030—2040 年，排放峰值为 82 亿～117 亿 t CO_2（图 2-59）。

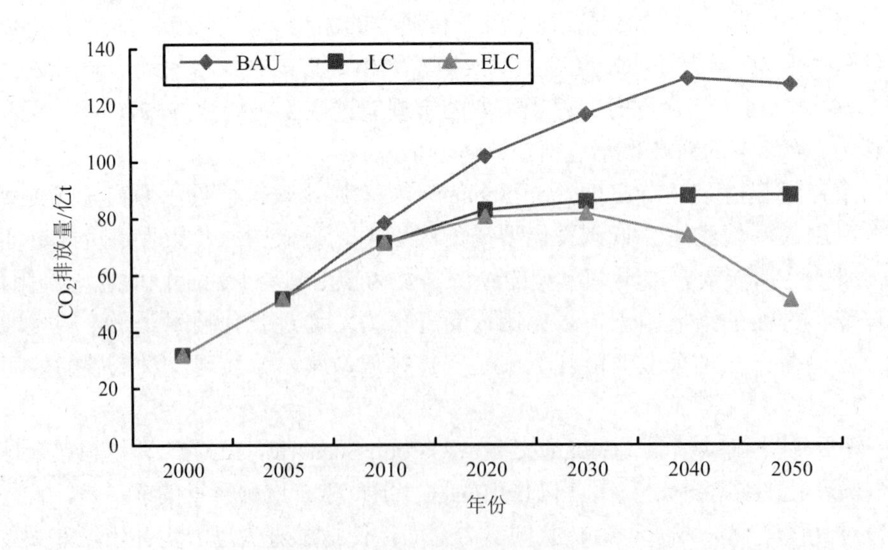

图 2-59　ERI 三种情景下我国的温室气体排放量

我国学者也对温室气体排放峰值开展了大量的研究工作（图 2-60）。朱永彬等的研究结果认为，我国温室气体排放的峰值与能源消费峰值密切相关，其下降拐点将出现在

2039—2043 年，预计峰值排放量范围在 122.79 亿～140.64 亿 t CO_2。渠慎宁等的研究成果认为，按照目前发展趋势，若经济社会发展的同时保持碳排放强度合理下降，我国的温室气体排放峰值到达时间应为 2020—2045 年，预计峰值排放量范围在 89.53 亿～116.18 亿 t CO_2。

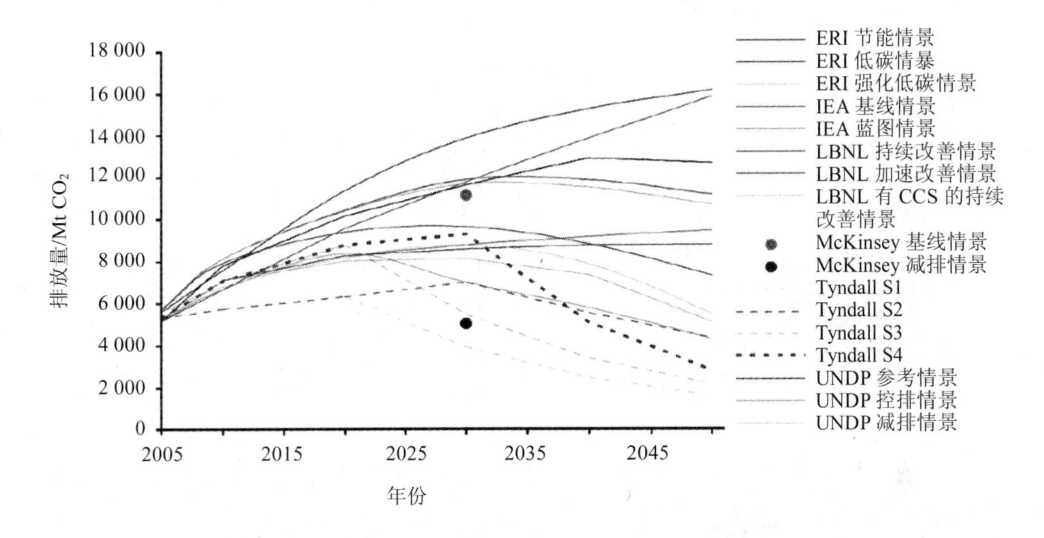

图 2-60　不同研究机构的我国二氧化碳排放情景

2.3.2.7　排放效率研究

为进一步分析地区间的排放差异，本书采用数据包络分析（Data Envelopment Analysis，DEA）对我国 30 个省区的二氧化硫和二氧化碳排放效率进行评价。在经济学中，衡量投入和产出关系常用到的指标是“效率”，本书将二氧化硫和二氧化碳的排放量作为非期望产出代入各省区的生产过程中去，排放效率即指用最小的投入获得最大的期望产出和最小的非期望产出。

（1）研究方法

DEA 是运筹学、管理学与数理经济学交叉研究的一个领域，它是由 Charnes 与 Cooper 等于 1978 年创建的。DEA 主要采用数学规划的模型评价具有多输入多输出的部门或决策单元（Decision making units，DMU）之间的相对有效性，是一种非参数的评估方法，也是估计生产前沿面的一种有效方法。目前，该方法已经比较成熟，并被我国学者应用于环境效率、能源效率评价领域。

（2）评价模型构建

本书选用评价 DMU 相对效率最广泛的模型 BCC 模型投入导向模型，模型是假定决策单元规模收益可变情况下的效率评价模型，该模型是由 Banker 等人提出的，通常称为 BCC 模型，BCC 模型得到的决策单元的效率值不仅涵盖技术效率，而且涵盖了规模效率，模型如下所示：

$$
\begin{aligned}
&\min\theta \\
&\text{st.} \\
&\sum_{j=1}^{n}\eta_j x_{ij}+s^-=\varphi x_0, i=1,2,\cdots,m; \\
&\sum_{j=1}^{n}\eta_j y_{rj}-s^+=y_0, r=1,2,\cdots,s; \\
&\sum_{j=1}^{n}\eta_j=1; \\
&\eta_j\geqslant 0,\ j=1,2,\cdots,n.
\end{aligned}
$$

上述模型假定一个生产系统中有 n 个相互独立的决策单元 DMU_j（j=1，2，…，n），每个决策单元有 m 种资源（投入）X_j=（x_{1j}，x_{2j}，…，x_{mj}）^{T} 生产 S 种产品（产出）Y_j=（y_{1j}，y_{2j}，…，y_{sj}）^{T}，s^-、s^+分别是各项投入/产出的松弛。该模型的经济含义为：在现有制度、结构和技术水平下，得到目前产出水平，投入要素可否减少，若可以（θ<1），则认为存在浪费，生产缺乏效率，可以用比现有投入更小的投入获得当前产出；反之（θ=1）则认为生产有效率，现有投入下的产出已是最大产出（θ 为 DMU 的相对效率值）。所有有效观测点形成包络就是生产前沿面。

综合考虑我国能源消费结构的特点以及经济发展与环境变化之间的关系，选取投入指标为劳动力（X_1）、固定资产投资（X_2）、能源消耗总量（X_3），选取的产出指标为二氧化硫、二氧化碳排放总量和 GDP。由于二氧化硫和二氧化碳排放量为非期望产出，采用取倒数的方法处理数据，鉴于模型计算的是相对效率，因此这种数据处理不会影响最后的计算结果。

（3）效率评价结果

本书应用 maxDEA（version5.0）软件包计算得到各省效率值及排名，见表 2-19。DEA 计算的效率只是相对效率，计算结果显示东部、中部、西部的效率排名是：东部>中部>西部，这与东部经济相对发达，能源效率高，技术水平高的现状一致。上海、江苏、福建、广东、海南、青海和天津 7 个省市处于生产前沿面上，相对效率为 1，说明其 DEA 有效，而其余省区均为 DEA 无效，效率最低的 3 个省区分别是云南、陕西和内蒙古，均为西部地区省区。

表 2-19　2006—2010 年基于 DEA 模型的各省份排放效率分值表

地区	1995—2001 年	2002—2005 年	2006—2010 年	均值	排名
东　部	0.943 7	0.902 1	0.860 9	0.902 2	I
中　部	0.934 1	0.841 3	0.749 7	0.841 7	II
西　部	0.858 1	0.743 5	0.677 3	0.759 6	III
北　京	0.825 8	0.738 4	0.802 0	0.788 7	15
天　津	1.000 0	1.000 0	1.000 0	1.000 0	1
河　北	0.744 7	0.800 1	0.576 9	0.707 2	25
山　西	0.890 5	0.663 8	0.545 3	0.699 9	27
内蒙古	0.934 0	0.599 7	0.488 0	0.673 9	30
辽　宁	0.990 0	0.845 6	0.586 7	0.807 4	24

地区	1995—2001 年	2002—2005 年	2006—2010 年	均值	排名
吉　林	0.922 4	0.770 8	0.609 2	0.767 5	20
黑龙江	0.995 2	0.993 7	0.862 4	0.950 4	11
上　海	1.000 0	1.000 0	1.000 0	1.000 0	1
江　苏	1.000 0	1.000 0	1.000 0	1.000 0	1
浙　江	0.929 9	0.875 4	0.958 6	0.921 3	8
安　徽	0.966 1	0.872 3	0.820 7	0.886 4	14
福　建	1.000 0	1.000 0	1.000 0	1.000 0	1
江　西	0.976 9	0.735 1	0.773 8	0.828 6	17
山　东	0.991 0	0.840 8	0.833 5	0.888 4	12
河　南	0.877 0	0.853 8	0.609 4	0.780 1	19
湖　北	0.821 7	0.848 8	0.776 7	0.815 7	16
湖　南	0.922 7	0.815 0	0.712 1	0.816 6	18
广　东	1.000 0	1.000 0	1.000 0	1.000 0	1
广　西	0.990 7	0.961 6	0.822 5	0.924 9	13
海　南	1.000 0	1.000 0	1.000 0	1.000 0	1
重　庆	0.792 4	0.626 6	0.565 4	0.661 5	26
四　川	0.989 3	1.000 0	0.868 7	0.952 7	10
贵　州	0.807 5	0.571 1	0.595 2	0.657 9	22
云　南	0.706 7	0.658 0	0.527 9	0.630 9	28
陕　西	0.715 8	0.554 8	0.499 7	0.590 1	29
甘　肃	0.736 6	0.633 8	0.588 5	0.653 0	23
青　海	1.000 0	1.000 0	1.000 0	1.000 0	1
宁　夏	0.986 6	0.913 2	0.893 6	0.931 1	9
新　疆	0.779 9	0.659 8	0.601 2	0.680 3	21

为了更清晰地反映各省份排放效率的差异，应用 SPSS 17.0 软件对各省区的效率值进行 K-Means 聚类分析，将其划分为 3 类，排放效率较高的地区有天津、上海、江苏、福建、广东、海南、青海、安徽、黑龙江、山东、宁夏 12 个省份，其排放效率处于相对理想的水平；处于中等水平的有北京、辽宁、吉林、浙江、江西、河南、湖北、湖南、四川 9 个省份，碳排放效率有待改善；排放效率较低的有贵州、云南、山西、甘肃、重庆、内蒙古、河北、山西、新疆 9 个省份，是节能减排的重点治理区域。

2.3.2.8　关联性研究

从来源和产生机理看，传统污染物控制措施会对温室气体减排产生一定的协同效应，同时，温室气体减排措施也会对传统污染物的排放产生一定的协同效应。虽然利用协同控制措施减排大气污染物和温室气体的理念已基本得到认同，但目前国内关于协同控制效应及协同控制效应评价方面的研究还处于起步阶段，相关研究较少，也不全面。因此，有必要全面与深入研究，定性与定量分析减排大气污染物和温室气体的协同效应，为协同控制大气污染物和温室气体排放奠定理论基础。

（1）协同控制文献综述

①协同效应定量评价

在协同控制定量化评价方面，国外已有研究大多着眼于协同减排潜力以及由此产生的环境、健康、社会福利效益。例如 Tollefsen 等估算了欧洲实施大气污染控制措施所产生的减缓气候变化协同效益；Wang Xiaodong 和 Smith 研究了温室气体减排措施在短期内对人群健康的协同效应，Rypdal 等研究了欧盟地区在 6 种气候变化政策情景下所产生的大气污染物和温室气体减排、环境质量、社会福利和人群健康协同效应；Gielen 等研究了能源环境政策对 CO_2、SO_2 和 NO_x 的协同控制效应，并以上海为案例进行分析；此外，也有学者（如 Chae.Y）从环境经济学角度研究了减排措施的协同效应相关关系，并进行成本—效果评价。

国内目前关于协同控制效应评价方面的研究还处于起步阶段，相关研究较少，区域评价方面有杨宏伟（2004）以北京为案例，李丽平等（2009）以攀枝花市为例开展的初步研究，行业评价方面毛显强等（2011）以火电厂为例开展的技术减排措施协同控制效应评价研究。[①]

②协同控制技术和方法

由于温室气体和常规的大气污染物同根同源，两者的排放源相同，都是燃料燃烧排放所致，例如，氮氧化物，既是大气污染物，又是造成气候变化的温室气体。所以，在选择、制定大气污染防治技术和政策措施的时候，就要考虑多种污染物的协同控制，确保控制温室气体排放措施和常规大气污染物减排优化组合，不彼此冲突，而且能以最小的成本实现气候与环境保护的双重目标（王金南等，2010）。具体的技术和政策方法如表 2-20 所示。

表 2-20　协同控制的技术和政策选择

	城市/区域大气污染控制	大气污染与气候变化协同控制整合/协同效益	应对气候变化
技术选择	低硫煤； 烟气处理（脱硫/脱硝/除尘/脱汞）； 汽车尾气催化处理； 柴油微粒过滤； 挥发性有机物控制	清洁燃料/可再生能源； 提高能源效率； 发展公共交通； 淘汰黄标车； 制定新的车辆/设备排放标准； 其他多种污染物协同控制技术	碳脱除； 碳地质封存； 生态建设/生物多样性保护； 控制其他温室气体（CH_4/N_2O/CFC_S/SF_6）
政策选择	环境标准体系； 环境影响评价制度； 总量控制制度与排污交易制度； 排污许可证制度； 资源价格政策与产品准入制度； 环境税收政策； 环保技术政策； 环境监管制度； 政绩考核与评估制度	环境影响评价中增加对建设项目温室气体排放量的审查； 碳排放交易制度； 碳排放许可制度； “两资一高”行业和出口产品碳排放强制限制； 碳税征收； 低碳环保技术研发与推广政策； 主要碳排放源核算监管与控制措施实施效果管理制度； 碳标识制度	CDM 政策

① 胡涛，田春秀，李丽平．协同效应对中国气候变化的政策影响[J]．环境保护，2004（9）：56-58；李丽平，周国梅．切莫忽视污染减排的协同效应[J]．环境保护，2009（24）：36-38．

③评估方法和手段

目前国内外已经以城市为案例开展了一些协同评估研究，如北京案例、上海案例和攀枝花案例，这些评估结果对规划制定及其他决策发挥了重要作用。

杨宏伟（2004）应用由中国能源研究所与日本国立环境研究所合作项目中开发的区域能源环境经济综合评价模型（AIM-local中国模型），综合考虑现行技术及未来技术发展、当地环境政策和未来经济发展等因素，结合对北京市能源环境对策的案例研究，来具体分析减排技术的本地环境效应对我国气候变化政策的影响。李丽平等（2010）认为一般污染减排的协同效应评估方法的基本思路是：首先明确给定区域污染减排的对象主体和具体措施，然后，将污染物减排措施按污染减排的“工程减排”、“管理减排”和“结构减排”三类进行分类，依据相关减排细则对二氧化硫和COD的核算方法，对每一项污染减排措施通过二氧化硫和COD的减排量来定量计算其相应温室气体的减排量。根据污染减排项目种类和不同脱硫工艺，采用不同类别的协同效应评价方法，但是对于同类或类似的项目，则尽量归类采用相同或类似的计算方法，以减少方法上的差异而有利于在不同地区应用。毛显强等（2011）开发了协同控制效应坐标系分析，污染物减排量交叉弹性分析和技术措施减排成本—效果分析的协同控制评价方法。

目前已有的评估方法和工具主要包括：综合环境战略（Integrated Environmental Strategies，IES）US EPA；协调的排放分析工具（Harmonized Emissions Analysis Tool，HEAT）ICLEI；温室气体和大气污染物相互作用和协同作用（Greenhouse Gas and Air Pollution Interactions and Synergies，GAINS-Asia）IIASA；碳评估分析工具（Carbon Value Analysis Tool，CVAT）WRI；更优空气质量交互作用模型（Simple Interactive Model for Better Air Quality，SIM-BAQ）World Bank；清洁发展和气候项目（Clean Development and Climate Program，CDCP）Eco-Asia/USAID。

亚洲协同控制的评估工具有：清洁空气评估工具（清洁空气计分卡）；为公司整合GHG/AP的审计工具（审计的大气污染物和温室气体包括PM、SO_2、NO_x、VOC、CO_2、CH_4、N_2O）；交通排放情景分析模型；交通、能源领域的GHG/AP指标。

（2）关联性分析

①来源和产生机理

SO_2和CO_2，前者是我国主要防控的传统大气污染物，后者是近年来备受全球关注的影响气候变化的主要温室气体，二者同根同源，从来源和产生机理看均主要来源于化石燃料的燃烧。有研究表明我国大约80%的二氧化硫和70%的二氧化碳来自于煤炭的燃烧。构成煤炭有机质的元素主要有碳、氢、氧、氮和硫等，此外，还有极少量的磷、氟、氯和砷等元素。碳、氢、氧是煤炭有机质的主体，占95%以上。我国煤的含硫量变化值很大，从0.1%～10%不等[①]。煤中的有机硫化物（$C_xH_yS_z$）和黄铁矿（FeS_2）燃烧生成SO_2，有机硫化物燃烧时同时生成CO_2。

②相关系数计算

相关分析是研究变量间密切程度的一种常用统计方法。线性相关分析研究两个变量间线性关系的强弱程度和方向，可分为正线性相关和负线性相关。正线性相关指两个变量线

① 田春秀，李丽平，胡涛，等. 气候变化与环保政策的协同效应[J]. 环境保护，2009（12）：67-68.

性的相随变动方向相同，负线性相关指两个变量线性的相随变动方向相反。相关系数是描述线性关系强弱程度和方向的统计量，范围在−1～1之间，绝对值越大，表明相关性越强，相关系数的符号表示相关的方向。对不同类型的变量应采用不同的相关系数来度量，常用相关系数计算方法主要有参数相关系数计算和非参数相关系数计算。首先对我国 SO_2 和 CO_2 排放量数据进行是否满足正态分布条件的检验，检验结果是我国 SO_2 和 CO_2 排放量数据不满足正态分布，因此选取 Spearman 非参数相关分析。Spearman 相关系数是根据数据的秩而不是根据实际值计算的，它适合不满足正态分布的等间隔数据。将 SO_2 和 CO_2 排放数据定义为变量 x、y，则变量 x、y 之间的 Spearman 非参数相关系数的计算公式为：

$$r=\frac{\sum(R_i-\bar{R})(S_i-\bar{S})}{\sqrt{\sum(R_i-\bar{R})^2(S_i-\bar{S})^2}}$$

式中，R_i 是第 i 个 x 的秩，S_i 是第 i 个 y 的秩，$\bar{R}$、$\bar{S}$ 分别是 R_i 和 S_i 的平均值。

③结果与讨论

应用 SPSS 17.0 对 1995—2010 年我国 SO_2、CO_2 的排放量间的 Spearman 相关系数进行计算，计算结果见表 2-21。结果显示，全国 SO_2 和 CO_2 排放量的相关系数为 0.806，相关系数假设检验为 0 的概率小于 0.001，显然 SO_2 和 CO_2 排放量间是高度相关的。按区域划分的 4 大区域 SO_2 和 CO_2 排放量的相关性也很显著，东中西部和东北地区的相关系数 r 分别为 0.603，0.735，0.75 和 0.625，呈现出 $r_{西部}>r_{中部}>r_{东北}>r_{东部}$的趋势。30 个省份中，有 18 个省份的 SO_2 和 CO_2 排放量间呈正强相关，上海和北京 2 个市 SO_2 和 CO_2 排放量间呈负强相关，其余 10 个省份的相关系数计算未通过假设检验，各省区相关系数排序见图 2-61。

表 2-21 相关系数

地区	Spearman 相关系数	双尾显著性检验	相关性
全 国	0.806**	0.000	正强相关
东 部	0.603*	0.013	正强相关
中 部	0.735**	0.001	正强相关
西 部	0.759**	0.001	正强相关
东北地区	0.625**	0.010	正强相关
北 京	−0.892**	0.000	负强相关
天 津	0.010	0.970	未通过检验
河 北	0.365	0.165	未通过检验
山 西	0.378	0.149	未通过检验
内蒙古	0.402	0.123	未通过检验
辽 宁	0.468	0.068	未通过检验
吉 林	0.612*	0.012	正强相关
黑龙江	0.673**	0.004	正强相关
上 海	−0.511*	0.043	负强相关
江 苏	0.171	0.528	未通过检验
浙 江	0.744**	0.001	正强相关

地区	Spearman 相关系数	双尾显著性检验	相关性
安　徽	0.689**	0.003	正强相关
福　建	0.871**	0.000	正强相关
江　西	0.853**	0.000	正强相关
山　东	−0.403	0.122	未通过检验
河　南	0.871**	0.000	正强相关
湖　北	0.798**	0.000	正强相关
湖　南	0.556*	0.025	正强相关
广　东	0.803**	0.000	正强相关
广　西	0.788**	0.000	正强相关
海　南	0.687**	0.005	正强相关
重　庆	0.275	0.342	未通过检验
四　川	0.210	0.434	未通过检验
贵　州	−0.224	0.405	未通过检验
云　南	0.755**	0.001	正强相关
陕　西	0.644**	0.007	正强相关
甘　肃	0.635**	0.008	正强相关
青　海	0.949**	0.000	正强相关
宁　夏	0.753**	0.003	正强相关
新　疆	0.800**	0.000	正强相关

注：**. 相关系数在 0.01 水平上显著。

*. 相关系数在 0.05 水平上显著。

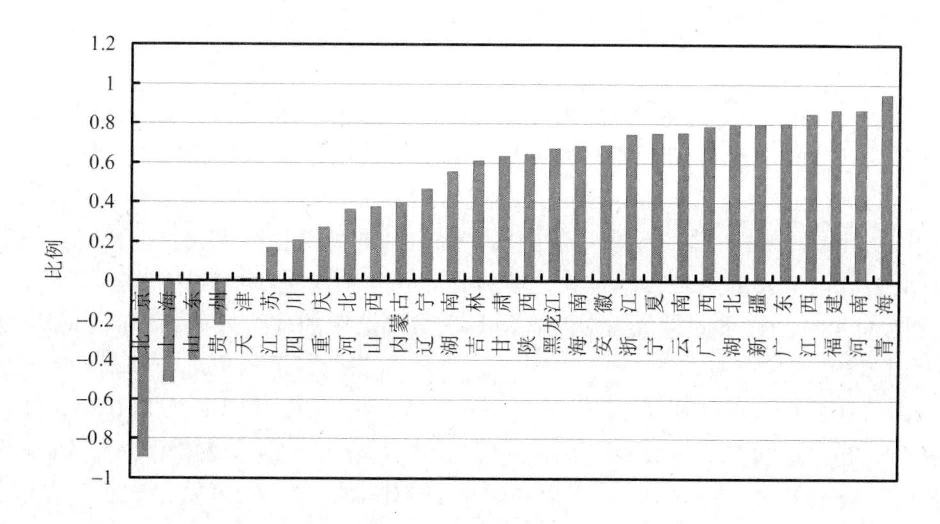

图 2-61　相关系数排序

相关性分析是为了研究 SO_2 和 CO_2 排放量间的统计关系，并试图分析不同区域的治理水平差异对这种统计关系的影响。SO_2 和 CO_2 从来源和产生机理看同根同源，在不采取任何治理措施的前提下，其排放量间应呈现出极强的相关性。但是由于各地区的经济发展水平不同导致能源消耗水平和 SO_2 治理水平不同会影响其相关系数的大小和方向。就总体情况看，我国 SO_2 治理水平的区域差异与相关系数的区域差异一致，东部地区的治理水平要高于东北地区和中西部地区。特别是上海和北京的 SO_2 和 CO_2 排放量间呈负强相关，说明在严厉的治理措施下，这两个地区的 SO_2 排放量一直呈下降趋势。青海、宁夏、甘肃、陕西和新疆等西部经济欠发达地区，SO_2 和 CO_2 排放量间均呈正强相关，特别是青海省相关系数最高达到了 0.949，趋近于 1，且这些地区的 SO_2 去除率均低于全国平均水平。

2.4 本章小结

本书选取我国 30 个省（市、自治区）1985—2010 年面板数据，对我国主要大气污染物（SO_2、烟尘、NO_x）和 CO_2 的排放总量，人均和单位 GDP 排放强度和排放弹性系数等排放特征进行了分析，并对 SO_2、CO_2 进行了统计意义上的关联性分析，主要结论如下：

第一，从年际变化特征看，1995—2010 年，我国 SO_2、CO_2 排放量的年际变化具有很强的相似性，大致可以分为 1995—2001 年缓慢波动增长阶段，2002—2005 年快速增长阶段和 2006—2010 年下降或增幅放缓阶段 3 个阶段；烟尘排放总量、工业烟尘排放量自 2005 年后开始呈现逐年下降趋势；“十一五”期间全国 NO_x 排放量的年际变化总体呈上升态势。

第二，从地区分布特征看，我国 30 个省份的经济发展、能源结构的水平差别较大。“双高”的省份是未来重点控制的区域。SO_2“双高”的省份为内蒙古、河北、山西、河南、辽宁、贵州、陕西；烟尘“双高”的省份为河北、山西、内蒙古、辽宁、黑龙江和新疆；NO_x“双高”的省份为河北、河南、内蒙古、山西、安徽、新疆、陕西和黑龙江；CO_2“双高”的省份为内蒙古、山西。

第三，从行业分布特征看，绝大部分的 SO_2 和 CO_2 排放量来自电力行业、黑色金属冶炼及压延加工业、非金属矿物制品业和化学原料及化学制品制造业 4 个行业。其中，电力行业的排放量最大，2010 年电力行业排放的 SO_2 和 CO_2 分别占行业排放总量的 53%和 55%；电力、热力的生产和供应业、非金属矿物制品业和黑色金属冶炼及压延加工业，这 3 个行业为我国主要的烟尘排放行业；电力行业和移动源是 NO_x 的主要排放来源，2010 年，火电占 48%，移动源排放占 9.57%，其次是制造业的非金属矿物制品业和黑色金属冶炼及压延加工业。

第四，SO_2 和 CO_2 同根同源，通过数理统计的方法计算，相关系数为 0.806；4 大区域 SO_2 和 CO_2 排放量的相关系数特征为 $r_{西部}>r_{中部}>r_{东北}>r_{东部}$；30 个省份中，有 18 个省份的 SO_2 和 CO_2 排放量间呈正强相关，上海和北京 2 个市 SO_2 和 CO_2 排放量间呈负强相关，其余 10 个省份的相关系数计算未通过假设检验，各省份 SO_2 和 CO_2 排放量的相关系数的特征与其 SO_2 的治理水平一致。

第五，从国内外诸多研究成果来看，我国温室气体排放未来将总体呈上升趋势，若我国采取一定的低碳发展措施并实现全球紧密协作，可能会在 2030—2050 年出现排放峰值即温室气体排放下降拐点。

综上所述，我国空气污染物和温室气体的排放特征有一定的相似性，有关研究也显示传统污染物控制措施会对温室气体减排产生一定的协同效应，同时，温室气体减排措施也会对传统污染物的排放产生一定的协同效应。虽然利用协同控制措施减排大气污染物和温室气体的理念已基本得到认同，但目前国内关于协同控制效应及协同控制效应评价方面的研究还处于起步阶段。结合二氧化硫和二氧化碳排放特征和关联性，我国未来大气污染物和温室气体减排应更注重协同效应，积极开展大气污染物与温室气体的协同控制研究。

第3章　空气污染对气候变化影响研究

3.1　研究背景

3.1.1　研究意义

空气污染与气候变化间的相互影响和反馈是当前世界上最受关注的重大环境问题之一。我国处于气候变化的敏感带和脆弱带，是气候灾害多发地区，也是受气候变化影响最为严重的国家之一。随着我国经济的快速发展、工农业活动的加剧以及城市化进程的加快，环境压力日益加重，气候变化问题成为制约我国经济和社会可持续发展的一个重大因素。大量的化石燃料和生物质的燃烧使很多地区大范围被大气气溶胶污染物所覆盖，大气气溶胶污染呈明显上升趋势，大气气溶胶不仅造成了严重的空气污染而且有明显的气候效应。

大气气溶胶是指悬浮在大气中的固态和液态气溶胶的总称，包括沙尘气溶胶、碳气溶胶（黑炭和有机碳气溶胶）、硫酸盐气溶胶、硝酸盐气溶胶、铵盐气溶胶和海盐气溶胶等。大气气溶胶辐射强迫效应（aerosol-radiation interaction）指，第一，气溶胶对太阳辐射有反射和散射作用，使到达地面的太阳辐射量减少，呈现降温效应；第二，部分气溶胶可吸收太阳辐射并释放红外线，产生升温效应，并可部分抵消非吸收类气溶胶的降温效应；第三，气溶胶可以吸收来自外太空的红外辐射并向地面释放，产生升温效应，可在白天抵消一部分气溶胶散射和反射造成的降温效应。气溶胶-云相互作用效应（aerosol-cloudinteraction）指在污染地区，气溶胶粒子可充当云凝结核（CCN）后可改变该区域云滴数浓度（CDNC），从而影响该区域或其他地区的云水含量、云量、云生命期以及降水等，进而可影响区域及全球水圈循环。不同的气溶胶组分对气候影响不同，其中，硫酸盐气溶胶和黑炭气溶胶对区域气候的影响最为显著。硫酸盐气溶胶指以固体颗粒形式悬浮在空气中的硫酸根或硫酸，具有降温效应。黑炭（BC）气溶胶是烟尘的主要组成部分，通过固体燃料（煤炭、木材，牛粪和农作物残留物）、生物质燃烧和燃烧化石燃料进入大气环境，兼具降温和升温效应。

高浓度水平的大气气溶胶降低了空气的质量并减少了到达地面的太阳辐射量影响气候变化，并且对社会及经济发展表现出重要的影响，目前我国地区已成为引起全球气溶胶辐射效应和气候效应不确定性的主要区域之一。由加拿大科学家根据美国国家航空航天局（NASA）的卫星数据绘制而成的2001—2006年全球污染颗粒$PM_{2.5}$浓度地图（图3-1）显示，从北非撒哈拉沙漠一直延伸到东亚的一大片区域，$PM_{2.5}$污染相当严重，全世界超过80%的人口正在呼吸着严重污染的空气，污染浓度超过了世界卫生组织给出的最小安全值（10 μg/m^3）。

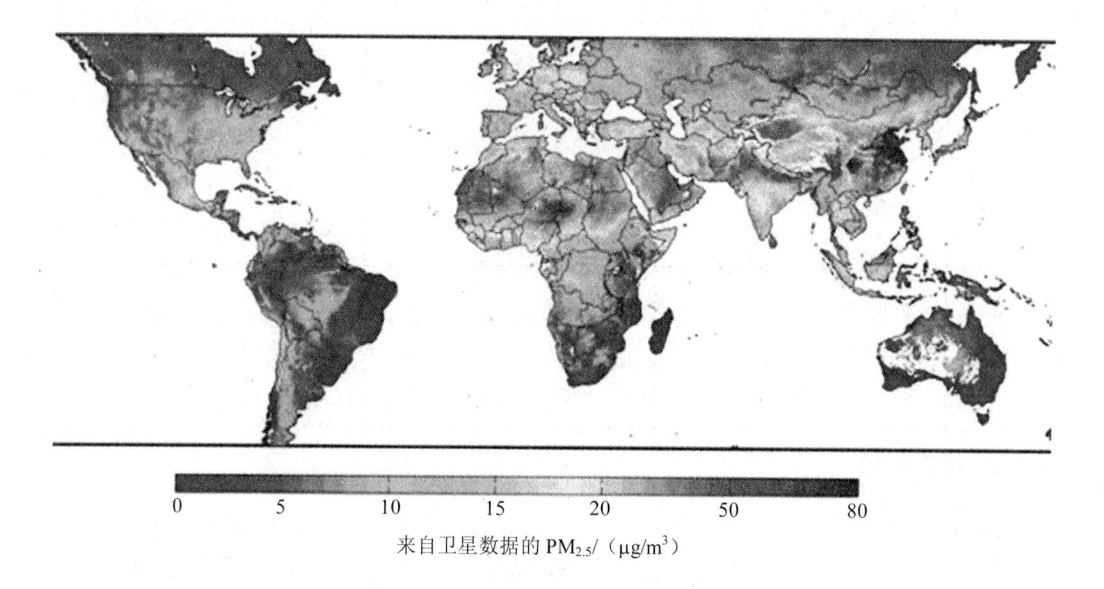

图 3-1　全球颗粒物 $PM_{2.5}$ 浓度分布

《国家中长期科学和技术发展规划纲要（2006—2020 年）》在环境重点领域研究中指出“加强全球环境公约履约对策与气候变化科学不确定性及其影响研究，加强应对气候变化重大战略与政策研究，围绕气候变化领域热点问题深入开展应对措施研究，为国家应对气候变化提供支撑”。应对气候变化的问题之一是气溶胶通过气候效应对区域气候和气象要素的影响。

气溶胶污染对气象要素的影响长时间积累可改变区域气候条件，而短时间内太阳辐射量、温度、风速、大气边界层高度以及降水等气象要素的变化可影响污染物扩散和二次污染物形成。气溶胶在大气中的停留时间为一周甚至更短，并且在空间和时间分布上变化大，多在排放源附近达到浓度峰值，因此探究气溶胶对区域气象要素影响的首要前提是准确模拟气溶胶的时空分布，在线（On-line）型空气质量模式不仅可准确地模拟气溶胶污染分布还可模拟气溶胶与气象要素间的反馈。

国外学者利用数值模拟进行了大量的空气污染物的气候效应研究，包括使用耦合的大气-海洋气候模式研究硫酸盐污染物对太阳辐射的直接效应；使用辐射模式研究硫酸盐气溶胶对区域气溶胶浓度的贡献及其对太阳直接辐射强迫的影响；利用耦合的区域气候-化学-气溶胶模式评估人为气溶胶对东亚降水的间接作用。

国内关于空气污染对区域气候变化的研究包括利用耦合的区域气候—化学模拟系统，模拟我国地区黑炭气溶胶的时空分布，估计第一间接辐射强迫；利用大气环流模式单向耦合气溶胶同化系统，模拟估算中国地区硫酸盐气溶胶引起的直接辐射强迫；使用二维能量平衡模式估算硫酸盐气溶胶的直接辐射强迫和对气温的影响；利用区域模式模拟气溶胶的气候和环境效应等。

从以上分析可以看出，数值模拟方法作为气候变化研究中的一种重要方法和手段，对气溶胶等大气污染物气候效应研究，借助数值模拟方法对污染物的源、汇、输送、微物理和化学转化等过程进行描述是研究和模拟空气污染物气候效应的基本方法，它们推动了大气环流模式（GCM）和区域气候模式（RegCM）以及三维化学输送模式（CTM）的迅速发展。基于此开展全国和重点区域典型大气污染物对气候变化的影响评估研究。

3.1.2 研究内容

3.1.2.1 基础数据集建立

充分收集整理研究区域详细的污染源清单数据，并进行有效的质量保证和质量控制（QA/QC）；充分收集空气质量模式建立所需的地理信息数据和气象边界条件数据；充分收集区域环境监测网的环境监测数据；充分收集研究区域内各气象台站多年常规气象观测数据（包括温、压、湿、风等各气象要素）。对上述数据集进行标准化，建立基础数据平台。

3.1.2.2 模式构建

调试和构建适用于我国的 WRF-chem 空气质量模式和 RegCM 区域气候模型。利用基础数据平台中的地理信息数据和气象边界条件数据作为模式输入数据，利用污染源清单数据建立适用于 WRF-chem 和 RegCM 的我国区域污染源排放清单，利用气象观测数据和环境监测数据进行系统检验对模式。

3.1.2.3 气溶胶污染对我国气象要素影响特征分析

探究气溶胶污染与区域气象要素变化间的关系，分析不同气溶胶污染程度下各季节我国不同地区气象要素变化情况。采用情景分析和敏感性实验方法，选取基准年 1、4、7、10 四个月作为春、夏、秋、冬四季的代表月，模拟计算气溶胶污染对气象要素变化的影响以及对短时间内（数小时至数天时间范围内）气象要素变化的影响。

选取具有代表性的重污染时段进行气溶胶气候效应对气象要素影响特征分析。通过比较同一地区重污染时段与非重污染时段、同一时间段内重污染区域与非重污染区域气象要素变化的异同之处，探究重污染发生时气溶胶气候效应对区域气象要素的变化特点，及其对污染物扩散、二次污染物形成的影响。

3.1.2.4 气溶胶污染对气候变化影响

在国内外研究现状综合调研的基础上，收集整理了数据资料，调试和构建了区域气候模式。完成了全国和部分重点地区 2000—2009 年气候模拟试验和验证、城市群空气污染指数的变化特征研究以及未来典型年份气候变化结果分析等。

3.1.2.5 不同气溶胶气候效应研究

为探究黑炭气溶胶和硫酸盐气溶胶对区域气象要素的影响，采用情景分析和敏感性实验方法，分析了不同季节、不同污染程度下黑炭气溶胶和硫酸盐气溶胶对各气象要素的影响，完成了气候变化代表年份硫酸盐和黑炭气溶胶对气温变化的影响模拟和分析。

3.1.3 研究方法

采用数值模拟和情景分析法探究我国气溶胶污染的气候效应。在对国内外现有数值模式广泛调研的基础上，选取并建立适用于我国的数值模型（WRF-chem 和 RegCM）。设置多个模拟情景，见表 3-1，基线情景代表真实大气，其他模拟情景可反映颗粒物气候效应对区域气象要素的影响，基于数值模式对各情景的模拟结果，通过比较不同情景间气象要素的差别定量评估颗粒物气候效应对气象要素的影响。

表 3-1　模拟情景描述

情景	源排放	PM 机制	反馈机制	意义
Direct & Indirect	全物种排放	全部气溶胶化学机制	气溶胶直接/间接反馈机制	代表真实大气，反映气溶胶气候效应对区域气象要素的协同影响
Direct	全物种排放	全部气溶胶化学机制	气溶胶直接反馈机制	代表气溶胶辐射强迫效应对区域气象要素的影响
Climate_EFE_non	全物种排放	全部气溶胶化学机制	无气溶胶反馈机制	代表无气溶胶气候效益的大气
Aerosol_non	无一次气溶胶排放	无气-粒转化，无二次气溶胶生成	无气溶胶反馈机制	代表无气溶胶气候效应作用的清洁大气
BC_non	无 BC 排放	全部气溶胶化学机制	气溶胶直接/间接反馈机制	代表无 BC 排放的大气，用于评估 BC 气候效应
SO_4^{2-}_non	无 SO_2/SO_4^{2-} 排放	全部气溶胶化学机制	气溶胶直接/间接反馈机制	代表无硫酸盐的大气，用于评估硫酸盐气候效应

通过比较 Direct & Indirect 情景和 Direct 情景与 Climate_EFE_non 情景间气象要素的差异实现气溶胶气候效应的定量评估；通过 Direct & Indirect 情景 Climate_EFE_non 情景间气象要素的差异实现气溶胶气候效应的定量评估（用于评估污染物减排政策对与应对气候变化作用评估）；通过 BC_non 情景、SO_4^{2-}_non 情景与 Aerosol_non 情景间的差异定量评估黑炭气溶胶和硫酸盐气溶胶对区域气象要素的影响。

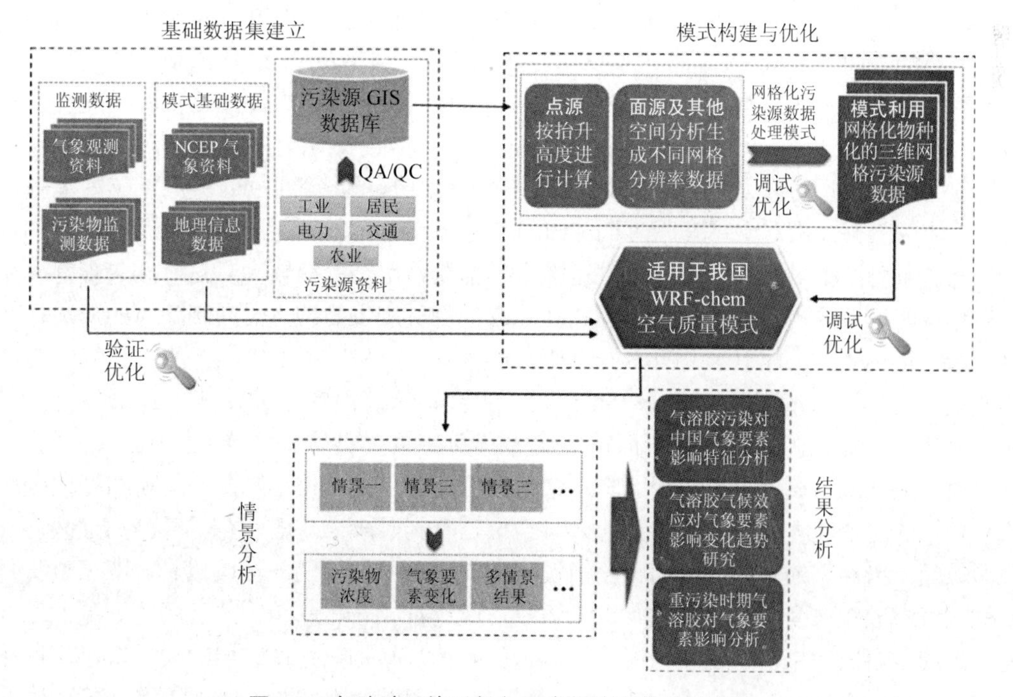

图 3-2　气溶胶污染对气象要素影响评估技术路线

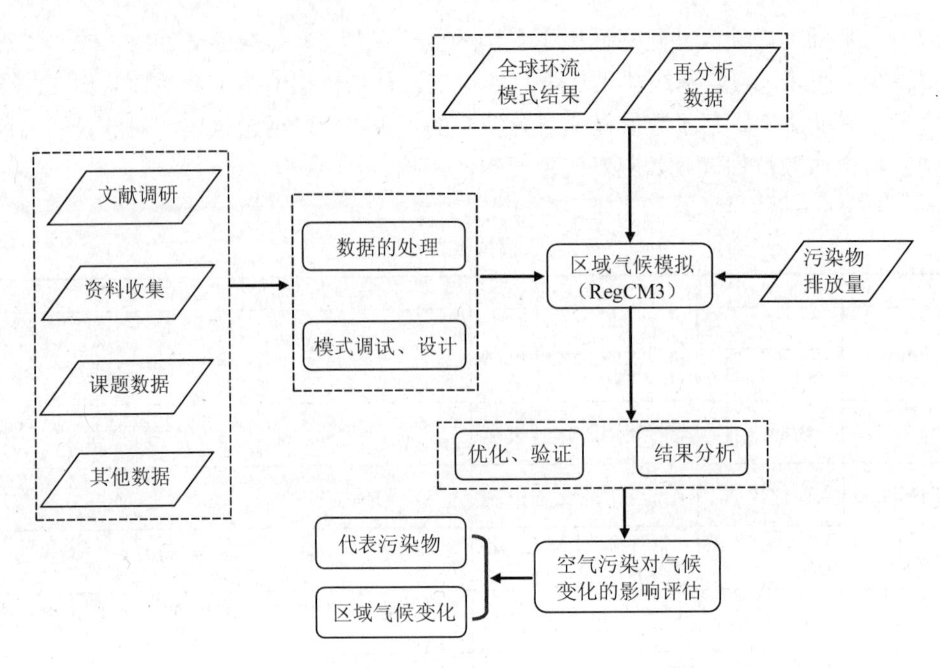

图 3-3 气溶胶污染对气候变化影响评估技术路线

3.1.4 国内外研究现状

针对气溶胶气候效应对区域气候及气象条件的影响已在全球多个地区开展。IPCC 第四次综合气候评估报告指出，全球人为排放的气溶胶造成的直接辐射强迫为–0.5（–0.9 to –0.10）W/m^2，间接辐射强迫为–0.7（–1.8 to –0.3）W/m^2。大气棕色云（Atmospheric Brown Cloud，ABCs）评估报告指出 ABCs 在全球范围内造成的辐射强迫为–4.4 W/m^2，其中 BC 辐射强迫约为–1.7 W/m^2，其他气溶胶辐射强迫约为–2.5 W/m^2，此外，ABCs 也在一定程度上影响了南亚地区的季风降水循环。北太平洋观测实验和印度洋观测实验发现，由于气溶胶直接效应的作用，短波辐射量明显地下降，并且由雾霾引起的地表太阳辐射削减量是大气顶层在晴天反射的太阳辐射量的 3 倍。Ohmura Atsumu 等通过分析数十年的观测资料发现气溶胶气候效应对全球变暗时期（1960—1980 年）太阳辐射的削减量是等比例的。气溶胶充当云凝结核时，其粒径较小时对降水起抑制作用，粒径较大时对降水起促进作用。亚马逊和印尼地区的热带雨林火灾以及焚烧农作物所产生的烟，会抑制暖雨的形成，使当地的降水量下降。山地地区（例如美国加利福尼亚山区和以色列山区）的人为气溶胶排放可使该地区年降水量下降 15%～25%。另一方面，云凝结核很大一部分是由气溶胶充当的，而气溶胶颗粒中细粒子占大部分，这种粒子形成的云凝结核比较小，不利于云的形成，在美国，因云凝结核过小而减少的降水量最多可达到 19.4 mm，但在一些高纬度地区，气溶胶颗粒的粒径较大，易形成较大的云凝结核，有利于成云降雨。在受污染的地区，气溶胶颗粒是云凝结核的重要来源，一般情况下，充当云凝结核的气溶胶以粒径大于 0.05 μm 硫酸盐气溶胶颗粒为主，其次是有机气溶胶，通过对大陆和海洋地区云层的观测发现，人为排放的气溶胶污染物可以使云凝结核和云滴数浓度增加，并使它们的尺寸减小，这在一定程度上对降水起到抑制作用。Cerveny 等发现城市和工业区的下风向地区，粒径较大的、由气溶胶构成的云凝结核可使降水增加。

目前气溶胶气候效应研究中所使用的模型主要分为三类，即大气环流模式、气候模式和空气质量模式。Ramanathan 等利用 GCM 探究了大气棕色云对气候变化的影响，结果显示大气棕色云的降温作用抵消了 50%温室气体的升温作用，其中的吸收性气溶胶对水圈循环有较大影响。Roeckner 等利用大气环流模式探究了温室气体和硫酸盐气溶胶浓度的气候敏感性，结果显示在不考虑温室气体造成的温室效应前提下，若气候变暖气溶胶气候效应将使得全球水圈变弱。Jacobson 等利用 GATOR-GCMOM（Gas，Aerosol，Transport，Radiation，General Circulation，Mesoscale，Ocean Model）探究了存在于云中的 BC 对气候的影响，结果表明 BC 的吸收作用可使区域水蒸气含量增加、降水减少、云量减少。Wang C 等利用区域气候模式研究了 BC 的气候效应，结果表明 BC 的气候效应可造成地表潜热和显热通量、地表净长波辐射通量、边界层高度、对流性降水等的下降，低云量的升高。Rokjin J 等利用区域气候模式对东亚地区棕碳气溶胶（Brown carbon aerosols，以有机气溶胶为主）气候效应的研究表明，在棕碳气溶胶的作用下该地区地表入射太阳辐射量减少 2.4 W/m^2，大气顶层的辐射量增加 0.24 W/m^2。

WRF-chem（Weather Research Forecasting Model with chemistry）是新一代在线型空气质量模式，其在探究气溶胶污染与气象要素间相互反馈机制方面应用比较广泛。Chapman 等利用 WRF-chem 探究了美国北部地区点源排放气溶胶的辐射强迫及其对云形成的影响，结果表明研究区域内的太阳辐射量下降了 5W/m^2，降水量增加了 31%。Zhang 等利用 WRF-chem 探究了美国大陆地区气溶胶污染对区域气象要素的影响，结果表明在气溶胶作用下，美国大陆冬季和下降的太阳辐射量、温度、大气边界层高度等气象要素均下降，部分地区 NO_2 光化学反应速率增加，小粒径的云凝结核浓度增加，降水量下降。Zhang Y 等利用 WRF/chem-MADRID 模式对美国得克萨斯州墨西哥湾沿岸地区气溶胶气候效应模拟研究结果表明，该地区气溶胶污染使得入射短波辐射量、地面温度下降，低饱和度的云凝结核浓度增加，降水量减少。Renate Forkel 等利用 WRF-chem 探究了欧洲地区气溶胶污染对区域气象要素和二次污染影响，结果表明该地区入射短波辐射量、大气边界层高度下降，研究区域内降水变化了−100%～100%，PM_{10} 浓度升高。Zhang Y 等在 WRF-chem 模式的基础上开发 GU-WRF/Chem（Global-through-Urban Weather Research and Forecasting model with Chemistry），并用其探究了全球范围内气溶胶污染对气象要素的影响）。此外，WRF-chem 也应用于非洲西部矿质微尘引起的太阳辐射和季风降水变化的研究以及美国大陆因烟灰存在而造成的冰雪反照率下降和对水分循环影响的研究。Comprehensive Air Quality Model（CAMx）和 Community Atmosphere Model（CAM）等空气质量模式也被应用于气溶胶气候效应的研究中，Dawson，John P 等成功地将该模式应用于与气候相关的气象条件的改变对区域空气质量的影响。E. Katragkou 等利用 CAMx 对气象强迫的敏感特性，将其与 RegCM3 区域气候模式耦合，成功地探究了欧洲地区近地面 O_3 对外部气象强迫的敏感性。T Fan 等利用 CAM 模式探究海盐气溶胶的一些特性，实验结果显示海盐气溶胶的光学厚度、数浓度等参数可以较好重现，并且可用于探究海盐气溶胶对太阳辐射和降水的影响。

辐射传输模式用来研究空气污染物与大气辐射之间的相互反馈，进而获取污染物与气候因子特别是温度之间的关系，该类型模式主要用于大气垂直方向不同气溶胶种类和浓度对各高度层大气辐射效应的影响差异研究。G.B.Raga 等研究了墨西哥城空气污染物对局地气候和光化学特性的潜在改变。利用多重散射辐射传输模式计算气溶胶光学特征从而评估净辐射通量和加热率。研究表明，当气溶胶光学厚度 0.55 时，高吸收性气溶胶导致地表附近太阳辐射通量减少 17.6%，气溶胶浓度在垂直方向上的非均一性对局地加热起到重要作用，边界层顶 200 m 厚度的气溶胶层所产生的分解率垂直廓线与气溶胶均一分布在混合层时的结果明显不同，其气溶胶层底部的分解率较边界层内气溶胶均一分布时低了约 28%。此外，边界层顶的分解率较无气溶胶时有所增加，由此导致臭氧产生量增加。另外，在之前提到 Elina Marmer 和 Baerbel Langmann 使用辐射模式研究了地中海船舶排放的硫酸盐气溶胶对区域气溶胶浓度的贡献及其对太阳直接辐射强迫的影响，模拟表明其对区域空气污染和辐射强迫的作用明显。

目前，最为广泛且最为复杂的是利用大气化学-气候耦合模式系统研究空气污染物与气候变化之间的相互作用。常文渊等利用耦合了大气化学—气溶胶—气候的 CACTUS 模式进行了气候变化影响二次污染物和污染物气候效应两方面研究，其中针对 1951—2000 年离线污染物强迫，讨论了不同气溶胶成分（黑炭、硫酸盐、硝酸盐、一次有机碳、二次有机碳）直接强迫、对流层臭氧和温室气体强迫下的气候响应，比较了它们的异同。考虑全面气溶胶成分可以有效改善全球年均地表气温模拟，黑炭内部混合加热率显著，只考虑硫酸盐和一次有机碳气溶胶致冷强迫不足以抵消黑炭加热，将高估全球变暖。无论吸热型还是反射型气溶胶都明显使得到达地表的短波辐射减少。在反射型气溶胶的致冷强迫主导时，地表蒸发减少，潜热变化大于感热变化。在吸热型气溶胶加热强迫主导时，感热变化大于潜热变化。Joseph Alcamo 等针对区域空气污染对欧洲气候变化的影响这个问题，在 Regional air pollution and climate change in Europe（AIR-CLIM Project）中研究了硫酸盐气溶胶对太阳辐射的直接效应，对云覆盖和云厚的间接影响则没有考虑。通过使用耦合的大气-海洋气候模式（IMAGE2 的子模式）表明，使用高浓度和低浓度二氧化硫排放情景，硫酸盐对温度的影响不大，二氧化硫引起的全年平均温度改变也不太明显（0.1～0.2℃）。Yan Huang 等利用耦合的区域气候—化学—气溶胶模式评估了人为气溶胶对东亚降水的间接作用，模拟的硫酸盐类和碳类气溶胶季节与空间分布与观测基本一致，四川盆地以及东部和东北沿海地区气溶胶浓度最高，夏季较低，冬季浓度较高。利用该模式系统模拟了人为气溶胶的气候效应，其中由于到达地表的太阳辐射的减少，直接、半直接、第一间接气溶胶作用在近地面表现为冷却作用，黑炭的吸收作用亦导致气溶胶半直接效应加热大气。以上因素会造成大气稳定性增强从而抑制降水的发生，秋季和冬季降水减少约 10%，春夏季节降水减少约 5%。通过采用数值模拟及 EOF 分析，初步研究得到人为气溶胶增加会导致东亚降水减少，同时该结果表明人为气溶胶会减慢东亚水文循环（与温室气体的作用相反），因此，硫酸盐和碳类气溶胶排放的控制可能会加剧温室气体效应，从而对区域温度和降水造成一定的影响。该研究同时指出，由于中国等东亚国家正在加大空气污染的治理力度，加之大多气溶胶在大气中存在时间较短，一定程度上会造成我国一些地区降水增加，从而会对粮食生产、干旱化治理等产生正面的影响。

区域气候模式是在气候模式的基础上，为了进一步提高模拟的精度和模拟效率，结合中尺度气象模式而发展起来。其中气候模式广泛用于在较大尺度范围内研究污染物对气候变化影响，比如全球尺度、洲际尺度或者区域尺度，而区域气候模式则侧重于区域气候模拟。F. Solmon 等（2006）在区域气候模式 RegCM 中发展了一个简化的人为气溶胶模块，包括二氧化硫、硫酸盐、疏水和亲水黑炭、有机碳，并利用该模式系统研究了气溶胶对区域气候的影响，并与地面观测和卫星遥感数据进行了对比分析。虽然模拟结果存在一定的不确定性，但与其他的气候-气溶胶模式相比较，该模式系统提供了一个非常有用的研究气溶胶气候效应的工具。Zakey 等在区域气候模式 RegCM 中发展了一个沙尘气溶胶模块，该模块包括排放、传输、重力沉降、干湿清除以及气溶胶光学特征的计算，耦合的区域气候模式和沙尘气溶胶模式用来模拟撒哈拉沙漠的沙尘暴事件以及该地区气溶胶辐射特点，进而研究沙尘气溶胶对区域气候的影响。主要缺点在于没有模拟出可能导致沙尘暴爆发的低压系统，进而可能会对区域气候系统的模拟带来一定误差。Zhuang B.L 等利用 RegCCMS 耦合模式探究了我国地区黑炭气溶胶气候效应，结果表明气溶胶直接效应主要出现在 BC 浓度较高的地区，年平均辐射强迫为 0.75 W/m^2，在 BC 浓度和云量均较高的地区，地面和大气层顶的云单次散射反照率较其他地区高。Huang Y 等和 Liu Xiaodong 等利用不同的模式探究了我国地区气溶胶污染对温度、云量和降水等的影响。马欣等利用 WRF-chem 空气质量模式模拟研究京津冀地区气溶胶污染对区域气象要素影响的结果表明 2006 年夏季京津冀地区平均温度下降 0.19℃、风速下降 0.089 m/s、PBL 高度降低 34.42 m、降水量增加 0.069 mm。Wang Xuemei 等利用 WRF-chem 模式，通过对比珠江三角洲地区 20 世纪 90 年代初（未城镇化）与当前城市化水平下气溶胶对气象要素的影响发现，城市化使得该地区月平均温度升高 0.63℃，月均 10 m 风速减少了 38%。刘红年等利用区域气候模式 RIEMS2.0 对中国 2006 年人为气溶胶的辐射强迫研究表明硫酸盐、硝酸盐、有机碳和黑炭气溶胶的平均辐射强迫分别为−1.32 W/m^2、−0.60 W/m^2、−0.40 W/m^2 和 0.28 W/m^2。王莹等利用耦合化学过程的区域气候模式 RegCM3 对东亚区域气候的影响的研究表明气溶胶对东亚地区地表气温、降水有明显影响。

国内关于空气污染对区域气候变化的研究包括利用耦合的区域气候-化学模拟系统，模拟我国地区黑炭气溶胶的时空分布，估计第一间接辐射强迫；利用大气环流模式单向耦合气溶胶同化系统，模拟估算我国地区硫酸盐气溶胶引起的直接辐射强迫；使用二维能量平衡模式估算硫酸盐气溶胶的直接辐射强迫和对气温的影响；利用区域模式气溶胶的气候和环境效应等。

3.2　数据收集与处理

3.2.1　区域污染源排放数据收集与处理

根据研究内容及模型模拟需要，综合考虑一次污染物及二次污染物主要前体物，确定清单包含 SO_2、NO_x、TSP、PM_{10}、$PM_{2.5}$、VOCs、NH_3、CO 的排放。大气污染源涉及不同排放部门，根据污染源统计资料及排放实际情况，将污染源分为固定源和无组织源。固定源包括工业及民用排放两大类，主要包含了电力、建材、化工、冶金等行业。凡不具备固定收集出口的污染源视为无组织源，包括道路移动源、非道路移动源（飞机、火车、建筑机械、农用机械等）、交通扬尘源、建筑施工扬尘源、料堆扬尘源、裸地扬尘源、工业无组织源、农业氨源、人畜氨源、植物 VOCs 排放源、溶剂使用 VOCs 排放源、加油站

VOCs 排放源等。

2006 年我国主要污染物 SO_2、NO_x、$PM_{2.5}$ 年排放量为分别为 3 101.9 万 t、2 083.0 万 t、1 822.3 万 t。表 3-2 为各行业 SO_2、NO_x、$PM_{2.5}$ 排放量，其中 SO_2 的主要排放源为电力和工业行业，占年排放总量的 59.1%和 48.7%；NO_x 的主要排放源为电力行业，排放量占总排放量的 44.2%；$PM_{2.5}$ 主要排放源为工业行业，其排放量占年排放量的 52.3%。

表 3-2 2006 年各行业 SO_2、NO_x、$PM_{2.5}$ 源排放量 单位：万 t/a

	SO_2	NO_x	CO	VOCs	PM_{10}	$PM_{2.5}$	BC	OC
电力源	1 833.3	919.7	236.2	96.1	247.6	147.4	3.6	0.6
工业源	972.5	537.1	7 493.6	805.6	1 043.6	693.2	57.5	50.5
居民源	283.8	116.6	5 588.3	760.1	488.4	446.1	100.2	260.6
交通源	12.3	509.6	3 370.9	663	42.7	39.8	19.8	10.1
总量	3 101.9	2083	16 688.9	2 324.7	1 822.3	1 326.5	181.1	321.7

2006 年我国 SO_2、NO_x、$PM_{2.5}$ 的年排放量，由于不同地区经济发展水平、工业格局、人口数量不同，其污染物排放量不同，SO_2、NO_x、$PM_{2.5}$ 的高排放区集中在京津冀、长三角、珠三角、山西、陕西、河南、湖南、四川等省份，上述三种污染物年排放量均在 80 万 t 以上，排放贡献率远高于其他地区。

2010 年全国 SO_2、NO_x、PM_{10}、$PM_{2.5}$、VOC、NH_3、CO、BC、OC、CO_2 排放量分别为 2 874.4 万 t、2 852.3 万 t、1 653.3 万 t、1 214.8 万 t、2 295.9 万 t、954.7 万 t、17 005.6 万 t、175. 万 t、337.9 万 t、979 942.4 万 t。

SO_2 排放由于主要涉及燃料燃烧行为，因此固定源中的工业源及居民源成为 SO_2 主要的排放行业。工业源排放占总排放量的 82.56%，其中工业点源占总排放量的 63.32%，工业面源占总排放量的 19.23%。居民源排放占总排放量的 12.28%。此外，道路移动源、非道路移动源、生物质燃烧也对 SO_2 排放有一定贡献，但所占份额较小，分别占总排放量的 1.29%、1.65%和 2.22%。

NO_x 主要排放行业是工业源及道路移动源，约占总排放量的 80.89%，其中工业源占总排放量的 52.34%。道路移动源占总排放量的 28.55%，而非道路移动源亦占到 NO_x 总排放的 10.42%。这说明移动源已经成为 NO_x 的重要排放源，应该作为下一步控制的重点。

TSP、PM_{10}、$PM_{2.5}$ 排放源较为复杂，涉及工业、居民、无组织扬尘源、道路及非道路移动源等各类排放，排放行为较为分散，交通扬尘、裸地扬尘及生物质燃烧源作为重点的排放贡献者，TSP 排放比重分别占总排放的 54.51%、17.68%、6.55%；PM_{10} 排放比重分别占总排放的 44.74%、20.16%、14.19%；$PM_{2.5}$ 排放比重分别占总排放的 40.40%、13.71%、19.59%。

VOC 的排放行业也较为分散，除了涉及不完全燃烧行为外，还涉及低沸点物种的挥发逸散行为以及植被排放。工业排放占到 VOC 排放总量的 25.67%，其中工业点源排放占总 VOC 排放的 13.29%，工业面源排放占总 VOC 排放的 12.37%。排放 VOC 的主要化工行业有石油加工、化学品生产、食品及医药行业。这些行业排放的 VOC 或来自低沸点生产原料在存储及使用过程中的挥发，或为工艺反应过程的副产物。此外，植被排放、溶剂涂料使用以及机动车排放等分别占到 VOC 排放总量的 39.89%、13.59%及 6.65%。

氨的排放主要集中于农业及人畜排放，占氨排放总量的 95.94%。此外，生物质焚烧、工业生产及燃料燃烧、机动车也有部分氨排放，所占排放份额均较少。

CO 排放主要来源于工业生产、民用能源、生物质燃烧以及移动源。生物质燃烧对 CO 的排放贡献较大，占总 CO 排放的 42.84%，这主要是由于生物质的不完全燃烧造成的。农村炉灶燃烧效率较低，加上农田秸秆露天焚烧，使得秸秆燃烧对 CO 排放贡献不容忽视。其次，工业生产及燃料燃烧排放也对 CO 有一定的贡献，其中工业点源排放占总 CO 排放量的 28.36%，工业面源排放占总 CO 排放量的 11.91%，居民源排放占 CO 总排放量的 11.86%。

BC、OC 主要来自燃料燃烧及建材、冶金、化工等工业工艺过程排放。此外，机动车排放及生物质焚烧对 BC、OC 的贡献亦不容忽视。其中，生物质燃烧对二者的排放贡献较大，分别为 54.38%、52.29%；其次为工业源，对 BC、OC 的排放贡献分别为 25.12%、40.40%；居民源对 BC、OC 的排放贡献分别为 15.09%、3.78%。在重金属污染物 Hg、Pb 的排放中，其主要排放源为工业源及与燃料燃烧相关的居民源。其中工业点源的排放贡献较大，对 Hg、Pb 的排放贡献分别为 89.53%、97.03%；其次工业面源对 Hg 的贡献为 9%；居民源对二者的贡献分别为 1.47%及 2.97%。

表 3-3　2010 年全国污染源清单

单位：万 t/a

	SO_2	NO_x	PM_{10}	$PM_{2.5}$	VOC	NH_3	CO	BC	OC	CO_2
工业	1 668.6	1 106.9	940.3	603.3	1 416.0	29.9	7 115.7	57.3	52.8	485 475.0
电力	808.1	933.0	138.6	89.1	25.1	0.0	202.1	0.2	0.0	304 756.2
居民	348.3	112.3	523.8	473.0	619.4	48.5	7 655.2	90.7	275.1	125 335.1
交通	22.3	700.1	50.5	49.4	235.4	2.5	2 032.6	27.4	10.0	64 376.1
农业	—	—	—	—	—	873.8	—	—	—	—
总量	2 847.4	2 852.3	1 653.3	1 214.8	2 295.9	954.7	17 005.6	175.5	337.9	979 942.4

注：“—”表示为 0。

3.2.2　区域气象资料收集与处理

源排放数据以及环境三维监测数据等重要基础资料，并对上述数据进行了标准化处理和数据分析，建立了项目研究所需的三维区域资料数据库，为进行大气污染物输送汇聚特征、重污染过程与天气型多气象条件关系研究以及区域敏感地区的识别等研究提供了科学有效的基础数据平台。

3.2.3　气象资料收集

收集补充了华北、华东等地区的北京市、天津市、河北省、山西省、山东省、内蒙古自治区等上千个气象台站近十几年的常规气象观测数据（包括温度、风矢量、湿度等几十个气象要素），收集了几十个探空站的高空气象资料，同时收集了多次区域大气综合观测过程中积累的探空加密观测资料、风温垂直廓线资料等。

通过多种途径收集整理了大量历史天气背景资料，包括海平面气压场、风场、温度场，高空 1 000 hPa、850 hPa、700 hPa、500 hPa、300 hPa、200 hPa、100 hPa 的天气背景资料及预报员再分析资料等。部分地面及高空全气象要素天气背景场资料见图 3-4，部分独立气象要素场（海平面气压场、地面风场和 500 hPa 高度场）资料示意图见图 3-5～图 3-7。

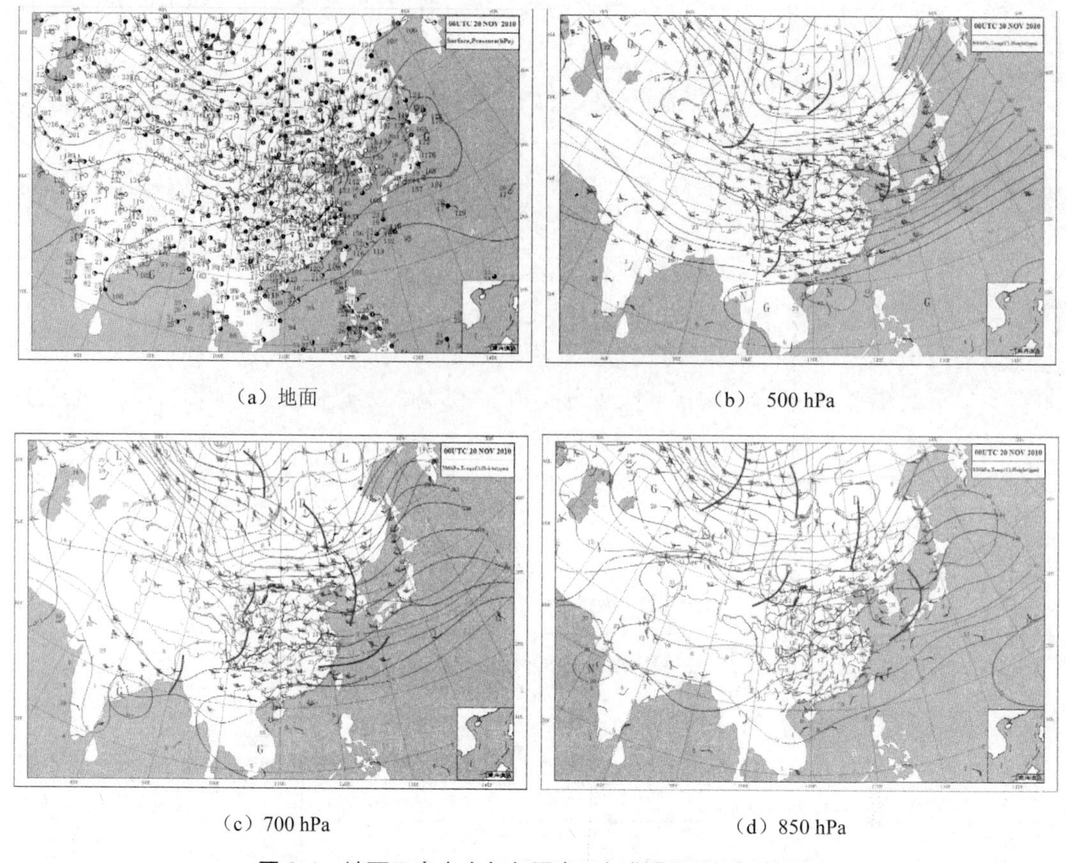

（a）地面　（b） 500 hPa

（c）700 hPa　（d）850 hPa

图 3-4　地面及高空全气象要素天气背景场资料示意图

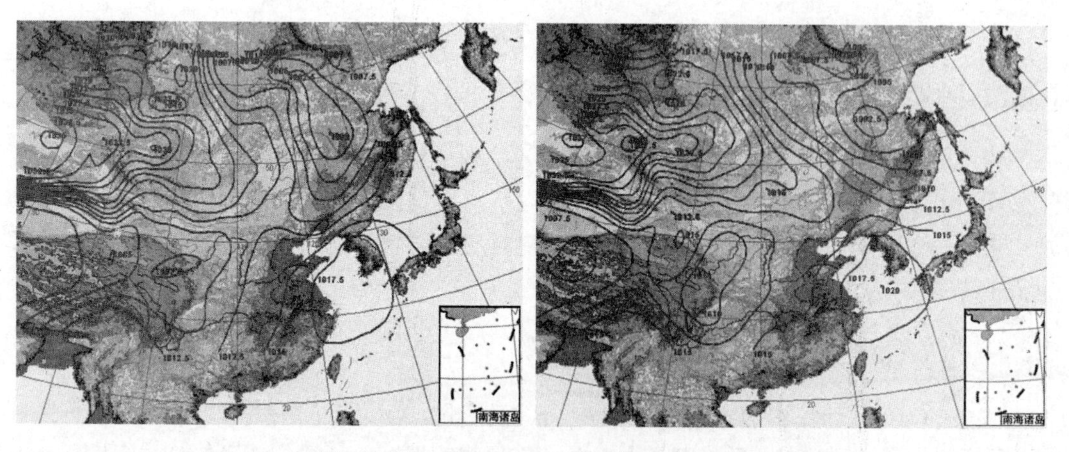

图 3-5　海平面气压场资料示意图（国家气象局 MICAPS 资料）

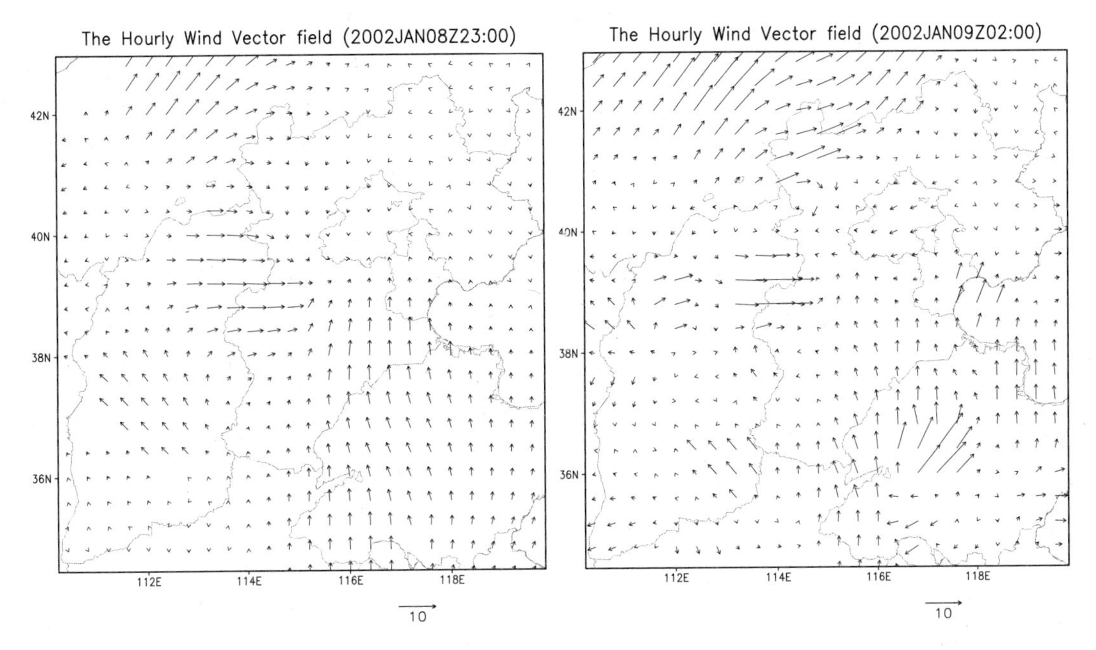

图 3-6　地面风场资料示意图（国家气象局 MICAPS 资料）

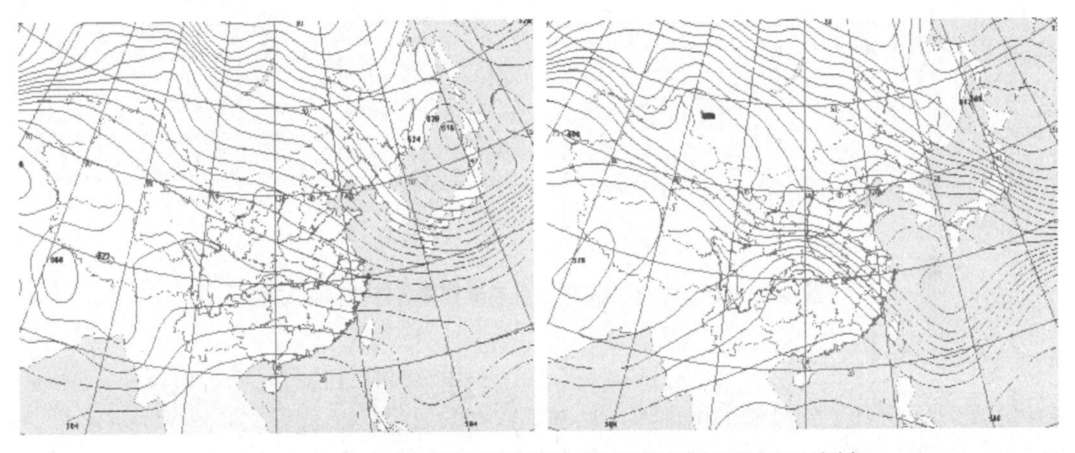

图 3-7　500 hPa 高度场资料示意图（国家气象局 MICAPS 资料）

此外，获取了中国气象局、国家气象信息中心提供的近 60 年我国地面国际交换站气候资料日值数据集、全球高空规定层对流层定时值数据集、全球高空大风层定时值数据集等数据，对上述资料进行了补充修正。另外，研究收集了 700 余个站点近 60 年的降水数据、沙尘暴数据等重要资料，并通过多种途径对该数据进行了核查。

3.2.4　气象数据处理

由于常规的气象高空探测高度间隔很大，边界层仅有 300 m、600 m、900 m 三个高度，这使边界层大气扩散稀释能力的研究受到很大限制。为充分发掘气象部门更新换代的 L 波段边界层资料潜力，将边界层垂直分辨率由 300 m 提高至 20 m，为边界层大气物理和大气化学过程的精细化研究提供了科学基础。

根据L波段探空垂直高分辨廓线再分析技术方案对L波段探空“秒级”数据资料进行再分析，将该数据处理成每20～100 m间隔垂直高分辨率气象要素数据，并采用边界层塔观测系统顶层的10分钟间隔风、温、湿与气压要素与L波段探空垂直高分辨廓线再分析25 m高度（包括天线的5 m高度）数据进行对比分析，并获取两者相关模型。进一步验证L波段探空垂直高分辨率廓线再分析数据对大气边界层内近地层气象要素的可描述性，图3-8为L波段探空推算近地层要素计算流程框架图。完成了华北及周边地区L波段边界层资料整理工作，边界层分辨率为2 000 m以下层次间距为20～100 m；站点包括北京、乐亭、大连、青岛、张家口、邢台、章丘、太原、呼和浩特、锡林浩特、赤峰11个探空站；观测数据要素包括：A地面数据——海拔高度（m）、时间（s）、气压（hPa）、温度（℃）、相对湿度（%）、U、V、WD（°）、WS（s/m）、偏离本站距离（m）、经度（°）、纬度（°）；B分层数据——海拔高度（m）、时间（s）、气压（hPa）、温度（℃）、相对湿度（%）、U、V、WD（°）、WS（s/m）、偏离本站距离（m）、经度（°）、纬度（°）。

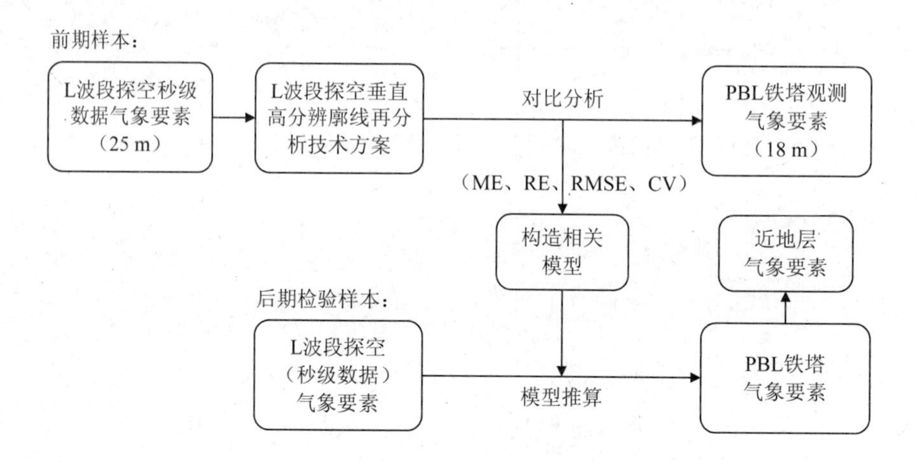

图3-8 L波段探空推算近地层气象要素计算流程框架图

基于大量资料的收集整理，对基础数据进行了必要的时空插值、缺失值补充、数据标准化等处理，提升了资料的可用性，并加强了数据的质量保证和质量控制（QA/QC），同时对历史天气过程进行了分类甄别和再分析，针对重污染过程发生时段，与预报员分析的天气背景资料进行对比分析，建立起区域长时间序列、具有一定空间密度的三维区域气象资料历史数据库。

3.2.5 区域环境三维监测数据收集与处理

通过多种途径收集整理了目标区域近十几年来的空气质量数据。资料主要来自环保部和各地方环保系统公布的大气污染物监测数据。另外，通过与各级环保部门协作沟通，获取了大量污染物小时值数据，为研究的科学性提供了重要保障。部分城市日均API序列资料示意见图3-9。

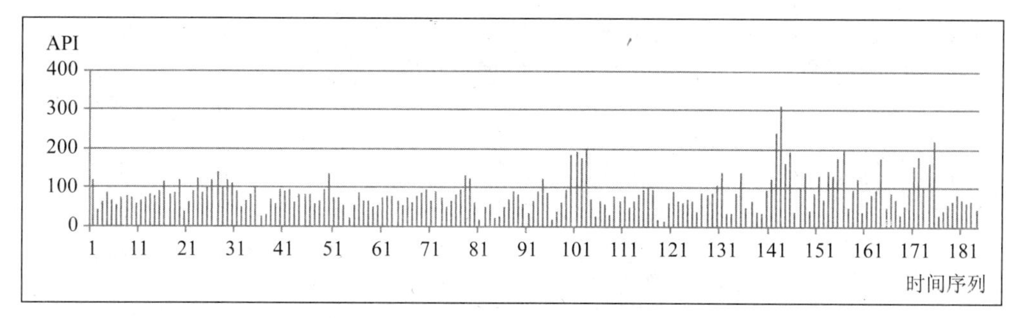

（a）北京市

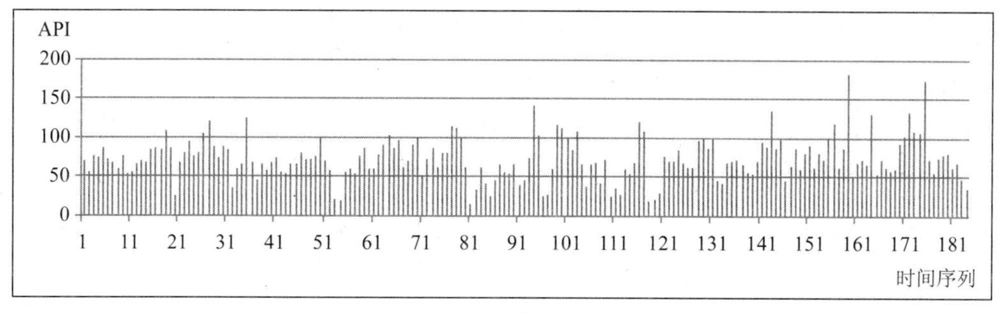

（b）天津市

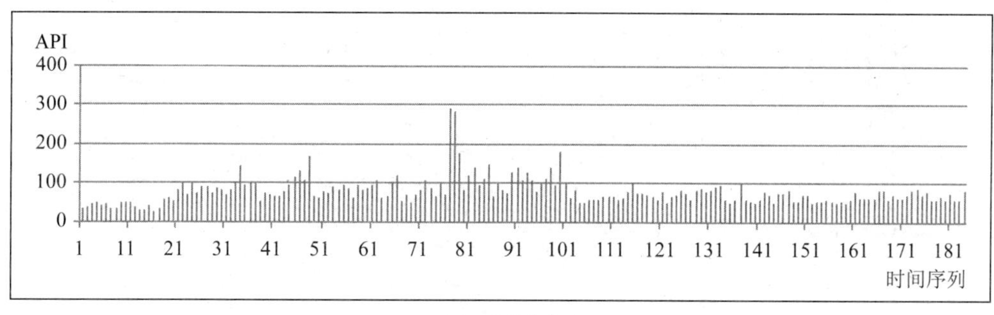

（c）石家庄市

图 3-9　部分城市日均 API 序列资料示意

我国很多环境研究机构在长期的观测和实验过程中积累了大量的相关数据资料（如温风廓线观测数据、激光雷达观测数据和卫星遥感观测数据等），对上述观测和实验过程中积累的资料进行了收集整理，并进行了标准化处理和数据初步分析。激光雷达和温风廓线观测数据见图 3-10 至图 3-12。

为更好地辨识北京及近周边的区域污染特征，同时为气象模型提供地形与土地利用数据输入，收集了部分卫星遥感与土地利用资料。遥感数据主要来自 MODIS 与 LandSat 的卫星影像数据，地形和土地利用数据采用 USGS（美国地质勘探局）的全球 30 秒分辨率的地形资料，见图 3-13。在上述工作的基础上，建立了区域大气环境监测数据的三维资料数据库。

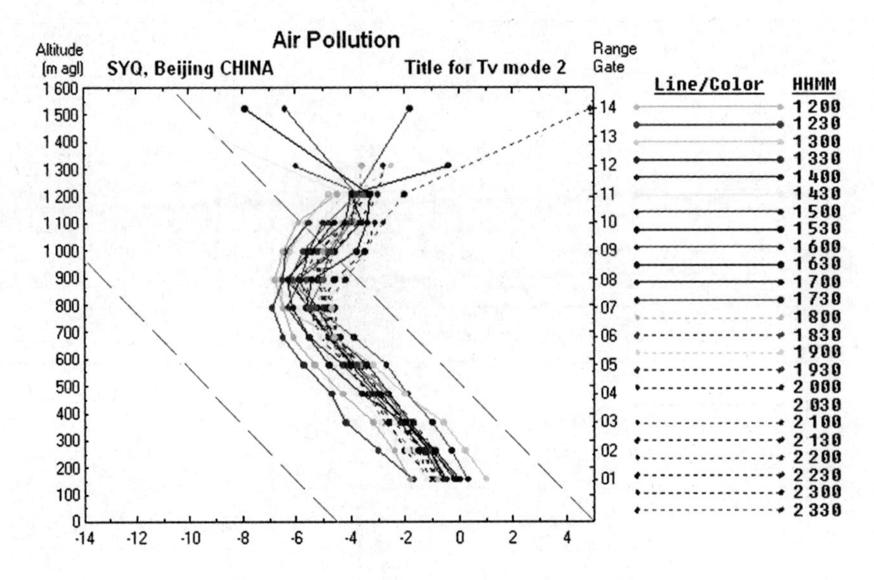

图 3-10 北京市顺义观测站点温风廓线图

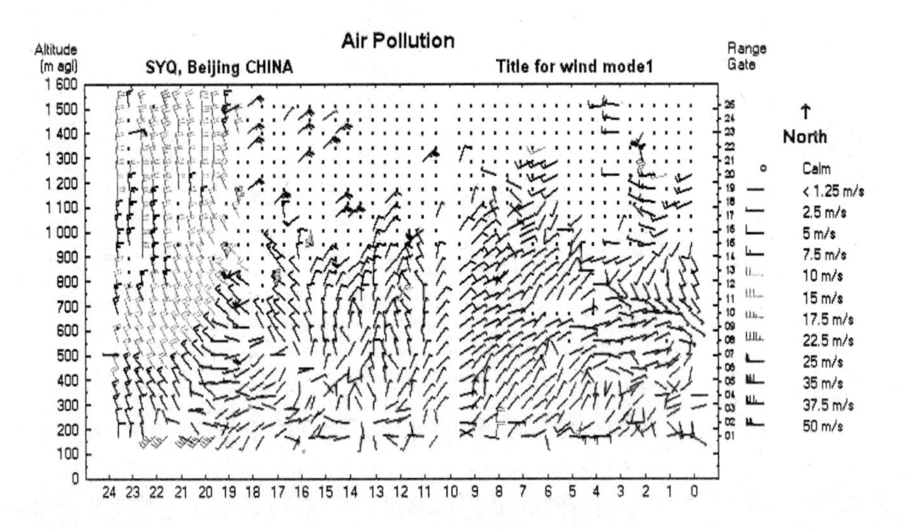

图 3-11 北京市顺义观测站点风廓线图

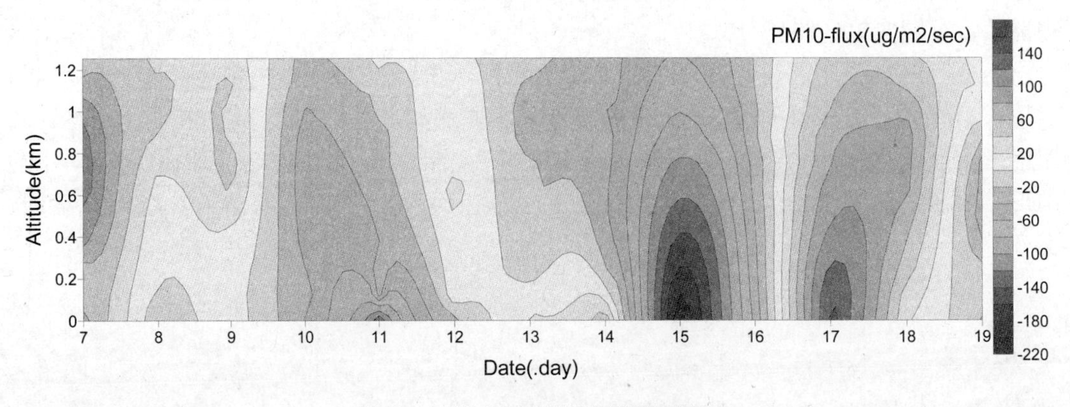

图 3-12 激光雷达观测结果示意图

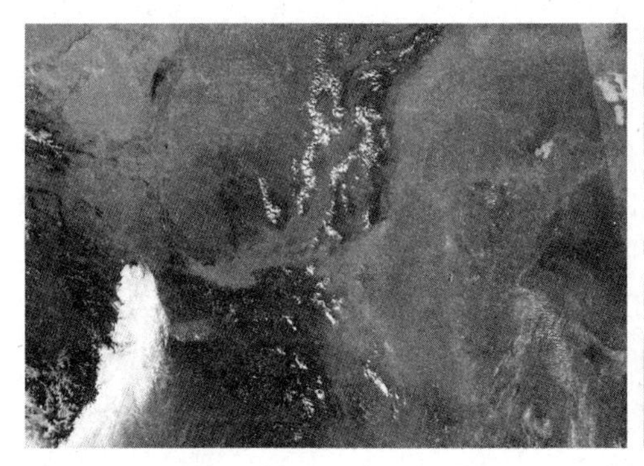
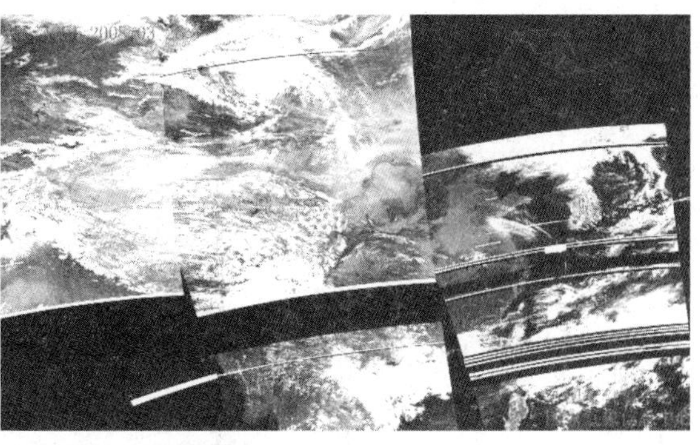

图 3-13　卫星遥感数据反演图片

另外，为更系统地分析研究大气重污染过程的污染特征，了解掌握大气重污染阶段与正常的一、二、三级天气在空气流场扩散特征、污染物浓度垂直分布的区别，分析重污染时段的污染来源及化学组分特征，在北京、石家庄、唐山设置了大气环境质量监测点，选取典型时段进行了大气颗粒物样品采集，获取了上千个样品，对现有数据进行了必要的补充。

3.3　数值模型建立

3.3.1　模式介绍

3.3.1.1　主要气象模型

中尺度大气数值模式和模拟在 20 世纪 80 年代得到迅速发展，90 年代后，一些中尺度模式和模拟系统已发展得较为先进，并在世界范围广为使用。最近几年，随着计算机技术的迅速发展，一些发达国家的中尺度模式模拟系统已进入实时运行阶段。目前先进的中尺度大气数值模式主要包括：美国 Eta（early Eta，Meso-Eta，Eta 10）模式[国家环境预报中心（NCEP）的业务预报中尺度模式]，MM5 模式[宾州大学/国家大气研究中心（PSU/NCAR）的中尺度模式第五版本]，RAMS（科罗拉多州立大学 CSU 的区域大气模拟系统），ARPS（俄克拉荷马大学 UO 的先进区域预报系统），MASS（北卡罗莱纳州立大学的中尺度大气模拟系统）；RWM 模式[空军全球天气中心（AFGWC）的重置窗口模式]，NORAPS（海军业务区域预报系统第六版本），RSM 模式（NCEP 的区域谱模式），COAMPS[海军舰队数值气象和海洋中心（FNMOC）的耦合海洋/大气中尺度预报系统]；WRF 模式（美国 NOAA，NCEP，Air Force 等联合开发的下一代多尺度数值预报模式）；英国：UKMO 模式（英国气象局业务中尺度模式）；加拿大：MC2 模式（中尺度可压缩共有模式）；法国：MESO NH 模式（中尺度非静力模式）；日本：JRSM 模式（日本区域谱模式）。此外，我国也在发展自己的中尺度模式。

（1）RAMS

RAMS 模式是非流体静力、原始方程中尺度模式，模式的垂直坐标采用地形追随坐标 $s_z=(z-z_t)/(z_s-z_t)$，其中 z_s 是模式顶层高度，z_t 是当地的地形高度。该模式的一个重要特点是其双向嵌套网格技术。这一特点使得可以采用细网格模拟小尺度或中尺度系统，同时用粗网格模拟大尺度大气背景场，因而可以用于城市局地尺度大气环境动力场模拟研究。

（2）MM5

MM5（Fifth-Generation NCAR/Penn State Mesoscale Model）是美国宾夕法尼亚大学（PSU）和美国国家气象中心（NCAR）联合开发的有限区域中尺度数值模式。模式具有非静立平衡机制并采用地形追随（Terrain-Following）的 Sigma 坐标系。自 20 世纪 70 年代问世以来，因其对中尺度以及区域尺度的大气环流的模拟及预报具有较好的效果而在国内外得到广泛研究及应用，我国许多气象部门甚至将它业务运行。MM5 具有以下 5 个主要特征：一是多重嵌套功能；二是采用非静力的动力框架，使得模式可以精确到几公里的尺度；三是支持大型计算机的并行计算；四是具有四维资料同化（FDDA）系统，可对卫星、雷达等非常规气象资料进行同化处理，为模式提供最优初始场；五是模式有丰富的物理参数化方案可供选择。

（3）ARPS

由美国 Oklahoma 大学的风暴预报中心在美国国家科学基金会和联邦航空管理局联合资助下开发的 ARPS 气象模式，是非静力平衡的三维动力学气象预报模式，其适用范围较广。该模式使用追随地形的坐标系统，水平方向为等间距网格，垂直方向采用可变格局模式将风矢分量和各状态分量表示成基态值（平均值）和扰动量的和，求解完整的动力学和热力学方程组。

总的来说，ARPS 为当前国内外应用较为广泛的中尺度数值模式，其模式本身的完善程度及所考虑物理过程的全面性，使其成为当前较为成功的中尺度数值模式之一。ARPS 能达到较高的模式分辨率，并具有较高的可信度。其非静力平衡特征更能反映小尺度的气象信息，小于 10 km 的尺度上具有更明显的优势及可信度，较适合小尺度的气象模拟。

（4）WRF 气象模式

随着计算机技术的飞速发展，数值天气预报技术发展迅速。目前中尺度 WRF 气象模式是较为先进的中尺度气象模式之一。WRF 模式由美国国家大气研究中心（NCAR）、美国国家大气海洋总署-预报系统实验室、国家环境预报中心（FSL，NCEP/NOAA）共同研制。2000 年，WRF 模式推出 1.0 版，模式中只有几何高度坐标（Eulerian-height）。2002 年，推出 1.2 版，加入了几何质量（静力气压）坐标（Eulerian-mass）。2004 年，2.0 版本中垂直坐标只保留质量坐标，此外，支持多重嵌套网格的设计。WRF3.0 改进了多种微物理、YSU 边界层方案、RUC LSM 等参数化方案，修正了部分 Nudging 选项。当前最新版本为 3.3，可以加入高分辨率的 MODIS 观测地形数据进行模拟，数据变分同化增加至四维（4D-VAR），此外为专门的飓风和森林火灾研究 WRF 最新推出了 WRF for hurricans 以及 WRF for Wildland Fire 模式。为应用于科研和气象预报，WRF 分为两个版本，一个是在 NCAR 的 MM5 模式基础上发展的 ARW（Advaneed Researeh WRF），另一个是在 NCEP 的 Eta 模式上发展而来的 NMM（Nonhydrostatie Mesoseale Model）。本书选用适用于科学研究的 ARW 版本。

WSMS 方案是对 WRF1.0 中 NClouds 方案的修正，允许过冷水存在，并且使得雪花降落到融化层以下时能够逐渐融化。边界层参数化方案选用 YSU 方案。YSU 方案，在边界层顶部加了一个卷夹层，边界层高度由多数 0 度的临界理查森数决定，因此边界层高度仅取决于浮力廓线。这样计算的边界层高度一般来说比 MRF 要低。

陆面过程采用 Noah 方案，Noah 方案将土壤温度和湿度分为 4 层，加入了树冠蒸腾和等水量的雪深，它也能输出地面和地下的径流总量，在处理蒸发和蒸腾作用时，考虑了植被和土壤类型及月植被指数。该方案给边界层方案提供感热和潜热通量。Noah 方案能够预报土壤冰及小块雪盖影响，改进了城市覆盖层，考虑了地表辐射系数。气象场具体模拟过程见图 3-14。

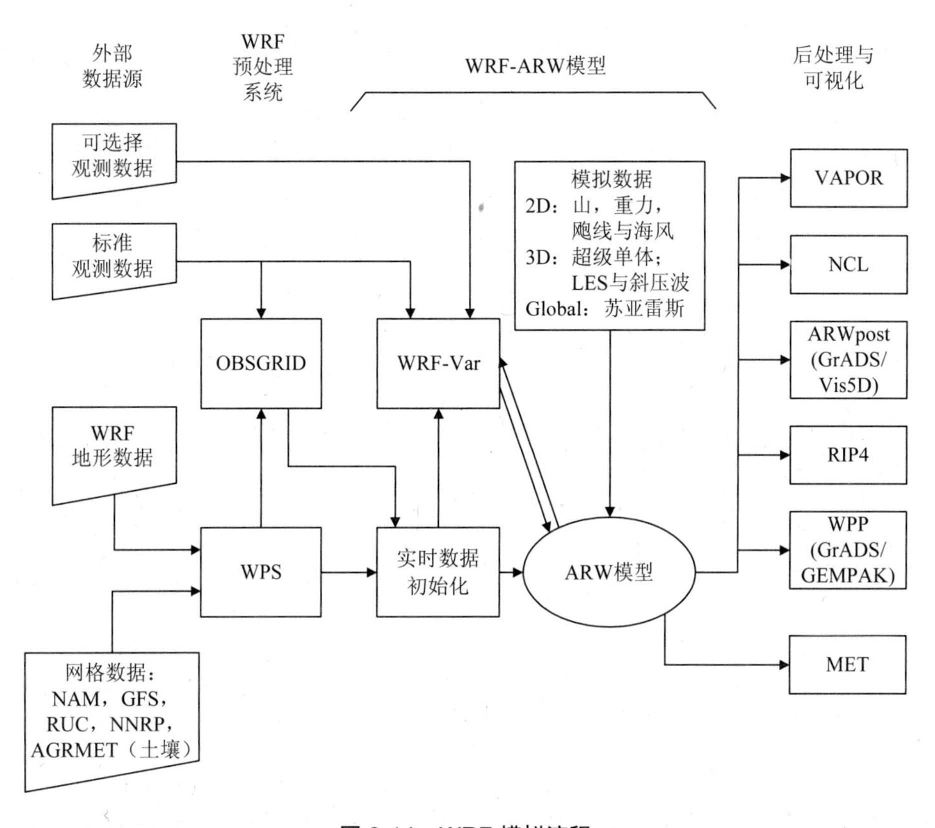

图 3-14 WRF 模拟流程

WRF 模式的模拟原理及动力框架如下：

模式中采用了高度地形跟随坐标和气压（质量）地形跟随两种坐标系统。其控制方程组为：

$$\partial_t U + (\nabla \cdot Vu) - \partial_x (p\phi_\eta) + \partial_x (p\phi_x) = F_U \tag{3-1}$$

$$\partial_t V + (\nabla \cdot Vv) - \partial_y (p\phi_\eta) + \partial_y (p\phi_y) = F_V \tag{3-2}$$

$$\partial_t W + (\nabla \cdot Vw) - g(\partial_\eta p - \mu) = F_W \tag{3-3}$$

$$\partial t\Theta + (\nabla \cdot V\theta) = F_\Theta \tag{3-4}$$

$$\partial_t \mu + (\nabla \cdot V) = 0 \tag{3-5}$$

$$\partial_t \Phi + \mu^{-1}[(V \cdot \nabla \cdot \Phi) - gW] = 0 \tag{3-6}$$

静力气压诊断关系为：

$$\partial_\eta \phi = -\alpha\mu \tag{3-7}$$

状态方程为：

$$p = p_0 \left(\frac{R_d \theta}{p_0 \alpha} \right)^\gamma \tag{3-8}$$

引入湿变量后方程组写为：

$$\partial_t U + (\nabla \cdot Vu)_\eta + \mu_d \alpha \partial_x p + (\alpha / \alpha_d) \partial_\eta p \partial_x \phi = F_U \tag{3-9}$$

$$\partial_t V + (\nabla \cdot Vv)_\eta + \mu_d \alpha \partial_y p + (\alpha / \alpha_d) \partial_\eta p \partial_y \phi = F_V \tag{3-10}$$

$$\partial_t W + (\nabla \cdot Vw)_\eta - g[(\alpha / \alpha_d) \partial_\eta p - \mu_d] = F_W \tag{3-11}$$

$$\partial_t \Theta + (\nabla \cdot V\theta)_\eta = F_\Theta \tag{3-12}$$

$$\partial_t \mu_d + (\nabla \cdot V)_\eta = 0 \tag{3-13}$$

$$\partial_t \Phi + {\mu_d}^{-1}[(V \cdot \nabla \cdot \Phi)_\eta - gW] = 0 \tag{3-14}$$

$$\partial_t Q_m + (V \cdot \nabla q_m)_\eta = F_{Q_m} \tag{3-15}$$

干空气密度倒数的诊断方程为：

$$\partial_\eta \varphi = -\alpha_d \mu_d \tag{3-16}$$

全气压诊断方程：

$$p = p_0 \left(\frac{R_d \theta_m}{p_0 \alpha_d} \right)^\gamma \tag{3-17}$$

其中，α_d是干空气密度的倒数，α是考虑了全部水物质的空气密度的倒数。对上述方程组定义参考变量，将变量分为参考变量部分和扰动部分：

$$P = \overline{P}(z) + P' \tag{3-18}$$

$$\phi = \overline{\phi}(z) + \phi' \tag{3-19}$$

$$\alpha = \overline{\alpha}(z) + \alpha' \tag{3-20}$$

$$\mu_d = \overline{\mu}_d(x, y) + \mu_d' \tag{3-21}$$

由于坐标面通常不是水平的，因而参考廓线和 $\overline{p}$ 、$\overline{\phi}$ 、α 是 (x,y,η) 的函数，用这些扰动变量气压地形跟随坐标下动量方程可写成：

$$\begin{aligned}&\partial_t U + m\left[\partial_x(Uu) + \partial_y(Vu)\right] + \partial_\eta(\Omega u) + (\mu_d \alpha \partial_x p' + \mu_d \alpha \partial_x \overline{p}) + \\ &(\alpha / \alpha_d)(\mu_d \partial_x \phi' + \partial_\eta p' \partial_x \phi - \mu_d' \partial_x \phi) = F_U \\ &\partial_t V + m\left[\partial_x(Uv) + \partial_y(Vv)\right] + \partial_\eta(\Omega v) + (\mu_d \alpha \partial_y p' + \mu_d \alpha \partial_y \overline{p}) + \\ &(\alpha / \alpha_d)(\mu_d \partial_y \phi' + \partial_\eta p' \partial_y \phi - \mu_d' \partial_y \phi) = F_v\end{aligned} \tag{3-22}$$

$$\begin{aligned}&\partial_t W + m\left[\partial_x(U\omega) + \partial_y(V\omega)\right] + \partial_\eta(\Omega\omega) - \\ &m^{-1} g(\alpha / \alpha_d)\left[\partial_\eta p' - \overline{\mu}_d(q_v + q_c + q_r)\right] + m^{-1}\mu_d' g = F_W\end{aligned} \tag{3-23}$$

质量守恒方程和位势方程为：

$$\partial_t \mu_d' + m^2\left[\partial_x U + \partial_y V\right] + m\partial_\eta \Omega = 0 \tag{3-24}$$

$$\partial_t \varphi' + \mu_d^{-1}\left[m^2(U\varphi_x + V\varphi_y) + m\Omega\phi_\eta - gW\right] = 0 \tag{3-25}$$

静力平衡关系为：

$$\partial_\eta \phi' = -\overline{\mu}_d \alpha_d' - \alpha_d \mu_d' \tag{3-26}$$

WRF 模式时间积分方案采用的是时间分裂的积分方案，即低频波部分采用 3 阶 Runge-Kutta 时间积分方案，高频声波部分采用小时间步长积分扰动变量控制方程组以保证数值稳定性。

定义预报变量 $\Phi_t = (U,V,W,\Theta,\phi',\mu',Q_m)$，模式方程 $\Phi_t = R(\Phi)$

Runge-Kutta 三阶积分方案完成一步积分，即 $\Phi^t = \Phi^{t+1}$ 由三步组成：

$$\Phi^* = \Phi^t + \frac{\Delta t}{3}R(\Phi^t) \tag{3-27}$$

$$\Phi^{**} = \Phi^t + \frac{\Delta t}{2}R(\Phi^*) \tag{3-28}$$

$$\Phi^{t+1} = \Phi^t + \frac{\Delta t}{3}R(\Phi^{**}) \tag{3-29}$$

其中，Δt 为模式积分步长。

另外，WRF 模式提供了大量的物理方案选项，并采用高度模块化，可插拔程序设计。

3.3.1.2　环境质量模型

（1）高斯模型

多年来在点源污染浓度估计方面一直采用高斯模式，这主要是因为与其他扩散模式（k 模式、统计模式和相似模式）相比，高斯模式物理意义比较直观，模式的数学表达式简单，便于分析各种物理量之间的关系和数学推演，易于掌握和计算。高斯模式形成了美国环境保护局（EPA）系统 UNAMAP 模式库中所有模式的支柱。作为法规模式，它可以用最简捷的方式最大限度地将浓度场与气象条件之间的物理联系及观测事实结合起来。

在平原地区，流场是比较接近于平稳和均匀的，三维空间除地表外可看成是无边界的。在这样的条件下，物质在大气中的扩散首先是沿着盛行风向运动，然后向各个方向扩散，扩散微粒位移的概率服从正态分布（高斯分布），这就是高斯模式的理论基础。

线源模式、体源模式、面源模式、烟流模式、烟团模式、CRSTER 模式、CTDM 模式、ATDL 窄烟云模式、熏烟模式、CRADM 模式、G－H 模式等都来自对这个基本模式的改造、修正和补充。北京大学在评价北京西郊环境质量时，研究得出北京城市近郊大气的气质模型，同时可以根据污染调查资料和能源结构与成分获得污染源的年、日变化系数，模式可以给出不同时间的平均浓度分布。密保秀、李金龙等吸收烟团模式风场变化的特点，对高斯模式进行了修正和改进，形成轨迹烟云模式，采用青岛、贵阳两个地形复杂城市的实测数据对模式进行了验证，并且预测了青岛、贵阳两地的空气质量，结果表明该模式可用于地形和流场复杂的地区。

高斯模式在大气质量预测时容易实施，尤其是对于模拟高架点源，但高斯模式难以配合风场的变化以及无法处理因地形引起的局部环流。没有考虑化学氧化和干沉积对污染物的去除作用。在用高斯模型来预测城市大气质量时，由于城市污染源的分布和地形复杂，应用该模式困难较大，往往带来较大的误差。

（2）ADMS 模型

由英国剑桥环境研究公司研制的 ADMS-城市扩散模型，耦合了大气边界层研究的最新进展，利用常规气象要素来定义边界层结构，在模式计算中只需要输入常规气象参数，使得污染物浓度计算结果更准确、更可信，因而能很好地描述大气扩散过程。ADMS 模型与其他大气扩散模型的一个显著区别是：使用 Monin—obukhov 长度和边界结构的最新理论，精确地定义边界层特征参数。ADMS 模型将大气边界层分为稳定、近中性和不稳定三大类，采用连续性普适函数或无量纲表达式的形式。在不稳定条件下采用 PDF 模式及小风对流模式。同高斯模式类似，ADMS 模型也可以模拟计算点源、线源、面源、体源所产生的浓度，尤其适用于对高架点源的大气扩散模拟。方力等利用 ADMS-城市扩散模型和鞍山市 2002 年排放清单数据库，建立了鞍山市 SO_2 空气扩散模型，并用实测数据进行模型验证。模拟计算结果表明，不论年还是四季，SO_2 监测值和预测值的一致性较好。王怡强等采用 ADMS—城市空气扩散模型计算了各类污染源对本溪市区 TSP 的贡献率，分别得出地方性排放源、市区无组织排放源、远距离排放源对 TSP 的贡献率，通过计算结果看出地方性排放源是重点要控制的污染源，有助于人们提出明确的控制对策。

（3）箱式模式

箱式模式常用于城市下垫面和封闭地形条件下的大气污染物浓度预测，主要考虑了热力因子与动力因子的影响，是在质量输入－输出简单模式的基础上建立起来的。

①单箱模型

单箱大气质量模型是计算一个区域或城市的大气质量的最简单的模型。常用于大气环境容量的研究。模型假定所研究的区域或城市被一个箱子所笼罩，这个箱子的平面尺寸就是所研究的区域或城市的平面，箱子的高度是由气象资料计算的混合层高度，箱体内污染物浓度均匀分布。单箱大气质量模型由于没有考虑污染物在垂直方向的扩散系数及风场随高度变化的影响，也没有考虑到研究区域内大气污染物的分布不均匀性，因此单箱大气质量模型预测大气中污染物浓度会有较大误差。

②多箱模型

二维多箱模型是在单箱模型基础上改进的一种模型。它在纵向和高度上将单箱分成若干部分，构成一个二维箱式模型。程水源教授采用二维多箱模型对石家庄市环境质量进行预测，结果表明二维多箱模型可以弥补单箱模型的缺陷，其计算结果与实测值之间不存在显著性差异。在宽度方向上离散二维多箱模型，则可以构成一个三维的多箱模型。三维多箱模型结合了二维多箱模型和单箱模型的优点，它既考虑到污染源的不均匀、市区可分为不同功能区这一特点，又考虑到在铅垂方向上风场随高度的变化，还考虑了物理干沉积和化学变化对污染物浓度的影响。多箱模型可以弥补单箱模型的缺陷和不足，可使大气预测方法更完善，也会使预测结果更接近实际。多维多箱模型除了具有直观、计算简单，比较适宜于大气环境容量的研究等特点，还综合考虑了地形、气象等因子的影响以及非线性的反应，可谓较完善的扩散模式。1998年程水源教授在多维多箱模型中引入4个风向组，成功地预测了石家庄市大气环境质量，预测结果通过地面和高空的SO_2浓度监测值来验证。预计随着计算机技术的日益发展和数值解法的日趋完善，该模式将愈来愈得到人们的重视。

（4）空气流域模型

UAM（Urban Airshed Model）经历了30多年的持续发展，如今已作为一个用于城市尺度的较成熟的三维数值模式出现。通过模拟大气物理、化学过程，该模式既可计算惰性物质的浓度分布，也可以模拟和计算具有化学反应性物质的浓度分布；UAM 提供了先体物的释放、污染物输运、湍流扩散、化学反应、清除过程、初边界条件等大气物理、大气化学的数学表达式。作为一个开放的模式，UAM 一个重要特点就是如何在数学上表达市区或城市下风向O_3形成的物理化学过程最新研究成果模式及改进方案引入其中。

（5）Models-3/CMAQ

采用的污染传输模式为第三代空气质量模式系统 Models-3/CMAQ（the Community Multi-scale Air Quality model，公共多尺度空气质量模式）。它是USEPA为使各种模拟复杂大气物理、化学过程的模式系统化，将复杂的空气污染情况如对流层的臭氧、PM、毒化物、酸沉降及能见度等问题综合处理，以应用于多尺度、多污染物的空气质量的预报、评估和决策而发展的系统。

相对于其他空气质量模式，该系统具有两个主要特点：其一，多尺度模拟功能：由于污染物浓度的时空分布受局地气象条件的影响，而局地气象条件又取决于大尺度天气系统和中、小尺度天气过程的相互作用，并且局地的大气污染状况不仅与该地区的污染物排放相关，同时还受其周边省市的污染物的区域传输的影响，因此，这就要求空气质量模式具备能够反映城市与区域不同尺度之间相互作用的模拟功能。与一般的空气质量模式仅针对特定的空间尺度进行模拟不同，Models-3/CMAQ 具备这种多尺度空气质量模拟的能力，从城市尺度到区域尺度乃至更大的洲际尺度，该模式系统对各种复杂尺度的物理、化学过程均具有较好的模拟效果。其二，多污染物种模拟功能（图3-15，图3-16，图3-17）：大气中污染物的物种繁多，其在大气中相互作用涉及多污染物种之间复杂的化学过程，而目前，我国大气污染特征正从传统的煤烟型污染逐渐向复合型的二次光化学污染转变，因此，若要准确描述一种污染物的浓度时空分布需对多种污染物之间的化学反应过程同时考虑。

此外，Models-3/CMAQ 模式还大量采用了软件工程的设计理念，模式系统具有模块化、组件可插拔等灵活特性，研究者可自行添加或者改进相应的模块程序包，为模式系统的升级维护带来极大方便。

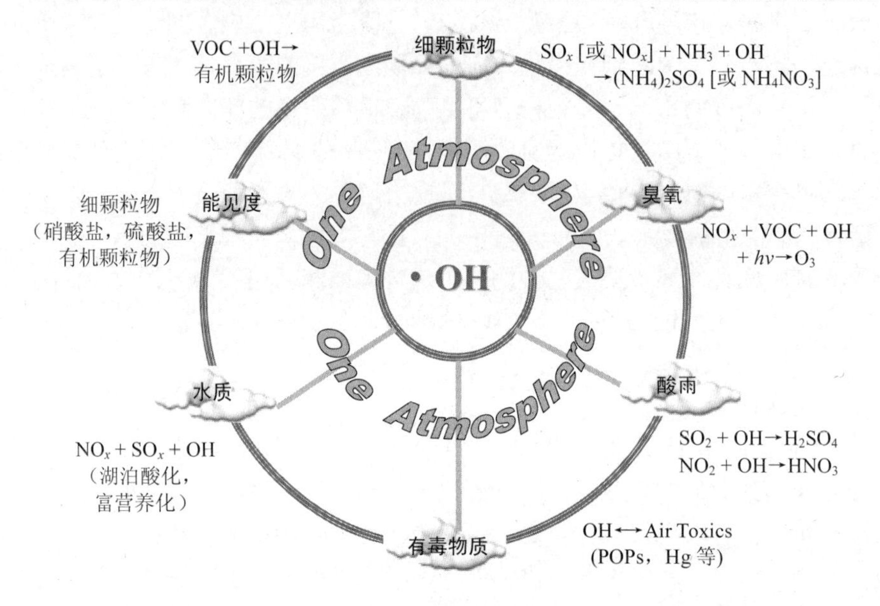

图 3-15 一个大气观念示意图

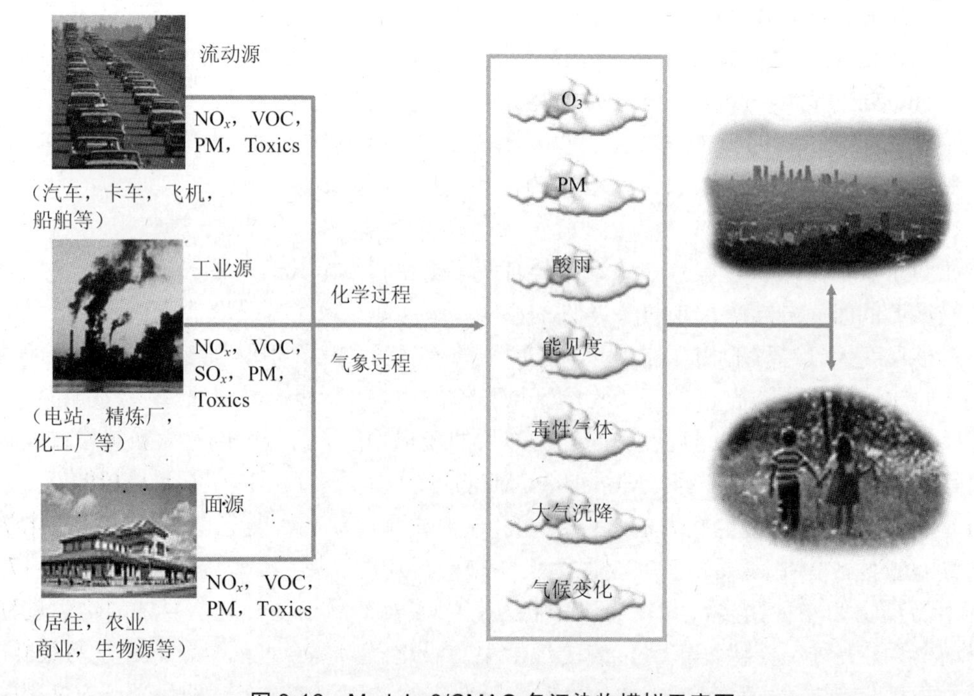

图 3-16 Models-3/CMAQ 多污染物模拟示意图

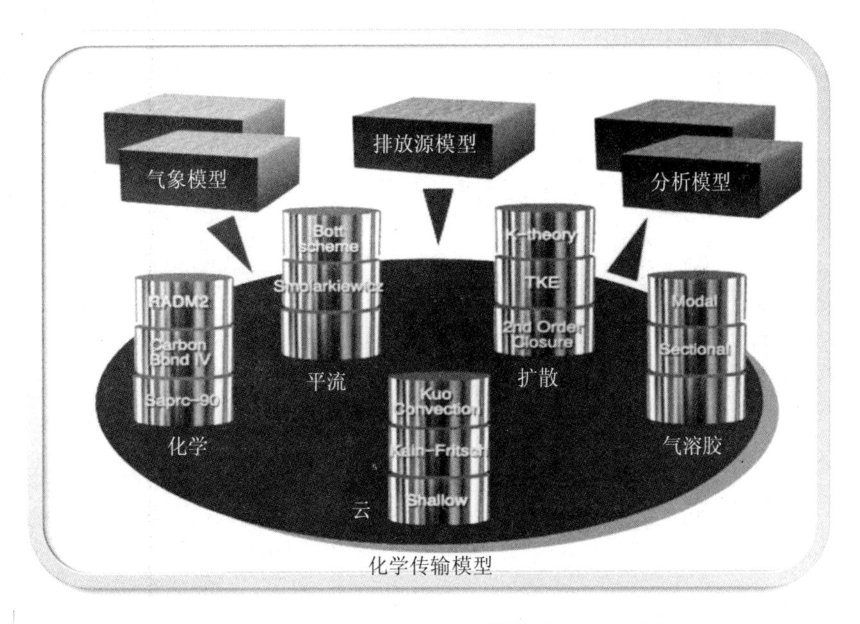

图 3-17　Models-3/CMAQ 的模块化设计示意图

CMAQ 模式中包括许多模块，其中最主要的是化学输送模块 CCTM。CCTM 模块所包括的科学过程可分为三类：一类是纯粹与化学有关的各种反应物的化学反应过程。第二类是纯粹与气象有关的扩散和平流过程。污染物的输送过程包括平流以及次网格尺度的扩散。平流与水平风场有关，扩散中包括次网格尺度的湍流扩散。第三类是既与化学又与气象有关的一些过程。CCTM 模块的这些过程又可分为三种。第一种是与辐射有关的光分解过程，光分解过程则可通过一个先进的光分解模块（JPROC）来计算。第二种是污染物的烟羽扩散过程。第三种是与云有关的化学过程，云在液相化学反应、垂直混合、气溶胶的湿清除方面都起着很重要的作用。云还会通过改变太阳辐射影响污染物的光化学过程。具体为：

①平流输送过程

为了方便，平流过程被分为水平方向和垂直方向两部分。由于平均大气的运动大部分是在水平面上，因而这种方法是可行的。一般而言，垂直运动是与动力学和热力学的相互作用相关。平流过程依赖于连续方程的质量守恒特点。

水平平流输送计算式为：

$$\frac{\partial\left(\sqrt{\hat{\gamma}}\,\overline{\phi_t}\right)}{\partial t}=-\nabla_{\xi}\cdot\left(\sqrt{\hat{\gamma}}\,\overline{\phi_t}\,\overline{\hat{V}_{\xi}}\right)$$

垂直平流输送由下式计算：

$$\frac{\partial\left(\sqrt{\hat{\gamma}}\,\overline{\phi_t}\right)}{\partial t}=-\frac{\partial\left(\sqrt{\hat{\gamma}}\,\overline{\phi_t}\overline{\left[\left(\hat{v}\right)^{3}\right]}\right)}{\partial \hat{x}^{3}}$$

②扩散过程

由于垂直扩散过程代表了地-气能量交换对大气湍流的热力学影响，而水平扩散过程代表了由于未分解的风波动造成的次网格混合，扩散过程可分为垂直和水平扩散两部分来计算。

$$\frac{\partial \phi_i^*}{\partial t}\bigg|_{\text{diff}} = \frac{\partial\left(\sqrt{\hat{\gamma}}\,\overline{\rho q_i}\right)}{\partial t}\bigg|_{\text{diff}} = -\hat{\nabla}_s \cdot \left[\sqrt{\hat{\gamma}}\,\overline{\rho}\,\hat{F}_{qi}\right] - \frac{\partial\left(\sqrt{\hat{\gamma}}\,\overline{\rho}\,\hat{F}_{qi}^3\right)}{\partial \hat{x}^3} + \sqrt{\hat{\gamma}}\,\overline{\rho}\left(\frac{Q_{\varphi_i}}{\overline{\rho}}\right)$$

③气相化学过程

CMAQ 中的化学算法为 QSSA（Young 等，1993）和 SMVGEAR（Jacobson 和 Turco，1994）模式的气象化学过程中要求的浓度单位是体积混合比，并考虑到气象化学反应产生的体积混合比的时间变率。

④气溶胶过程

$$\frac{\partial \phi_{\mathrm{t}}^*}{\partial t}\bigg|_{\text{aero}} = \sqrt{\hat{\gamma}}\,R_{\text{aero}_i}(\overline{\phi_1},\cdots,\overline{\phi_{\mathrm{n}}}) + \sqrt{\hat{\gamma}}\,Q_{\text{aero}_i} - \hat{v}_g\frac{\partial \phi_{\mathrm{i}}^*}{\partial \xi}$$

⑤排放过程

排放过程在垂直扩散过程中处理或在气相化学过程中进行描述，在痕量气体守恒的控制方程中，排放过程简单地表达为源项。

⑥云混合与液相化学反应

CMAQ 中考虑了云过程造成的污染物浓度的变化：

$$\frac{\partial \overline{m_i}}{\partial t}\bigg|_{\text{cld}} = \frac{\partial \overline{m_i}}{\partial t}\bigg|_{\text{subcld}} + \frac{\partial \overline{m_i}}{\partial t}\bigg|_{\text{rescld}}$$

其中，下标 cld、subcld 和 rescld 分别代表云、次网格尺度云和非次网格尺度云。次网格尺度云过程的作用包括混合、清除、液相化学反应以及湿沉降过程。

⑦干沉降过程

污染物在空气和地面间的传输率由一系列化学、物理以及生物因子所决定，根据不同的地面性质和状态、污染物的特点以及大气湍流的特征，这些因子会有不同的重要性。由于所涉及的各个过程的复杂性及这些过程间的相互作用，因而 CMAQ 中用沉降速率和污染物的浓度估计沉降通量以代表干沉降过程。

目前，CMAQ 中使用的干沉降速率估计方法为 RADM 方法（Wesely，1989）。RADM 方法计算 16 种化学物种的干沉降速率。其计算需要各种辅助的二维气象场资料，例如，边界层高度等。它们经常由水平风场、温度和湿度廓线估计而得。各物种的干沉降通量是由模式最低层的浓度乘以干沉降速率而得。干沉降率由下式得到：

$$V_{\mathrm{d}} = (R_{\mathrm{a}} + R_{\mathrm{b}} + R_{\mathrm{c}})^{-1}$$

式中，R_{a} 为空气动力阻力系数，R_{b} 为层流边界层阻力系数，R_{c} 为冠层阻力系数。除了 CCTM 模块外，CMAQ 模式中还包含有许多其他的模块。气象模式系统与化学输送模式系统之间的连接处理界面为 MCIP 模块，它用于转换处理气象模式系统的输出结果。MCIP 模块还可以根据需要内插气象数据、进行坐标系的转换、计算云参数以及地表和行星边界层参数。同时，根据我们所掌握的污染源的具体特点，开发了排放模式系统与化学输送模式系统之间的连接处理界面——ECIP 模块，它将排放模式系统中的输出结果进行转换以供 CCTM 模式使用。ECIP 模块可将排放源处理为 CMAQ 模式产生每小时的三维排放数据，其中包括点源、面源和移动源。ECIP 模块还可通过计算烟羽上升以及点源烟羽初始的垂直扩散来决定点源排放如何输入 CCTM 模式。初始条件和边界条件模块（ICON 和 BCON）是为模式进行初始化或为模式的格点边界提供化学反应物的浓度场。光分解率处理模块（JPROC）用于计算不同时间不同地点的光分解率。烟羽动力模块（PDM）主要处理烟羽的上升、烟羽的水平、垂直方向的增长以及次网格尺度范围内每段烟羽的输送过程。CMAQ 模式的空气质量预报主要依靠 CCTM 模块完成。上述的模块主要功能，简而言之，就是把 CCTM 模块需要的数据、参数等处理好送入 CCTM 模块，供 CCTM 模块使用。

（6）CAMx-PSAT 模型

CAMx 是美国环境技术公司（ENVIRON）开发的三维网格欧拉光化学模式，也叫区域性光化学烟雾模式，它采用质量守恒大气扩散方程，以有限差分三维网格为架构，可模拟气态与粒状污染物。模拟的范围可从城市至大尺度区域。该模式以 MM5、区域大气模型系统（RAMs）、天气研究和预测模型系统（WRF）等模式提供的气象场为驱动，也可以接受 CALMET 等诊断分析模拟结果，模拟大气污染物的平流、扩散、化学反应和干湿沉降等过程引；在化学反应机制方面，CAMx 提供碳键 CB4、CB05 和洲际空气质量污染 99（sAPRc99）等机理，并支持用户自行设置的化学反应机制；在区域模拟方面，具有灵活的网格设置和模式运算能力，支持单、双向网格嵌套；此外，该模式具有臭氧来源识别、颗粒物来源识别过程分析等多种敏感性分析方法。

CAMx 可模拟气态或颗粒污染物在大气中排放、扩散、化学反应及移除等作用，及其浓度与沉降量之变化过程。在紊流闭合方面，CAMx 和其他模式一样，皆采取一阶闭合的 *K* 值紊流扩散系数方式进行。

CAMx 包括了变相巢状网格程序、细网格尺度网格内烟流模组、快速的化学运算模组、干湿沉降等。

①变相巢状网格系统（Nested Grid Structure）

CAMx 使用者不需另外修改程式即可用在各种解析度需求条件不同的个案中。在巢状网络边界上，CAMx 使用所谓的变相巢状网络技术，以确保质量与通量的守恒。

②时间步长自控

在全对流层内应用 CAMx 进行计算时，若以高层风速为基准，将会有较小的时间步长，因此整体计算时间将为之提高。因此 CAMx 将各层的时间步长间隔开来，可有效降低水平对流的计算时间，同时也可以平衡计算精确性与稳定度。

③快速的烟流计算模组

由于烟流所需的空间解析度较高，CAMx 非但设有次模式模拟网格内烟流的扩散，同时也考虑到烟流内的氮氧化物与周围 VOC 的反应机制，计算直到烟流扩大到网格大小的程度。

④使用 TUV 辐射与光解次模式

计算光解速率常数，需要考虑地表反照率、垂直臭氧浓度、垂直之大气透光度、高度及日照角度等，CAMx 当中所用是最新由美国大气研究中心所建立的 TUV 模式。

⑤臭氧来源分配技术（Ozone Source Apportionment Technology，OSAT）

CAMx 可以将受体点上的臭氧浓度来源之贡献比例，定量解析。对污染物的来源追踪、以制定污染防治策略。

⑥粒状物来源分配技术（Particulate Source Apportionment Technology，PSAT）

此污染来源分配技术模组为 2005 年正式发布，与 OSAT 类似，可以在同一次模式模拟中解析出各分区范围内、各群组对模拟污染物的贡献率，具体见 PSAT 分析章节。

CAMX 通过在三维嵌套网格系统中求解每一类化学物质（l）的污染物连续性方程模拟对流层中污染的排放、扩散、化学反应和污染物去除等过程。欧拉连续性方程将每个网格体积内平均物质浓度的时间依赖性描述为该体积内所有物理、化学过程的总和效应。该方程在地形追随高度坐标下的数学表达如下：

$$\nabla_H \cdot V_H c_l + \left[\frac{\partial(c_l\eta)}{\partial z} - c_l\frac{\partial}{\partial z}\left(\frac{\partial h}{\partial t}\right)\right] + \nabla\cdot\rho K\nabla(c_l/\rho)$$

$$\frac{\partial c_l}{\partial t} = - + \left.\frac{\partial c_l}{\partial t}\right|_{\text{Chemistry}} + \left.\frac{\partial c_l}{\partial t}\right|_{\text{Emission}} + \left.\frac{\partial c_l}{\partial t}\right|_{\text{Removal}}$$

式中，V_H 为水平风向，η 为净垂直“夹带率”，h 为层界面高度，ρ 为大气密度，K 为湍流交换（扩散）系数。等式右边第一项代表水平对流，第二项代表跨越任意高度随时间空间变化的网格的净解析垂直运输，第三项代表子网格尺度湍流扩散。化学被认为是同时求解由特定化学机制定义的一整套反应方程。污染物去除既包含干表面吸收（沉积）也包含降水带来的湿清除效应。

连续性方程在一系列时间步长内实现向前数值运算。在每一个步长上，连续性方程把每个网格内浓度的变化分解成几个主要过程（排放、对流、扩散、化学和去除过程）的贡献。各单独求解的主要过程按顺序排列如下：

$$\left.\frac{\partial c_l}{\partial t}\right|_{\text{Emission}} = m^2\frac{E_l}{\partial x\partial y\partial z}$$

$$\left.\frac{\partial c_l}{\partial t}\right|_{\text{X-advection}} = -\frac{m^2}{A_{yz}}\frac{\partial}{\partial x}\left(\frac{uA_{yz}c_l}{m}\right)$$

$$\left.\frac{\partial c_l}{\partial t}\right|_{\text{Y-advection}} = -\frac{m^2}{A_{xz}}\frac{\partial}{\partial y}\left(\frac{vA_{xz}c_l}{m}\right)$$

$$\left.\frac{\partial c_l}{\partial t}\right|_{\text{Z-transport}} = \frac{\partial(c_l\eta)}{\partial z} - c_l\frac{\partial}{\partial z}\left(\frac{\partial h}{\partial t}\right)$$

$$\left.\frac{\partial c_l}{\partial t}\right|_{\text{Z-diffusiont}} = \frac{\partial}{\partial z}\left[\rho K_v\frac{\partial(c_l/\rho)}{\partial z}\right]$$

$$\left.\frac{\partial c_l}{\partial t}\right|_{\text{XY-diffusiont}} = m\left\{\frac{\partial}{\partial x}\left[m\rho K_X \frac{\partial(c_l/\rho)}{\partial x}\right] + \frac{\partial}{\partial y}\left[m\rho K_Y \frac{\partial(c_l/\rho)}{\partial y}\right]\right\}$$

$$\left.\frac{\partial c_l}{\partial t}\right|_{\text{Wet-Scavenging}} = -\Lambda_l c_l$$

$$\left.\frac{\partial c_l}{\partial t}\right|_{\text{Chemistry}} = Mechanism - specific\ \ R^{eaction\ Equations}$$

式中，c_l 是物种浓度（气态：μmol/m^3；气溶胶：μg/m^3），E_l 为物种排放速率（气态：μmol/s；气溶胶：μg/s），Δt 为时间步长（s），u 和 v 分别为东-西（x）和南-北（y）水平风速（m/s），A_{yz} 和 A_{xz} 分别为 y–z 和 x–z 位相单元交错部分面积，m 为不同地图投影上传输距离与真实距离的比例（m=1 为 curvi 线性纬度/经度坐标），Λ_l 为湿去除比例（S–1）。

干沉降是一项重要的去除机制，但它没有在时间分步算法中被明确视作一个独立的过程。每一个物种的沉降速率需基于物种化学特性和当地气象/下垫面条件而得以计算，且被用作垂直扩散的底边界层条件。这适当地借助垂直混合作用结合了每一个网格气柱的地表污染物去除效果。

一个主要推进时间步的模式驱动在大网格或粗（主要）网格模拟过程中被内部定义。网格尺度为 10～15 km 时，时间步为 5～15 min；网格尺度为 1～2 km 时，时间步为 1 min 或更短。这样，嵌套网格在每一主要运算步骤需要多个驱动时间步，具体取决于它们相对于主网格间距的比例。此外，每一个驱动时间步的多个传输和化学过程时间步长需要用于确保在所有网格得到这些过程的正确求解。

在一个给定网格每个时间步的第一个过程是所有源排放插入。然后 CAMX 实现水平对流模拟，但在每个主要时间步上更换 x 和 y 方向上的对流次序。这减轻了由 x/y 对流次序恒定造成的潜在数值偏差。水平对流模拟执行后是垂直对流，紧接着是垂直扩散、水平扩散、湿清除，最后是化学过程。

虽然模式中的对流在 x（东-西），y（北-南）和 z（垂直）方向上被分别执行，但它们之间的数值连接被开发为整体一致的形式以保持每个时间步长上的密度场。这使得 CAMX 具有很大的通用性和灵活性，允许了多种类型气象模式的连接，模拟网格分辨率、地图投影以及层结构设定具有很大灵活性。

⑦颗粒物贡献来源识别技术

颗粒物来源识别技术（Particulate Source Apportionment Technology，PSAT），是敏感性分析和过程分析的综合方法，能有效地追踪不同地区、不同种类的颗粒物源排放对目标研究区域 PM 的生成贡献。与分地区、行业模拟颗粒物源排放的方法相比，PSAT 能够较好地同步模拟分析不同地区、不同行业颗粒源排放对目标区域的贡献，有效减少和避免误差产生；同时，该方法简单易用，能减少原始数据处理、模拟预测及后处理分析等过程的复杂性和烦琐性，减少模拟分析时间，提高模拟预测分析效率。

a．PSAT 方法概况

PSAT 技术与 CAMx 模型主程序进行同步计算，它采用反应示踪物方法对各类颗粒物的浓度进行来源贡献示踪分析。该技术与臭氧来源分析技术（如 OSAT、APCA）密切相关。PSAT 可以跟踪 6 种颗粒物：硫酸盐颗粒；硝酸盐颗粒；铵盐颗粒；汞颗粒；二次有机颗粒物气溶胶；6 种一次颗粒物[包括元素碳、一次有机颗粒物、地壳细颗粒（＜2.5 μm）、其他细颗粒、地壳粗颗粒（2.5～10 μm）、其他粗颗粒]。

对于以上 6 种类型的颗粒物，PSAT 技术为各类颗粒物（如硫酸盐颗粒）和对应的前体物（如 SO_2）都配置了反应示踪物。PSAT 技术对各类颗粒物的示踪与它们对应的前体物一致：硫酸盐颗粒对应 SO_2；硝酸盐颗粒对应 NO_x；铵盐颗粒对应 NH_3；二次有机颗粒物对应 VOC 前体物。

PSAT 技术将增大 CAMx 模型对 CPU、内存、硬盘储量的要求。与其他模拟方法如 zero-out 方法相比，PSAT 技术所要求的 CPU 和硬盘空间较小。PSAT 技术能够对以上 6 种类型的颗粒物进行单独示踪模拟，实现了对模拟资源条件的灵活性配置。例如，可以单独对硫酸盐颗粒，或硫酸盐颗粒+硝酸盐颗粒+铵盐颗粒进行示踪模拟，也可以对所有类型的颗粒物同时进行示踪模拟。

PSAT 技术通过对地理区域、排放类型、初始条件、边界条件进行定义和分类来示踪模拟 PM 前体物的浓度贡献。PSAT 技术要去对研究区域内的所有排放源都进行模拟分析，因此最简单的 PSAT 模拟分类为 3 组：初始条件、边界条件和所有排放源。通过对地理区域和排放类型，或边界条件（可分解为北部、南部、东部、西部、上部）的分类可获得更详细的 PSAT 模拟结果。

PSAT 技术通过对 CAMx 模拟网格的分类来设定地理区域，以此来代表按区县、州等来分类的地理区域。PSAT 技术通过给每种类型的排放源提供单独的排放源文件来对排放类型进行分类。

b．PSAT 示踪污染物

PSAT 模拟时添加到每个排放类型和地理区域（i）的反应示踪物共有 32 个，如下所示。一般来说，一次 PM 污染物可用一个示踪物来模拟，而二次 PM 污染物则需要多个示踪物来模拟分析前体物间的反应和 PM 污染物的生成。硝酸盐颗粒和二次有机颗粒物的示踪模拟最复杂，因为这两种物质从前体物的排放到最后颗粒物的生成需要经历好几步反应过程。

硫：

SO_{2i}　SO_2 排放

PS_{4i}　硫酸盐颗粒物离子

氮：

RGN_i　反应的气态氮

TPN_i　PAN 和 PNA

NTR_i　有机硝酸盐

HN_{3i}　气态硝酸

PN_{3i}　硝酸盐颗粒物离子

氨：

NH_{3i}　气态氨

PN_{4i}　铵颗粒物

二次有机物：

ALK_i 链烷烃/石蜡烃二次有机气溶胶前体物

ARO_i 芳香烃（甲苯和二甲苯）二次有机气溶胶前体物

CRE_i 甲酚二次有机气溶胶前体物

TRP_i 生物烯烃（萜烯）二次有机气溶胶前体物

CG_{1i} 由甲苯和二甲苯反应生成的可压缩气态物（低挥发性）

CG_{2i} 由甲苯和二甲苯反应生成的可压缩气态物（高挥发性）

CG_{3i} 由链烷烃反应生成的可压缩气态物

CG_{4i} 由萜烯反应生成的可压缩气态物

CG_{5i} 由甲酚反应生成的可压缩气态物

PO_{1i} 由 CG1 生成的二次有机颗粒物

PO_{2i} 由 CG2 生成的二次有机颗粒物

PO_{3i} 由 CG3 生成的二次有机颗粒物

PO_{4i} 由 CG4 生成的二次有机颗粒物

PO_{5i} 由 CG5 生成的二次有机颗粒物

汞：

$HG0_i$ 元素汞蒸汽

HG_{2i} 反应气态汞蒸汽

HGP_i 汞颗粒物

一次颗粒物：

PEC_i 一次元素碳

POA_i 一次有机气溶胶

PFC_i 地壳细颗粒

PFN_i 其他细颗粒

PCC_i 地壳粗颗粒

PCS_i 其他粗颗粒

c．PSAT 方程

计算原理有以下几种。PSAT 考虑了示踪物在物理过程、化学过程中生成、消除、转化过程的模拟。物理过程包括了污染源的排放、初始浓度和边界浓度的引入、干湿沉降的去除作用、污染物的传输过程。化学过程包括前体物的化学转化和颗粒物的生成转化，PSO_4 是气态或液态的 SO_2 氧化反应后的二次产物、NO_3 是从 NO_x 污染物转化而来、NH_4 是有 NH_3 转化而来等。具体计算原理可分为以下几种。

假设存在两种颗粒物源，A 和 B，且 A 可以转化为 B，计算方程为 $c_{i,t+\Delta t}(A)=c_{i,t}(A)+c_{\Delta t}(A)\dfrac{c_i(A)}{\sum c_i(A)}c_{i,t+\Delta t}(B)=c_{i,t}(B)+c_{\Delta t}(B)\dfrac{c_i(A)}{\sum c_i(A)}$

式中：$C_{i,\Delta t}(A)$为目标区域某种颗粒物的总贡献浓度，以质量分数或体积分数计算。i 为考虑了不同源域及不同行业的源个数，$C_i(A)$为第 i 类源对目标区域的贡献浓度，$C_{\Delta t}(A)$ 为单位时间Δt 内对目标区域 A 的贡献浓度，$C_{i,t+\Delta t}(A)$和 $C_{i,t}(A)$分别为第 i 类源在 $t+\Delta t$ 时刻和 t 时刻对目标区域的贡献浓度。

假设反应为 A 和 B 可以相互转化，且每一时间步长都达到平衡，则公式如下：

$$c_{i,t+\Delta t}(A)=[c_{i,t}(A)+c_{i,t}(B)]\left(\frac{\sum c_i(A)}{\sum c_i(A)+\sum c_i(B)}\right)$$

$$c_{i,t+\Delta t}(B)=[c_{i,t}(A)+c_{i,t}(B)]\left(\frac{\sum c_i(B)}{\sum c_i(A)+\sum c_i(B)}\right)$$

式中各项代表意义同上。

d．一次颗粒物

一次颗粒物的来源贡献模拟比较简单，因为没有涉及复杂的化学反应。下面将介绍物理过程（非化学过程）对一次颗粒示踪物影响的 PSAT 方程。

颗粒物源排放（E_{PM}）对示踪物浓度（PM_i）的影响方程为：

$$PM_i(t+\Delta t)=PM_i(t)+E_{PM}\frac{e_{PM_i}}{\sum e_{PM_i}}$$

这里示踪物源排放（e_{PM_i}）等于各类源（i）排放量的总和（E_{PM}），即 $E_{PM}=\sum e_{PM_i}$。ICs 和 BCs 的影响方程与此类似。

一次颗粒物的干湿沉降去除过程如下所示：

$$PM_i(t+\Delta t)=PM_i(t)+\Delta PM\frac{PM_i}{\sum PM_i}$$

这里总 PM 浓度的改变量将按比例的分配给对应的示踪物（PM_i）。

一次颗粒示踪物的传输（对流和扩散）过程是一个去除过程。网格中污染物传输输入过程，因为示踪物浓度的增加必须依据上游网格（PM_i^{up}）示踪物的分配情况。

$$PM_i(t+\Delta t)=PM_i(t)+\Delta PM\frac{PM_i^{up}}{\sum PM_i^{up}}$$

e．硫酸盐颗粒

硫酸盐颗粒物（PSO_4）来自一次排放和二次生成。二次硫酸盐颗粒物是由 SO_2 在气相和液相的化学氧化过程中生成的。对 SO_2 和 PSO_4 示踪物物理过程的影响方程与一次颗粒物类似。

每个网格每个时间步长内 SO_2 到 PSO_4 的化学转化过程具体为：

$$SO_{2i}(t+\Delta t)=SO_{2i}(t)+\Delta SO_2\frac{SO_{2i}}{\sum SO_{2i}}$$

$$PSO_{4i}(t+\Delta t)=PSO_{4i}(t)+\Delta PSO_4\frac{SO_{2i}}{\sum SO_{2i}}$$

这里ΔSO_2和ΔPSO_4为总浓度的变化值，两个量的摩尔值是相等的。SO_{2i} 和 PS_{4i} 分别是 SO_2 和 PSO_4 的示踪物。PSAT 把二次硫酸盐颗粒物归属到 SO_2 排放源。

f．铵盐颗粒

铵盐颗粒物（PNH_4）由气态氨与硫酸和（或）硝酸的反应生成。PSAT 把 PNH4 归属

到 NH_3 排放源。对 NH_3 和 PNH_4 示踪物物理过程的影响方程与一次颗粒物类似。

CAMx 模型假设 PNH_4 和 NH_3 在每个气溶胶化学反应时间步长都达到了化学平衡。因此，PSAT 技术假设 PN4 和 NH_3 示踪物达到平衡浓度时的方程如下所示：

$$\mathrm{NH3}_i(t+\Delta t)=[\mathrm{NH3}_i(t)+\mathrm{PN4}_i(t)]\left(\frac{\mathrm{NH_3}}{\mathrm{NH_3}+\mathrm{PNH4}}\right)$$

$$\mathrm{PN4}_i(t+\Delta t)=[\mathrm{NH3}_i(t)+\mathrm{PN4}_i(t)]\left(\frac{\mathrm{PNH4}}{\mathrm{NH_3}+\mathrm{PNH4}}\right)$$

这里，NH_3 和 PN4 每种排放源类型（i）的化学平衡常数等于总物种浓度（NH_3 和 PNH_4）的平衡比率。

g．汞

汞在 CAMx 的化学机制中包含三个形式：元素汞（Hg2）、氧化汞（HgO）、汞颗粒（Hg(p)）。Hg(p)在化学形式上不同于另两种形式的汞，它类似于一次颗粒物示踪剂，其已在前述内容中讨论过。HgO 和 Hg2 在气相、液相反应中相互转化。水相反应受液滴中颗粒物的量的影响。HgO、Hg2、Hg(p)对于示踪剂物理过程的影响可利用前述一次颗粒物反应方程的类似方程来描述。通过如下方程，由 HG2 的变化量ΔHG2 可计算 Hg2 或 HgO 的产生量（βHg2 或βHgO）。

$$\beta\mathrm{HG2}=(|\Delta\mathrm{HG2}|+\Delta\mathrm{HG2})/2$$

$$\beta\mathrm{HG0}=(|\Delta\mathrm{HG2}|-\Delta\mathrm{HG2})/2$$

该方程确保了产物量总是正值或是 0。HgO 和 Hg2 示踪剂的化学变化用下式计算：

$$\mathrm{HG2}_i(t+\Delta t)=\mathrm{HG2}_i(t)+\beta\mathrm{HG2}\frac{\mathrm{HG0}_i}{\sum\mathrm{HG0}_i}$$

$$\mathrm{HG0}_i(t+\Delta t)=\mathrm{HG0}_i(t)+\beta\mathrm{HG0}\frac{\mathrm{HG2}_i}{\sum\mathrm{HG2}_i}$$

h．硝酸盐颗粒、二次有机颗粒物气溶胶

硝酸盐颗粒物（PNO_3）由气态硝酸（HNO_3）与 NH_3 的反应生成。HNO_3 是氮氧化物（NO_x）气相和液相反应的二次产物。PSAT 把二次硝酸盐颗粒物归属到 NO_x 排放源。PSAT 技术在对 PNO_3 进行来源分配时比其他颗粒物类型都要复杂，因为从 NO_x 到 HNO_3 的化学转化必须经历几个 NO_y 物种反应过程。

CAMx 模型中二次有机颗粒物气溶胶（SOA）形成的机制为，首先 VOC 被氧化剂（OH，O_3，O（3P）或 NO_3）氧化生成可压缩气体，接着可压缩性气体（CG）被分割成气溶胶状态生成二次有机气溶胶，CG 的产量和 CG 的特点由反应的 VOC 物种决定，有些反应将生成两种 CG，反应及示踪过程也很复杂。

针对硝酸盐颗粒、二次有机颗粒物气溶胶的具体方程本书不再详述，具体见文献。

（7）WRF-chem

WRF-Chem 模式是由美国国家海洋大气局（NOAA）、NCEP 环境模拟中心、美国国家海洋和大气管理局地球系统研究实验室、美国国家大气研究中心（UCAR）联合开发的新一代在线型（on-line）空气质量模式，可用于模拟污染物的物理化学过程、沉降、排放、化学转化、气溶胶相互作用、光化学和辐射过程等。WRF-Chem 的空气质量与气象采用完全相同的网格、时间分辨率、传输方案物理方案（用于次网格传输计算），实现了气象模式与化学传输模式在时间和空间上的紧密耦合和真正的在线传输，且无须对气象场进行时间插值。化学模块中主要包含气相化学机制、气溶胶模块、光化学模块、液态化学，并且还有气溶胶-云-辐射反馈效应和气溶胶激活/重悬浮过程，以及干湿沉降。WRF-chem 模式流程如图 3-18 所示。

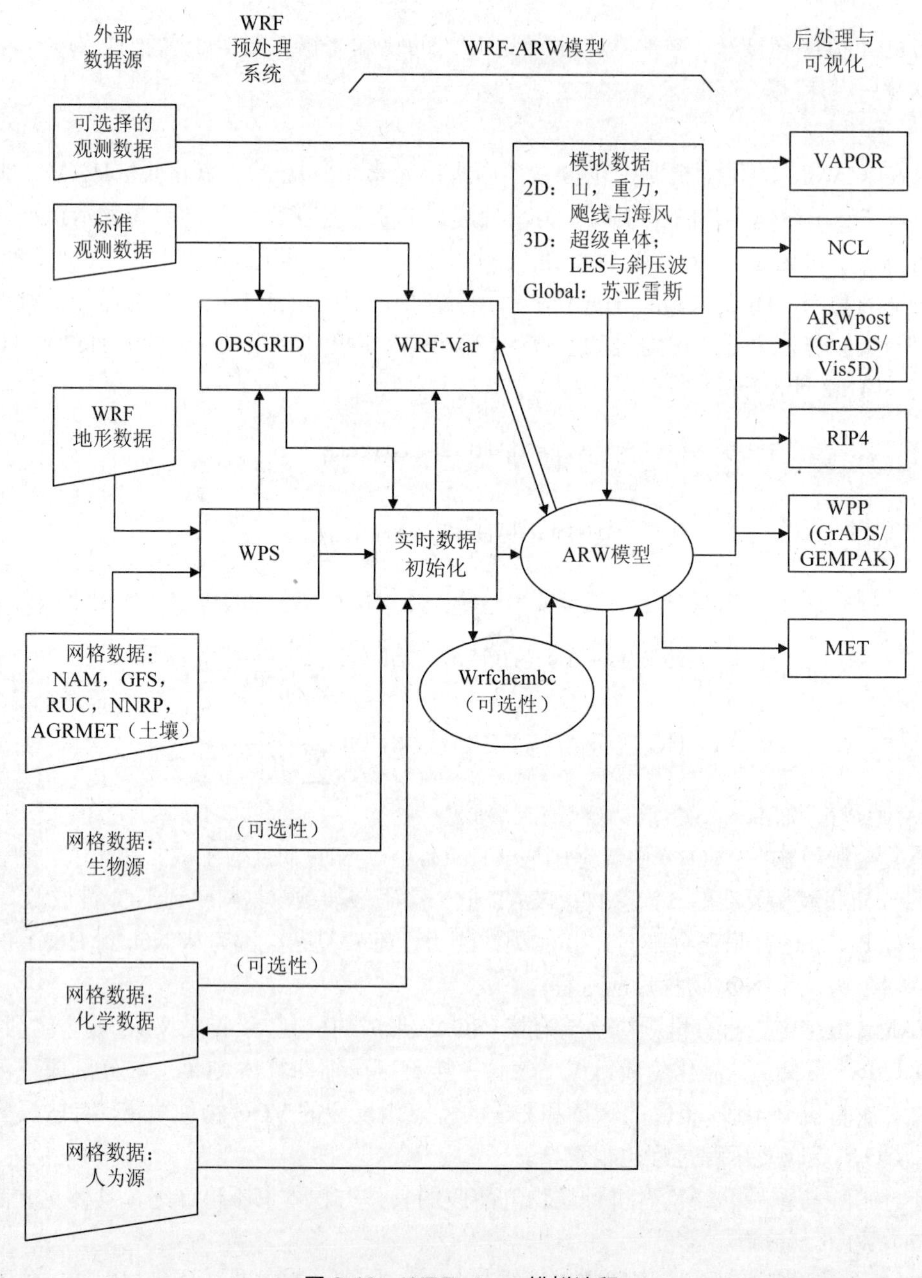

图 3-18　WRF-chem 模拟流程

①动力传输

WRF-chem 中所有污染物的传输均是在线的。大气动力学模拟核心采用 Advanced Research WRF（ARW）。ARW 中嵌入的预测方程是基于光通量的守恒变量，温度、压力等非守恒变量通过预测的守恒变量计算。守恒变量的计算方法中，ARW 嵌入了质量守恒方程和标量守恒方程形式：

$$\mu_t + \nabla \cdot (V_\mu) = 0$$

$$(\mu\phi)_t + \nabla \cdot (V_{\mu\phi}) = 0$$

ARW 采用 5 阶标量守恒方程计算水平传输通量，3 阶标量守恒方程计算垂直传输通量。时间积分方案及平流方案参考 Wicker and Skamarock 等的研究[①]。

②干沉降

WRF-chem 基于模式最底层的示踪气体和粒子浓度乘以时空变化的沉降速度$-V_d$计算干沉降通量。干沉降速度与三种阻抗特征（空气动力学阻尼、片流层阻尼和表面阻尼）的比例有关。WRF-chem 采用 Wesely（1989）作为表面阻尼参数化方案，在这个参数化方案中表面阻尼与土壤以及植物表面阻抗力有关。其中植物特性由土地利用类型以及季节来决定。表面阻尼海域气体分子的扩散系数、反应活性和水溶性有关。

硫酸盐气溶胶的干沉降速率计算方法不同于上述方法，当不模拟计算气溶胶时，假设硫酸盐全部为气溶胶粒子，并且其干沉降采样 Erisman 等的方法计算，而当计算气溶胶时，硫酸盐干沉降通过如下公式计算。

$$\hat{V}_{dk} = (r_a + \hat{r}_{dk} + r_a \cdot \hat{r}_{dk} \cdot \hat{V}_{Gk})^{-1} + \hat{V}_{Gk}$$

③气相化学

WRF-Chem 模式包含多种化学机制：CBM-Z、RADM2、RACM、NMHC9、GOCART 等。

CBM-Z 机制由 CBM-IV 发展而来，对有机物的种类和反应进行归类，包括了 67 种预报物质和 164 种化学反应。它调整了模式架构以适用于大的时空尺度，不是所有的化学物质和化学反应都在模拟区域进行，而是分成：背景场（32 种物质，72 个反应）、城市区域（19 种物质，44 个反应）、生化过程（5 种物质，16 种反应）、包括二甲基硫的海洋区域（11 种物质，30 种反应）；气溶胶化学机制 MOSAIC 中包含的气溶胶物种有硫酸盐、硝酸盐、铵盐、氯化物、钠盐、其他无机非特殊物种、有机碳和元素碳 8 种物种以及水成物和可选择的钙盐、碳酸盐和甲基硫磺酸。

WRF-chem 的 RADM2（Regional Acid Deposition Model，version 2）大气化学机制由 Stockwell 等开发，已广泛应用到大气模式中，该机制很好地平衡了化学反应细节、化学物种模拟与电脑资源间的冲突，使模式用户尽可能地获取到大气化学反应数据。RADM2 气象化学反应机制中，无机污染物包括 14 种稳定污染物、4 种中间反应产物和 3 种大量存在的稳定大气组分（O_2、N_2、H_2O），有机物包括 26 种稳定污染物、16 种过氧自由基。RADM2

① Wicker L J，Skamarock W C. Time splitting methods for elastic models using forward time schemes[J]. Monthly Weather Review，2002（130）：2088-2097.

化学机制中的有机反应根据 Middleton 等（1990）的工作将相似的有机成分化分为一类官能团，从而减少化学反应计算量，VOC 的分类方式参考 Middleton 等的研究。采用包含 22 种诊断物种和 38 类预报物种的准稳定状态近似方法（Quasi Steady State Approximation，QSSA）计算化学物质产生量和亏损数值，其中 38 种预报污染物的方程率根据后向欧拉机制来求解。

Stockwell 等（1997）对 RADM2 化学反应机制做了改进，称为 RACM 机制（Regional Atmospheric Chemistry Mechanism），这个机制包括了 21 个无机以及 56 个有机物种，共有 237 个化学反应，可以更详细地描述 O_3 的化学反应。

④气溶胶模块

气溶胶模块采用欧洲气溶胶动力学模式 MADE（the Modal Aerosol Dynamics Model for Europe）（Ackermann et al.，1998），这个模式是 Regional Particulate Model（Binkowski and Shankar，1995）的改进。Schell（2001）等将二次有机气溶胶（Secondary organic aerosols，SOA）模块耦合到了 MADE 模式当中，称为 the Secondary Organic Aerosol Model（SORGAM）。由于上述文献详细描述了这个模式，因此这里仅给出模式最重要组成部分的简单的描述。

a．粒径分布

亚微米尺度的粒子的粒径分布由两个重叠的区间描述，称为模态，对每个模态采用对数正态假设：

$$\mathrm{n}(\ln d_p)=\frac{N}{\sqrt{2\pi}\ln\sigma_g}\exp\left[-\frac{1}{2}\frac{(\ln d_p-\ln d_{pg})^2}{\ln^2\sigma_g}\right]$$

式中，N 为数浓度（个/m^3），d_p 为粒子直径，d_{pg} 为中间直径，σ_g 为粒径分布的标准偏差。第 k 个谱段的分布定义为：

$$M_k=\int_{-\infty}^{\infty}d_p^k n(\ln d_p)\mathrm{d}(\ln d_p)$$

计算方案为：

$$M_k=Nd_{pc}^k\exp\left[\frac{k^2}{2}\ln^2\sigma_g\right]$$

其中 M_0（k=0）是单位大气柱当中模态内总的气溶胶粒子，M_2（k=2）与单位气柱中模态内地表总的气溶胶粒子成比例，而 M_3（k=3）与单位气柱中模态内总的气溶胶粒子柱成比例。

b．守恒方程

预报气溶胶分布的守恒方程和预报气相物质的方程相似，需要在积分时加入描述气溶胶动力学的项。M_k 定义为：

$$\frac{\partial}{\partial t}M_{ij}^*=-\nabla\cdot(VM_{ij}^*)-\frac{\partial}{\partial\sigma}(\sigma\dot{M}_{ij}^*)+\left[\frac{\partial M_{ki}^*}{\partial t}\right]_{dij}+\mathrm{coag}_{kii}+\mathrm{coag}_{kij}+\mathrm{coad}_{ki}+e_{ki}$$

上述公式中 i、j 分别代表 Aitken 模态以及积聚态，V 为水平风矢量，s 是 WRF 的高度坐标，coag 是粒子的凝结，coad 代表浓缩，e 代表污染源。

c．传输

WRF-Chem 模式传输过程中与气溶胶有关的诊断量包括每个模态中气溶胶粒子的总数，Aitken 和积聚模态中所有的一次和二次物种（有机和无机物），以及粗模态中的三个物种（人为源产生的粒子、海盐，以及土壤产生的气溶胶）。接下来给出气溶胶动力学过程以及气溶胶化学的概述。除了成核过程（仅考虑无机成分），其他所有的气溶胶动力学过程都考虑无机以及二次有机气溶胶成分。

d．成核

二次气溶胶形成的最重要的过程是发生在硫酸-水体系中的均相成核过程。这个过程的计算采用 Kulmala 等（1998）的方案。

e．浓缩

气溶胶粒子的浓缩增长需要两个步骤：气溶胶粒子表面由于化学前体物反应产生浓缩物质（7K 汽）以及周围挥发性物质的浓缩和蒸发。在 MADE 模式中忽略 Kelvin 效应。计算的数学表达式来源于 Binkowski 和 Shankar（1995）。

f．凝核

MADE 模式假设在凝结过程中粒子保持对数正态分布，而且在凝结过程中只考虑布朗运动产生的效应。凝结过程的数学表达式依据 Whitby 等（1991）以及 Binkowski 和 Shankar（1995）的工作。MADE 模式中对凝结时导致的粒径分布的变化根据 Whitby 等（1991）的工作做了改进。Whitby 等（1991）认为在一个模态中粒子的碰并产生的新粒子仍然属于这个模态。MADE 模式中允许 Aitken 模态中两个粒子碰并后产生的新粒子变为积聚态。因此，MDE 需要计算直径 d_{ep}，使得两个模态保持同样的数浓度。然后 Aitken 模态中的碰并粒子（至少一个直径大于 d_{ep}）转化到积聚态。

g．干沉降

在第 k 个谱段的气溶胶粒子的干沉降速率根据下式计算：

$$\hat{V}_{dk} = (r_a + \hat{r}_{dk} + r_a \cdot \hat{r}_{dk} \cdot \hat{V}_{Gk})^{-1} + \hat{V}_{Gk}$$

其中 r_a 是表面阻尼，$\hat{V}_{dk}$ 代表沉降速度，r_{dk} 代表布朗扩散速率（Slinn 等，1980；Pleim 等，1984）。

h．化学过程

无机化学根据 Saxena 等（1986）建立的 MARS 以及 Binkowski、Shankar（1995）的修正方案在热力学平衡状态时求解硫酸盐/硝酸盐/铵盐/水气溶胶的化学组分。有机化学采用 SORGAM 模式（Schell 等，2001）。SORGAM 假设二次有机气溶胶的组分相互作用并且形成一个准理想状态的溶液。二次有机气溶胶成分中气态/粒子的比例采用 Odum 等（1996）的参数化方案。由于缺乏足够的资料，所有的反应系数都假设为 1。SORGAM 单独计算人为以及自然源前体物，并且运用到 RACM 气相化学机制当中（Whitby et al., 1991）。如果使用 RADM2 方案时，自然源生成的前体物以及由其产生的气溶胶粒子浓度设为 0。

i. 光化学

气相化学反应模式中的 21 个光化学反应的光解速率根据 Madronich（1987）的工作在每个网格点上计算。对于气体 i 的光解率 J_i，可以根据光化学通量 IA（λ），吸收正交截面 $\sigma(\lambda)$，以及量子产率对波长λ积分求解：

$$J_i = \int^{\lambda} I_A(i \cdot \lambda)\sigma_i(\lambda)\Phi_i(\lambda)\mathrm{d}\lambda$$

光化学通量在辐射传输模式中计算，采用 Joseph 等（1976）建立的 delta-Eddington 技术。这个辐射传输模式中计算 O_2 和 O_3 的吸收、瑞利散射，以及 Chang 等（1987）描述的气溶胶粒子和云的散射与吸收。Las 的吸收正交截面和量子产率根据 Stockwell 等（1990）的理论计算。在上式中波长积分区间为 186～730 nm，并且在差分格式中划分为 130 等分。

模式模拟区域中的每个网格点都需要计算光化学通量的廓线。在确定辐射传输模式所需要的吸收以及散射正交截面时需要用到 MM5 模式上边界以内所预报的温度，臭氧以及云中液态水含量。而在 MM5 模式上边界之外则采用固定的典型温度和臭氧廓线来确定吸收以及散射正交截面。这些固定的臭氧廓线是由 TOMS 卫星观测资料所得到的。

辐射传输模式允许对不同云层中依赖于高度的液态水含量做适当的处理。云水的消光系数 C 是云水的函数，根据 Slingo（1989）的参数化方案在模式中计算。作为简化，原来依赖于波长的系数被固定的平均值 0.027 5 和 1.3 代替，这使得事实上这些系数与计算的光化学通量无关。在目前的研究中，云滴的有效半径根据 Jones 等（1994）的方法计算。对气溶胶粒子，采用为常数的消光廓线，而且光学厚度取 0.2。光解频率在模式中“在线”计算，因为这样处理有许多优点而且更加通用。例如臭氧的吸收正交截面依赖于温度。此外，这种处理方法可以用来计算依赖于湿度的气溶胶粒子的消光系数。根据 Ruggaber 等（1994）的研究，气溶胶粒子对 NO_2 的光解频率有很强的作用。模式的另一种选择是根据 Jones 等（1994）或者 Boucher and Lohmann（1995 年）的研究由硫酸盐成分来参数化云滴半径。光解模式可以在任意一个积分时步时计算。

3.3.1.3 区域气候模型

（1）RegCM3 的简介

RegCM3 的组成结构如图 3-19 所示。

1）模式的物理过程采用 NCAR CCM3 辐射方案；

2）陆面过程使用 Subgrid BATS，是较先进的表述植被和土壤湿度对地-气间动量、能量、水汽交换所起作用的陆面过程模式。包括植被层、冰雪层、表面土壤层、10 cm 根区土壤层、1～2 m 土壤层、3 m 土壤层。植被类型分为 20 种，土壤质地分为 12 种、土壤颜色 5 种，同一植被类型波长以 0.7 μm 为界，植被反照率采取不同的参数；

3）行星边界层方案使用 Holtslag 方案，该方案基于非局地扩散概念，考虑了在非稳定、充分混合的大气中大尺度涡旋所造成逆梯度通量；

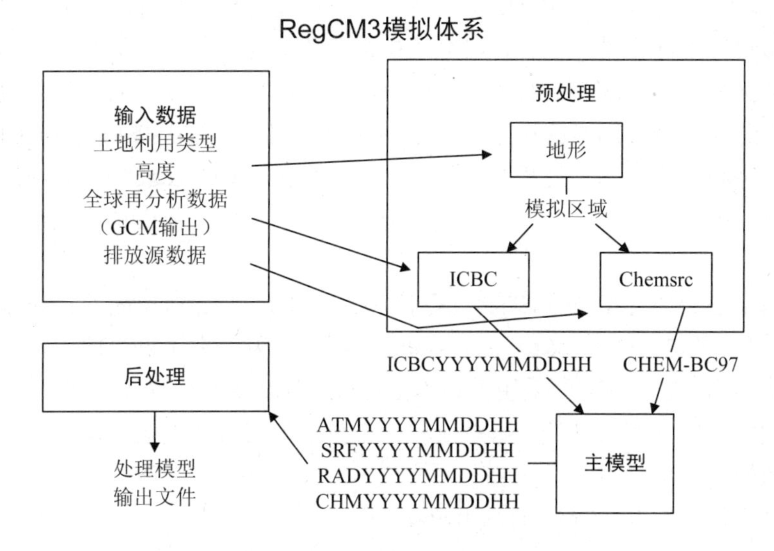

图 3-19　RegCM 组成结构图

4）积云对流参数化方案现有 3 种选择：基于 Arakawa-Schubert 闭合假设和 Fritsch-Chappell 闭合假设的 Grell 方案、Anthes-Kuo 方案以及 Emanual 方案；

5）大尺度降水方案用 SUBEX 次网格显式湿度方案处理非对流云和降水；

6）海-气间感热、潜热、动量通量参数化计算方案除 BATS 外，增加了 Zeng 方案，它考虑了各种稳定条件和不稳定条件情形，克服了以往过高估计潜热的缺陷；

7）气压梯度参数化方案有两种选择，包括通用的 PGF 计算方案和静力扣除计算方案；

8）湖泊模式与大气模式耦合，湖泊模式中的热通量、水汽、动量由气象场资料和河流的表面温度、反照率计算而得；

9）痕量气体模式，用于考虑气溶胶、气体的影响。

（2）区域气候模式 RegCM 发展过程

目前，用于区域气候模拟的区域气候模式已经有很多，如 RegCM、RIEMS、RAMS、南京大学的 NJU-RCM 等。其中 NCAR 的 RegCM 是目前应用最广的区域气候模式之一，第一代区域气候模式 RegCM1 是在 MM4 的基础上发展起来的。为了用于长时间的积分以研究区域气候的形成和变化机制，还对辐射方案、对流参数化方案等作了扩充和修改。实验结果表明，它能得到许多 GCMs 难以分辨的区域温度、降水及土壤水分的变化特征。

在此之后，Giorgi 等和 Bate 等于 1993 年对 RegCM1 进行了扩充和改进，形成了 RegCM2。在 RegCM2 中，几乎所有的模式物理过程都进行了改造。在对流参数化方面，对 Kuo 的积云对流参数方案作了修改并加入了 Grell 方案；辐射方案中用 CCM2 代替 CCM1；陆面过程进行了升级；侧边界层的同化中加入指数松弛方案。此外，在 RegCM2 中采用显示分离算法。从而不仅更细致地描述了模式的物理过程，还大大提高了计算效率，使得 RegCM2 在各国得到了推广。Giorgi 等，Bate 等用其对美国大湖地区的模拟结果均显示相对于 GCM，RegCM2 能很好地模拟出湖面对气候的重要影响。Giorgi 等还证明 RegCM2 也可以用于陆面水循环的研究。在国内，钱永甫等用 RegCM2 模拟青藏高原积雪异常的气候效应发现，雪深异常，尤其是冬季雪深异常是影响中国降水的一个因子。王世玉、张耀存用区域气候模式 RegCM2 对我国东北、华北部分生态环境脆弱区植被类型变化对区域气候影响程度进行模拟试验，研究了植被变化对北方气候的影响。和渊等将标量粗糙度 ZOT、ZOQ 引入 RegCM2 的陆面过程中，并通过实验对比说明其引入改善了对地表温度和地面比湿的模拟，同时改进了对降水的模拟。国家气候中心则在 RegCM2（1996）的基础上，改进和发展了物理过程参数化方案，发展出 NCC/RegCM，并应用在我国区域气候的模拟研究中，均取得了令人满意的结果，显示了该模式在模拟东亚地区气候方面更具优势。

意大利国际理论物理中心（ICTP）又于 2003—2004 年研制开发了 RegCM2 的改进版 RegCM3。最新版的 RegCM3 又进一步在物理过程等多方面有了许多改进，并在模式中加入气溶胶模块，同时在计算方面采用并行算法，极大地提高了计算效率而且界面更加友好。且对计算机硬件的要求相对较低，这些便利性将会使得其将在发展中国家气候模拟研究中成为一个有效的工具。

（3）区域气候模式 RegCM3 的应用现状

以前的区域气候模式 RegCM1、RegCM2 版本已经在美国、欧洲、非洲、东亚等地区进行过许多方面模拟研究，RegCM3 一经推出，就受到各国气象工作者的高度关注，该模式还参加了中国科学院大气物理研究所 START 全球变化东亚区域研究中心发起和主持，有中、美、韩、日和澳大利亚 10 个研究组参加的亚洲区域气候模式比较计划，该计划正在进行中，从第一阶段和第二阶段的模拟结果可以看出，RegCM3 对亚洲季风有很好的模拟性能。目前，国际上利用 RegCM3 进行的模拟主要在以下几个方面：

① RegCM3 对区域气候模拟能力的检验

以一个区域气候模式能力的最基本检验方法就是将其用于区域气候的模拟实验中。而温度和降水则是区域气候模拟研究中最基本的要素。Pal 等用 RegCM3 对欧洲 1994 年 10 月到 1995 年 8 月冬夏两季的气温和降水进行模拟，模拟得到温度和降水的分布以及极值中心与实况很吻合，但对降水量的模拟偏大；作者还对东亚季风区冬夏两季的季节性降水和降水月变化情况进行了模拟分析，发现模式对季节性变化和月变化有很好的模拟效果，对降水的模拟同样存在偏大的误差，尤其是在冬季。EA Afiesimama 用 RegCM3 对西非季风的平均态和年际变化的模拟结果显示，模式对平均降水和极端降水事件有很好的模拟能力，除了对几内亚沿海的降水模拟存在偏多、Soudano-Sahel 降水模拟偏少。可以看出，RegCM3 在区域气候模拟上是很成功的。

在区域气候模拟研究中，一项重要的检验指标是看其对区域尺度的气候异常事件的模拟能力。Pal 等用 RegCM3 模拟研究了 1988 年北美大旱和 1993 年北美中西部地区的洪涝，其得到的结果与实际资料很相符，尤其是对降水极值区的再现，从而肯定了该模式对气候异常事件的模拟能力。

②模式对未来气候的模拟能力

对未来气候的模拟可以使人类尽早地认识到气候及生态环境可能发生的变化并对变化产生的影响进行评估，以及时采取措施应对气候变化。而发展区域气候模式的目的之一是研究各种强迫导致的气候变化在区域尺度上的特征，其中未来二氧化碳含量的增加就是一种重要的强迫。Jeremy Pal 等用 RegCM3 进行了地中海地区未来气候变化的模拟预测。先对 1961—1990 年此区的气候变化进行模拟，验证该模式对气候变化的模拟能力；之后模拟 2071—2106 年的气候（用 IPCC 的 A2、B2 情况分别模拟），并与 1961—1990 年的气候态相减得到未来的气候变化状况；还与 1951—1975 年到 1976—2000 年气候所发生的变化相比较。比较结果显示，A2、B2 两种情况下的未来气候变化大体一致，气候年际变化最大是在夏季；未来的极端气候事件会更频繁地发生，如洪涝和干旱等。

③模式的敏感性实验

敏感性实验一直都是气候模拟实验中的重要组成，其优点在于能揭示各种物理因子的气候效应，对于人们了解模式、更好利用模式以及对模式的改进有很大的帮助。

④模式嵌套研究

单向嵌套是目前区域气候研究的主要手段，对区域气候的模拟和预测有明显的改进，如之前提到的用 GCM 与 RegCM3 嵌套为 RegCM3 提供初边界条件；而双向嵌套能够体现不同尺度大气运动之间的相互作用，将大尺度与所研究的气候系统的各要素相互联系起来，可以使区域气候模式的模拟结果更加接近实际，是区域气候变化研究的发展方向，尽管实现的难度很大，但模拟的结果明显优于单向嵌套。

Gao Xuejie 用 RegCM3 采用双重嵌套对地中海地区未来降水可能发生的变化进行模拟预测。结果发现，用此高精度模式模拟出的未来气候发生的变化具有季节性特征：冬季北地中海地区平均降水发生明显变化，而在南地中海地区却不明显；在其他季节尤其是夏季，大部分地区的降水都减少。Bojariu 等则用该模式与大尺度模式 HadCM3 耦合进行 30 年的积分来研究 NAO 的局地响应。对模拟结果的分析表明，其可以很好地捕捉到在 NAO+、NAO-时出现在罗马尼亚的不同的局地响应特征。Mark A1 Snyder 用全球气候模式 CSM1.2 与 RegCM3 双向嵌套，来模拟以加利福尼亚为中心的美国西部的未来区域气候变化，模拟结果显示，到 2080—2099 年，全州的气温会上升 7℃，而大多月份的降水量变化都不明显，除了加利福尼亚北部地区的 2 月。此外，温度的升高使积雪量减少，从而影响水循环，冬季径流量增加，春夏季径流量减少。

⑤模式格点和边界条件选取

水平格点和垂直格点均为跳点格式。在水平跳点格式（ArakawaB）中，水平风速场在整数格点上，其他动量场在格点中心点上。这种跳点格式比非跳点格式计算的水平梯度力、水平散度和涡度更精确。垂直方向上，垂直速度定义在整数层上，而其余物理量定义在半数层上。

模式侧边界选取的好坏，直接影响到模式结果的优劣。RegCM3 中，提供两种海表温度选择（1°月格点资料 GISST 和 1°周再分析资料 OISST）和 6 种资料选择（ECMWF、ERA40、NNRP1、NNRP2、fvGCM、FNEST）来生成模式的初始场和侧边界条件。模式提供了 5 种嵌套方案，即固定边界方案、时间相关边界方案、线性松弛边界方案、海绵边界方案、指数松弛边界方案，一般认为用指数松弛边界方案处理效果最好。

3.3.2 WRF-chem 模式构建

3.3.2.1 模型配置

采用 WRF/chem V3.4 版本，气象物理方案包括 Lin 等微物理方案、Goddard 短波辐射方案、RRTM 长波辐射方案、YUS 边界层气象方案，美国国家环境预测中心、俄勒冈州立大学、空军和水文研究实验室（Noah）联合开发的土地使用方案以及 Grell-Devenyi 积云方案。气相化学机制采用 CBM-Z 碳键机制，其包含 67 种化学反应物种和 164 类化学反应。气溶胶化学机制采用 MOSAIC 机制，其包含硫酸盐（$SULF = SO_4^{2-} + HSO_4^-$）、甲磺酸（$CH_3SO_3$）、硝酸盐（$NO_3^{2+}$）、氯化物（$Cl^-$）、碳酸盐、铵盐（$NH_4^+$）、钠盐、钙盐、黑炭、有机碳和尚未识别出的多类气溶胶的化学反应。气—粒反应的物种包括 H_2SO_4、HNO_3、HCl、NH_3 和甲烷磺酸盐等的化学反应。气溶胶—云—辐射过程基于多个独立模块计算。颗粒物辐射强迫效应基于 Fast 等的方法和 Mie 散射理论计算。气溶胶的气溶胶-云相互作用效应对云影响的估算包括云对短波辐射的影响、气溶胶活化/悬浮的计算、基于活化气溶胶数量的云滴数浓度计算三方面。模拟区域（见图 3-20）以（36.25°N，102.00°E）为中心，覆盖中国大陆、东海以及东南亚部分地区，网格数为 92×78，格距为 54 km，研究区域见图 3-20。垂直方向划分了 28 个垂直层，顶层压力设置为 5 000 Pa。选取 2006 年 1 月（冬季）、4 月（春季）、7 月（夏季）、10 月（秋季）等四个季节代表月份作为模拟时段。

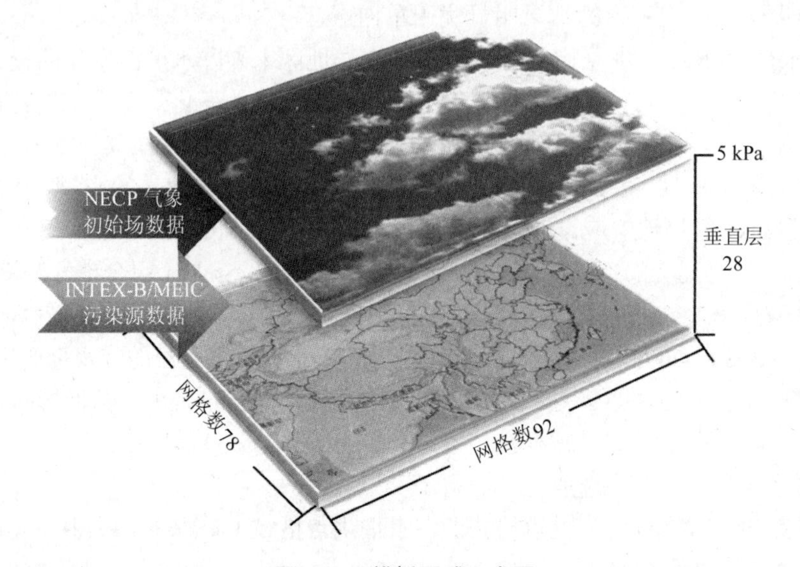

图 3-20　模拟区域示意图

气象初始场数据采用美国国家环境预测中心（NCEP）发布的气象再分析数据，网格分辨率为 1°×1°，时间分辨率为 6 小时。Zhang Q 等在 2006 年建立了亚洲区域污染源排放清单 INTEX-B，其包含多个行业的空气污染物，并已在多个研究中应用。清华大学发布了中国多尺度排放清单模型 MEIC（Multi-resolution Emission Inventory for China，http://www.meicmodel.org）。采用 INTEX-B 和 MEIC 污染源排放清单作为模型人为污染源排放数据，自然源排放数据根据美国地质调查局（USGS）土地利用数据，通过模式在线计算得到。气象要素监测数据来自气象信息综合分析处理系统（Meteorological Information Comprehensive Analysis And Process System，MICAPS）。PM_{10} 监测数据的计算基于公布在环境保护部网站①。

① http://datacenter.mep.gov.cn/report/air_daily/air_dairy.jsp.

3.3.2.2 污染源数据模式应用处理方案

WRF-chem 污染源处理的主要目的是将现有的污染源清单数据进行时间和空间分配，转化为空气质量模式所需的网格分辨率数据形式。

图 3-21 为网格化源清单建立示意图，要得到某个网格内的污染源排放量并输入给 WRF-chem，需要全面掌握该网格区域内的面源量、植被排放量、点源排放量、在路和非在路机动车排放量、加油站排放量等。

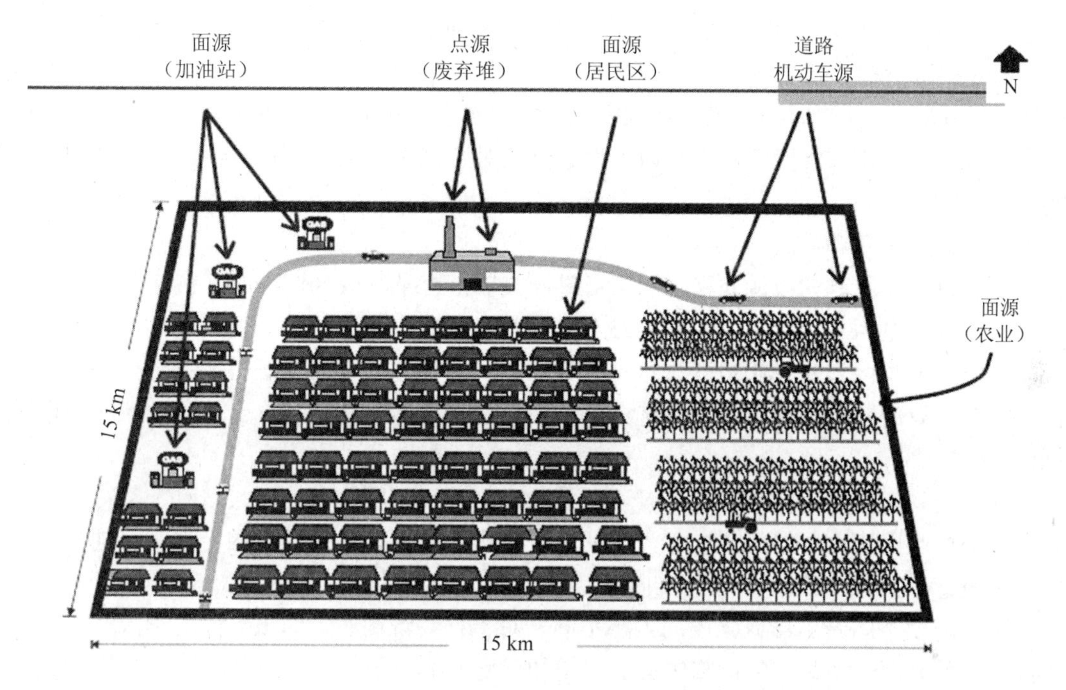

图 3-21 网格化源清单建立示意图

（1）面源及生物源

根据确定的模拟区域、模拟分辨率（网格距）及下垫面状态，利用地理信息系统（GIS）软件平台对已有的污染源清单进行筛选、整理及质量控制，将其转换、合并到相应的网格区域内；具体方法如图 3-22 所示。

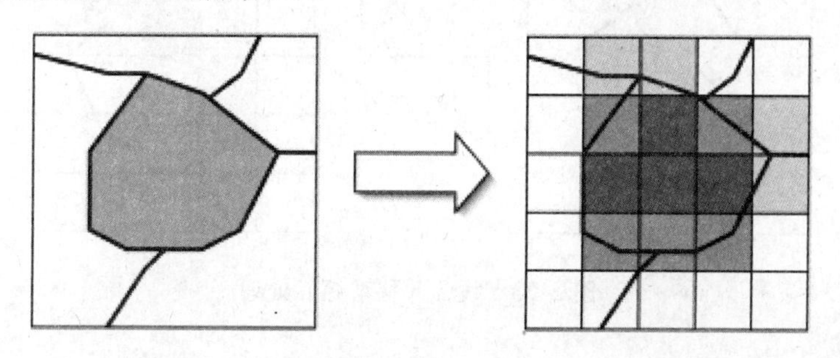

图 3-22 面源处理

在进行面源处理时，我们所获得的面源资料一般给出的格式是对于某特定污染物，以某行政区为空间单位，以年为时间单位给出，所以，在进行面源处理的时候，首先面临的问题是如何将该行政单位的总量（如图 3-22 阴影面积所示）分配到模式所划定的网格中去。其次的问题是如何将时间单位上的年排放总量分配到模式所需的每秒为单位的时间尺度上去。

对于空间分配，需要以地理信息系统（GIS）软件（MapInfo/ArcGIS 等）为工作平台，综合考虑所研究区域内的网格切分面积、下垫面状况、土地利用特征、城镇及乡村农田的具体分布、工厂等排放源的具体位置以及居民居住地分布特点等，根据相应的权重比例关系，计算出该行政区域内的排放总量对模式系统各网格排放强度的贡献比例关系。

对于时间分配，需要依据每个排放源的月不均匀系数、工作日与周末的污染源排放量的比例关系以及 24 小时的污染源排放变化曲线，对于气态污染物（SO_2、NO_x），按上述比例关系将污染源排放强度落到以 mol/s 为单位，对于固态（颗粒物等）污染源，则需细化到以 g/s 为单位。

（2）线源（移动源）

由于目前获取到的线源（移动源）资料一般以落在某行政区域内的某条路段对某种污染物的排放总量为单位给出，如图 3-23 所示。因此，我们在进行移动源处理的时候，需要根据确定的模拟区域、模拟分辨率（网格距）的具体情况，利用地理信息系统（GIS）软件平台对已有的移动源清单进行筛选、整理及质量控制，将其转换、合并到相应的网格区域内。

如前所述，在进行移动源处理时，由于源清单资料一般给出的格式是对于某特定污染物，以某行政区为空间单位，以年为时间单位给出，所以，在进行线源处理时，同样面临两个问题：一是如何将该行政单位内某路段某种污染物排放总量（如图 3-23 阴影面积所示，阴影浓度不同表示排放强度的大小不同，对于移动源而言，即该路段的车流量的大小不同）分配到模式所划定的网格中去。二是如何将时间单位上的年排放总量分配到模式所需的每秒为单位的时间尺度上去。

对于空间分配，需要以地理信息系统（GIS）软件为工作平台，综合考虑所研究区域内的网格切分面积、具体路段的长度以及车流量分布特点等，根据相应的权重比例关系，计算出该行政区域内该条道路的排放总量对模式系统各网格排放强度的贡献比例关系。

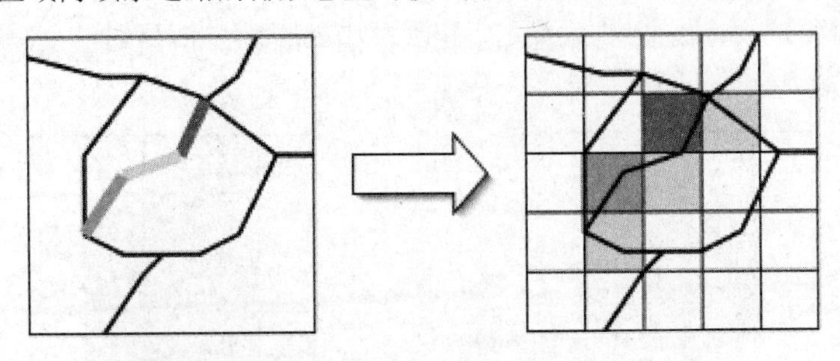

图 3-23　线源（移动源）处理

对于时间分配，同样需要依据每条道路车流量大小的时间变化曲线计算该线源的月不均匀系数、工作日与周末的线源排放关系廓线以及每天 24 小时的车流量变化曲线，与面源类似，对于气态污染物，如 NO_x 等，按上述比例关系将污染源排放强度分配到以 mol/s

为单位，对于固态（交通扬尘引起的颗粒物等排放）污染源，则需细化到以 g/s 为单位。

（3）点源

目前获取到的点源资料一般以落在某行政区域内的点源对某种污染物的年排放总量为单位给出，如图 3-24 所示。在进行点源处理的时候，需要根据确定的模拟区域、模拟分辨率（网格距）的具体情况，利用地理信息系统（GIS）软件平台对已有的点源清单进行筛选、整理及质量控制，将其转换、合并到相应的网格区域内，具体方法如下：

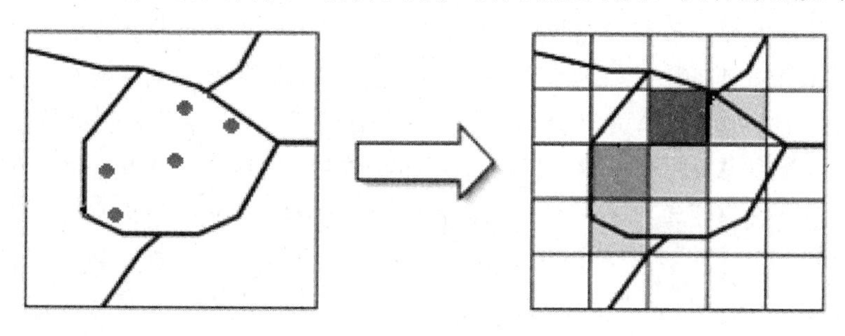

图 3-24　点源处理

与面源、移动源等污染源处理不同，点源需要综合考虑并根据特定的烟囱所在位置、烟囱本身的相关参数（高度、出口直径、出口温度、排放速度等）以及烟囱周边气象参数（环境温度、烟囱出口处风速、风向以及大气稳定度、大气混合层高度等）进行烟囱排放的烟羽抬升高度计算。

空间上，相对于面源和线源的处理，点源的处理比较直接。借助地理信息系统（GIS）软件工作平台，综合考虑所研究区域内的网格切分特点，根据烟囱所处的地理位置（经纬度坐标表示），计算出该行政区域内点源落在模式确定的网格点的位置，确定点源对模式系统网格排放强度的贡献。

对于时间分配，同样需要依据每个点源的月不均匀系数、工作日与周末的线源排放关系廓线以及每天 24 小时的排放量变化曲线，计算时间不均匀系数。类似地，对于气态污染物，如 SO_2、NO_x 等，按上述比例关系将污染源排放强度分配到以 mol/s 为单位，对于固态（烟尘等颗粒物排放）污染源，则需细化到以 g/s 为单位。

污染源处理模块利用中尺度气象模式系统（ARPS/MM 5 等）模拟得到的逐时三维气象场资料，根据点源烟囱的高度、出口直径、出口温度、排放速度等参数计算烟气抬升高度，并根据空气质量模型的垂直分层，计算每一时刻烟羽在模式各层之中所占的比例关系，并将其转换、合并到相应的网格区域内（由经纬度-高度坐标转换到模式设定的 Sigma 坐标层中），提供给 WRF-chem 模式系统。

3.3.2.3　WRF-chem 模式验证

参照美国环保局发布的模型使用手册中的模型评估方法，采用误差统计分析和时间序列分析方法对 WRF-chem 空气质量模式模拟结果进行验证，选取标准化平均偏差（NMB）和标准化平均误差（NME）作为统计误差分析的评估量，定义如下：

$$\mathrm{NMB}=\frac{\sum_{1}^{N}(C_m-C_0)}{\sum_{1}^{N}C_0}\times 100\% \tag{1}$$

$$\mathrm{NME}=\frac{\sum_{1}^{N}\left|C_m-C_0\right|}{\sum_{1}^{N}C_0}\times 100\% \tag{2}$$

其中，C_m为模拟值，C_0为观测值。NMB 可反映模拟值与监测值的平均偏离程度，NME 反映模拟值与监测的平均绝对误差，越接近 0 表明模拟效果越好。为了验证评估 WRF-chem 空气质量模式对污染物以及气象条件的模拟效果，并考虑监测数据的可获得性，选取 PM_{10} 作为评估 WRF-chem 对气溶胶污染的模拟效果参量，选取地面 2 m 温度（T2）、地面 10 m 风速等气象要素作为评估 WRF-chem 对气象要素模拟效果参量。

选取 2006 年各季节代表月份 1、4、7、10 月，北京、石家庄、南京、武汉、郑州、广州等 6 个城市的地面 2 m 温度模拟结果进行验证。图 3-25 为地面 2 m 温度（T2）模拟结果与监测值时间序列对比，结果表明 6 个城市四个月份的 T2 模拟结果与监测值在变化趋势上有较好的一致性，可反映出各季节温度特点以及昼夜变化。石家庄和郑州的温度模拟值偏高，北京和广州的温度模拟值偏低，造成上述误差的主要原因是模式的下垫面模块、辐射模块以及初始化模块等内在缺陷，待 WRF-chem 模式进一步升级优化后，可降低此类误差。

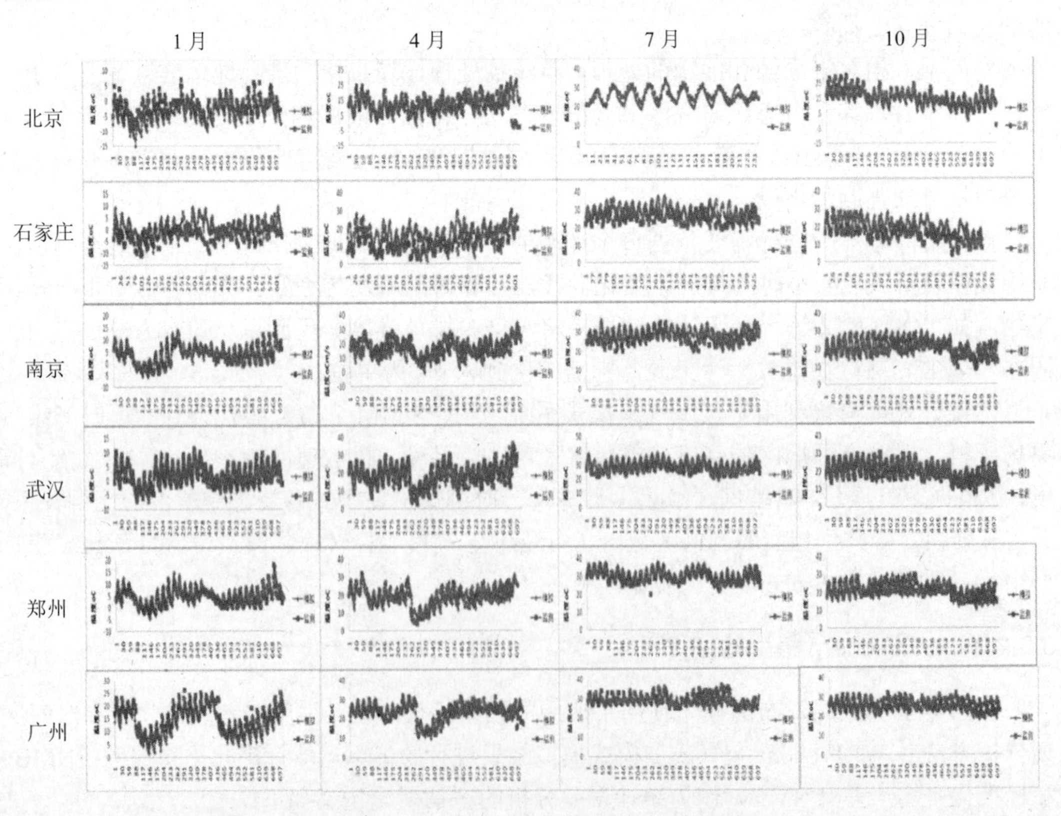

图 3-25 地面 2 m 温度（T2）模拟结果与监测值时间序列对比

图 3-26 为地面 10 m 风速（WSP10）模拟结果与监测值时间序列对比，选取北京、石家庄、南京、济南、郑州和武汉等 6 个城市的 2006 年各季节代表月份地面 10 m 风速模拟结果进行验证。模拟值与监测值时间序列对比结果表明 WRF-chem 空气质量模式可真实地反映出各季节风速的变化趋势以及昼夜风速变化。风速小时模拟值与监测值比较结果表明，WRF-chem 对风速模拟整体偏高，产生此误差的原因与气象模式的机理有关，该问题为气象模式的通病。

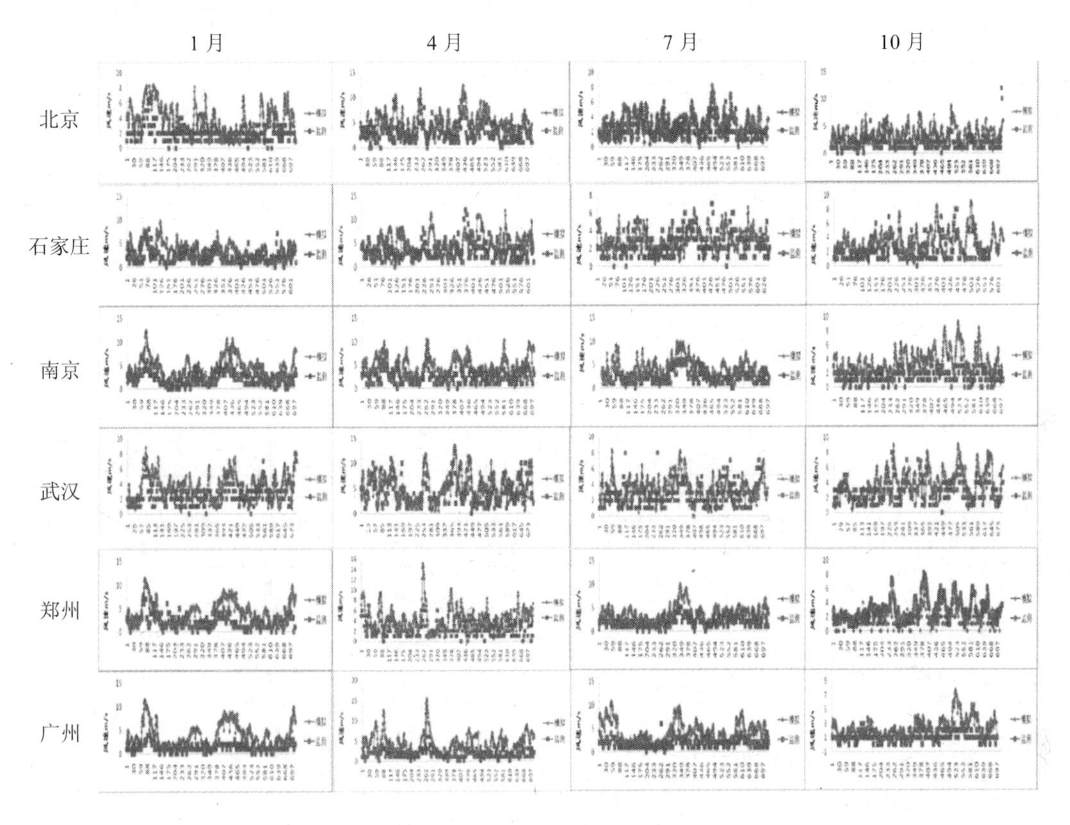

图 3-26　地面 10 m 风速（WSP10）模拟结果与监测值时间序列对比

表 3-4 分析了 2006 年 1、4、7、10 月北京、石家庄、天津、上海、郑州、武汉和广州 7 个城市的 PM_{10} 模拟误差，其中 NMB 反映模拟值与监测值在趋势上的相关性，NME 反映模拟值误差。2006 年 1、4、7、10 各月份 PM_{10} 模拟结果的 NMB 分别为–36.8%、–56.8%、–9.5%、–10.3%，NME 分别为 46.7%、64.2%、44.2%、32.0%。上述分析结果表明 WRF-chem 模式可反映出各月 PM_{10} 的浓度分布情况，其中以夏季和秋季的模拟效果最好，模拟值误差最小。

春季代表月份（4 月）北京、天津、石家庄三个城市的 PM_{10} 模拟值误差较大。造成该误差的主要原因是 INTEX-B 源排放清单未考虑扬沙源，2006 年 4 月 9—11 日和 2006 年 4 月 17 日我国出现两次较严重的沙尘暴，图 3-27 中北京、天津、石家庄三地监测值在 4 月 9—11 日、17—19 日出现 PM_{10} 浓度高峰，与沙尘暴发生时间一致，因此可说明 WRF-chem 对春季 PM_{10} 模拟误差与模式本身无关。

表 3-4　PM_{10} 模拟误差分析

时间	城市	PM_{10}	
		NMB/%	NME/%
1 月	北京	−68.07	74.44
	石家庄	−51.99	52.79
	天津	−50.52	50.52
	上海	−0.22	35.41
	郑州	−23.21	30.54
	武汉	−21.68	31.02
	广州	−41.95	52.44
	平均	−36.8	46.7
4 月	北京	−79.84	79.84
	石家庄	−72.74	72.74
	天津	−62.26	64.26
	上海	−49.14	55.05
	郑州	−43.49	52.95
	武汉	−46.73	50.62
	广州	−43.49	52.95
	平均	−56.8	61.2
7 月	北京	23.28	50.71
	石家庄	3.62	28.91
	天津	14.89	32.91
	上海	−39.35	42.07
	郑州	26.88	45.19
	武汉	−39.77	51.86
	广州	−56.24	57.8
	平均	−9.5	44.2
10 月	北京	−20.69	20.69
	石家庄	−24.52	41.65
	天津	−2.82	38.65
	上海	−23.21	32.98
	郑州	22.77	39.6
	武汉	−5.05	21.49
	广州	−18.77	28.97
	平均	−10.3	32.0

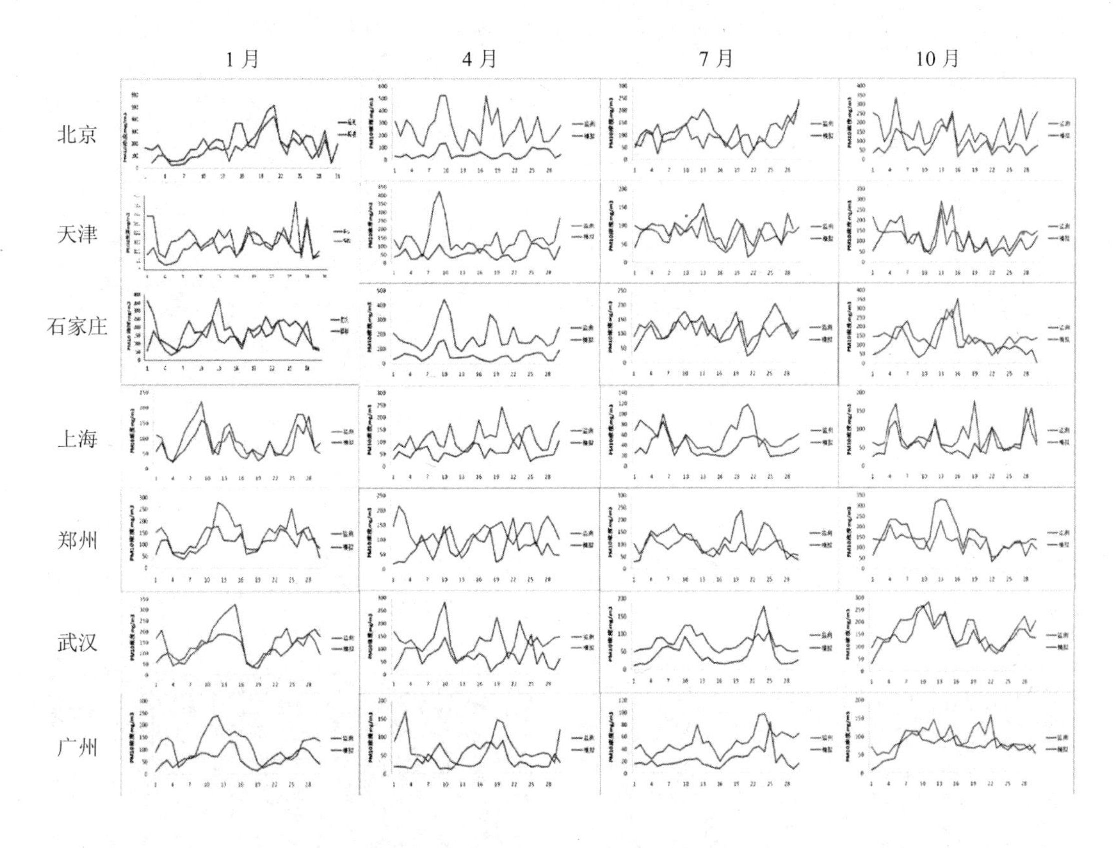

图 3-27　PM_{10} 模拟值与监测值时间序列比较

3.3.3　RegCM 模型构建

图 3-28 为区域气候模式中初始输入的人为 SO_2 和 BC 排放强度，从图中可以看到人为 SO_2 和 BC 排放集中的区域主要位于华北、长三角以及川渝、湖北等长江流域，这些地区也是我国经济发达、大气污染物排放集中区域。图 3-29 为人为 OC 和生物质燃烧 SO_2 排放强度分布图，模拟区域内人为 OC 排放量大的区域集中于华北、江淮、四川周边等地，而生物质燃烧 SO_2 的区域分布与人为 SO_2 排放的分布相差较大，前者主要位于东南亚和东北北部部分地区。生物质燃烧 BC 和 OC 排放强度的分布（图 3-30）与生物质燃烧 SO_2 排放强度图相近，均主要集中分布于东南亚地区，另外，在我国东南沿海有零散的较高强度 BC 排放，在东北北部有零散的较高强度 OC 分布。

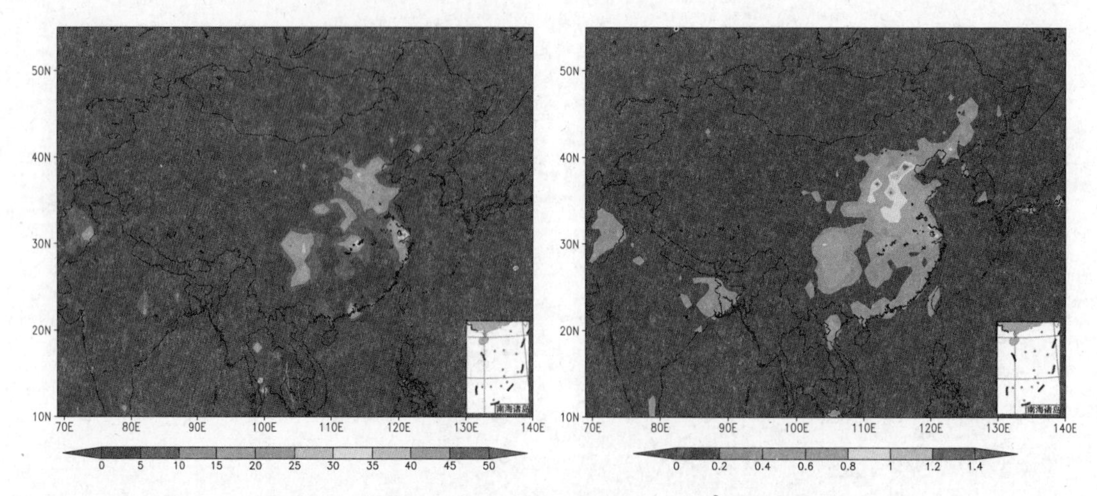

图 3-28 人为 SO_2 和 BC 排放强度（t/（km^2·a），下同）

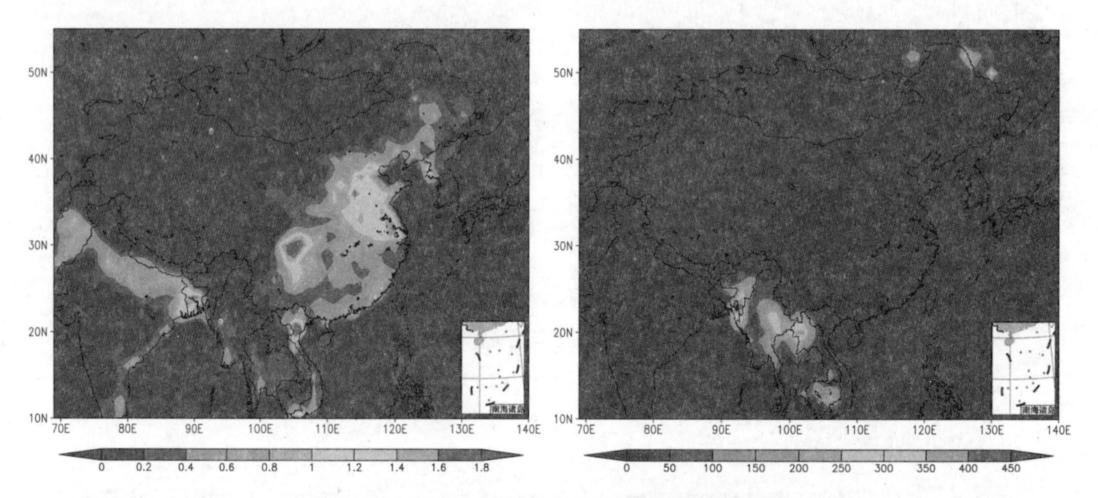

图 3-29 人为 OC 和生物质燃烧 SO_2 排放强度

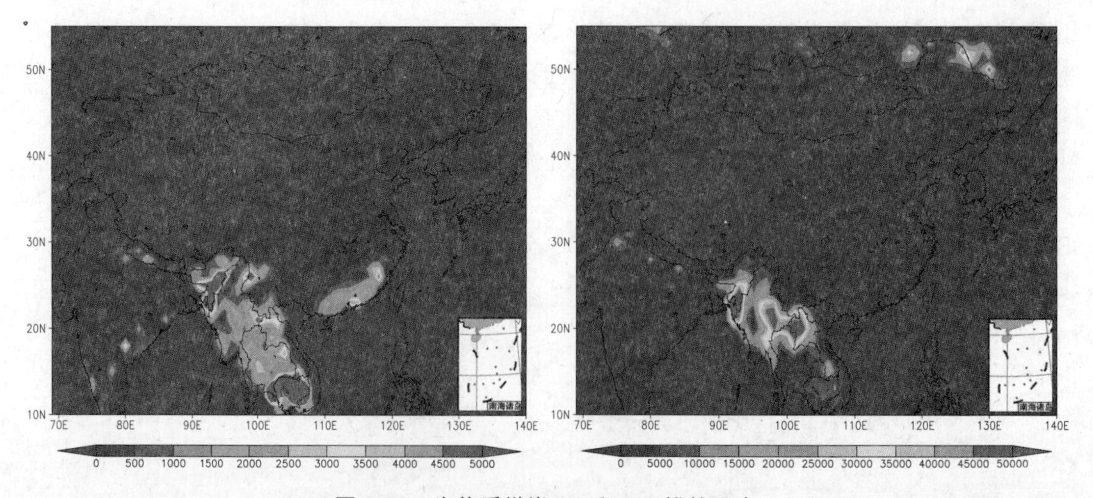

图 3-30 生物质燃烧 BC 和 OC 排放强度

3.3.4　RegCM 模型验证

3.3.4.1　2000—2004 年与 2005—2009 年模拟结果比较

对比模式模拟的 2000—2004 年与 2005—2009 年平均气温，气温变化的幅度相对于原有气温值相对较小，内蒙古西部与甘肃中部区域、新疆中东部区域以及黑龙江中南部区域存在较为明显的气温变化。表 3-5 为利用上述 3 个区域内代表性的基本和基准气象站点（武威站、吐鲁番站、依兰站）观测资料分别计算统计得到的 2000—2004 年和 2005—2009 年平均气温及气温差，由表 3-5 可知上述 3 个地区均存在一定的气温升高趋势，其幅度为 0.26～0.40℃，进一步验证了模式对区域气候变化具有一定的模拟效果。

表 3-5　代表气象站点气温变化统计　　单位：℃

年份＼站点	武威站	吐鲁番站	依兰站
2000—2004	9.36	15.52	4.14
2005—2009	9.62	15.92	4.42
气温变化	0.26	0.40	0.28

3.3.4.2　2000—2009 年平均气温

通过模式模拟和利用地面 752 个基本、基准气象站观测数据得到的全国 2000—2009 年平均气温分布，模式能模拟出气温的梯度分布，东北地区西北部、青藏高原和新疆部分地区平均气温最低，模拟的全国气温最高的地区为海南和华南地区。将模拟与观测结果进行对比可以看到，模式对东北地区气温模拟得较好，特别是东北北部的低温区以及等温线分布具有较好的一致性。根据观测结果，华北地区中部等温线分布较为密集，模式能将其较为清晰地模拟出来，但对华北地区南部气温模拟有所偏低。另外，模式能模拟出四川的高温区，这与观测结果相一致。模式虽然总体上能模拟出气温的分布，但对长江流域和华南地区的模拟值有所偏低。由于西部地区地形复杂，比如青藏高原和新疆地区气温的梯度变化及受局地地理、地形等条件的影响明显，导致模式对该地区的模拟效果有所降低，模式能显著模拟出南疆和北疆两个高温中心，但模拟值略偏高。青藏高原及周边地区地面观测资料有限，加之复杂地形对模拟结果的影响，与其他类型的气候和气象模式类似，RegCM3 对青藏高原地区的模拟效果稍差，模拟的青藏高原地区气温总体偏低，且低温中心的分布范围较大，这与其他一些研究结果类似。

通过以上分析比较可以得出，模式总体上能模拟出近 10 年全国的气温分布特征，其中对中东部和北方地区的模拟效果优于对西部和南方地区的模拟效果，模式能模拟出气温的梯度变化以及较为明显的高温中心，但在具体量值上存在一定的偏差。

3.3.4.3　全国气温模拟检验

由观测资料与模拟结果的初步比较得知模式对不同区域的模拟效果存在差别，为了详细评估模式对具体地区的模拟能力，我们在筛选气象台站时，考虑到人类活动影响、气象台站观测环境变化、台站迁移等多方面因素，所挑选的站点一方面要具有代表性，另一方面要尽可能反映区域大气本底气温状况。在东北地区、华北地区、西北地区、华东地区、西南地区和中南地区各选择两个代表气象台站的观测结果与模式模拟结果进行对比分析。

（1）东北地区

图 3-31 为东北地区的敦化站模拟和观测对比，从图 3-31 中可以看到，模式能模拟出该站气温的月变化和年变化趋势，观测和模拟具有较好的相关性，相关系数达到 0.992 2，但模式总体上对该站尤其是春季的模拟结果略偏低。

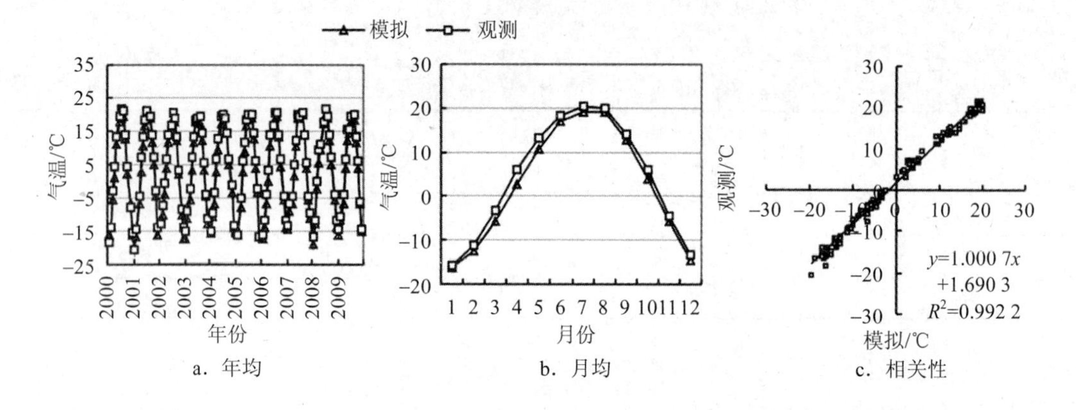

图 3-31 敦化站模拟和观测气温对比

图 3-32 为东北地区的阜新站模拟和观测对比，从图 3-32 中可以看到，模式对该站气温的年度和季节变化趋势模拟得较好，观测和模拟相关系数为 0.990 8，可以看到模式对该站冬季模拟效果较好，对夏季模拟值存在较为明显的偏低现象。

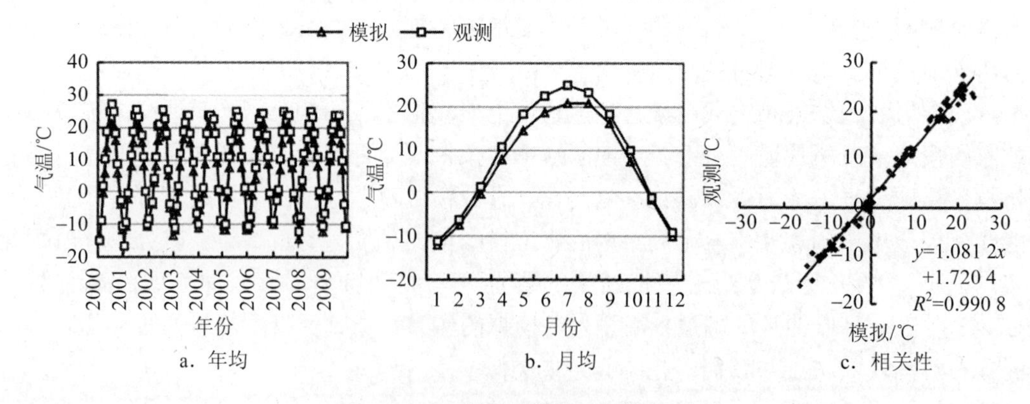

图 3-32 阜新站模拟和观测气温对比

（2）华北地区

图 3-33 为华北地区的张北站模拟和观测对比，从图 3-33 中可以看到，模式对该站的模拟效果较好，尤其是冬季模拟较好，模拟和观测吻合较为一致，观测和模拟相关系数达到了 0.991 1。但模式总体上对春季和夏季的模拟值略偏低，存在一定的系统性偏差。

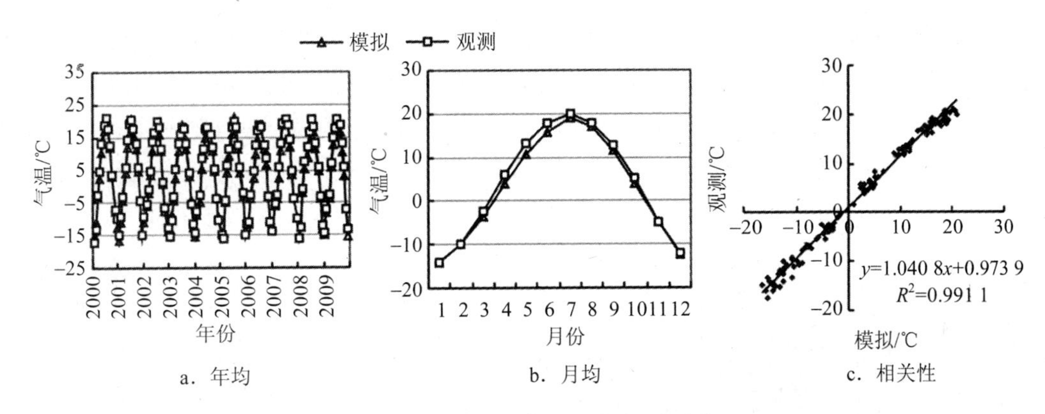

图 3-33　张北站模拟和观测气温对比

图 3-34 为华北地区的四子王旗站模拟和观测对比，从图 3-34 中可以看到，模式能模拟出该站气温的月变化和年变化趋势，观测和模拟具有较好的相关性，相关系数为 0.987 8，但模式总体上对该站的模拟值偏低，特别是春季和秋季偏低的略明显。

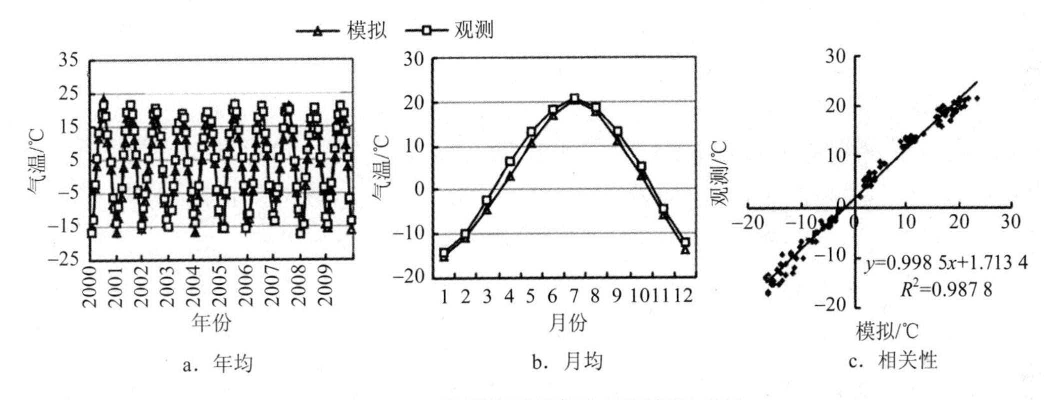

图 3-34　四子王旗站模拟和观测气温对比

（3）西北地区

图 3-35 为西北地区的长武站模拟和观测对比，从图 3-35 中可以看到，模式能模拟出该站气温的年变化和季节变化趋势，观测和模拟相关系数为 0.976 8。模式对该站点秋季和冬季模拟效果最好，而春季模拟结果略偏低，夏季特别是 7 月存在模拟结果偏高现象。

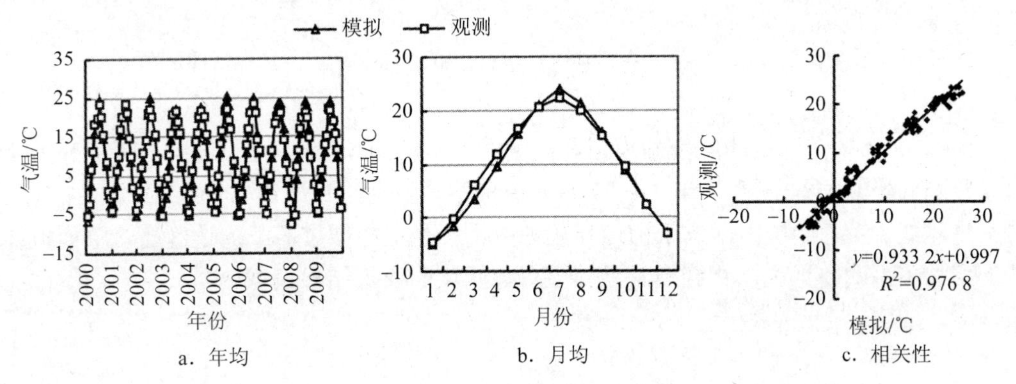

图 3-35　长武站模拟和观测气温对比

图 3-36 为西北地区的奇台站模拟和观测对比，从图 3-36 中可以看到，相较其他站，模式对该站的模拟效果有所降低，相关系数为 0.962 9。模式虽然能模拟出气温的年度和季节变化，但冬季气温模拟偏高的较为明显，而春季则转变为偏低，夏季和秋季的模拟效果略好，进一步表明模式对西北地形复杂地区的模拟能力有所欠缺。

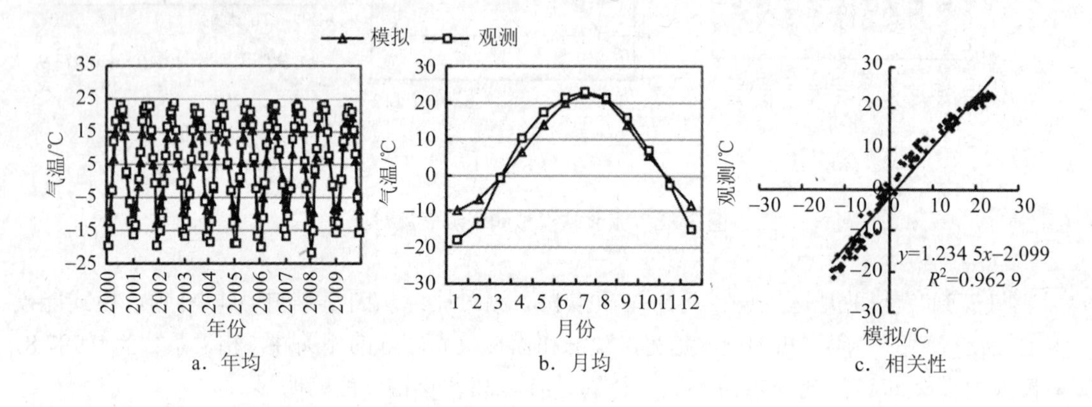

图 3-36　奇台站模拟和观测气温对比

（4）华东地区

图 3-37 为华东地区的屯溪站模拟和观测对比，从图 3-37 中可以看到，相较于东北和华北站点，模式虽然能模拟出气温的季节变化（相关系数为 0.973 7），但对华东站点的模拟准确性较低，尤其是冬季和秋季模拟结果较观测明显偏低。

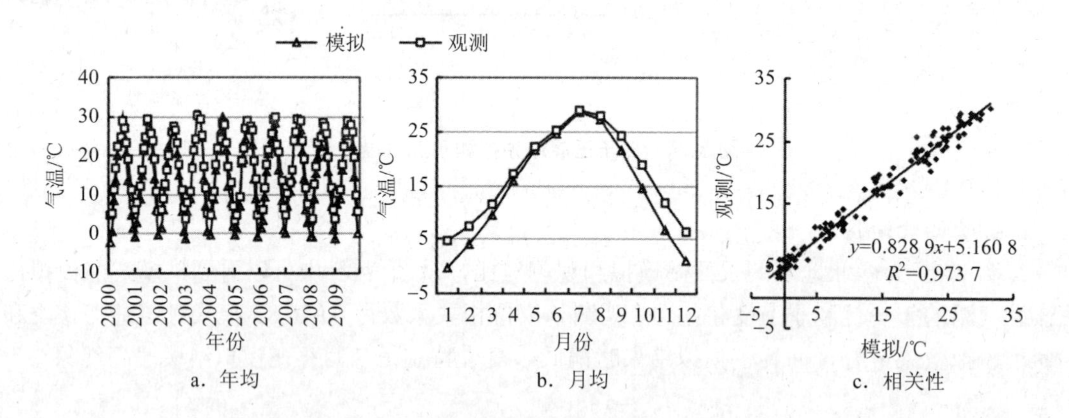

图 3-37　屯溪站模拟和观测气温对比

图 3-38 为华东地区的屏南站模拟和观测对比，从图 3-38 中可以看到，模拟和观测相关系数降低至 0.958 6，夏半年（4—9 月）模拟结果偏高，冬半年（10 月到次年 3 月）模拟结果偏低，考虑到屏南站位于山地丘陵地区，气温观测结果低于周边区域，从模拟和观测的相关关系式中也可以看到模式总体上对该区域的模拟结果偏低。

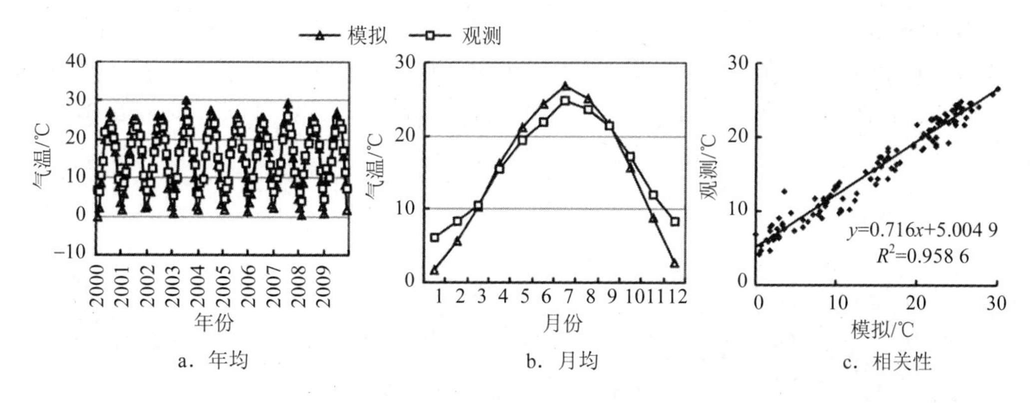

a．年均　　b．月均　　c．相关性

图 3-38 屏南站模拟和观测气温对比

（5）西南地区

图 3-39 为西南地区的习水站模拟和观测对比，从图 3-39 中可以看到，模式对该站点的模拟效果较好，模拟和观测具有较高的相关性（相关系数为 0.983 3），模式能模拟出气温的月度和季节变化，两者吻合得较为一致，模拟与观测偏差较小。总体上夏半年的模拟结果略偏高，冬半年模拟结果略偏低。

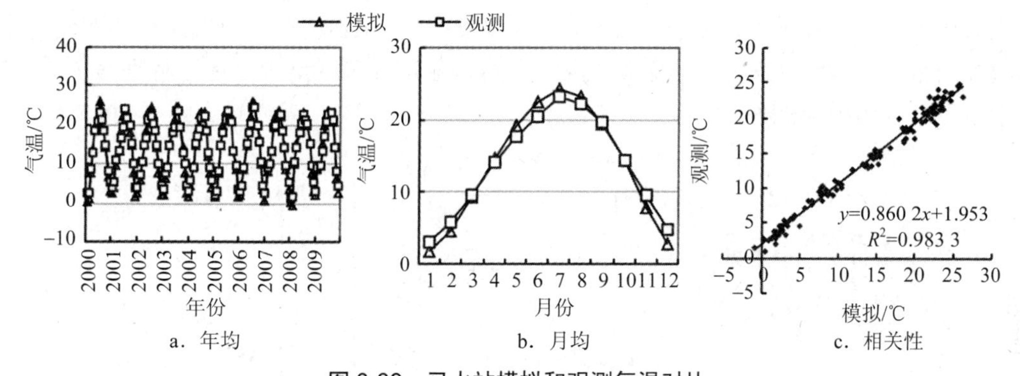

a．年均　　b．月均　　c．相关性

图 3-39 习水站模拟和观测气温对比

图 3-40 为西南地区的南充站模拟和观测对比，从图 3-40 中可以看到，相较其他站，模式对该站的模拟效果较差，相关系数为 0.977 6。模式虽然能模拟出气温的年度和季节变化，但总体上模拟结果偏低的较为明显，存在系统性偏差。

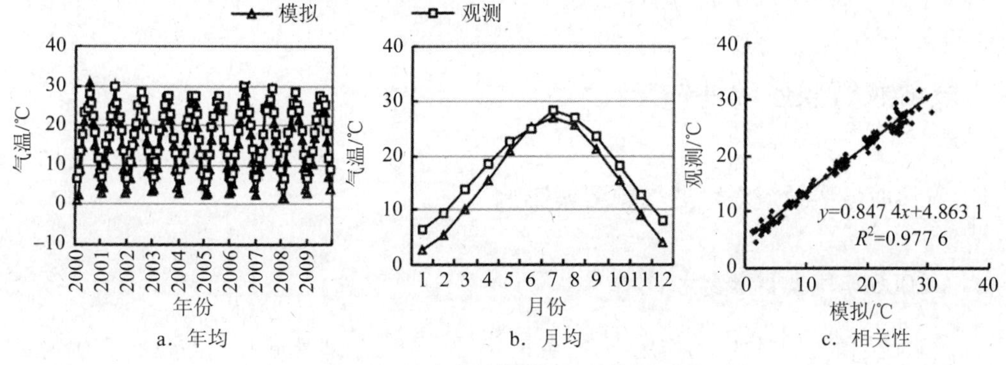

a．年均　　b．月均　　c．相关性

图 3-40 南充站模拟和观测气温对比

（6）中南地区

图 3-41 为中南地区的平江站模拟和观测对比，从图 3-41 中可以看到，模式能模拟出气温的季节和月度变化，相关系数为 0.973 8，特别是夏半年（3—9 月）模拟效果较好，冬半年（10 月到次年 2 月）模拟值有所偏低。

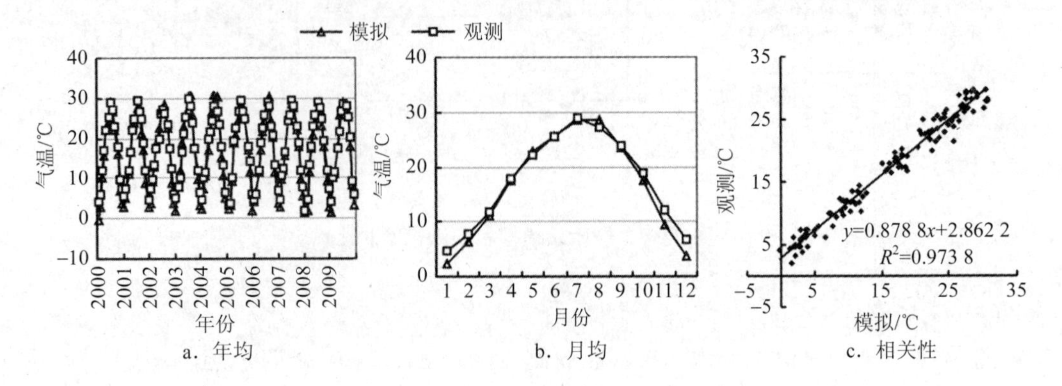

图 3-41 平江站模拟和观测气温对比

图 3-42 为中南地区的连县站模拟和观测对比，从图 3-42 中可以看到，相较其他站，模式对该站的模拟效果较差（相关系数降低至 0.950 1），虽然能模拟出气温季节变化趋势，但模拟结果存在系统性偏低，且偏低的幅度较大，表明该模式对中南地区特别是全年平均气温较高地区的模拟能力略差。

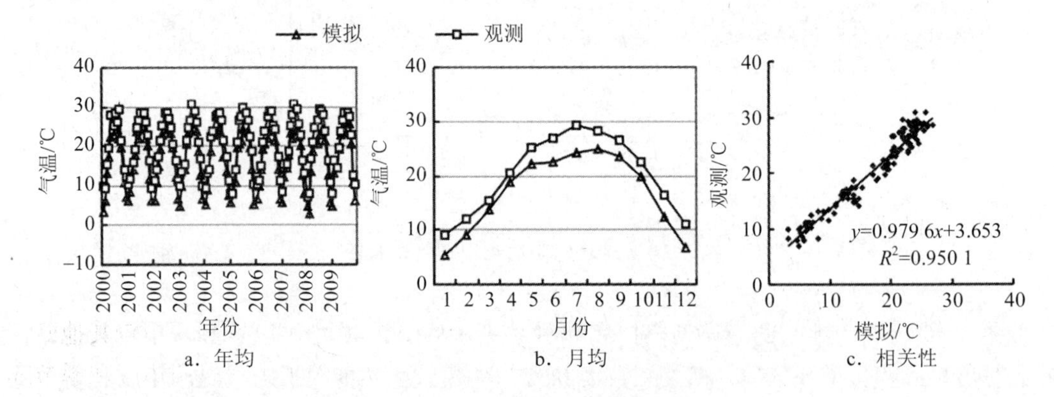

图 3-42 连县站模拟和观测气温对比

3.4 气溶胶气候效应评估

3.4.1 气溶胶气候效应对区域气象要素影响

3.4.1.1 2006 年气象要素变化

在气溶胶辐射强迫效应的作用下，2006 年受气溶胶污染影响使得我国太阳辐射量、T2、PBL 高度和降水量发生变化。年均太阳辐射量下降 18.52 W/m^2，T2 下降 0.15℃，PBL

高度下降 17.35 m，降水量增加 0.09 mm。由于我国东部颗粒物污染最为严重，月均颗粒物浓度高于我国空气质量二级标准（参考 PM_{10} 浓度为 70 μg/m^3，$PM_{2.5}$ 浓度为 35 μg/m^3，我国空气质量标准，不规定月平均颗粒物浓度，所以我们使用年平均标准来代替），各气象要素受气溶胶辐射强迫效应影响最严重。

（1）入射太阳辐射量

受气溶胶污染影响，2006 年四季节代表月份 1 月、4 月、7 月、10 月均入射短波辐射的下降量分别为 11.03 W/m^2，9.84 W/m^2，5.84 W/m^2 和 12.37 W/m^2。模拟结果表明 PM_{10} 浓度与入射太阳辐射量下降量之间存在相关性，当 PM_{10} 浓度超过 70 μg/m^3 时，北京—天津—河北（京津冀），长江三角洲（长三角），珠江三角洲（珠三角）和山东，武汉及周边地区，长株潭和成都—重庆 5 个城市群，月平均入射太阳辐射量会出现明显地大于 20 W/m^2 的下降量。与上述地区相比，我国西部地区（新疆，青海和西藏等地）年平均 PM_{10} 浓度低于 70 μg/m^3，太阳辐射量降幅小于 3 W/m^2。

各季节气溶胶污染对气象要素影响不同。在秋冬季，我国东部的大部分地区 PM_{10} 浓度超过 70 μg/m^3，月平均入射太阳辐射量的下降量超过 20 W/m^2。在春夏季，PM_{10} 浓度相对较低，入射太阳辐射量下降区域较少。相对于秋冬季，春夏季我国湿沉降频繁，在一定程度上降低了颗粒物浓度，削弱了气溶胶对气象要素的影响。

情景分析结果发现，当气溶胶消光单独作用时，对入射太阳辐射量有显著影响，而气溶胶消光与云消光共同作用时，对入射辐射量影响较前者轻。这是由于气溶胶中吸收性成分的致暖作用可抑制云的形成和生长，可导致云量降低。此外由于气溶胶吸收太阳辐射而引起的温度升高和相对湿度增加，也可导致气溶胶层内的云蒸发。

图 3-43 为我国北京、上海和广州三地气溶胶污染对逐小时入射太阳辐射量、T2 和 PBL 高度等气象要素影响的结果。结果表明当逐小时 PM_{10} 浓度超过 150 μg/m^3，逐小时入射太阳辐射量将下降 50～120 W/m^2。由于冬季北京和上海 PM_{10} 浓度较高，上述现象出现较频繁。虽然广州逐小时 PM_{10} 一般低于 150 μg/m^3，但当 PM_{10} 浓度超过 50 μg/m^3 时，入射太阳辐射量下降 25～60 W/m^2。

（2）温度和 PBL 高度

受气溶胶污染影响，我国大部分地区温度和 PBL 高度下降。2006 年 1 月、4 月、7 月、10 月的月均 T2 受气溶胶影响，分别下降 0.22℃，0.12℃，0.06℃和 0.24℃，月均 PBL 高度分别下降 16.44 m，15.90 m，5.48 m 和 31.59 m。由于我国东部地区 PM_{10} 浓度较高，月均 T2 和 PBL 高度受气溶胶污染影响最为显著。春夏季月平均 T2 和 PBL 高度受气溶胶污染影响较秋冬季轻微，特别是夏季，月平均 T2 下降量不足 0.1℃。

图 3-44 和图 3-45 为北京、上海和广州三地逐小时 T2 和 PBL 高度变化与逐小时 PM_{10} 浓度的关系。其中，北京地区气溶胶污染最为严重，2006 年四季节代表月份逐小时 PM_{10} 浓度超过 150 μg/m^3 的天数最多。当逐小时 PM_{10} 浓度在短时间内（一到两天）迅速变化时，逐小时 T2 和 PBL 高度易出现明显下降，该现象多出现在北京和广州。广州的时均 PM_{10} 浓度在三个地区中是最低的。然而，由于 PM_{10} 浓度的迅速变化，T2 和 PBL 高度会大幅度下降。虽然上海 PM_{10} 浓度较高，但由于 PM_{10} 积累较缓慢，逐小时 T2 和 PBL 高度受气溶胶污染影响较北京和广州轻微。

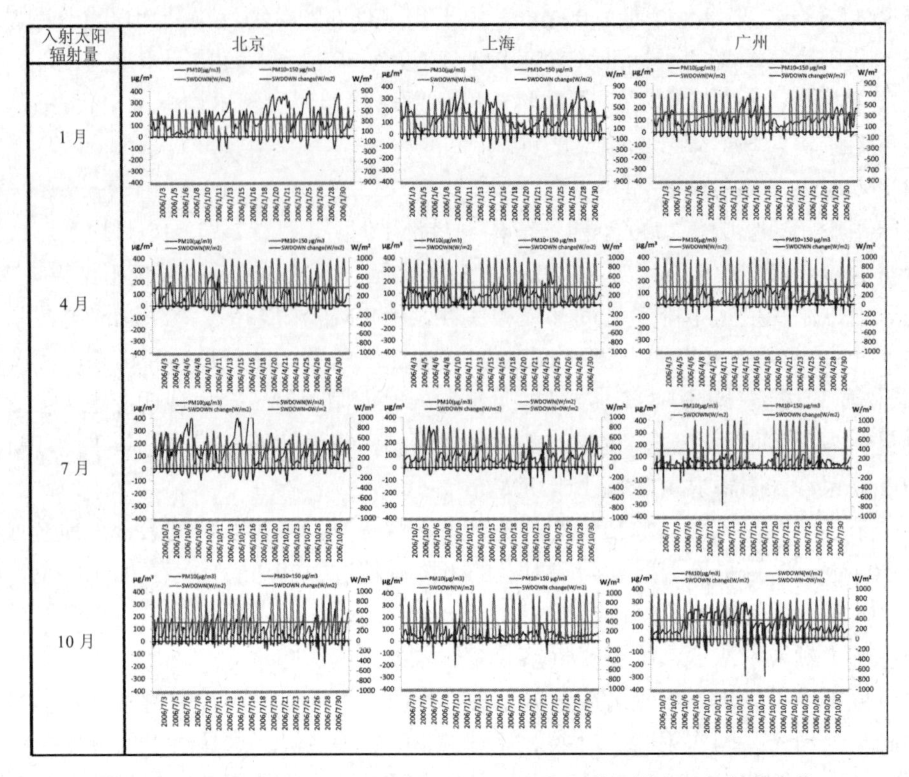

图 3-43 2006 年 1 月、4 月、7 月、10 月逐小时入射太阳辐射量变化

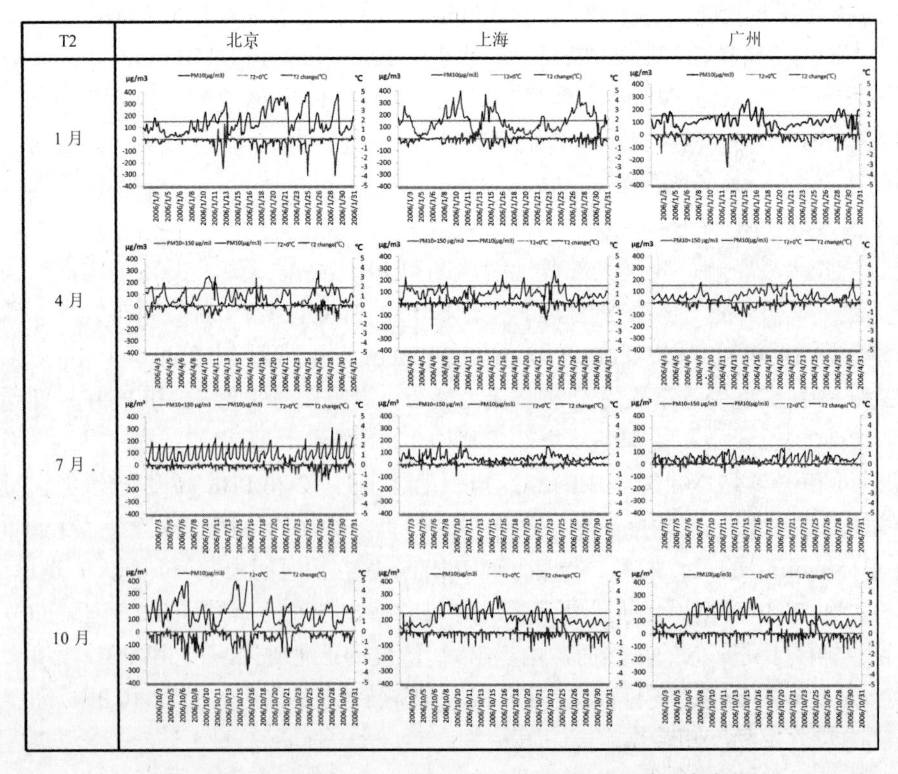

图 3-44 2006 年 1 月、4 月、7 月、10 月逐小时温度变化

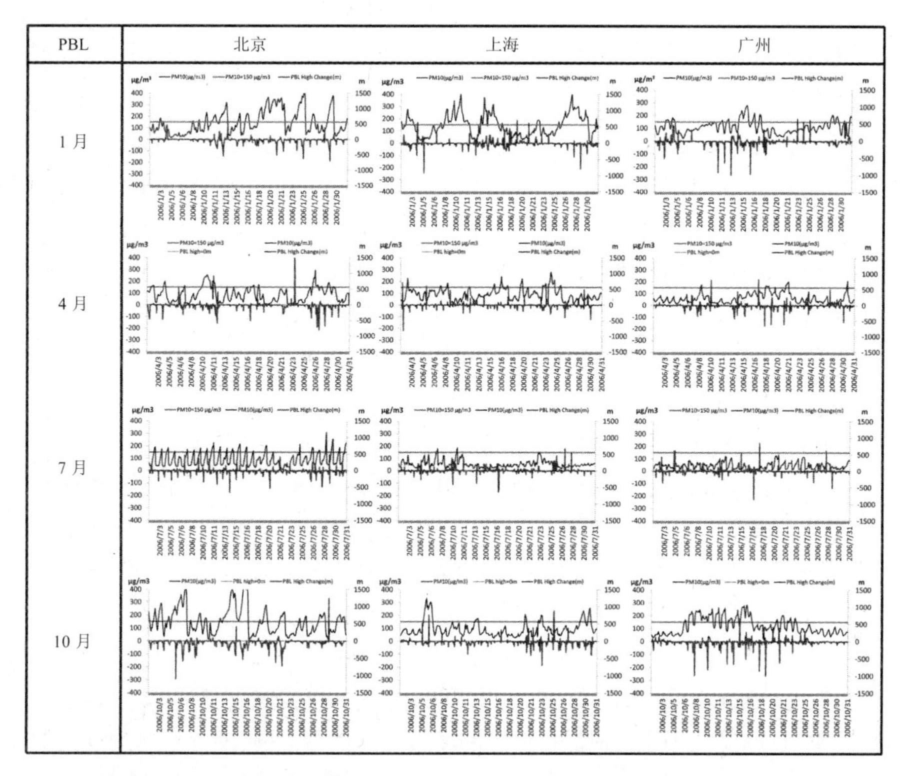

图 3-45　2006 年 1 月、4 月、7 月、10 月逐小时 PBL 高度变化

（3）降水

受颗粒物直接、半直接和间接效应影响，四季节月均降水量均升高，春季和夏季，中国东部和东南部沿海地区、台湾地区和喜马拉雅山脉等地区降水量升高 0.2 mm 以上。秋季月均降水量升高的地区出现在喜马拉雅山脉和台湾地区。冬季月均降水量升高的区域为东南沿海地区、台湾地区及其周边海域，降水量增加 0.2 mm 以上，内陆地区月均降水量有小幅下降，不足 1%（图中未显示）。

3.4.1.2　2010 年气象要素变化

由于气溶胶气候效应，气溶胶污染造成我国 2010 年四季节代表月份月均入射太阳辐射量、T2、PBL 高度下降。年均太阳辐射量下降 18.52 W/m^2，T2 下降 0.15℃，PBL 高度下降 17.35 m。我国东部地区月平均颗粒物浓度高于我国空气质量二级标准（年均 PM_{10} 浓度二级标准为 70 μg/m^3，$PM_{2.5}$ 浓度二级标准为 35 μg/m^3，因我国空气质量标准未规定月平均颗粒物浓度标准，故使用年平均标准来代替），气溶胶污染对影响最为显著。

（1）入射太阳辐射量

受气溶胶污染影响，2010 年四季节代表月份 1 月、4 月、7 月、10 月的月均入射短波辐射分别下降 17.00 W/m^2，9.50 W/m^2，7.64 W/m^2 和 11.57 W/m^2。颗粒物浓度较高的地区太阳辐射量受气溶胶污染影响最为显著。我国京津冀、长江三角洲、珠江三角洲、山东半岛、武汉及周边、长株潭以及成都—重庆等地区，2001—2006 年 5 年平均 $PM_{2.5}$ 浓度高于 75 μg/m^3，月均净辐射量下降量达 20 W/m^2 以上。我国西部地区（青海、新疆和西藏等地）

的颗粒物浓度较东部低，月均净辐射量下降不足 3 W/m^2。

四季节气溶胶污染对太阳辐射量影响不同。春季（4 月）和冬季（1 月）净辐射量下降最显著的区域集中在四川盆地、武汉及周边和长株潭等地，下降量为 15～20 W/m^2。秋季(10 月)净辐射量下降最显著的区域为东部及东南部的大部分地区，下降量高于 20W/m^2。夏季（7 月）月均净辐射量下降最显著的区域集中在京津冀、辽宁中部、山东半岛、山西中北部、陕西关中、武汉及周边、长株潭及成渝等地，下降量高于 20 W/m^2。

图 3-46～图 3-49 为 2010 年 1 月、4 月、7 月、10 月北京，上海和广州三地的逐小时入射太阳辐射量变化。研究结果表明当 PM_{10} 浓度超过 150 μg/m^3，入射太阳辐射将下降 50～120W/m^2，结果与 2006 年各季节代表月份气象要素逐小时变化结果相近。

（2）温度和 PBL 高度

2010 年 1 月、4 月、7 月、10 月均 T2 分别下降 0.26℃、0.15℃、0.09℃、0.28℃，月均 PBL 高度分别下降 28.94 m、19.30 m、15.48 m、20.14 m。与月均净辐射量变化相似，月均 T2 和 PBL 高度下降最显著的区域出现在中国东部。中国西部地区月均 T2 和 PBL 高度下降量小于东部，T2 下降量不足 0.04℃，PBL 高度下降量不足 5 m。与 2006 年相比较，气溶胶气候效应对月均温度和 PBL 高度影响更加显著，特别是春季和夏季。

图 3-46～图 3-49 为 2010 年 1 月、4 月、7 月、10 月北京、上海和广州三地气溶胶污染对逐小时 T2 和 PBL 高度影响与 PM_{10} 浓度的关系。模拟结果表明，气溶胶气候效应对逐小时 T2 和 PBL 高度影响与 PM_{10} 逐小时浓度呈现一致性，即 PM_{10} 浓度高则逐小时 T2 和 PBL 高度下降量高，反之亦然，结果与 2006 年逐小时气象要素变化一致。

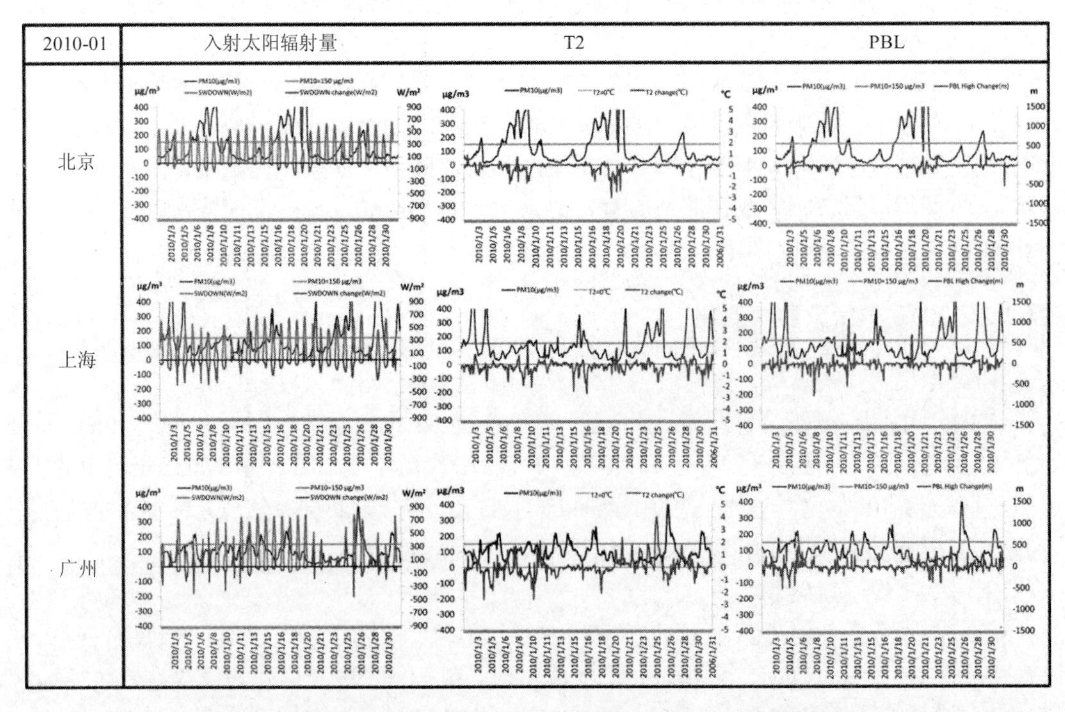

图 3-46　2010 年 1 月逐小时太阳辐射量、温度、PBL 高度变化

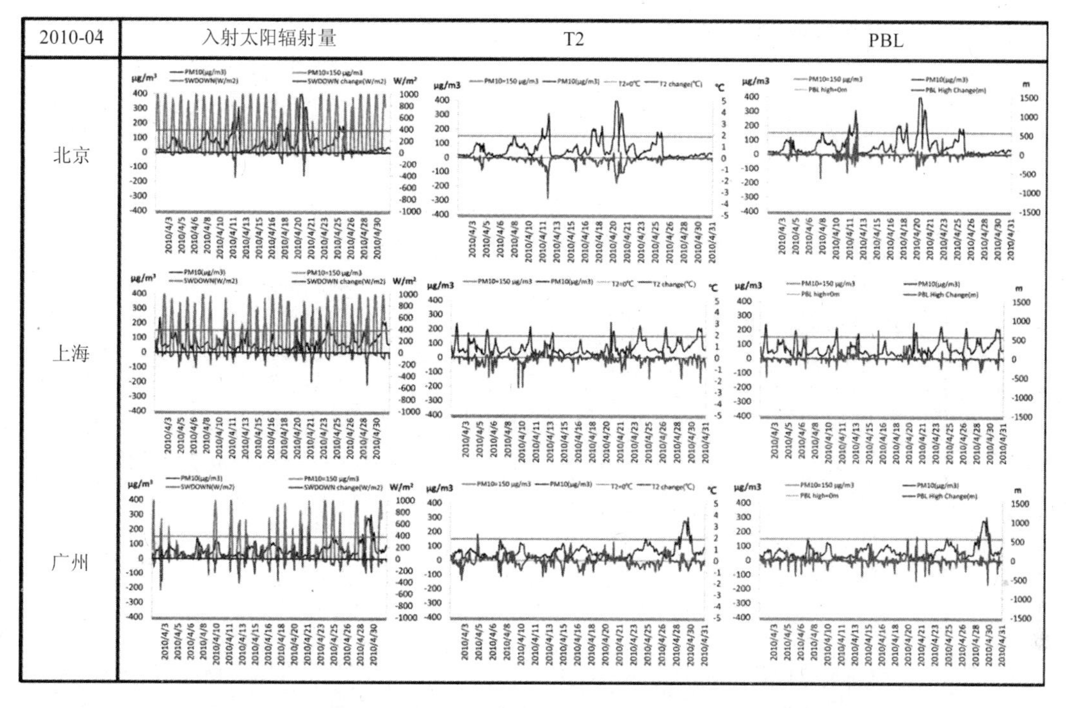

图 3-47　2010 年 4 月逐小时太阳辐射量、温度、PBL 高度变化

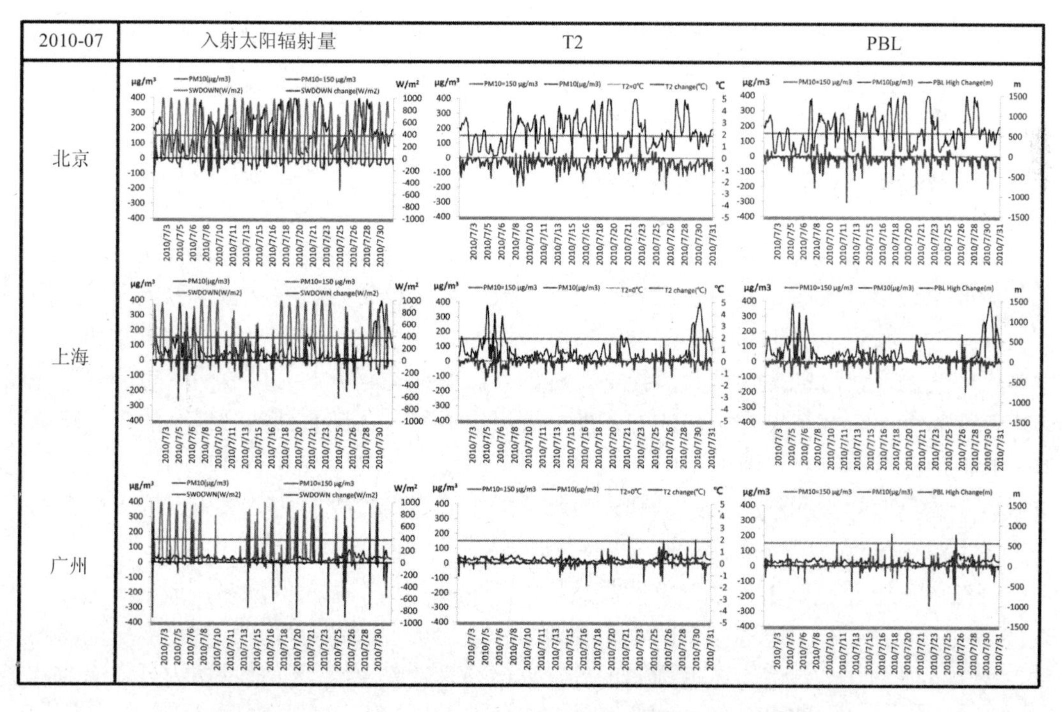

图 3-48　2010 年 7 月逐小时太阳辐射量、温度、PBL 高度变化

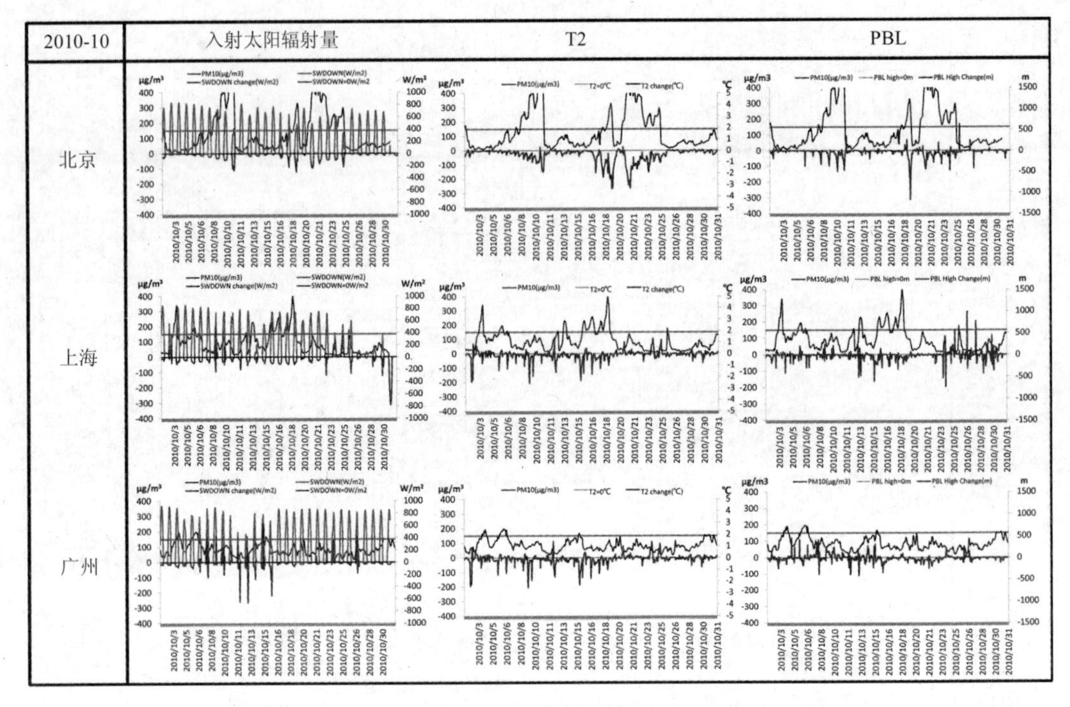

图 3-49　2010 年 10 月逐小时太阳辐射量、温度、PBL 高度变化

（3）降水

春季和夏季，受气溶胶气候效应影响我国内陆地区降水量有所增加，增加量小于 0.2 mm。秋季月均降水量升高的地区出现在华北地区。冬季月均降水量升高的区域出现在我国南海地区和四川成渝地区，降水量增加 0.2 mm 以上。

3.4.1.3　2009—2010 年气溶胶气候效应

在没有考虑气溶胶情景下全国平均气温分布，加入硫酸盐、黑炭、有机碳等气溶胶全国气温模拟结果以及两者差值，气溶胶的气候效应还是较为明显的，总体上气溶胶降温作用更为显著。其中，中东部地区的气温略有降低，特别是长江中下游地区、华北和东北南部地区较为明显，这些地区是我国经济发达、人口稠密地区，人为排放的硫酸盐等气溶胶较多，这与有关研究结果有一定的一致性；南疆盆地和东北最北部部分地区的气温略有升高，其他地区气溶胶对气温的影响不太明显。新疆南部气温略有升高可能与沙尘气溶胶既能吸收又能反射短波和红外辐射，其辐射强迫的不确定性较大有关。另外，以上研究结果与有关文献中气溶胶的气候效应结果有相似之处。

气溶胶一方面可以作为大气中的凝结核，其增加有利于降水的增多，但另一方面，大气气溶胶的存在减少了地面获得的太阳辐射量，增加了大气稳定度，大气稳定度的增加将抑制大气的上升运动，进而通过抑制大气垂直运动导致降水减少。根据国内外科学家相关研究表明，气溶胶对降水的影响不确定性更大。

气溶胶对降水的影响模拟效果不确定性较大，并且地区差异明显。根据模拟结果可以看到，总体上气溶胶对降水的影响是增加的，多集中在华南和西南，华北、东北、西北部分地区降水也有一定增加，其他地区变化不明显，部分地区降水减少。

3.4.1.4 美国大陆，欧洲、印度与我国气溶胶气候效应比较

我国是世界上气溶胶污染最严重的地区之一，我国气溶胶污染对区域气象要素影响与气溶胶浓度相对较低的地区不同。

（1）美国大陆

Zhang 等基于 WRF-chem 的模拟结果，研究美国大陆气溶胶的直接和间接效应。研究结果表明，由于气溶胶反馈的影响，美国大陆大部分地区的太阳辐射量，T2，PBL 高度和降水量均下降，7 月份的气象要素受最大影响。不同的颗粒物浓度在不同的地区导致不同的气象要素差异。

第一，在我国入射太阳辐射量，T2 和 PBL 高度会进一步降低。美国和我国遭受不同程度的气溶胶污染。美国大陆东部是最严重的气溶胶污染地区，2001—2006 年平均 $PM_{2.5}$ 浓度为 10～15 μg/m^3 或更高。我国是东亚最严重的气溶胶污染地区，年平均 $PM_{2.5}$ 浓度为 50～80 μg/m^3 或更高，远高于美国大陆东部。美国大陆东部月平均入射太阳辐射量下降 10 W/m^2 或更高，1 月和 7 月峰值下降量分别为 11.3 W/m^2 和 39.5 W/m^2；月平均 T2 下降量为 0.1～0.3℃或更高，1 月和 7 月峰值下降量分别为 0.16℃和 0.37℃；月平均 PBL 高度为 10～30 m 或更高，1 月和 7 月峰值下降量分别为 22.4 m 和 92.4 m。我国东部入射太阳辐射量下降 20 W/m^2 或更高，四季峰值下降量超过 90 W/m^2；月平均 T2 下降 0.17～0.3℃或更高，四季峰值下降量超过 2℃；月平均 PBL 高度下降 20～30 m 或更高，四季峰值下降量超过 70 m。四季代表月份气象要素分布的平均变化结果表明，相同的条件下，我国各地区的太阳辐射量，T2 和 PBL 高度的下降量高于美国大陆。

第二，在冬季和夏季，两个国家入射太阳辐射量，T2 和 PBL 高度的变化存在差异。在我国，由于加热锅炉的排放和不利的扩散条件的影响，冬季气溶胶浓度较高，导致气象要素高下降量以及冬季较夏季受气溶胶污染区域高减少量。然而，在美国大陆，夏季气象要素对气溶胶的直接和半直接效应更敏感。

第三，不同的国家降水量变化存在差异。在我国，典型代表月份 4 月份降水量略有增加，其值小于 0.5 mm。冬季降水量略有变化，夏季明显减少，美国大陆降水量峰值为 19.4 mm。

（2）欧洲

基于 Aaron van Donkelaar 等的研究结果，欧洲 2001—2006 年平均气溶胶浓度为 10～20 μg/m^3 或更高，比我国的小 4 倍。该浓度差异导致不同的气象要素变化。首先，气溶胶对太阳辐射的辐射强迫效应存在差异。欧洲 2006 年夏季 WRF/chem 对气溶胶直接和气溶胶-云相互作用效应的模拟结果表明只有辐射强迫效应时入射太阳辐射量有轻微变化，辐射强迫效应和气溶胶-云相互作用效应同时存在时，入射太阳辐射量有强烈变化。这关系到欧洲低气溶胶负荷，相比气溶胶较高的云量，以及气溶胶散射和吸收少云的明显要求。在我国，无论是少云或多云的状况，气溶胶消光主导入射太阳辐射量。大西洋和欧洲东北部有较高的入射太阳辐射量，而我国并不明显。其次，在辐射强迫效应的作用下，T2 和 PBL 高度会下降。在欧洲，地中海（黑海、地中海），内海（波罗的海）和沿海地区（意大利和立陶宛）出现明显的下降量。我国仅在陆地出现 T2 和 PBL 高度高下降量。

（3）印度

印度和我国是亚洲两个较大的发展中国家。印度北部 2001—2006 年平均 $PM_{2.5}$ 浓度是 20～50 μg/m^3，低于我国东部平均浓度的 2 倍。C. Seethala 等于 1999 年 1 月运用 WRF-chem 模拟印度气溶胶辐射强迫效应对太阳辐射的影响。印度恒河流域、印度西北部和南部入射太阳辐射量出现明显下降量。入射太阳辐射量的月平均下降量是 20 W/m^2 或更高，接近于我国的下降量。我国 1 月份入射太阳辐射量呈现出区域减少的趋势，我国东部的下降量超过 20 W/m^2；然而，因为区域气溶胶污染并没有形成导致这种趋势在印度并不明显。

3.4.2 黑炭气溶胶和硫酸盐气候效应评估

3.4.2.1 对气象要素影响评估

（1）评估方法

为探究黑炭气溶胶和硫酸盐气溶胶对区域气象要素的影响，分析了北京、天津、石家庄、上海、南京和广州等 6 个地区，2010 年 1 月和 7 月黑炭气溶胶和硫酸盐气溶胶对太阳辐射量、温度、PBL 高度等的影响。由于气溶胶在大气中的停留时间为一周甚至更短，并且在空间和时间分布上变化大，多在排放源附近达到浓度峰值，其在短时间内可导致太阳辐射量、温度、风速、大气边界层高度以及降水等气象要素等的急速变化，因此拟分别探究气溶胶严重污染时期和非严重污染时期上述各气象要素的影响。依据空气污染指数（AQI）污染程度分类标准，将 $PM_{2.5}$ 浓度为 250 μg/m^3（AQI 为 150）定为所述的“重污染”与“非重污染”时段的界限，即当 $PM_{2.5}$ 浓度高于 250 μg/m^3 时视为重污染时段，低于 250 μg/m^3 时视为非重污染时段。图 3-50 和图 3-51 分别为 2010 年 1 月、7 月黑炭气溶胶和硫酸盐气溶胶对太阳辐射量、温度和 PBL 高度影响。

（2）太阳辐射量

在气溶胶气候效应的作用下使得 6 个地区地表接收到的太阳辐射量下降。重污染时期气溶胶气候效应对太阳辐射量影响更为显著，2010 年 1 月 6 个地区在重污染时期太阳辐射量平均下降 50 W/m^2，在非重污染时期太阳辐射量下降 20 W/m^2。2010 年 1 月黑炭气溶胶造成 6 个地区的太阳辐射量下降，平均下降量为 21.9 W/m^2，其中重污染时期太阳辐射量平均下降 29.1 W/m^2，非重污染时期太阳辐射量平均下降 14.6 W/m^2。2010 年 1 月硫酸盐气溶胶造成 6 个地区的太阳辐射量下降，平均下降量为 14.8 W/m^2，其中重污染时期太阳辐射量平均下降 21.5 W/m^2，非重污染时期太阳辐射量平均下降 10.6 W/m^2。上述数据说明，6 个地区中黑炭气溶胶的吸收作用对太阳辐射量的影响强于硫酸盐的散射作用。

2010 年 7 月气溶胶气候效应造成 6 个地区太阳辐射量平均下降 12.1 W/m^2，重污染时期与非重污染时期辐射量变化相近。黑炭气溶胶和硫酸盐气溶胶对太阳辐射量影响相对较轻，均值分别为 0.15 W/m^2 和 0.9 W/m^2。与 2010 年 1 月相比较，黑炭气溶胶和硫酸盐气溶胶对辐射量的影响明显减轻。

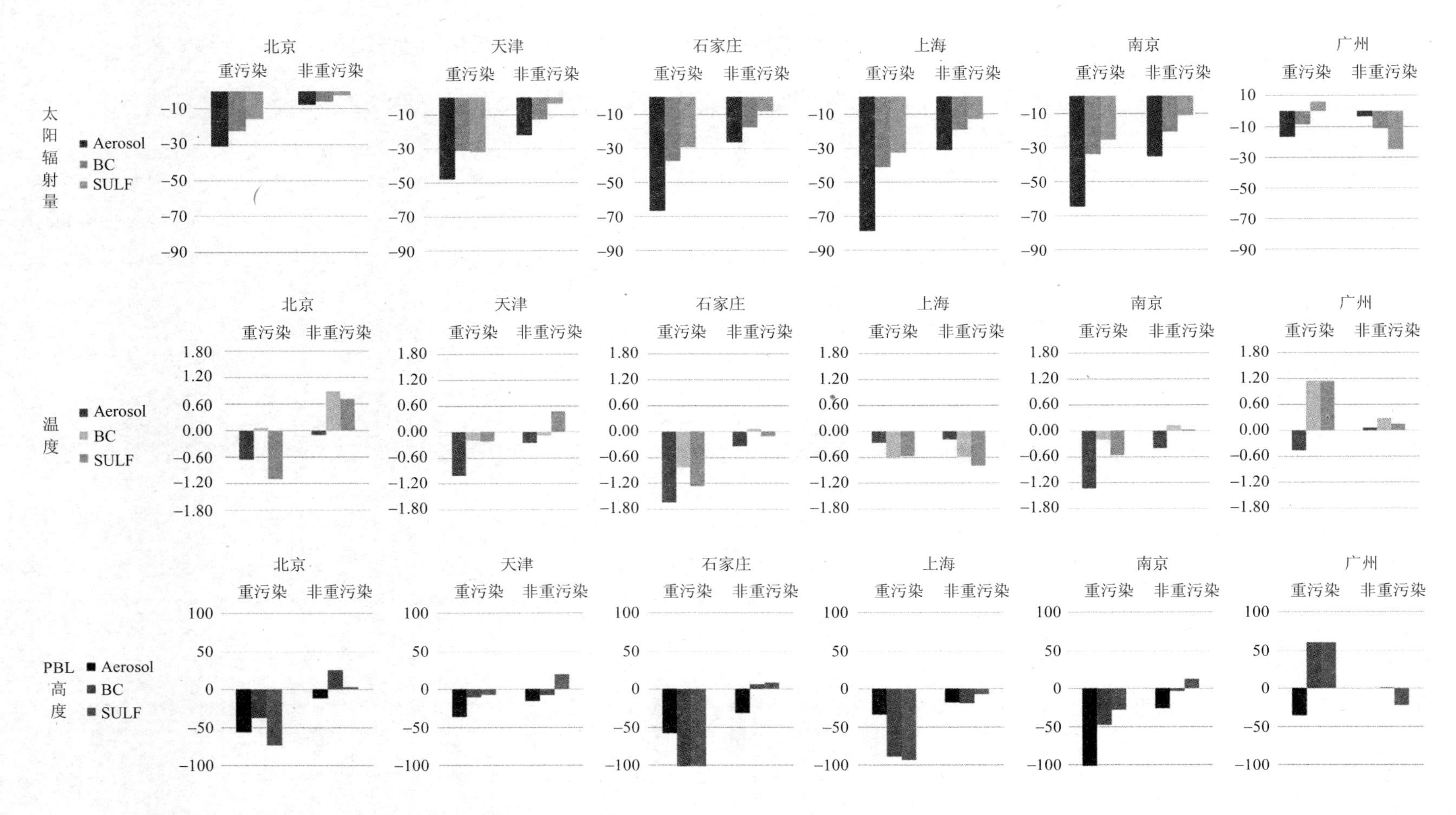

图3-50 2010年1月重污染和非重污染时期，气溶胶（Aerosol）、黑炭气溶胶（BC）、硫酸盐气溶胶（SULF）对区域气象要素影响

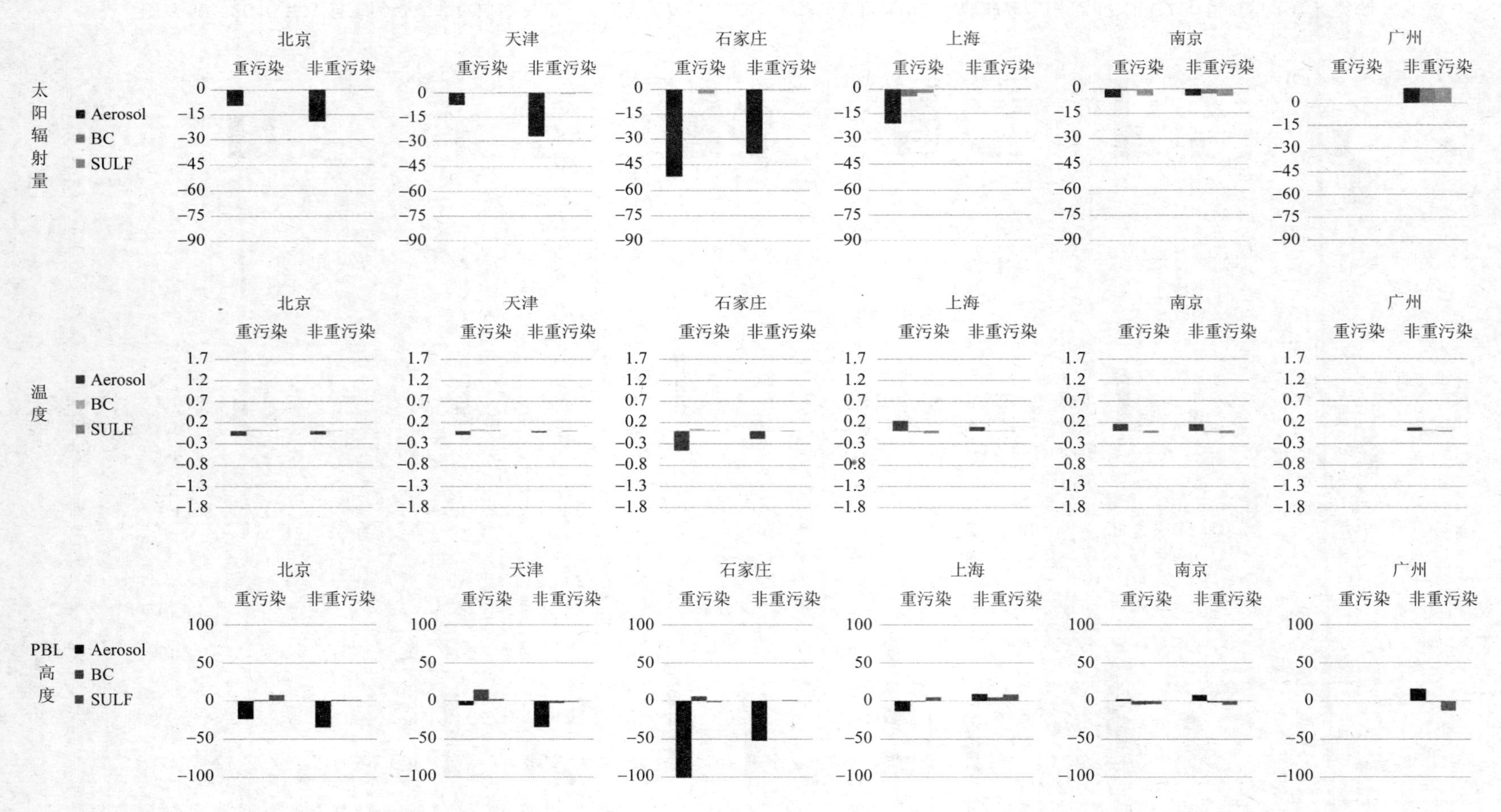

图 3-51　2010 年 7 月重污染和非重污染时期，气溶胶（Aerosol）、黑炭气溶胶（BC）、硫酸盐气溶胶（SULF）对区域气象要素影响

（3）温度

受气溶胶气候效应影响，2010 年 1 月 6 个地区温度平均下降 0.55℃，其中重污染时期温度平均下降 0.89℃，非重污染时期温度平均下降 0.2℃。黑炭气溶胶的增温效应有五种：第一，黑炭气溶胶可吸收太阳辐射，直接加热大气；第二，黑炭沉积在雪盖、冰川中可造成冰雪放射率降低，使得雪盖、冰川辐射接收量升高，并促使冰川融化；第三，黑炭气溶胶可吸收和放出红外线，增强大气温室效应；第四，黑炭气溶胶进入云滴后，可增强云滴的辐射吸收能力；第五，黑炭气溶胶可造成白天近地面的相对湿度降低、低空云蒸发量上升，这使得地表可接收到更多的辐射量，导致地表增温。此外，老化的黑炭气溶胶以及混合态的黑炭气溶胶可通过充当云凝结核促进低层云成云过程，提高云反射量从而造成地表降温效应。2010 年 1 月黑炭气溶胶的升温效应造成六个地区温度平均升高 0.05℃，其中重污染时期温度平均升高 0.6℃，非重污染时期温度平均升高 0.34℃。黑炭气溶胶降温效应使得 6 个地区温度平均降低 0.29℃，其中重污染时期温度平均降低 0.46℃，非重污染时期温度平均降低 0.2℃。2010 年 1 月硫酸盐气溶胶降温效应造成 6 个地区温度平均降低 0.17℃，其中重污染时期温度平均降低 0.43℃，非重污染时期温度平均升高 0.08℃。

2010 年 7 月，在气溶胶气候效应作用下，6 个地区温度平均下降 0.02℃，重污染与非重污染时期温度变化差别不大。黑炭气溶胶使得 6 个地区温度略微上升，硫酸盐降温效应不明显。与 2010 年 1 月相比较，气溶胶气候效应对 6 个地区温度影响相对较轻，并且黑炭气溶胶和硫酸盐气溶胶对温度影响不显著。

（4）PBL 高度

2010 年 1 月，气溶胶气候效应使得 6 个地区 PBL 高度平均下降 25.9 m，其中重污染时期 PBL 高度平均下降 54.6 m，非重污染时期 PBL 高度平均下降 17.2 m。2010 年 1 月，黑炭气溶胶使得 6 个地区 PBL 高度平均下降 36.4 m，其中重污染时期 PBL 高度平均下降 73.1 m，非重污染时期 PBL 高度平均升高 0.27 m。2010 年 1 月，硫酸盐气溶胶使得 6 个地区 PBL 高度平均下降 32.2 m，其中重污染时期 PBL 高度平均下降 66.6 m，非重污染时期 PBL 高度平均升高 2.3 m。

2010 年 7 月，气溶胶气候效应使得 6 个地区 PBL 高度平均下降 20.6 m，重污染时期与非重污染时期，PBL 高度变化差别不大。黑炭气溶胶使得 6 个地区 PBL 高度平均升高 1.4 m，硫酸盐气溶胶对 6 个地区 PBL 高度影响不大。与 2010 年 1 月相比较，气溶胶气候效应对 6 个地区 PBL 高度影响相对较轻，黑炭气溶胶和硫酸盐气溶胶对 PBL 高度影响不显著。

3.4.2.2　气候效应评估

（1）黑炭气溶胶气候效应模拟结果

没有考虑气溶胶作用与考虑黑炭气溶胶气候效应后气温模拟结果对比及两者的差值的情况下，黑炭气溶胶使得全国绝大多数地区气温下降，其中长江中下游地区、华北北部升高最为明显，增温幅度在 0.3～0.6℃。气温变化不明显的区域主要集中在西北、西南青藏高原和东北最北部。这与模式中所用的人为黑炭气溶胶排放源分布有一定一致性。而由于模式对地形复杂地区（比如青藏高原）模拟效果的局限性，可能造成模拟结果在这类地区的不确定性较大。

（2）硫酸盐气溶胶气候效应模拟结果

没有考虑气溶胶作用与考虑硫酸盐气溶胶气候效应后气温模拟结果对比及两者的差值的情况下，硫酸盐气溶胶使得全国绝大多数地区气温下降，其中环渤海区域、长江中下游地区、成渝地区下降最为明显，幅度在 0.2～0.8℃。气温下降明显的地区与人为硫酸盐气溶胶排放源集中区域有较好的一致性，这也与部分学者的研究结果有一定相似性。另外，气温下降不明显或略有升高的区域主要集中在西北和东北北部，这类地区经济相对欠发达，受强烈人类活动的影响较东部地区小，一定程度上导致硫酸盐气溶胶对气温变化造成的影响不明显。

3.5 污染排放控制政策评估

3.5.1 评估方法

为了探究“十五”、“十一五”期间我国污染物减排措施的实施效果，以 2000—2010 年我国主要大气污染物 SO_2、NO_x、$PM_{2.5}$ 年排放量及浓度分布为基础，综合考虑燃煤使用量、电力消费量、人口变化、机动车保有量等的变化情况，设置对比情景，定量评估减排措施对上述污染物的源排放及空气质量改善效果。

情景设置如下，情景一“无政策控制情景”，即保持经济正常增长，不控制燃煤使用量、电力消费量、人口变化、机动车保有量，使其自然增长；情景二“真实情景”，代表我国经济增长以及污染控制的真实情况。“无政策控制情景”中工业、电力、居民和交通等各行业污染物排放计算比例依次见表 3-6～表 3-9。

通过分析上述两套情景的中 SO_2、NO_x、$PM_{2.5}$ 年排放量及各季节浓度分布差值，定量评估污染物减排措施实施效果。研究选取 2000 年和 2006 年作为“十五”起始年和终止年，选取 2006 年和 2010 年作为“十一五”的起始年和终止年。

表 3-6 “十五”、“十一五”期间我国燃煤消费量变化　　单位：亿 kW·h

2000	2005	2010	占“十五”总量比例	占“十一五”总量比例
132 000	216 558	324 939	1.50	1.64

表 3-7 “十五”、“十一五”期间我国电力消费量变化　　单位：亿 kW·h

省份	2000	2005	2010	占“十五”总量比例	占“十一五”总量比例
北京	384	571	810	1.48	1.42
天津	234	385	646	1.64	1.68
河北	809	1 502	2 692	1.86	1.79
山西	502	946	1 460	1.89	1.54
内蒙古	254	668	1 537	2.63	2.30
辽宁	749	1 111	1 715	1.48	1.54
吉林	291	378	577	1.30	1.53
黑龙江	442	556	748	1.26	1.35

省份	2000	2005	2010	占“十五”总量比例	占“十一五”总量比例
上海	559	922	1 296	1.65	1.41
江苏	971	2 193	3 864	2.26	1.76
浙江	738	1 642	2 821	2.23	1.72
安徽	339	582	1 078	1.72	1.85
福建	402	757	1 315	1.88	1.74
江西	208	392	701	1.88	1.79
山东	1 001	1 912	3 298	1.91	1.73
河南	719	1 353	2 354	1.88	1.74
湖北	503	789	1 330	1.57	1.69
湖南	406	674	1 172	1.66	1.74
广东	1 335	2 674	4 060	2.00	1.52
广西	314	510	993	1.62	1.95
海南	38	82	159	2.13	1.95
重庆	308	348	626	1.13	1.80
四川	521	943	1 549	1.81	1.64
贵州	288	487	835	1.69	1.72
云南	274	557	1 004	2.04	1.80
西藏	293	516	859	1.76	1.66
甘肃	295	489	804	1.66	1.64
青海	109	207	465	1.89	2.25
宁夏	136	303	547	2.22	1.81
新疆	183	310	662	1.69	2.13

表 3-8　“十五”、“十一五”期间我国人口数量变化　　单位：万人

省份	2000	2005	2010	占“十五”总量比例	占“十一五”总量比例
北京	1 072	1 284	1 536	1.20	0.78
天津	721	783	1 043	1.09	0.80
河北	1 759	2 580	6 844	1.47	0.95
山西	1 151	1 411	3 352	1.23	0.94
内蒙古	1 014	1 126	2 386	1.11	0.97
辽宁	2 299	2 477	4 220	1.08	0.96
吉林	1 355	1 426	2 715	1.05	0.99
黑龙江	1 901	2 027	3 818	1.07	1.00
上海	1 478	1 584	1 778	1.07	0.77
江苏	3 086	3 742	7 468	1.21	0.95
浙江	2 277	2 742	4 894	1.20	0.90
安徽	1 665	2 170	6 114	1.30	1.03
福建	1 443	1 671	3 532	1.16	0.96
江西	1 146	1 593	4 307	1.39	0.97
山东	3 450	4 158	9 239	1.21	0.96
河南	2 147	2 872	9 371	1.34	1.00
湖北	2 424	2 465	5 707	1.02	1.00
湖南	1 916	2 338	6 320	1.22	0.96
广东	4 753	5 573	9 185	1.17	0.88

省份	2000	2005	2010	占“十五”总量比例	占“十一五”总量比例
广西	1 264	1 565	4 655	1.24	1.01
海南	316	373	826	1.18	0.95
重庆	1 023	1 264	2 797	1.24	0.97
四川	2 223	2 709	8 208	1.22	1.02
贵州	841	1 001	3 725	1.19	1.07
云南	1 002	1 311	4 442	1.31	0.97
西藏	50	74	276	1.49	0.92
陕西	1 163	1 384	3 718	1.19	1.00
甘肃	615	778	2 592	1.26	1.01
青海	180	213	543	1.18	0.96
宁夏	182	252	595	1.38	0.94
新疆	651	746	2 008	1.15	0.92

表 3-9 “十五”、“十一五”期间我国机动车保有量变化 单位：万辆

省份	2000	2005	2010	占“十五”总量比例	占“十一五”总量比例
北京	161	372	837	2.30	2.25
天津	75	120	292	1.59	2.44
河北	210	371	978	1.77	2.63
山西	100	187	473	1.87	2.53
内蒙古	77	133	365	1.72	2.74
辽宁	128	225	550	1.76	2.44
吉林	71	118	292	1.67	2.48
黑龙江	105	151	373	1.43	2.47
上海	70	154	298	2.21	1.93
江苏	148	343	1 025	2.32	2.99
浙江	143	370	1 024	2.58	2.77
安徽	74	142	394	1.93	2.76
福建	61	128	372	2.11	2.91
江西	39	79	250	2.06	3.16
山东	196	441	1 374	2.25	3.11
河南	142	274	778	1.93	2.84
湖北	80	156	391	1.95	2.50
湖南	93	150	421	1.62	2.81
广东	326	711	1 501	2.18	2.11
广西	56	104	291	1.87	2.79
海南	15	27	73	1.86	2.69
重庆	47	89	215	1.87	2.43
四川	129	264	691	2.04	2.62
贵州	48	90	224	1.87	2.49
云南	130	196	464	1.51	2.36
西藏	8	14	30	1.67	2.18
陕西	63	113	363	1.81	3.21
甘肃	41	60	156	1.47	2.61
青海	17	22	58	1.32	2.62
宁夏	18	31	83	1.69	2.69
新疆	66	105	237	1.59	2.26

3.5.2 污染物源排放控制效果评估

将“无政策控制情景”与“真实情景”污染物源排放量的差值定义为减排量，作为评估污染物减排控制的指标。

3.5.3 “十五”期间污染物源排放控制效果评估

表 3-10 为“十五”期间不同情景 SO_2、NO_x、$PM_{2.5}$ 排放总量及减排比例。我国大气污染物高排放区域集中在“三区十群”地区（京津冀、长江三角洲、珠江三角洲地区，辽宁中部、山东半岛、武汉及其周边、长株潭、成渝、海峡西岸、山西中北部、陕西关中等）。对比“无政策控制情景”与“真实情景”污染源排放量分布，“无政策控制情景”呈现出多个高排放区域向大区域污染物排放带发展的趋势，而“真实情景”中高排放区域相对独立，因此可说明，我国实施的污染物减排措施对污染物源排放控制显著，有效地控制了 69.3%的 SO_2 源排放、73.9%的 NO_x 源排放、52.1%的 $PM_{2.5}$ 源排放。

表 3-10 “十五”期间不同情景 SO_2、NO_x、$PM_{2.5}$ 排放总量及减排比例

污染物	无政策控制排放总量/万 t	真实情景排放总量/万 t	减排比例/%
SO_2	5 252	3 102	69.3
NO_x	3 623.2	2 083	73.9
$PM_{2.5}$	2 017.3	1 327	52.1

3.5.4 “十一五”期间污染物源排放控制效果评估

表 3-11 为不同情景 SO_2、NO_x、$PM_{2.5}$ 排放总量及减排比例。在减排措施的作用下，有效控制了 59.5%的 SO_2 源排放、90.1%的 NO_x 源排放、41.9%的 $PM_{2.5}$ 源排放。“十一五”期间我国污染物高排放区域仍集中在“三区十群”地区，并且较“十五”期间有所扩大。

情景对比结果表明，第一，“十一五”期间我国 SO_2 排放量得到了有效的控制，“真实情景”即实际情况下的 SO_2 源排放较“十五”期间降低了 9.8%，并且 SO_2 高排放区未扩大。第二，在机动车保有量增加 7 倍的情况下，成功地控制了 90.1%的 NO_x 源排放。以上两点说明，“十一五”期间我国对 SO_2 和 NO_x 控制成效较好。

表 3-11 “十一五”期间不同情景 SO_2、NO_x、$PM_{2.5}$ 排放总量及减排比例

污染物	无政策控制排放总量/万 t	真实情景排放总量/万 t	减排比例/%
SO_2	4 542	2 847	59.5
NO_x	5 422	2 852	90.1
$PM_{2.5}$	1 724	1 215	41.9

3.5.5 污染物减排对空气质量改善效果定量评估

以“十五”及“十一五”期间不同情景的污染物源排放量为基础，利用 WRF-chem 空

气质量模式模拟“十五”及“十一五”期间两套情景的 $PM_{2.5}$ 在春、夏、秋、冬四季节代表月份（1 月、4 月、7 月、10 月）的浓度分布情况，将 $PM_{2.5}$ 浓度高于国家二级标准 75 μg/m^3 的地区定义为超标地区，将“无政策控制情景”与“真实情景”$PM_{2.5}$ 浓度的差值作为评估空气质量改善效果的指标。

3.5.5.1 “十五”期间污染物减排对空气质量改善效果定量评估

“真实情景”中我国四个季节均呈现出区域大范围 $PM_{2.5}$ 超标的情况，超标区域集中在京津冀、山东半岛、武汉及其周边、长株潭、成渝、山西中北部、陕西关中等“三区十群”涉及的重点污染治理城市群区域。

对比“无政策控制情景”与“真实情景”，“无政策控制情景”中 $PM_{2.5}$ 浓度超标区域明显多于“真实情景”，对比结果表明我国实施的污染物减排政策对空气质量有明显的改善效果，特别是夏季 $PM_{2.5}$ 浓度超标区域在减排政策控制下明显缩小。

“十五”期间 $PM_{2.5}$ 浓度控制效果最为显著的区域集中在京津冀、山东半岛、武汉及其周边和成渝等地区，最大减幅为 30～70 μg/m^3，各月份 $PM_{2.5}$ 浓度下降比例分别为 1 月 13%～33%，4 月 27%～36%，7 月 35%～93%，10 月 27%～85%，该结果说明我国实施的大气污染物减排政策对空气质量有明显的改善。

3.5.5.2 “十一五”期间污染物减排对空气质量改善效果定量评估

“十一五”期间我国 $PM_{2.5}$ 各季节浓度分布“真实情景”部分，超标地区仍集中在“三区十群”。我国东部和东南部大部分地区 $PM_{2.5}$ 常年超标，其中京津冀、长江三角洲、山东半岛、武汉、长株潭、成渝等地区四季节 $PM_{2.5}$ 月均浓度均高于国家二级标准，并且已形成我国东部和东南部区域 $PM_{2.5}$ 污染带。

“无政策控制情景”与“真实情景”对比结果表明，大气污染物减排政策有效遏制了 $PM_{2.5}$ 超标区域的进一步扩大，各月份 $PM_{2.5}$ 浓度下降比例分别为 1 月 13%～53%、4 月 13%～40%、7 月 13%～73%、10 月 40%～73%。上述分析数据说明，若我国不实行大气污染物减排政策，$PM_{2.5}$ 浓度将会是当前污染水平的 2 倍，因此我国大气污染减排政策对控制我国大气污染起到了十分积极有效的作用。

通过对“十五”及“十一五”期间我国大气污染物排放量和空气质量控制效果的模拟分析，定量评估了我国大气污染物减排政策的实施效果。评估结果表明，现行污染减排政策有效地控制了我国近 50%～80%的 SO_2、NO_x、$PM_{2.5}$ 源排放，抑制了近 50%的 $PM_{2.5}$ 污染，有效地遏制了我国大气环境质量的恶化。总而言之，我国的大气污染物减排政策为空气质量改善作出了积极有效的贡献。

3.5.6 污染物减排对应对气候变化作用定量评估

3.5.6.1 “十五”期间污染物减排对应对气候变化作用定量评估

基于上述情景设置方法，通过比较“无政策控制情景”和“真实情景”中太阳辐射量、温度、大气边界层（PBL）高度和降水量的不同来定量评估“十五”期间我国污染物减排措施对气溶胶气候效应的抑制效果。

（1）短波辐射量。“十五”期间我国各季节代表月份太阳辐射量变化控制效果。“真实情景”中我国四个季节月均短波辐射量下降的区域集中在京津冀、山东半岛、成渝等“三区十群”涉及的重点污染治理城市群区域。控制效果最为显著的区域集中在京津冀、山东半岛、武汉及其周边和成渝等地区，最大减幅为 3～15 W/m^2，各月份控制比例分别为 1 月 10%～30%，4 月 30%～60%，7 月 10%～80%，10 月 15%～45%。

对比“无政策控制情景”与“真实情景”，“无政策控制情景”中短波辐射量受气溶胶气候效应影响更为强烈，即“无政策控制情景”中短波辐射量下降区域更大、下降量更大，对比结果表明我国“十五”期间实施的污染物减排政策可有效抑制气溶胶气候效应对区域气象要素的影响。

（2）温度和 PBL 高度。“十五”期间我国各季节代表月份温度和 PBL 高度变化控制效果。结果表明我国实施的污染物减排政策可有效抑制气溶胶气候效应对温度和 PBL 高度的影响。

同短波辐射量，“十五”期间“真实情景”中我国四个季节月均温度和 PBL 高度下降的区域集中在京津冀、山东半岛、成渝等地区。温度控制效果最为显著的区域集中在京津冀、山东半岛和四川成渝地区，最大减幅为 0.1～0.3℃，各月份控制比例分别为 1 月 8%～70%，4 月 10%～40%，7 月 10%～70%，10 月 20%～90%。PBL 高度控制效果最为显著的区域集中在京津冀和四川成渝地区，最大减幅为 5～25 m，各月份控制比例分别为 1 月 15%～85%，4 月 5%～70%，7 月 5%～70%，10 月 20%～88%。对比“无政策控制情景”与“真实情景”，“无政策控制情景”中温度和 PBL 高度受气溶胶气候效应影响更为强烈，即“无政策控制情景”中温度和 PBL 高度下降区域更大、下降量更大。

3.5.6.2 “十一五”期间污染物减排对应对气候变化作用定量评估

（1）短波辐射量。“真实情景”中我国四个季节月均短波辐射量下降的区域集中在京津冀、山东半岛、武汉及其周边、长株潭、成渝、山西中北部、陕西关中等“三区十群”涉及的重点污染治理城市群区域。控制效果最为显著的区域集中在京津冀、山东半岛、武汉及其周边和成渝等地区，最大减幅为 3～15 W/m^2，各月份控制比例分别为 1 月 15%～40%，4 月 40%～70%，7 月 5%～90%，10 月 9%～45%。

对比“无政策控制情景”与“真实情景”，“无政策控制情景”中短波辐射量受气溶胶气候效应影响更为强烈，即“无政策控制情景”中短波辐射量下降区域更大、下降量更大，对比结果表明我国实施的污染物减排政策可有效抑制气溶胶气候效应对区域气象要素的影响。

（2）温度和 PBL 高度。同短波辐射量，“真实情景”中我国四个季节月均温度和 PBL 高度下降的区域集中在京津冀、山东半岛、武汉及其周边、长株潭、成渝、山西中北部、陕西关中等地区。温度控制效果最为显著的区域集中在京津冀、山东半岛和四川成渝地区，最大减幅为 0.05～0.5℃，各月份控制比例分别为 1 月 5%～85%，4 月 30%～63%，7 月 5%～50%，10 月 7%～58%。PBL 高度控制效果最为显著的区域集中在京津冀和四川成渝地区，最大减幅为 5～25 m，各月份控制比例分别为 1 月 15%～33%，4 月 30%～80%，7 月 26%～85%，10 月 40%～58%。对比“无政策控制情景”与“真实情景”，“无政策控制情景”中温度和 PBL 高度受气溶胶气候效应影响更为强烈，即“无政策控制情景”中温度和 PBL 高度下降区域更大、下降量更大。研究结果表明我国实施的污染物减排政策可有效抑制气溶胶气候效应对温度和 PBL 高度的影响。

3.6 本章小结

空气污染与气候变化间的相互影响和反馈是当前世界上最受关注的重大环境问题之一。利用数值模拟和情景分析方法定量评估了我国气溶胶污染对区域气象要素和气候变化的影响，并对我国“十五”、“十一五”期间污染物减排政策实施效果进行了评估。

收集整理了我国的多年区域气象资料、天气背景资料、区域污染源排放数据以及环境三维监测数据等重要基础资料，并对上述数据进行了标准化处理和数据分析，建立了项目研究所需的三维区域资料数据库，为进行大气气溶胶气候效应定量评估、黑炭气溶胶和硫酸盐气溶胶气候效应定量评估和我国污染物减排政策实施效果定量评估等研究提供了科学有效的基础数据平台。

研究构建了 WRF-chem 空气质量模式和 RegCM 区域气候模式，用于对气溶胶气候效应的研究。模式地图投影均采用兰勃托投影，模拟区域覆盖我国，WRF-chem 模式采用 54 km×54 km 网格分辨率，网格数 92×78；RegCM3 采用 60 km×60 km 网格分辨率，网格数 88×76。选用 WRF 气象模式模拟各层嵌套的气象流场。气象初始场数据采用美国国家环境预测中心（NCEP）发布的气象再分析数据，网格分辨率为 1°×1°，时间分辨率为 6 小时。采用 INTEX-B 污染源排放清单和 MEIC 污染源排放清单作为人为污染源排放数据，经过利用气象监测数据、空气质量监测数据分别与气象和空气质量模拟结果进行验证，验证结果证明建立的数值模拟系统在我国具有较好的模拟效果。

气溶胶污染对区域气象要素和气候影响定量评估结果表明，气溶胶气候效应可造成区域太阳辐射量、温度和 PBL 高度下降，我国受气溶胶污染影响最严重的区域集中在东部地区，特别是京津冀、长三角、珠三角、山东、武汉及周边地区、长株潭和成都—重庆等污染较重的地区，月均入射太阳辐射量下降 20 W/m^2 以上、月均温度下降 0.3℃以上、月均 PBL 高度下降 30 m 以上。我国与美国、欧洲和印度等地区相比较，由于气溶胶污染较重，气溶胶气候效应更加显著。

研究结果显示，黑炭气溶胶的气候效应既可造成我国部分地区温度上升，也可造成温度下降，这是由于黑炭气溶胶的状态不同，其对气温的影响不同。黑炭气溶胶气候效应使得区域太阳辐射量和 PBL 高度等气象要素下降。气溶胶污染较重时（$PM_{2.5}$＞250 $\mu g/m^3$ 或者 AQI＞150 时），黑炭气溶胶和硫酸盐气溶胶气候效应作用更加显著。

预测了 2030 年、2050 年、2070 年和 2100 年主要污染物排放变化趋势，并基于预测的污染源排放清单，利用 RegCM 模型预测了我国未来气温变化趋势。结果表明，未来 2030 年、2050 年、2070 年和 2100 年等代表年份全国气温的地区分布趋势较为一致，且 2070 年之前基本呈缓慢升高的变化特征，其中长江中下游区域、新疆南疆盆地、华北部分地区、内蒙古西部是升温较为明显的区域。

为了探究“十五”、“十一五”期间我国污染物减排措施的实施效果，以 2000—2010 年我国主要大气污染物 SO_2、NO_x、$PM_{2.5}$ 年排放量及浓度分布为基础，综合考虑燃煤使用量、电力消费量、人口变化、机动车保有量等的变化情况，设置对比情景，定量评估减排措施对上述污染物的源排放及空气质量改善效果。研究结果表明我国在“十五”和“十一五”期间实施的污染物减排政策可有效控制污染源排放、抑制控制污染，并在应对气候变化中起到积极作用。

假如我国不实施减排政策，经济自然线性增长，则“十五”期间我国将多排放 69%的 SO_2、73.9%的 NO_x 和 52.1%的 $PM_{2.5}$，“十一五”期间将多排放 59.5%的 SO_2、90.1%的 NO_x 和 41.9%的 $PM_{2.5}$；“十五”和“十一五”期间有效抑制 $PM_{2.5}$ 浓度 50%。在应对气候变化方面，我国实施的减排政策可有效缓解气溶胶污染对太阳辐射量、温度和 PBL 高度的影响。评估结果表明，“十五”和“十一五”期间我国实施的减排政策有效缓解 3～15 W/m^2 气溶胶对太阳辐射的散射和吸收，缓解 0.05～0.5℃气溶胶对温度的影响，5～25 m 气溶胶对 PBL 高度的影响。

第4章　未来气候变化对空气污染的影响

4.1　研究背景

气候变化对空气污染的反馈研究是出于环境保护部门的历史使命角度考虑，既有保护环境和人们生命健康的责任，还要兼顾气候变化对社会经济发展的综合影响。在目前我国所处的发展阶段，空气污染等问题逐渐凸显，直接导致空气质量的整体下降，严重危害人们的身体健康，并对农林等生态系统产生重大影响，影响社会经济的健康发展。

未来气候变化是指未来不同排放情景基于不同气候系统模式模拟的气候变化趋势。根据 IPCC 第四次和第五次评估报告的估算结果，全球气候变化趋势基本上是沿着全球变暖和局部区域降水增加的方向发展。另外，国内外越来越多的研究表明气候变化主要通过扰动和改变气象要素（温度、风、湿度等）、大气边界层结构、辐射以及云等气象条件进而影响空气污染物的生成与聚积、输送和扩散、沉降等过程，最终对空气污染造成一定的影响。

以往研究主要集中在温室气体和气溶胶排放对气候变化的影响方面，而未来气候变化对空气污染影响的研究相对较少。

4.1.1　国内外研究进展

气候变化对空气污染产生直接（空气污染气象条件，如污染物的扩散、运输等）或间接（空气污染物的化学反应速率及其前体物的自然源排放）的影响。

IPCCAR4 综合大约 20 个全球气候模式的结果表明，在北部中纬度大陆强烈升温，纬度越高升温越多，高纬度将变得更湿润，亚热带更干旱。IPCCAR5 再次确认了气候系统的变暖是明确无误的，降水多地区和降水少地区之间的差异和季节上的差异会有所增加。全球气候模式得出的共同结论是，21 世纪中纬度气旋的频率将降低，盛行的气旋路径将向极移动，这将降低污染的中纬度地区冷锋面过境的频率，并因此增加停滞现象的频率和持续时间。国内一些研究表明，近年来中国区域的风速呈现减弱趋势，台风和热带气旋的生成个数有减少趋势，登陆我国的热带气旋的频数也有减少趋势，中国区域人为气溶胶的排放可能导致东亚季风强度的减弱，上述这些变化将有可能会削弱中国区域大气污染物的输送、扩散和清除能力，从而进一步恶化大气环境。

气候变化对空气质量的影响研究主要通过下述几种方法：空气污染与气象变量的相关分析；大气化学传输模式（CTM）的扰动分析；全球气候模式与大气化学传输模式耦合（GCM-CTM）分析。欧洲与美国的两位学者系统总结了臭氧与大量气象变量在区域尺度上的相关性发现，臭氧浓度与温度呈正相关，与相对湿度呈负相关。相对于臭氧，观测到的

PM 浓度与气象变量间的相关性较弱。国内一些研究表明，温度和降水与空气污染指数（API）呈负相关关系，大气臭氧（O_3）及其前体物浓度和气象要素呈现较好相关性，不同粒径的可吸入颗粒物与各气象因子的空间相关性存在差异。CTM 的扰动分析，即通过扰动区域大气化学传输模式里的单个气象变量，探讨臭氧和 PM 空气质量对气候变化的敏感性。这些研究对于理解影响污染物浓度的重要过程，补充上面提到的经验方法是非常有用的。国内外利用 GCM-CTM 分析发现，气候变化将减小对流层下部的臭氧背景值，使相对清洁的地区地表臭氧降低，而臭氧已经很高的城市地区可能出现相反的变化。已有的使用 GCM-CTM 对污染地区地表 PM 浓度的研究间的一致性很差，存在很大的不确定性。

综上所述，气象因子与大气污染物浓度之间的关系错综复杂，而气候变化对空气污染影响的研究直到最近几十年才在国际上开展起来，尚没有一致性的结论，许多问题仍处于科学探索阶段。

4.1.2　研究目标和任务

课题的主要研究目标为：全国及典型区域（京津冀城市群和西北生态脆弱区）未来气候变化情景分析；分析我国三大城市群（京津冀、长三角、珠三角）典型城市近 10 年空气污染指数（API）的变化特征，重点分析京津冀和西北两个典型区域代表性城市的气象要素与空气污染指数的关系，研究气候变化对空气污染影响的量化方法；假设大气污染物排放相对稳定，探讨未来气候变化对我国典型区域空气质量的潜在影响。

围绕课题的研究目标，确定的研究任务有：第一，全国及典型区域未来气候变化情景分析。采用国家气候中心提供的 SRESA1B 和 RCP4.5 排放情景下的气候模式预估数据集，包括各气象要素的月平均数据，通过空间信息技术获得各气候要素的时空分异特征，分析不同排放情景下我国地区及其典型区域在未来的气候变化时空特征。第二，分析我国三大城市群典型城市近 10 年空气污染指数（API）的变化特征，重点分析京津冀和西北两个典型区域代表性城市的气象要素与空气污染指数的关系，研究气候变化对空气污染影响的量化方法。收集我国三大城市群 9 个典型城市（北京、天津、石家庄、上海、南京、杭州、广州、深圳、珠海）近 10 年的 API 资料，分析其变化特征。收集整理京津冀和西北地区 7 个代表性城市（北京、天津、石家庄、呼和浩特、银川、兰州、乌鲁木齐）的空气污染指数历史记录资料和同时期各气象要素的地面观测资料，分析两者之间的关系，从而量化气候变化对空气污染的影响。第三，假设大气污染物排放相对稳定，探讨未来气候变化对我国典型区域空气质量的潜在影响。利用气候变化对空气污染影响的综合分析评估模型，结合气候模式的预估结果，假设大气污染物排放相对稳定，探讨未来气候变化对我国典型区域空气质量的潜在影响。

4.2　研究数据和方法

研究所使用的数据有：中国地面气候资料日值数据集和月值数据集，包括气温、降水量、气压、风速和相对湿度；2001—2010 年 13 个城市的空气污染指数（API）日值数据，包括每天的空气污染指数、首要污染物、空气质量级别和空气质量状况的历史记录资料；

SRES A1B 排放情景下区域气候模式数据集，时间从 1961 年—2100 年，分辨率为 0.25°×0.25°，包括气温、降水量、海平面气压、风速和相对湿度；RCP4.5 排放情景下全球气候模式数据集，时间从 1961 年—2099 年，分辨率为 1°×1°，包括气温、降水量、气压、风速和相对湿度。

技术路线如图 4-1 所示，具体分为四个部分：第一，整理三大城市群 9 个典型城市的 API 数据，对京津冀和西北地区 7 个代表性城市的气象要素地面观测数据和 API 历史记录数据进行预处理，剔除无效数据并计算月均值；第二，利用相关分析法和主成分回归分析法分析 7 个代表性城市的 API 与气象要素的关系，得到二者的回归方程；第三，将区域气候模式和全球气候模式的模拟数据进行 GIS 空间化处理并进行空间分析，得到我国及典型区域在未来的气候变化时空特征；第四，利用 API 与气象要素的回归方程，结合 A1B 排放情景下区域气候模式模拟得到的 20 世纪控制实验和 21 世纪预估试验结果，综合分析未来气候变化对我国典型区域空气污染的潜在影响。

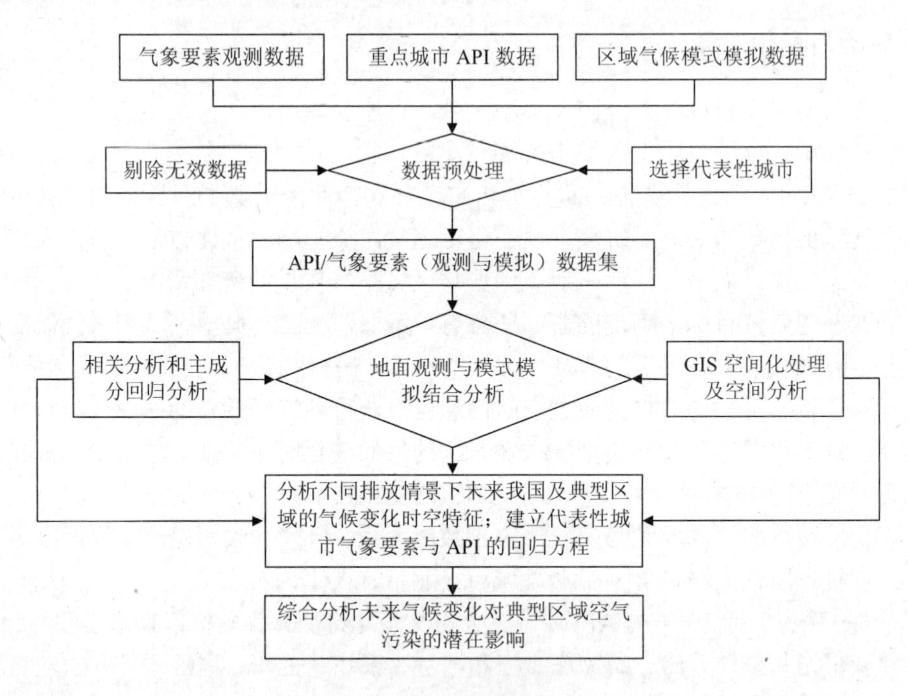

图 4-1 技术路线图

4.3 结果分析

4.3.1 未来气候变化情景分析

采用国家气候中心提供的中国地区气候变化预估数据集（Version2.0）中 A1B 排放情景下区域气候模式（RegCM3）20 世纪控制实验和 21 世纪预估试验模拟得到的月平均数据，包括气温、降水量、海平面气压、风速、相对湿度 5 个气象要素；以及中国地区气候变化预估数据集（Version3.0）中 RCP4.5 排放情景下全球气候模式（BCC-CSM1-1）模拟得到的历史和未来的月平均数据，包括气温、降水量、气压、风速、相对湿度 5 个气象要素。

利用 ArcGIS 软件中的转换工具将原数据转换为相应的栅格数据，再利用空间分析工具提取中国区域和两个典型区域并进行相应的栅格计算，进而分析 A1B 和 RCP4.5 排放情景下全国和两个典型区域（京津冀城市群以及西北生态脆弱区）未来各气候要素的时空变化特征，包括时间变化趋势分析和典型年份空间变化特征分析。

4.3.1.1　A1B 排放情景下全国及典型区域未来气候变化特征分析

如图 4-2 所示，在全球变暖背景下，21 世纪全国及两个典型区域的气温将继续上升。A1B 排放情景下，全国气温的气候倾向率为 5.3℃/100 a，西北为 5.5℃/100 a，京津冀为 5.0℃/100 a。2100 年与 2001 年比较，全国增温 5.5℃，西北和京津冀地区均增温 5.8℃。其中，西北地区和全国的变化趋势表现出很高的一致性且波动幅度比较小，京津冀地区的波动幅度比较大。

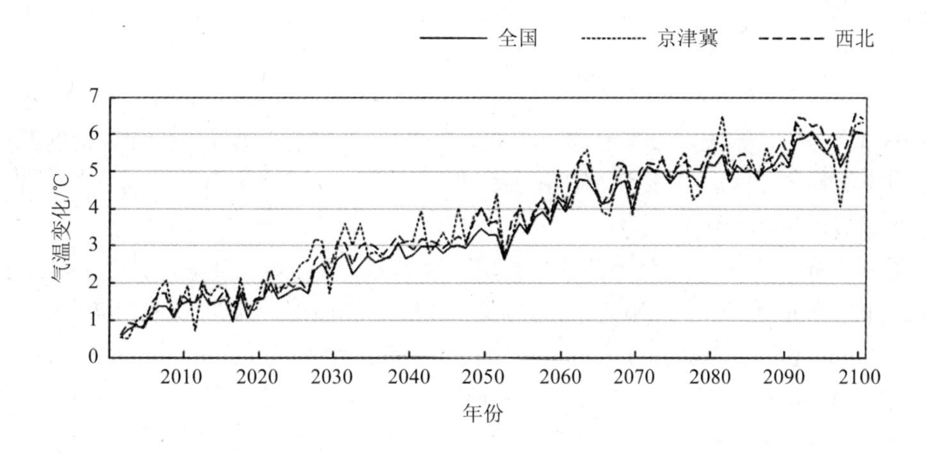

图 4-2　2001—2100 年全国和典型区域年均温变化图（相对 1961—2000 年）

2030 年我国内蒙古、新疆、西藏西部及华北地区升温显著，最高升温幅度达 4.2℃，长江以南地区升温幅度较小；2050 年我国东北、华北、内蒙古、西藏、新疆和四川的部分地区升温显著，最高升温幅度达 4.5℃，长江以南及华中部分地区升温幅度较小；2070 年我国新疆、西藏、青海、山东、东北部分地区升温显著，最高升温幅度达 6.2℃，长江以南及华中部分地区升温幅度较小；2100 年我国内蒙古、西藏、新疆和东北的部分地区升温显著，最高升温幅度达 7.5℃，长江以南及华中部分地区升温幅度较小。

如图 4-3 所示，21 世纪全国及两个典型区域的降水量均呈现增加趋势。A1B 排放情景下，全国降水量的气候倾向率为 90 mm/100 a，西北为 116 mm/100 a，京津冀为 234 mm/100 a。2100 年与 2001 年比较，全国和京津冀地区降水量均增加 13.2%，西北增加最多，为 25.8%。

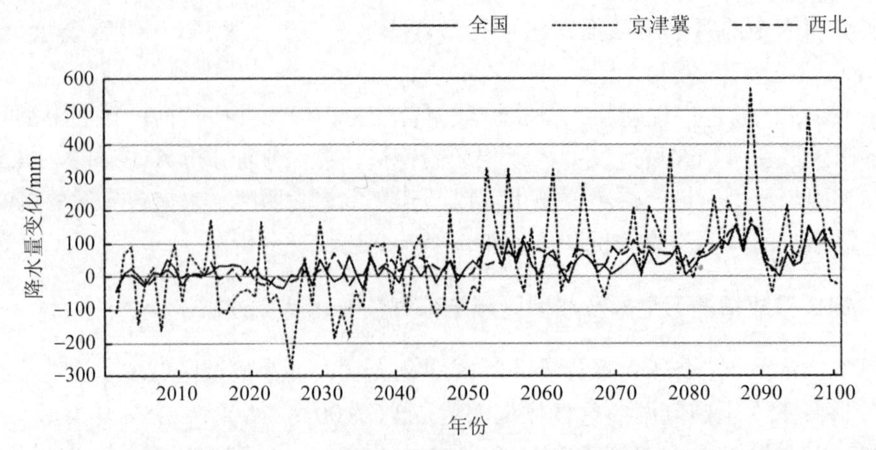

图 4-3 2001—2100 年全国和典型区域降水量变化图（相对 1961—2000 年）

2030 年我国大部分地区降水量增加，占国土面积的 58%，主要分布在我国东北、新疆、青藏高原区、云贵川、广西、华东和华中南部及台湾；2050 年我国大部分地区降水量增加，占国土面积的 62%，主要分布在我国中西部、云贵川、华南、江浙一带、东北、华北部分地区；2070 年我国大部分地区降水量增加，占国土面积的 62%，主要分布在我国西北、华北、四川、重庆、云南西部、江浙一带及台湾；2100 年我国大部分地区降水量增加，占国土面积的 71%，主要分布在我国西北、四川、重庆、华南、华东、华中北部、华北和东北部分地区及台湾。

如图 4-4 所示，21 世纪全国及两个典型区域的海平面气压总体呈上升趋势。A1B 排放情景下，全国海平面气压的气候倾向率为 0.124 hPa/100 a，西北为 0.157 hPa/100 a，京津冀为 0.317 hPa/100 a。2100 年与 2001 年比较，全国海平面气压上升了 0.283 hPa，西北地区上升了 0.246 hPa，京津冀地区上升了 0.662 hPa。

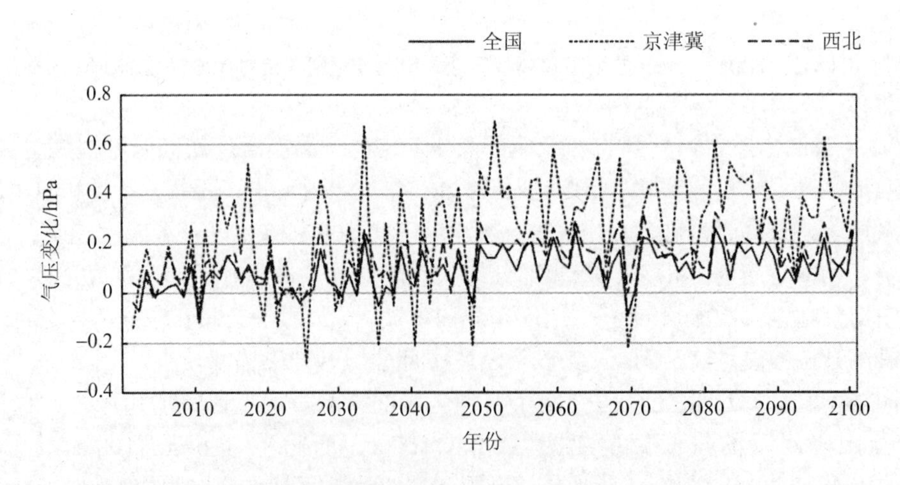

图 4-4 2001—2100 年全国和典型区域海平面气压变化图（相对 1961—2000 年）

2030 年我国海平面气压增加的地区占国土面积的 48%，主要分布在我国新疆、青藏高原区、四川、华东和华中地区；2050 年我国大部分地区海平面气压增加，占国土面积的 74%，主要分布在我国长江以北的东部地区；2070 年我国大部分地区海平面气压增加，占国土面积的 56%，主要分布在我国西北、黄河流域、广东及海南；2100 年我国大部分地区海平面气压增加，占国土面积的 88%，主要集中在东北、华北和内蒙古东部地区。

如图 4-5 所示，21 世纪全国及两个典型区域的风速总体呈下降趋势，但全国和西北地区的变化趋势不显著。A1B 排放情景下，全国风速的气候倾向率为$-0.044\ m \cdot s^{-1}/100\ a$，西北为$-0.046\ m \cdot s^{-1}/100\ a$，京津冀为$-0.221\ m \cdot s^{-1}/100\ a$。2100 年与 2001 年比较，全国风速下降了 0.02 m/s，西北地区下降了 0.06 m/s，京津冀地区下降了 0.49 m/s。

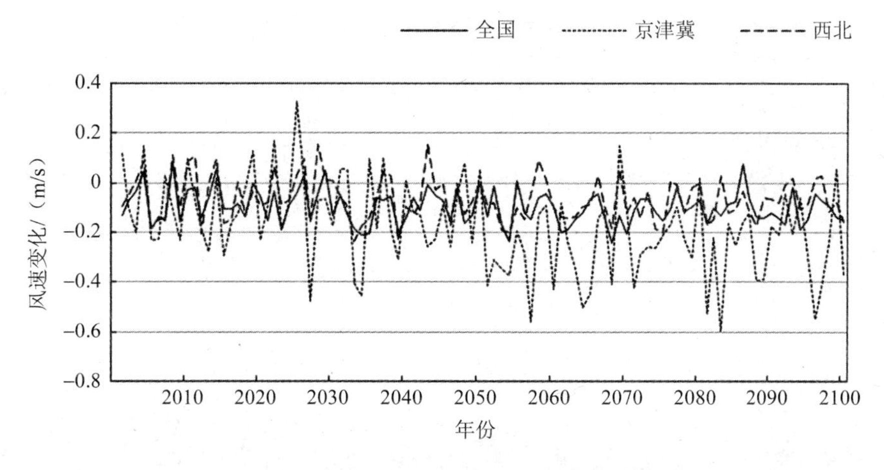

图 4-5 2001—2100 年全国和典型区域风速变化图（相对 1961—2000 年）

2030 年我国大部分地区风速下降，占国土面积的 65%，其中，西南地区风速下降最为显著；2050 年我国风速下降的地区占国土面积的 51%，主要集中在我国中西部地区和江浙一带；2070 年我国大部分地区风速下降，占国土面积的 86%，只有内蒙古、新疆、西藏和黄河流域的部分地区及东南沿海地区的风速有所上升；2100 年我国大部分地区风速下降，占国土面积的 70%，我国黄河以北的大部分地区风速下降显著。

如图 4-6 所示，21 世纪全国相对湿度总体上有少许下降，而西北和京津冀地区的相对湿度呈上升趋势。A1B 排放情景下，全国相对湿度的气候倾向率为−1.5%/100 a，西北为 0.8%/100 a，京津冀为 3.0%/100 a。2100 年与 2001 年比较，全国相对湿度下降了 1.8%，西北地区基本不变，京津冀地区上升了 0.7%。

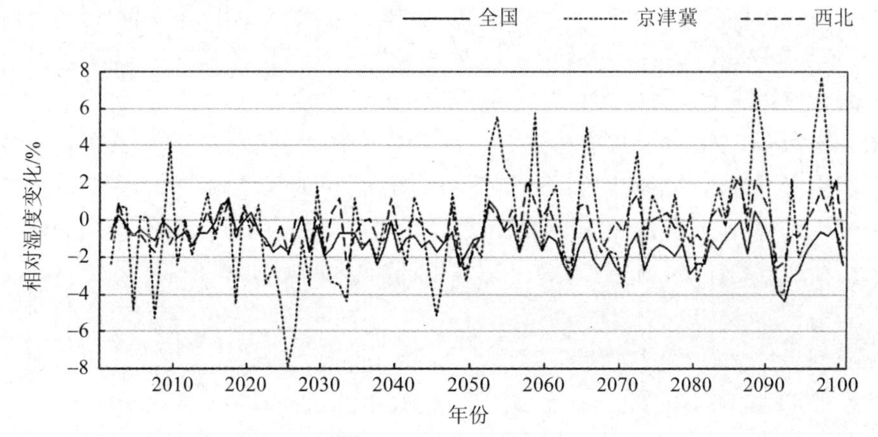

图 4-6 2001—2100 年全国和典型区域相对湿度变化图（相对 1961—2000 年）

2030 年我国大部分地区相对湿度下降，占国土面积的 79%，其中，内蒙古中部、华北、华中和华南地区相对湿度下降最为显著；2050 年我国相对湿度下降的地区占国土面积的 65%，主要集中在我国内蒙古和东北地区以及华东和西藏的部分地区；2070 年我国大部分地区相对湿度下降，占国土面积的 77%，主要集中在我国东北、华东、华中、华南和西藏地区；2100 年我国大部分地区相对湿度下降，占国土面积的 80%，主要分布在我国东北、青藏高原区及长江以南。

4.3.1.2 RCP4.5 排放情景下全国及典型区域未来气候变化特征分析

如图 4-7 所示，RCP4.5 排放情景下，21 世纪全国及两个典型区域的气温将继续上升，但上升幅度低于 A1B 排放情景。全国气温的气候倾向率为 2.2℃/100 a，西北为 2.3℃/100 a，京津冀为 2.4℃/100 a。2099 年与 2001 年比较，全国和西北均增温 1.8℃，京津冀地区增温 2.1℃。

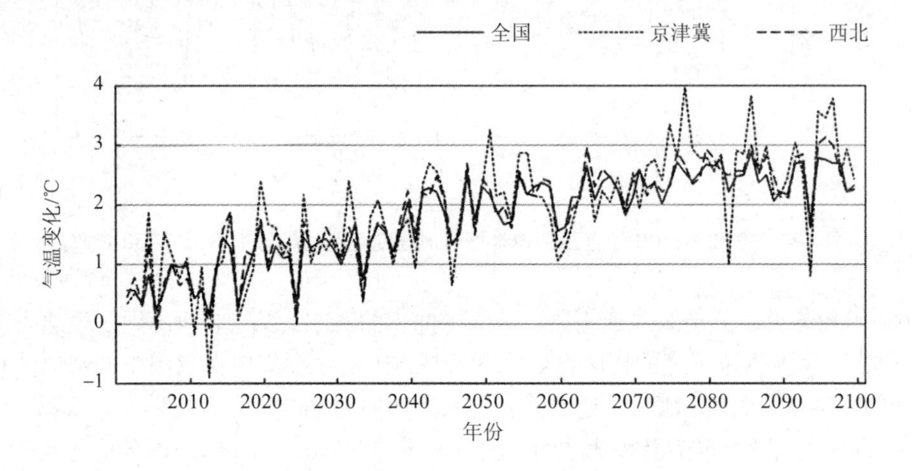

图 4-7 2001—2099 年全国和典型区域年均温变化图（相对 1961—2000 年）

2030 年我国华北、新疆和西南地区升温显著，最高升温幅度达 2.3℃，东北、华中、华东和西藏地区升温幅度较小；2050 年我国东北和华北地区升温显著，最高升温幅度达 3.5℃，我国中西部地区、海南和台湾升温幅度较小；2070 年我国黄河以南的广大地区升温显著，最高升温幅度达 3.4℃，华北地区、新疆、西藏、云南、海南和台湾升温幅度较小；2099 年我国华北、华中、华东及西南的部分地区升温显著，最高升温幅度达 3.2℃，新疆、青海、四川、贵州、广西、海南和台湾升温幅度较小。

如图 4-8 所示，RCP4.5 排放情景下，21 世纪全国及两个典型区域的降水量均呈现增加趋势，但京津冀地区的变化趋势不显著。全国降水量的气候倾向率为 63 mm/100 a，西北为 31 mm/100 a，京津冀为 32 mm/100 a（未通过显著性检验）。2099 年与 2001 年比较，全国降水量增加 6.1%，西北地区增加 1.8%，京津冀地区增加 30.2%。

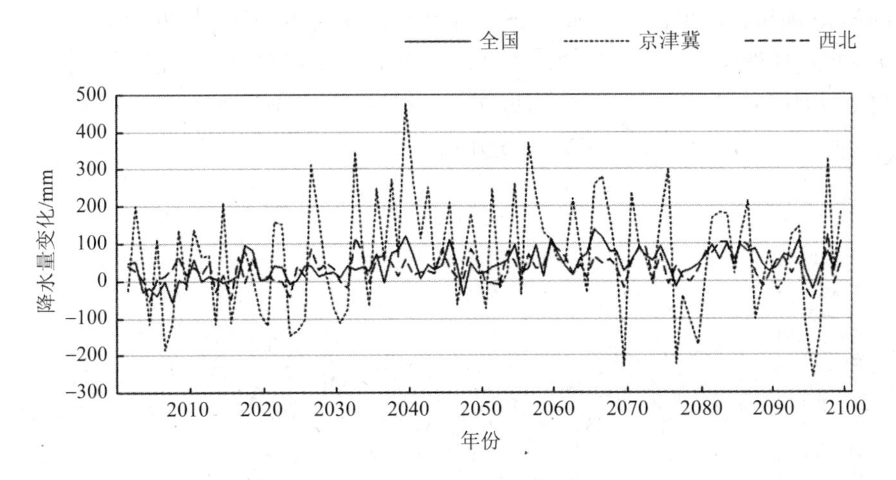

图 4-8　2001—2099 年全国和典型区域降水量变化图（相对 1961—2000 年）

2030 年我国大部分地区降水量增加，占国土面积的 60%，我国长江以南的东部沿海地区及西藏的部分地区降水量增加最为显著；2050 年我国降水量增加的地区占国土面积的 45%，主要分布在我国西南地区；2070 年我国大部分地区降水量增加，占国土面积的 78%，主要分布在我国华北、中部地区及西藏的部分地区；2099 年我国大部分地区降水量增加，占国土面积的 75%，主要分布在我国四川和云贵高原地区。

如图 4-9 所示，RCP4.5 排放情景下，21 世纪全国及两个典型区域的气压总体呈上升趋势，但京津冀地区的变化趋势不显著。全国气压的气候倾向率为 0.823 hPa/100 a，西北为 0.944 hPa/100 a，京津冀为 0.029 hPa/100 a（未通过显著性检验）。2099 年与 2001 年比较，全国气压上升了 0.349 hPa，西北地区上升了 0.541 hPa，京津冀地区下降了 0.608 hPa。

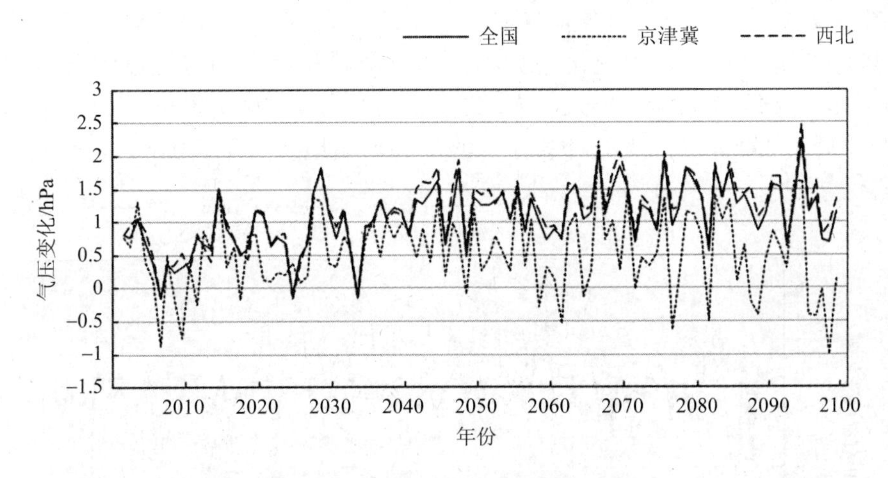

图 4-9　2001—2099 年全国和典型区域气压变化图（相对 1961—2000 年）

2030 年我国气压增加的地区占国土面积的 89%，主要分布在我国西部地区，其中，以青藏高原地区增幅最大；2050 年我国大部分地区气压增加，占国土面积的 84%，西部地区增幅最大；2070 年我国全境气压增加，主要分布在我国东北地区和青藏高原地区；2099 年我国大部分地区气压增加，占国土面积的 93%，主要分布在我国青藏高原地区。

如图 4-10 所示，RCP4.5 排放情景下，21 世纪全国及两个典型区域的风速变化趋势均不显著。全国风速的变化很小，可以忽略不计，西北风速的气候倾向率为 0.020 m・s^{-1}/100 a，京津冀为 0.108 m・s^{-1}/100 a。2099 年与 2001 年比较，全国风速下降了 0.06 m/s，西北地区下降了 0.02 m/s，京津冀地区下降了 0.01 m/s。

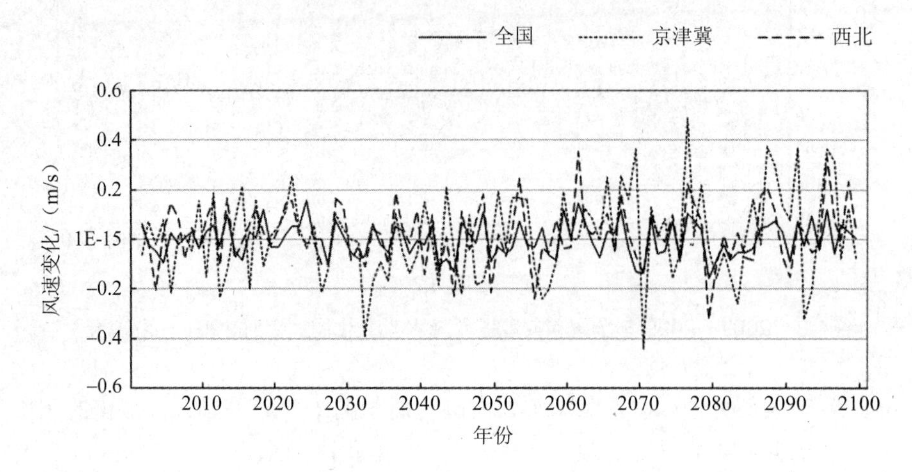

图 4-10　2001—2099 年全国和典型区域风速变化图（相对 1961—2000 年）

2030 年我国大部分地区风速下降，占国土面积的 61%，其中，新疆和长江以南地区风速下降最为显著；2050 年我国风速下降的地区占国土面积的 63%，主要集中在我国四川、新疆、西藏和东北的部分地区；2070 年我国大部分地区风速下降，占国土面积的 74%，其中以内蒙古和华南地区风速下降幅度最大；2099 年我国只有少部分地区风速下降，占国土面积的 44%，主要集中在我国东北和东南沿海地区。

如图 4-11 所示，RCP4.5 排放情景下，21 世纪全国及两个典型区域的相对湿度总体呈下降趋势，但京津冀地区的变化趋势不显著。全国和西北相对湿度的气候倾向率为 −1.4%/100 a，京津冀为−2.4%/100 a（未通过显著性检验）。2099 年与 2001 年比较，全国相对湿度下降了 2.4%，西北地区下降了 3.0%，京津冀地区上升了 0.6%。

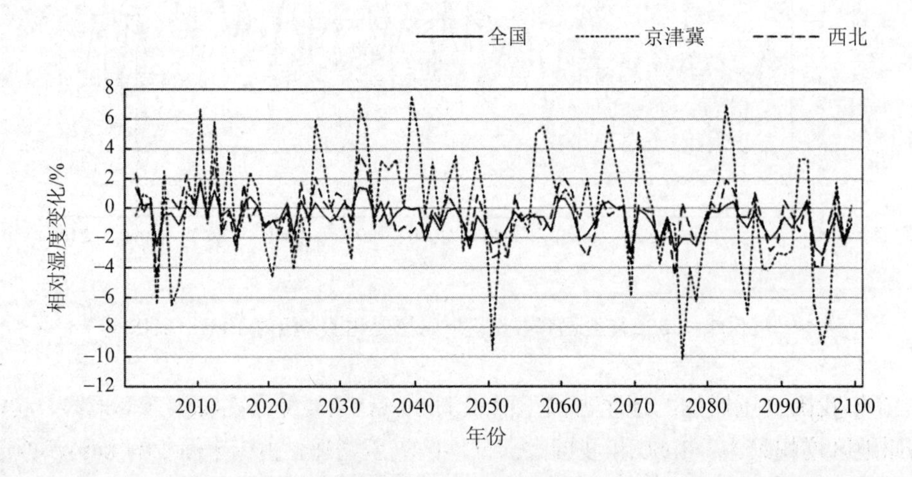

图 4-11　2001—2099 年全国和典型区域相对湿度变化图（相对 1961—2000 年）

2030 年我国大部分地区相对湿度上升，占国土面积的 62%，其中，东北、新疆、西藏及东南的部分地区相对湿度上升最为显著；2050 年我国大部分地区相对湿度下降，占国土面积的 67%，主要分布在我国华北、东部沿海地区及新疆的部分地区；2070 年我国大部分地区相对湿度下降，占国土面积的 53%，其中，东北、华南及西藏的部分地区相对湿度下降幅度最大；2099 年我国大部分地区相对湿度下降，占国土面积的 68%，主要分布在我国华东、华中及西藏的部分地区。

4.3.2　气象要素与空气污染特征分析

收集我国三大城市群 9 个典型城市近十年的 API 数据，分析其变化特征。收集整理了我国京津冀和西北地区 7 个代表性城市的空气污染指数（API）2001—2010 年的历史记录资料以及同时期所有城市的气象要素地面观测资料。利用 2001—2010 年的空气污染指数（API）与地面气象资料，采用相关分析法和主成分回归分析法分析了京津冀地区 3 个代表性城市（北京、天津、石家庄）和西北地区 4 个代表性城市（呼和浩特、银川、兰州、乌鲁木齐）的空气污染指数与气温、降水量、风速、气压和相对湿度的关系。

4.3.2.1　2001—2010 年我国三大城市群典型城市近十年 API 的变化特征

（1）京津冀城市群

图 4-12 是京津冀城市群中北京、天津和石家庄 2001—2010 年 API 变化，从图 4-12 中可以看到 3 个城市的年均 API 近十年呈下降趋势，年变化系数分别为–2.9、–3.7 和–6.3。天津和石家庄的 API 近十年比北京降低得更为显著，主要是由于北京城市迅猛发展对空气质量的影响更大，北京的城市人口和机动车急剧增加，城市规模的膨胀在 3 座城市中最为明显，因此一定程度上抵消了改善大气环境所实施的政策和措施。石家庄本来污染最为严重，经过一定的环境整治后其 API 下降的幅度最为明显。天津紧邻渤海，海陆风对大气污染物的清洁能力较强，其大气环境自净能力最强，自然条件最为优越，因此其年均 API 最低。

近年 3 城市年均和各季节 API 有趋于同步的特征，年均 API 值在 80 左右，一方面表明各地治理大气污染力度的加强，另一方面也说明大气污染有“区域化”的发展趋势，因而在大气污染治理方面采取区域联防联控越发重要。北京在奥运会前外迁或关闭了很多高污染高能耗的工厂企业，并与周边的天津、河北等省份通过合作共同治理大气污染源的排放，这对北京空气质量的改善起到很大的作用，从图 4-12 中可看到北京在 2006 年后大气环境质量显著改善，API 降低趋势更加明显，在 2009 年和 2010 年降低到 85 和 86。值得注意的是在 2006 年 3 城市 API 均有所升高，这主要是因为该年度春季沙尘天气较为严重，导致其春季平均 API 偏高所致。

京津冀城市群 API 季节变化明显，春季和冬季 API 较高，夏季最低，这是因为该地区冬春季干燥少雨、沙尘天气频繁，采暖燃烧大量的化石燃料和天然气，而夏季降水较多，空气对流旺盛，污染物极易沉降和扩散。但随着污染类型逐渐由工矿企业、冬季取暖等粗放型排放向以机动车尾气排放为代表的复合型污染转变，近些年京津冀地区 API 的这种季节变化特征正在逐渐减弱。

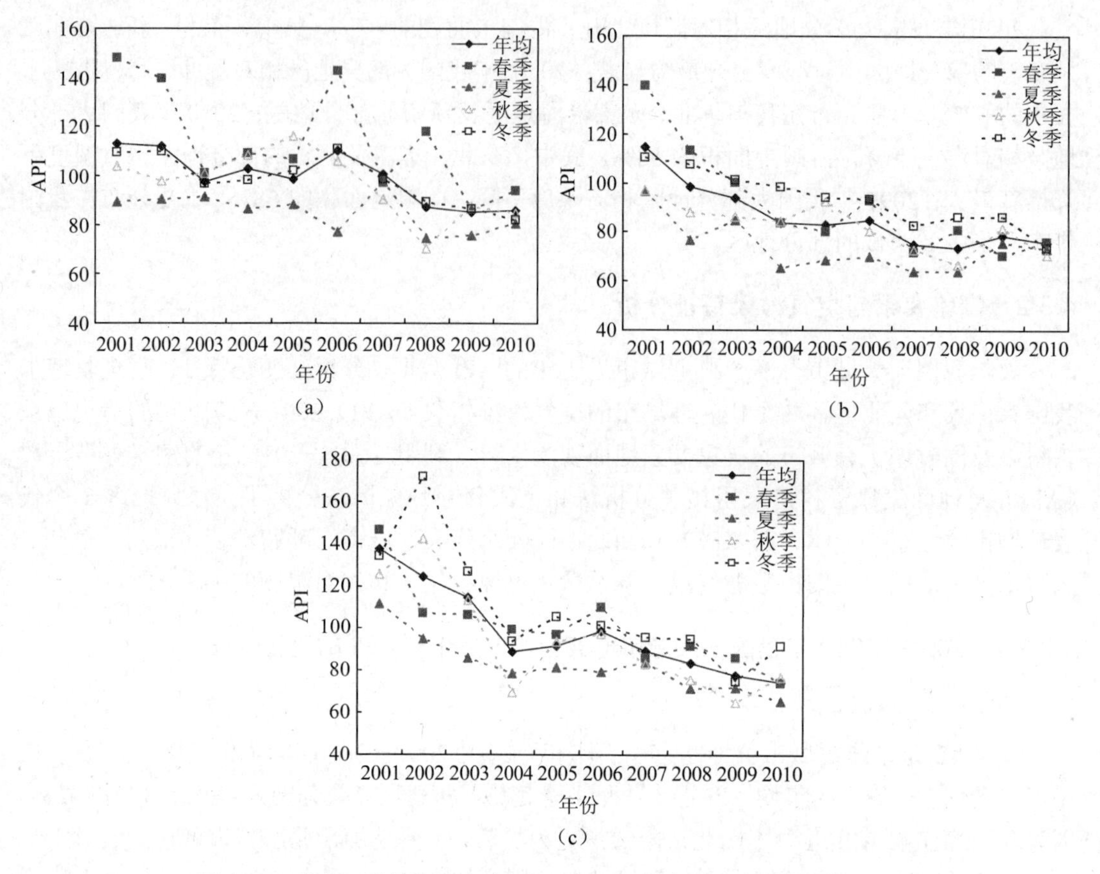

图 4-12 北京、天津和石家庄 2001—2010 年年均和各季节 API 变化

（a．北京；b．天津；c．石家庄）

（2）长三角城市群

图 4-13 是长三角城市群的上海、南京和杭州 2001—2010 年 API 变化，相较于京津冀城市群，长三角城市群的年均 API 较低，总体上 API 呈震荡下降趋势，但没有京津冀城市群下降明显，API 年变化系数分别为−1.7、−2.2 和−1.7。3 座城市在 2002 年 API 均最高（上海 80、南京 98、杭州 89）。

特别值得注意的是，上海和杭州近年 API 呈逐渐下降趋势，而南京 2010 年 API 明显升高，该年度南京 4 个季节的 API 均较高，南京地处内陆宁镇丘陵，大气扩散条件较沿海地区略差，且南京为我国重要的重工业城市，化工、钢铁等行业在国民经济中占了较大比重，与同处于长三角区域的上海相比较，南京的 API 明显偏高。上海毗邻海洋，北面紧邻长江入海口，海洋性气候较南京和杭州更加明显，其大气污染物在清洁的海洋性大气影响下易于扩散，加之空气中水汽含量高，污染粒子易于随降水沉积；由于杭州受海洋清洁大气影响的程度小于上海，因此其 API 介于南京和上海之间。

长三角地区冬季和春季大气层结稳定，污染物易于累积不易扩散，造成冬春季 API 最高，夏季雨水充沛对污染物的洗刷及大气对流旺盛对污染物扩散均较为有利，因而夏季 API 明显低于其他 3 个季节。

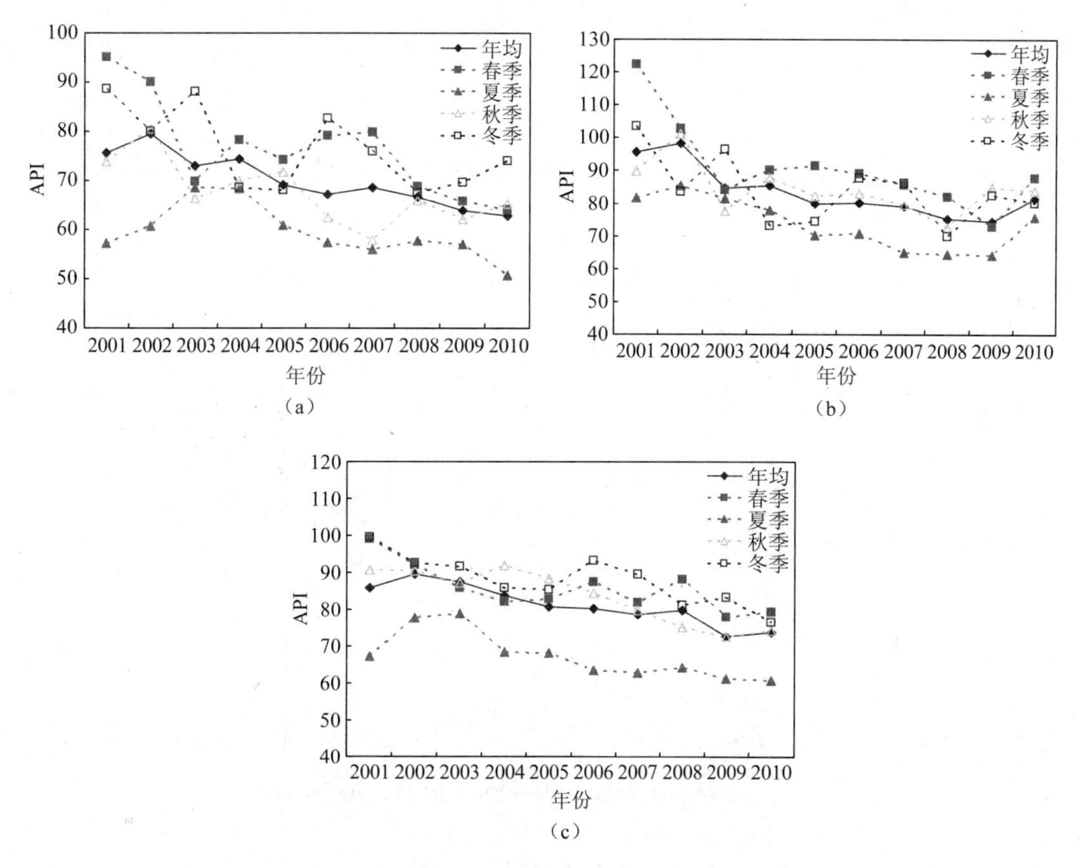

图4-13　上海、南京和杭州2001—2010年年均和各季节API变化

（a．上海；b．南京；c．杭州）

（3）珠三角城市群

图4-14是珠三角城市群的广州、深圳和珠海2001—2010年API变化，其中广州和深圳在2002—2004年API有一定的升高，此后呈平缓下降趋势。珠海的API在2001—2005年略有下降，2005—2010年略有升高，这与广州和深圳的API年际变化特征相反。3座城市API年变化系数分别为–1.47、–0.74和–0.67，总体来看，相较于京津冀和长三角城市群，珠三角城市群近十年API降低不太明显，按季节划分，夏季较其他季节降低得略多，这可能与夏季天气和气候变化特征有关，比如降水的增加等气象因素。

珠三角城市群毗邻南海，属于典型的海洋性气候，常年降水充沛，大气扩散条件较好，在3大城市群中API最低。由于冬季大气层结最为稳定，污染物易于累积不易扩散，造成冬季API略高，而夏季频繁的降水加之城市大气受清洁海风控制使其API最低。

从图4-14中可以看到珠海的空气质量优于邻近的广州和深圳，但随着大气污染呈现区域性特点，一个地区的空气质量不仅受自身大气环境条件的制约，还会受到邻近地区的空气污染物排放、输送、沉降等的影响，应特别关注珠海近几年API略微升高现象，避免与广州等城市的污染程度趋同，提前制定和采取大气污染联防联控措施。

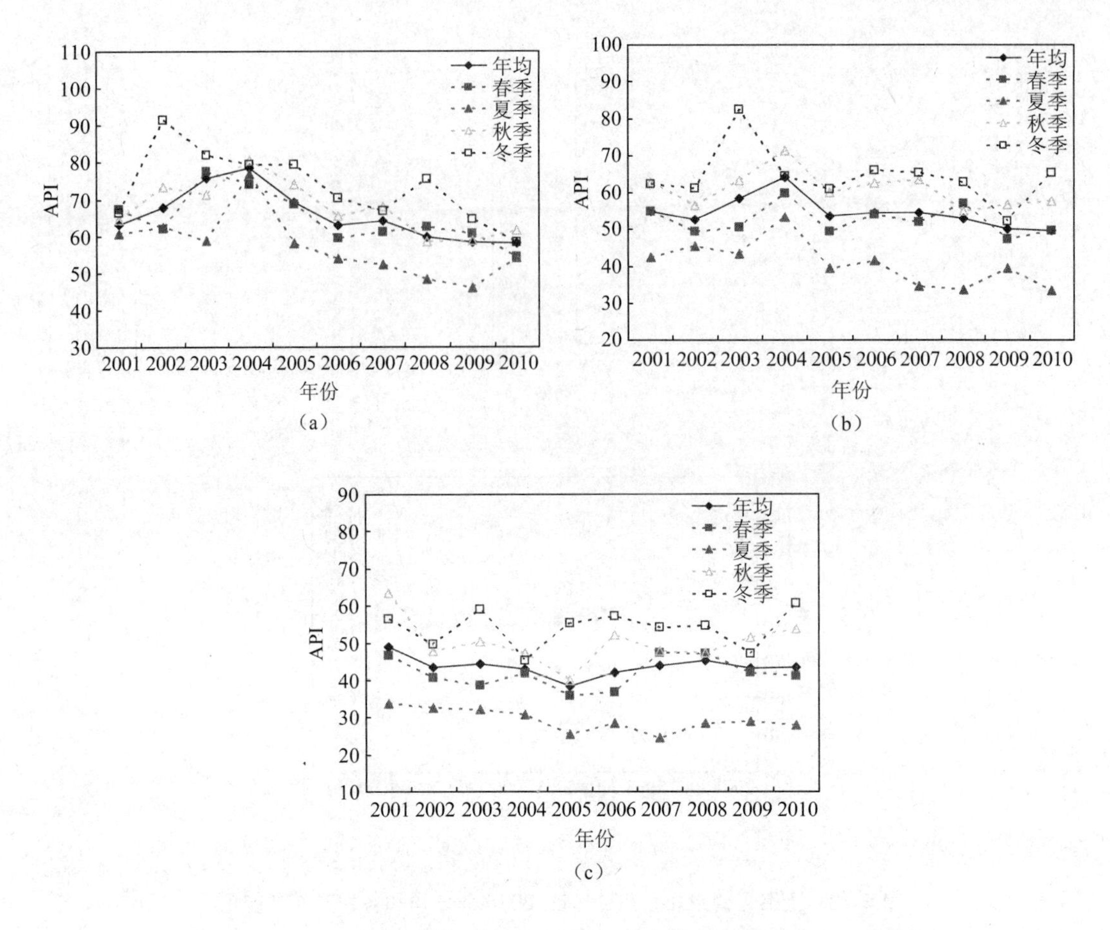

图 4-14 广州、深圳和珠海 2001—2010 年年均和各季节 API 变化

（a. 广州；b. 深圳；c. 珠海）

（4）年均和季节 API 对比

图 4-15 为京津冀、长三角、珠三角 3 个城市群 9 个城市年均和 4 个季节 API 的对比，从图 4-15 中可以明显看到，京津冀城市群的 API 最高，其次是长三角城市群，而珠三角城市群的 API 最低，也就是说，这 3 个城市群的 API 由北向南逐渐降低。从各城市群内部来看，距离海洋近的城市其 API 较低，例如天津的 API 低于北京和石家庄，上海的 API 低于南京和杭州，同样珠海和深圳的 API 低于广州，即气候背景和地理位置对城市空气质量起到很大的决定作用。从各季节来看，冬季和春季的 API 明显较高，而夏季的 API 较低，这与我国东部地区属于典型的季风气候区有关，夏季多雨，对大气污染物的清洁作用明显，冬春季大气层结稳定，且北方城市冬春季采暖及春季频发的沙尘天气会增加大气中的污染物含量。

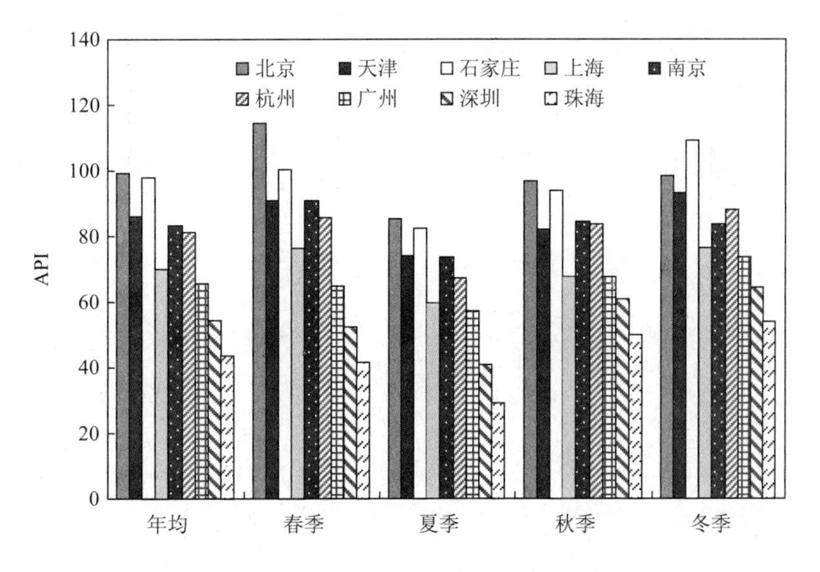

图 4-15　9 个城市 2001—2010 年 10 年平均 API 对比

（5）污染天数对比

为进一步研究各城市群代表城市近十年空气污染程度，统计了 2001—2010 年每年 API 大于 100 即轻度污染及以上级别的天数（表 4-1），从表 4-1 中可以看到，京津冀城市群中的北京和石家庄污染天数最多，近十年年均分别高达 131.6 天和 111.7 天，值得注意的是，近几年京津冀城市群特别是北京和石家庄的污染天数已经明显下降，表明该地区的大气环境改善明显。长三角城市群中上海的轻度污染及以上级别的天数最少，近十年平均为 47.7 天，而南京和杭州明显较上海的污染天数多。珠三角城市群中，珠海除了在 2001 年出现一次污染外，其他年份没有出现 API 大于 100 的情况，而广州在近十年的污染天数明显高于同区域的深圳和珠海，年均达到 34.4 天，不过近几年广州的污染天数已呈明显的下降趋势。从图 4-16 中可以看到，2001—2008 年 3 大城市群城市间的污染天数差距较大，而 2008 年之后，各个城市间的污染天数已呈缩小的趋势，特别是京津冀城市群的污染天数已经减少到与长三角城市群相接近的水平。

表 4-1　API 大于 100（轻度污染及以上级别）天数统计

城市	2001	2002	2003	2004	2005	2006	2007	2008	2009	2010	十年平均
北京	185	167	149	144	137	137	128	95	86	88	131.6
天津	192	94	110	80	78	68	46	46	58	57	82.9
石家庄	278	187	155	87	84	78	79	67	54	48	111.7
上海	59	88	45	56	46	42	39	40	31	31	47.7
南京	123	154	76	73	69	65	56	46	53	67	78.2
杭州	88	106	74	75	66	71	62	71	45	57	71.5
广州	17	39	55	75	35	34	36	24	19	10	34.4
深圳	4	2	18	25	6	7	5	5	1	9	8.2
珠海	1	0	0	0	0	0	0	0	0	0	0.1

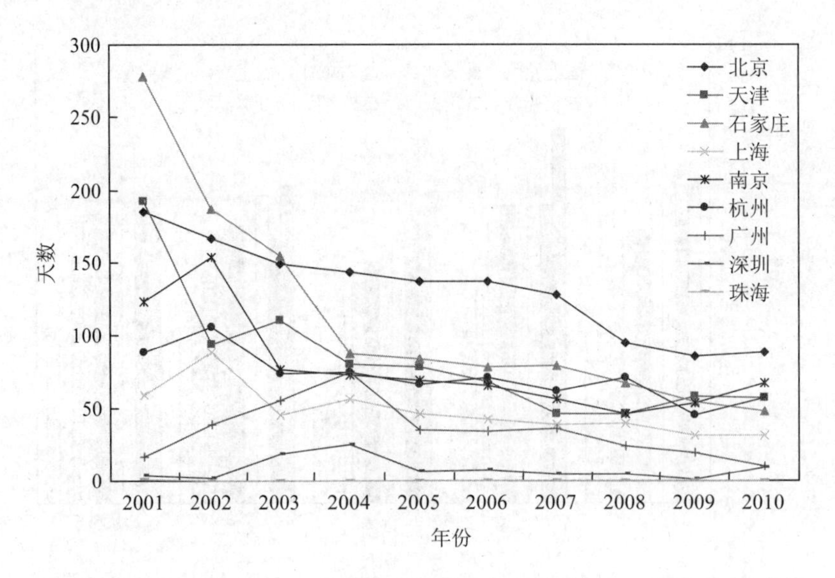

图 4-16 2001—2010 年 3 大城市群代表城市轻度污染及以上级别天数变化

4.3.2.2 2001—2010 年我国京津冀和西北地区 7 个代表性城市的空气质量状况

2001—2010 年，北京、天津和石家庄的有效样本均为 3 618 天；空气质量优良率分别为 65.8%、78.7%和 70.3%，逐月的空气质量优良率统计见图 4-17。

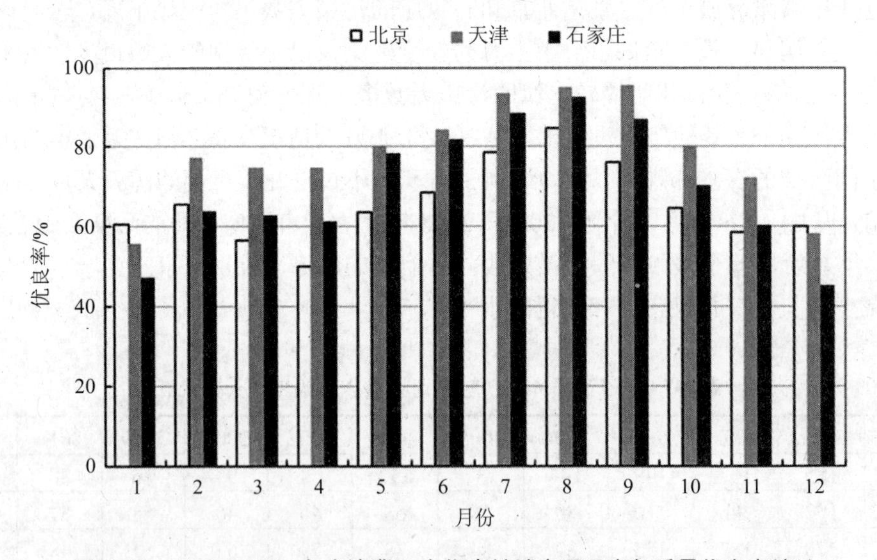

图 4-17 2001—2010 年京津冀 3 个代表性城市逐月空气质量优良率统计

从图 4-17 可以看出，3 个城市空气质量最好的时段均为 7—9 月份，但空气质量最差的时段有所不同，北京为 3、4 月份，天津和石家庄均为 1 月份和 12 月份。

在研究的时段中 NO_2 没有作为首要污染物出现过，影响 3 个城市空气质量的主要污染物为 PM_{10} 和 SO_2。北京有 3 046 天的首要污染物为 PM_{10}，占 84.2%，有 228 天的首要污染物为 SO_2，占 6.3%，其余 344 天空气质量为优，占 9.5%；天津 PM_{10} 为首要污染物的天数为 2 711 天，占 74.9%，SO_2 为首要污染物的天数为 674 天，占 18.6%，其余 233 天空气质量为优，占 6.5%；石家庄有 3 037 天的首要污染物为 PM_{10}，占 83.9%，有 391 天的首要污染物为 SO_2，占 10.8%，其余 190 天空气质量为优，占 5.3%。可见，PM_{10} 是造成京津冀地区大气污染的主要因素。

2001—2010 年，呼和浩特的有效样本为 3 618 天，银川、兰州和乌鲁木齐的有效样本均为 3 647 天；空气质量优良率分别为 83.1%、83.9%、58.1%和 67.0%，逐月的空气质量优良率统计见图 4-18。

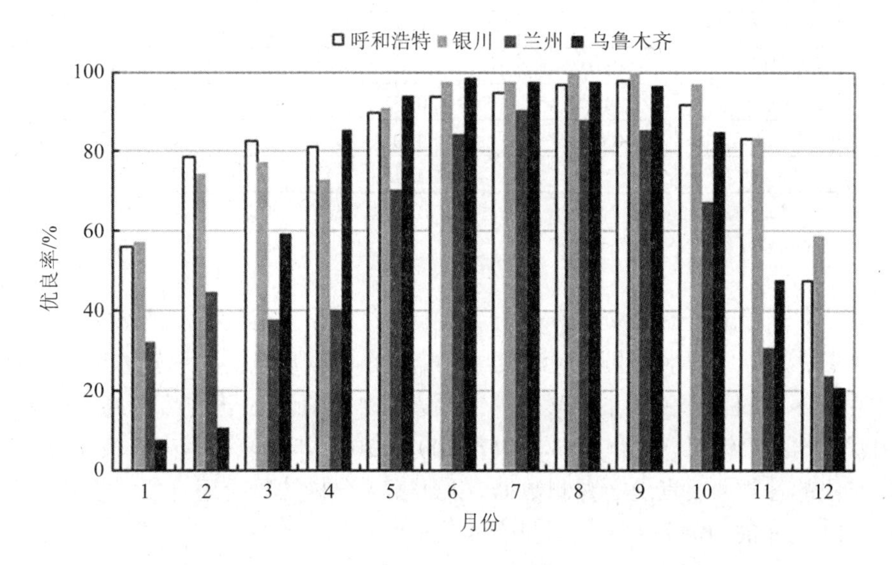

图 4-18　2001—2010 年西北 4 个代表性城市逐月空气质量优良率统计

由图 4-18 可知，4 个城市空气质量最好的时段均为 6—9 月份，但空气质量最差的时段有所不同，呼和浩特和银川均为 1 月份和 12 月份，兰州和乌鲁木齐分别为 1、2 月份和 11、12 月份。

在研究时段中呼和浩特的首要污染物为 NO_2 的天数最多，但仅有 37 天，可见，影响 4 个城市空气质量的主要污染物为 PM_{10} 和 SO_2。呼和浩特有 2 391 天的首要污染物为 PM_{10}，占 66.1%，有 358 天的首要污染物为 SO_2，占 9.9%，有 37 天的首要污染物为 NO_2，占 1.0%，其余 832 天空气质量为优，占 23.0%；银川 PM_{10} 为首要污染物的天数为 2 779 天，占 76.2%，SO_2 为首要污染物的天数为 488 天，占 13.4%，NO_2 为首要污染物的天数为 1 天，其余 379 天空气质量为优，占 10.4%；兰州有 3 392 天的首要污染物为 PM_{10}，占 93.0%，有 110 天的首要污染物为 SO_2，占 3.0%，有 4 天的首要污染物为 NO_2，占 0.1%，其余 141 天空气质量为优，占 3.9%；乌鲁木齐 PM_{10} 为首要污染物的天数为 2 595 天，占 71.2%，SO_2 为首要污染物的天数为 547 天，占 15.0%，NO_2 为首要污染物的天数为 1 天，其余 504 天空气质量为优，占 13.8%。可见，PM_{10} 也是造成西北地区大气污染的主要因素。

4.3.2.3　我国京津冀和西北地区 API 与气象要素相关分析

利用北京、天津和石家庄 2001—2010 年的空气污染指数（API）日报数据和相应时段的各气象要素地面观测数据，采用相关分析法分析逐月各气象要素平均值与逐月平均 API

之间的相关关系，结果见表 4-2。

表 4-2 2001—2010 年逐月 API 与气象要素相关系数

		本站气压/hPa	平均风速/（m/s）	平均气温/℃	降水量/mm	相对湿度/%
北京	逐月相关系数	0.183*	0.381**	−0.266**	−0.431**	−0.359**
	显著性水平（双尾）	0.046	0.000	0.003	0.000	0.000
	样本数	119	119	119	119	119
天津	逐月相关系数	0.383**	−0.050	−0.470**	−0.372**	−0.258**
	显著性水平（双尾）	0.000	0.591	0.000	0.000	0.005
	样本数	119	119	119	119	119
石家庄	逐月相关系数	0.404**	0.075	−0.471**	−0.407**	−0.087
	显著性水平（双尾）	0.000	0.420	0.000	0.000	0.345
	样本数	119	119	119	119	119

注：“*”代表通过了 0.05 置信度检验；“**”代表通过了 0.01 置信度检验；北京、天津、石家庄 2010 年 12 月只有 1 天的 API 数据，因此该月份未参与相关分析。

从表 4-2 可以看出，各气象要素对北京、天津、石家庄空气质量的影响程度存在一定的差异。气压、气温、降水量和相对湿度与三个城市空气质量的关系较为密切，其中，气压与 API 存在显著的正相关关系，其他气象要素与 API 存在显著的负相关关系。

利用呼和浩特、银川、兰州和乌鲁木齐 2001—2010 年的空气污染指数（API）日报数据和相应时段的各气象要素地面观测数据，采用相关分析法分析逐月各气象要素平均值与逐月平均 API 之间的相关关系，结果见表 4-3。

表 4-3 2001—2010 年逐月 API 与气象要素相关关系

		本站气压/hPa	平均风速/（m/s）	平均气温/℃	降水量/mm	相对湿度/%
呼和浩特	逐月相关系数	0.390**	−0.006	−0.577**	−0.482**	−0.066
	显著性水平（双尾）	0.000	0.948	0.000	0.000	0.478
	样本数	119	119	119	119	119
银川	逐月相关系数	0.358**	0.368**	−0.542**	−0.371**	−0.318**
	显著性水平（双尾）	0.000	0.000	0.000	0.000	0.000
	样本数	120	120	120	120	120
兰州	逐月相关系数	0.364**	−0.454**	−0.581**	−0.551**	−0.388**
	显著性水平（双尾）	0.004	0.000	0.000	0.000	0.002
	样本数	60	60	60	60	60
乌鲁木齐	逐月相关系数	0.728**	−0.513**	−0.847**	−0.340**	0.805**
	显著性水平（双尾）	0.000	0.000	0.000	0.000	0.000
	样本数	120	120	120	120	120

注：“*”代表通过了 0.05 置信度检验；“**”代表通过了 0.01 置信度检验。

由表 4-3 可知，各气象要素对呼和浩特、银川、兰州和乌鲁木齐空气质量的影响程度存在一定的差异。气压、气温和降水量与 4 个城市空气质量的关系较为密切，其中，气压与 API 存在显著的正相关关系，其他气象要素与 API 存在显著的负相关关系。

4.3.2.4　我国京津冀和西北地区 API 与气象要素主成分回归分析

主成分分析方法是一种将多个指标转化为少数几个不相关的综合指标（即所谓主成分）的统计分析方法。它对于分析多指标的大量数据以了解数据间的关系及趋势是一种很有效的方法，因此，主成分分析被广泛用于分析大量的环境和空气污染数据研究中（STATHEROPOULOS M 等，1998；沈家芬等，2006）。

由于我们选取的气温、气压、风速、降水量和相对湿度 5 个常规气象要素之间存在较高的相关性（如气温和气压之间的相关系数可达–0.944），需要先对其进行主成分分析，经 SPSS 软件计算得相关系数矩阵的特征值及贡献率（见表 4-4）。北京、天津和石家庄各气象要素的前两个主成分的累计贡献率已超过 85%，即可提取原指标 85%以上的信息，所以均选取第一和第二两个主成分即可。用表 4-5 中列出的特征向量值，即可对选取的两个主成分进行解释。

表 4-4　相关系数矩阵特征值及贡献率

	主成分	特征值	贡献率/%	累计贡献率/%
北京	PC1	3.123	62.463	62.463
	PC2	1.254	25.087	87.551
天津	PC1	3.008	60.165	60.165
	PC2	1.461	29.212	89.377
石家庄	PC1	2.736	54.717	54.717
	PC2	1.636	32.719	87.436

表 4-5　特征值对应的特征向量

	主成分	气温（$\boldsymbol{x}_1$）	气压（$\boldsymbol{x}_2$）	风速（$\boldsymbol{x}_3$）	降水量（$\boldsymbol{x}_4$）	相对湿度（$\boldsymbol{x}_5$）
北京	PC1	0.516	–0.484	–0.218	0.492	0.458
	PC2	0.262	–0.419	0.778	0.021	–0.389
天津	PC1	0.515	–0.487	–0.258	0.507	0.416
	PC2	0.287	–0.409	0.696	0.087	–0.508
石家庄	PC1	0.539	–0.514	–0.106	0.521	0.404
	PC2	–0.278	0.372	–0.715	0.115	0.511

北京的第一主成分反映的是气温指标，第二主成分为风速指标；天津的第一主成分是气温和降水量的综合，第二主成分为风速和相对湿度的综合；石家庄的第一主成分是气温、气压和降水量的综合，第二主成分为风速和相对湿度的综合。表明气温、气压、风速、降水量和相对湿度对京津冀地区空气质量的影响都比较大。

新构造的气象要素主成分彼此间相互独立，不存在共线性，而且代表了原指标绝大部分信息，可进行进一步的多元线性回归分析。以第一主成分值 Z_1 和第二主成分值 Z_2 为自变量，以标准化的 API y' 为因变量，进行多元线性回归，利用最小二乘法估算参数，得到标准化主成分回归方程为：

$$y'_{北京}=-0.220Z_1+0.223Z_2$$
$$y'_{天津}=-0.237Z_1-0.156Z_2$$
$$y'_{石家庄}=-0.262Z_1+0.084Z_2$$

式中，y'表示标准化的 API，Z_1表示第一主成分，Z_2表示第二主成分。

经计算，三个回归方程的 F 检验显著性概率 P=0.000＜0.05，说明回归效果较好。对各系数进行 t 检验，显著性概率 P 值均小于 0.05，说明各主成分对因变量 y'的影响作用都很显著。将各主成分的线性表达式分别代入三个回归方程，并转换为一般线性回归方程，即：

$$y_{北京}=-0.115\boldsymbol{x}_1+0.033\boldsymbol{x}_2+12.179\boldsymbol{x}_3-0.053\boldsymbol{x}_4-0.352\boldsymbol{x}_5+59.411 \quad R^2=0.213$$
$$y_{天津}=-0.301\boldsymbol{x}_1+0.401\boldsymbol{x}_2-1.664\boldsymbol{x}_3-0.051\boldsymbol{x}_4-0.036\boldsymbol{x}_5-309.252 \quad R^2=0.204$$
$$y_{石家庄}=-0.463\boldsymbol{x}_1+0.559\boldsymbol{x}_2-2.656\boldsymbol{x}_3-0.071\boldsymbol{x}_4-0.155\boldsymbol{x}_5-442.369 \quad R^2=0.199$$

式中，y 表示 API，$\boldsymbol{x}_1$～$\boldsymbol{x}_5$ 分别表示气温、气压、风速、降水量、相对湿度。

同样，对西北地区 4 个代表性城市的气象要素进行主成分分析，经 SPSS 软件计算得相关系数矩阵的特征值及贡献率见表 4-6。

表 4-6　相关系数矩阵特征值及贡献率

	主成分	特征值	贡献率/%	累计贡献率/%
呼和浩特	PC1	2.450	48.999	48.999
	PC2	2.010	40.196	89.194
银川	PC1	2.342	46.833	46.833
	PC2	1.602	32.031	78.864
	PC3	0.604	12.071	90.935
兰州	PC1	2.815	56.310	56.310
	PC2	1.391	27.818	84.128
乌鲁木齐	PC1	3.429	68.587	68.587
	PC2	0.925	18.498	87.085

呼和浩特、兰州和乌鲁木齐各气象要素的前两个主成分的累计贡献率已超过 80%，所以选取第一和第二两个主成分即可，而银川需要提取前三个主成分。利用表 4-7 中列出的特征向量值，即可对选取的主成分进行解释。

表 4-7　特征值对应的特征向量

	主成分	气温（$\boldsymbol{x}_1$）	气压（$\boldsymbol{x}_2$）	风速（$\boldsymbol{x}_3$）	降水量（$\boldsymbol{x}_4$）	相对湿度（$\boldsymbol{x}_5$）
呼和浩特	PC1	0.573	−0.613	0.281	0.362	−0.292
	PC2	0.217	−0.042	−0.574	0.514	0.598
银川	PC1	0.610	−0.615	0.231	0.438	−0.065
	PC2	0.070	0.070	−0.574	0.407	0.703
	PC3	−0.279	0.297	0.717	0.475	0.309

	主成分	气温（x_1）	气压（x_2）	风速（x_3）	降水量（x_4）	相对湿度（x_5）
兰州	PC1	0.550	−0.551	0.453	0.430	−0.068
	PC2	0.126	0.169	−0.287	0.485	0.799
乌鲁木齐	PC1	0.521	−0.499	0.436	0.210	−0.496
	PC2	−0.114	0.037	0.041	0.951	0.281

从表 4-7 可以看出，呼和浩特第一主成分反映的是气温和气压的综合，第二主成分为风速、降水量和相对湿度的综合；银川第一主成分也为气温和气压的综合，第二主成分是风速和相对湿度的综合，第三主成分为风速指标；兰州第一主成分为气温和气压的综合，第二主成分为相对湿度指标；乌鲁木齐第一主成分为气温指标，第二主成分为降水量指标。表明气温、气压、风速、降水量和相对湿度对空气质量的影响都比较大。

新构造的气象要素主成分彼此间相互独立，不存在共线性，而且代表了原指标绝大部分信息，可进行进一步的多元线性回归分析。以主成分值为自变量，以标准化的 API y' 为因变量，进行多元线性回归，利用最小二乘法估算参数，得到标准化主成分回归方程为：

$$y'_{呼和浩特} = -0.297Z_1 - 0.211Z_2$$
$$y'_{银川} = -0.260Z_1 - 0.375Z_2 + 0.408Z_3$$
$$y'_{兰州} = -0.332Z_1 - 0.330Z_2$$
$$y'_{乌鲁木齐} = -0.437Z_1 + 0.006Z_2$$

式中，y'表示标准化的 API，Z_1 表示第一主成分，Z_2 表示第二主成分，Z_3 表示第三主成分。

经计算，4 个回归方程的 F 检验显著性概率 P=0.000＜0.05，说明回归效果较好。对各系数进行 t 检验，显著性概率 P 值均小于 0.05，说明各主成分对因变量 y'的影响作用都很显著。将各主成分的线性表达式分别代入 4 个回归方程，并转换为一般线性回归方程，即：

$$y_{呼和浩特}=-0.463\boldsymbol{x}_1 + 0.984\boldsymbol{x}_2 + 2.147\boldsymbol{x}_3 - 0.137\boldsymbol{x}_4 - 0.096\boldsymbol{x}_5 - 795.903 \quad R^2=0.305$$
$$y_{银川}=-0.618\boldsymbol{x}_1 + 1.118\boldsymbol{x}_2 + 20.535\boldsymbol{x}_3 - 0.069\boldsymbol{x}_4 - 0.234\boldsymbol{x}_5 - 944.196 \quad R^2=0.483$$
$$y_{兰州}=-1.316\boldsymbol{x}_1 + 1.765\boldsymbol{x}_2 - 7.618\boldsymbol{x}_3 - 0.568\boldsymbol{x}_4 - 1.380\boldsymbol{x}_5 - 1266.490 \quad R^2=0.463$$
$$y_{乌鲁木齐}=-0.975\boldsymbol{x}_1 + 2.348\boldsymbol{x}_2 - 15.294\boldsymbol{x}_3 - 0.228\boldsymbol{x}_4 + 0.742\boldsymbol{x}_5 - 2026.861 \quad R^2=0.655$$

式中，y 表示 API，$\boldsymbol{x}_1$～$\boldsymbol{x}_5$ 分别表示气温、气压、风速、降水量、相对湿度。

4.3.3　未来气候变化与空气污染

4.3.3.1　未来污染物排放预测

（1）未来能源需求预测

图 4-19 和图 4-20 是依据中国环境科学研究院付加锋博士研究成果获得的未来我国一次能源需求量和化石燃料燃烧二氧化碳排放量预测结果，从图中可以看到，煤的使用量在 2020 年前后达到峰值，此后在高位保持稳定，而油的使用量在 2030 年前后达到最大值，此后也基本稳定在高位。各情景下化石燃料燃烧二氧化碳排放量相差较大，其中基准情景

的排放量明显高于低碳情景，二氧化碳排放量在2040年达到峰值，此后略有下降。

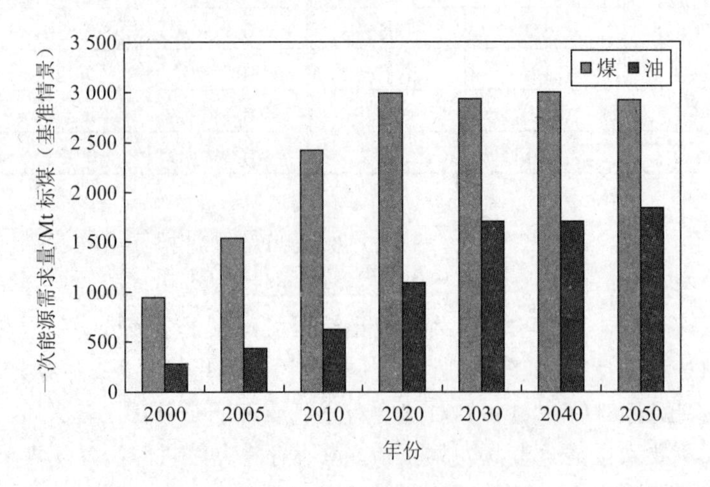

图4-19 一次能源需求量预测结果（基准情景，来源于中国环科院付加锋）

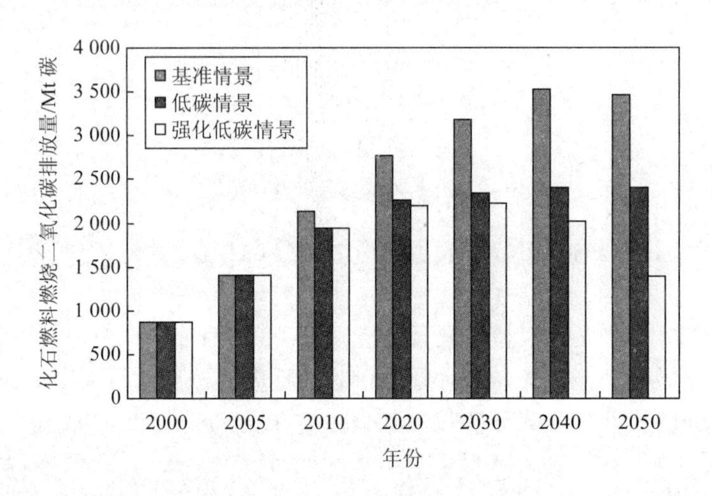

图4-20 化石燃料燃烧二氧化碳排放量预测结果（来源于中国环科院付加锋）

（2）标准煤能源换算

能源的种类很多，所含的热量也各不相同，为了便于相互对比和在总量上进行研究，我国把每千克含热7 000 Cal[①]的能源定为标准煤，也称标煤。另外，我国还经常将各种能源折合成标准煤的吨数来表示，如1 t秸秆的能量相当于0.5 t标准煤，1 m^3沼气的能量相当于0.7 kg标准煤。标准煤也称煤当量，具有统一的热值标准。我国规定每千克标准煤的热值为 7 000 Cal。将不同品种、不同含量的能源按各自不同的热值换算成每千克热值为7 000 Cal的标准煤。

能源折标准煤系数 = 某种能源实际热值（Cal/kg）/7 000（Cal/kg）

表4-8为各类能源折算标准煤的参考系数。在各种能源折算标准煤之前，首先测算各

注：① 1 Cal=1 kcal=4.184 J。

种能源的实际平均热值，再折算标准煤。平均热值也称平均发热量，是指不同种类或品种的能源实测发热量的加权平均值。计算公式为：

平均热值（Cal/kg）=（∑某种能源实测低发热量 × 该能源数量）/能源总量（t）

表 4-8 各类能源折算标准煤的参考系数总结

能源名称	平均低位发热量	折标准煤系数
原煤	20 934 kJ/kg	0.714 3 kg 标煤/kg
洗精煤	26 377 kJ/kg	0.900 0 kg 标煤/kg
其他洗煤	8 374 kJ/kg	0.285 0 kg 标煤/kg
焦炭	28 470 kJ/kg	0.971 4 kg 标煤/kg
原油	41 868 kJ/kg	1.428 6 kg 标煤/kg
燃料油	41 868 kJ/kg	1.428 6 kg 标煤/kg
汽油	43 124 kJ/kg	1.471 4 kg 标煤/kg
煤油	43 124 kJ/kg	1.471 4 kg 标煤/kg
柴油	42 705 kJ/kg	1.457 1 kg 标煤/kg
液化石油气	47 472 kJ/kg	1.714 3 kg 标煤/kg

（3）未来主要污染物预测

SO_2 是我国主要防控的传统大气污染物，从来源和产生机理看主要来源于化石燃料的燃烧。有研究表明我国大约 80%的二氧化硫和 70%的二氧化碳来自于煤炭的燃烧（中国环境科学研究院，吕连宏等）。近年煤等能源的使用量是逐渐增加的，CO_2 的排放量也呈缓慢增加趋势，但 SO_2 排放量逐渐下降。

当前能获得的只有未来能源消耗/需求量以及产业比重的预测结果，根据统计的 2006—2010 年 SO_2、氮氧化物、烟尘排放量和对应的煤炭消耗量（2006 年之前污染物排放变化趋势尤其是 SO_2 的排放变化趋势与 2006 年之后截然不同，因此，这里采用 2006—2010 年的数据），数据来源于《中国环境统计年报》，并结合表 4-8 中各类能源与标准煤的换算关系，对燃煤与 SO_2、氮氧化物、烟尘排放量进行了回归分析，其中：

煤炭消耗量与 SO_2 的回归关系如下：

自变量 X 名称：煤炭消耗量/万吨
因变量 Y 名称：二氧化硫排放量/万吨
样本例数：5

回归方程：
$Y=3\,586.482+-4.090\,807\times10^{-3}X$

<回归方程的显著性检验>
F 检验值：19.31
显著性为 0.05 的 F 临界值：10.13

显著性为 0.01 的 F 临界值：34.12

F 检验结论：

检验值 F=19.310 61 小于显著性水平为 0.01 临界值 F=34.116 22 同时 F 检验值大于显著性水平为 0.05 时的临界值 10.127 96，所以回归方程线性关系显著

<回归系数的显著性检验>

T 检验值=4.39

显著性为 0.05 的 T 临界值：3.18

显著性为 0.01 的 T 临界值：5.84

T 检验结论：

检验值 T=4.394 384 小于显著性水平为 0.01 临界值 T=5.840 909 同时 T 检验值大于显著性水平为 0.05 时的临界值 3.182 446，所以回归系数显著

<中间统计结果>

自变量 X 平均值：300 909.40

自变量 Y 平均值：2 355.52

自变量 X 标准差：34 823.05

自变量 Y 标准差：153.26

回归方差：101 466.215 477 14

总剩余方差：15 763.29

平均剩余方差：5 254.43

回归方差自由度：1

剩余方差自由度：3

回归系数：3 586.482 177 734 38

于是，利用回归方程、预测的未来燃煤消耗量/需求量（中国环境科学研究院付加锋博士数据资料），预测 2020 年、2030 年、2040 年和 2050 年源清单中 SO_2 相对于 2005 年或 2010 年的比例（表 4-9），用于未来代表年份源清单的计算。

表 4-9 未来代表年份污染物排放清单中 SO_2 相对于 2005 年和 2010 年变化比例

年份	相对于 2005 年清单变化比例	相对于 2010 年清单变化比例
2010	0.799 466 317	1
2020	0.671 422 85	0.839 838 823
2030	0.684 746 597	0.856 504 624
2040	0.669 164 588	0.837 014 11
2050	0.686 327 381	0.858 481 923

同理，预测 2020 年、2030 年、2040 年和 2050 年源清单中氮氧化物相对于 2005 年或 2010 年的比例（表 4-10），用于未来代表年份源清单的计算。

自变量 X 名称：煤炭消耗量/万吨
因变量 Y 名称：氮氧化物/万吨
样本例数：5

回归方程：
Y=755.873 4+3.029 106×$10^{-3}X$

<回归方程的显著性检验>
F 检验值：73.54
显著性为 0.05 的 F 临界值：10.13
显著性为 0.01 的 F 临界值：34.12
F 检验结论：
检验值 F=73.541 75 大于显著性水平为 0.01 临界值 F=34.116 22，所以回归方程线性关系特别显著

<回归系数的显著性检验>
T 检验值：8.58
显著性为 0.05 的 T 临界值：3.18
显著性为 0.01 的 T 临界值：5.84
T 检验结论：
检验值 T=8.575 648 大于显著性水平为 0.01 临界值 T=5.840 909，所以回归系数特别显著

<中间统计结果>
自变量 X 平均值：300 909.40
自变量 Y 平均值：1 667.36
自变量 X 标准差：34 823.05
自变量 Y 标准差：107.76
回归方差：55 633.009 934 496 4
总剩余方差：2 269.45
平均剩余方差：756.48
回归方差自由度：1

表 4-10　未来代表年份污染物排放清单中氮氧化物相对于 2005 年和 2010 年变化比例

年份	相对于 2005 年清单变化比例	相对于 2010 年清单变化比例
2010	1.274 619 655	1
2020	1.449 968 016	1.137 569 164
2030	1.431 721 89	1.123 254 207
2040	1.453 060 58	1.139 995 428
2050	1.429 557 096	1.121 555 822

预测 2020 年、2030 年、2040 年和 2050 年源清单中颗粒物相对于 2005 年或 2010 年的比例（表 4-11），用于未来代表年份源清单的计算。

自变量 X 名称：煤炭消耗量/万吨
因变量 Y 名称：烟尘排放量/万吨
样本例数：5

回归方程：
Y=1 701.455+−2.561 219×$10^{-3}X$

<回归方程的显著性检验>
F 检验值：18.63
显著性为 0.05 的 F 临界值：10.13
显著性为 0.01 的 F 临界值：34.12
F 检验结论：
检验值 F=18.629 45 小于显著性水平为 0.01 临界值 F=34.116 22 同时 F 检验值大于显著性水平为 0.05 时的临界值 10.127 96，所以回归方程线性关系显著

<回归系数的显著性检验>
T 检验值：4.32
显著性为 0.05 的 T 临界值：3.18
显著性为 0.01 的 T 临界值：5.84
T 检验结论：
检验值 T=4.316 185 小于显著性水平为 0.01 临界值 T=5.840 909 同时 T 检验值大于显著性水平为 0.05 时的临界值 3.182 446，所以回归系数显著

<中间统计结果>
自变量 X 平均值：300 909.40
自变量 Y 平均值：930.76
自变量 X 标准差：34 823.05
自变量 Y 标准差：96.21
回归方差：39 773.786 428 156 6
总剩余方差：6 404.99
平均剩余方差：2 135.00
回归方差自由度：1
剩余方差自由度：3
回归系数：1 701.454 833 984 38

表 4-11　未来代表年份污染物排放清单中颗粒物相对于 2005 年和 2010 年变化比例

年份	相对于 2005 年清单变化比例	相对于 2010 年清单变化比例
2010	0.702 336 743	1
2020	0.512 274 73	0.729 386 204
2030	0.532 051 906	0.757 545 311
2040	0.508 922 667	0.724 613 473
2050	0.534 398 351	0.760 886 222

4.3.3.2　未来代表年份气温模拟

利用区域气候模式模拟的未来代表年份全国气温分布，未来代表年份全国气温的地区分布趋势较为一致，且 2070 年之前基本呈缓慢升高的变化特征，其中长江中下游区域、新疆南疆盆地、华北部分地区、内蒙古西部是升温较为明显的区域。由于模式对青藏高原及周边区域的模拟结果不确定性较大，因此，对该区域的气温变化特征不能得到较为确切的结果。2100 年与 2070 年相比，气温的变化幅度相对较小，进一步表明 21 世纪全国气温总体呈现先缓慢升高至中后期然后保持稳定的变化特征。将模拟结果与国家气候中心模拟的 21 世纪中期和末期相对于 1961—1990 年的气温变化幅度对比，两者对气温变化趋势的模拟结果基本一致，但后者气温变化最高的地区主要集中于中国北部和西南部，而长江流域和华南地区的气温升高幅度明显低于华北、东北和西北地区。模拟结果的差异与模式的参数配置、边界的选择、所输入的初始气象场数据以及模式的空间分辨率和时间分辨率等因素有关。另外，不同研究者对于未来气温变化的模拟在季节上也存在较大的差异，因此，仅分析典型年份气温的全年总体变化无法体现出季节的差异性。

由于研究只针对未来几个代表年份的模拟结果进行分析，因此对未来近百年气温的连续性变化缺少年度连贯性，一方面，这需要在将来的研究中，获得每年较为细致的模拟数据结果；另一方面，若能得到准确的未来气溶胶排放量数据，将气温的模拟结果与气溶胶的气候效应结合起来进行多年的区域气候模拟，对于研究未来的气候变化和气溶胶的气候效应更具指导意义。

4.3.4　未来气候变化对空气污染的影响

利用主成分回归分析得到的京津冀和西北地区 7 个代表性城市的 API 与气象要素的回归方程，结合 A1B 排放情景下区域气候模式模拟得到的各气象要素的变化情况，综合分析未来气候变化对京津冀和西北地区空气质量的潜在影响。

4.3.4.1　2001—2010 年我国京津冀和西北地区 7 个代表性城市的 API 模拟值与实测值的比较

图 4-21 和图 4-22 为北京市 2001—2010 年 API 模拟与实测的对比，从图 4-21 中可以看出，利用回归方程得到的 API 模拟值与 API 实测值的变化趋势较为一致，个别月份相差较大，模拟值总体上表现更为平缓。由图 4-22 可见，回归方程对春季的 API 模拟值偏低，对冬季的 API 模拟值偏高，对夏、秋季节 API 的模拟效果较好。

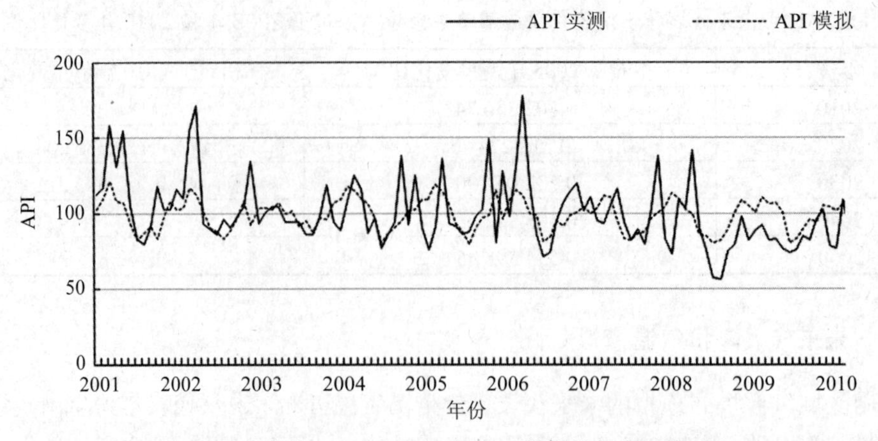

图 4-21 北京市 2001—2010 年 API 模拟值与实测值对比

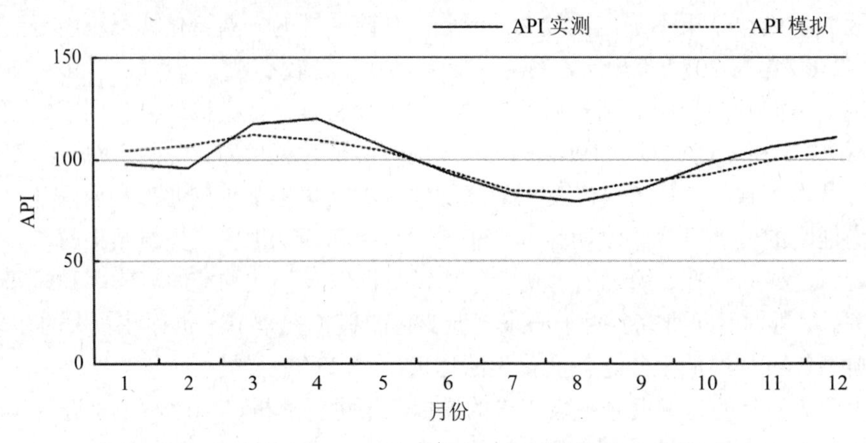

图 4-22 北京市 2001—2010 年月均 API 模拟值与实测值对比

图 4-23 和图 4-24 为天津市 2001—2010 年 API 模拟与实测的对比，从图 4-23 中可以看出，利用回归方程得到的 API 模拟值与 API 实测值的变化趋势较为一致，模拟值总体上表现更为平缓。由图 4-24 可见，回归方程对春季的 API 模拟值偏低，对秋季的 API 模拟值偏高，对夏季和冬季 API 的模拟效果较好。

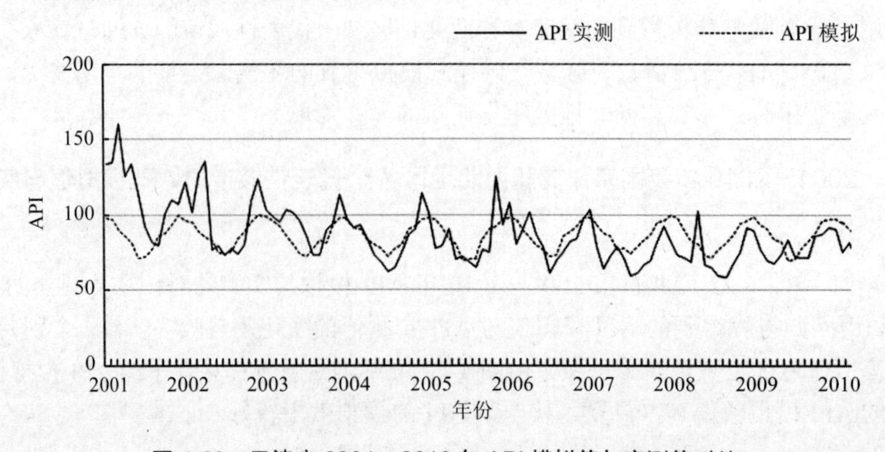

图 4-23 天津市 2001—2010 年 API 模拟值与实测值对比

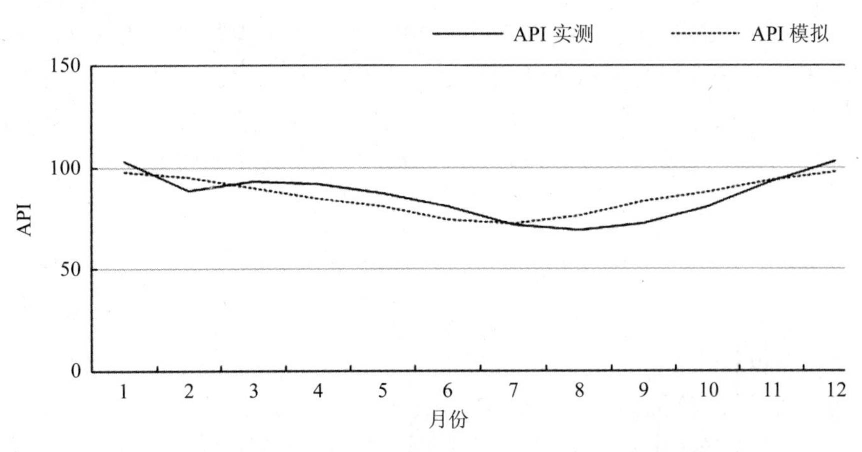

图 4-24　天津市 2001—2010 年月均 API 模拟值与实测值对比

图 4-25 和图 4-26 为石家庄市 2001—2010 年 API 模拟与实测的对比，从图 4-25 中可以看出，利用回归方程得到的 API 模拟值与 API 实测值的变化趋势较为一致，个别月份相差较大，模拟值总体上表现更为平缓。由图 4-26 可见，回归方程对秋季的 API 模拟值偏高，对春季、夏季和冬季 API 的模拟效果较好。

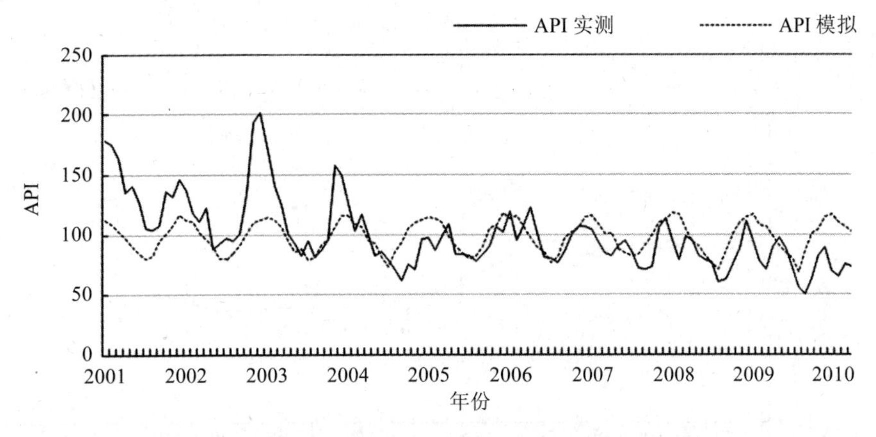

图 4-25　石家庄市 2001—2010 年 API 模拟值与实测值对比

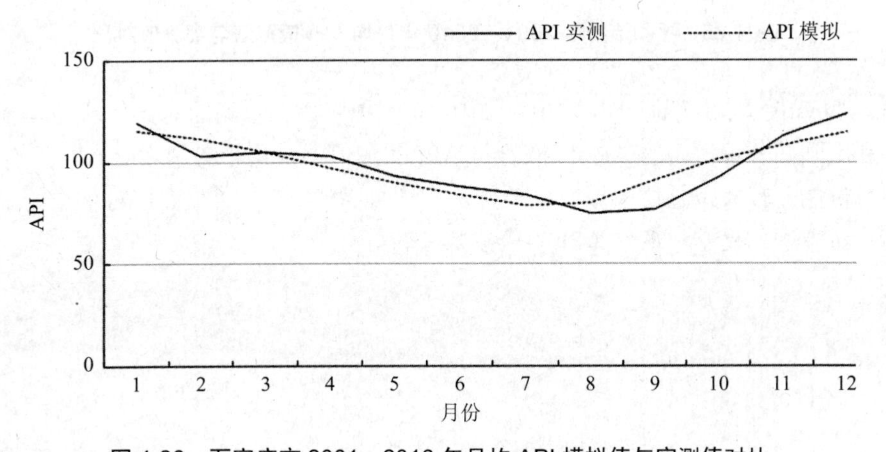

图 4-26　石家庄市 2001—2010 年月均 API 模拟值与实测值对比

图 4-27 和图 4-28 为呼和浩特市 2001—2010 年 API 模拟与实测的对比，从图 4-27 中可以看出，利用回归方程得到的 API 模拟值与 API 实测值的变化趋势较为一致，个别月份相差较大，模拟效果好于京津冀地区的 3 个代表性城市。由图 4-28 可见，回归方程对秋季的 API 模拟值偏高，对春季（4 月份除外）、夏季和冬季 API 的模拟效果较好。

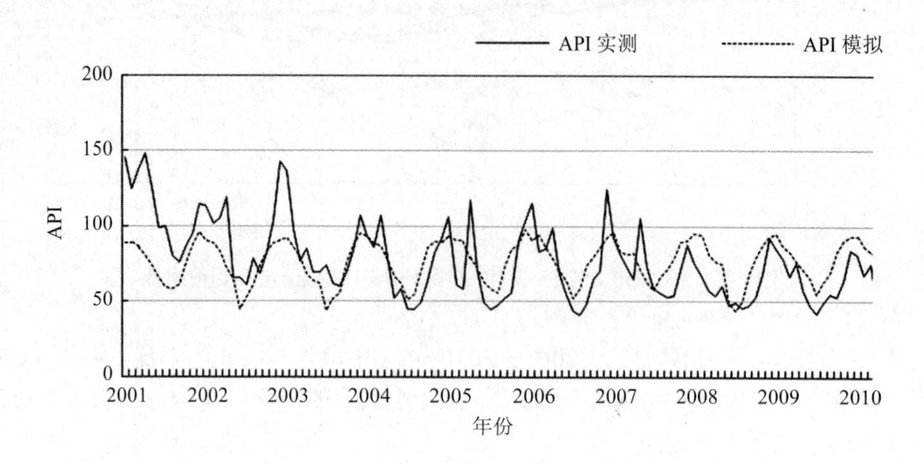

图 4-27 呼和浩特市 2001—2010 年 API 模拟值与实测值对比

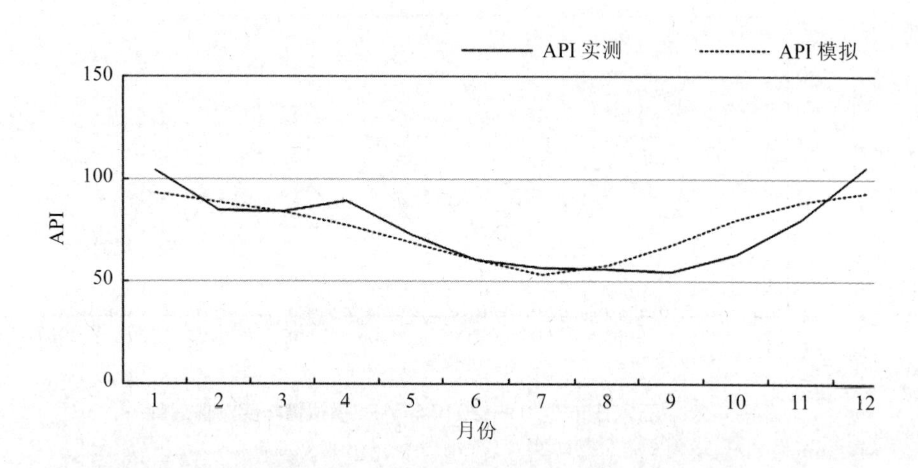

图 4-28 呼和浩特市 2001—2010 年月均 API 模拟值与实测值对比

图 4-29 和图 4-30 为银川市 2001—2010 年 API 模拟与实测的对比，从图 4-29 中可以看出，利用回归方程得到的 API 模拟值与 API 实测值的变化趋势基本吻合，只有 2001 年的个别月份相差较大，总体模拟效果较好。由图 4-30 可见，回归方程对秋季的 API 模拟值偏高，对春季、夏季和冬季 API 的模拟效果较好。

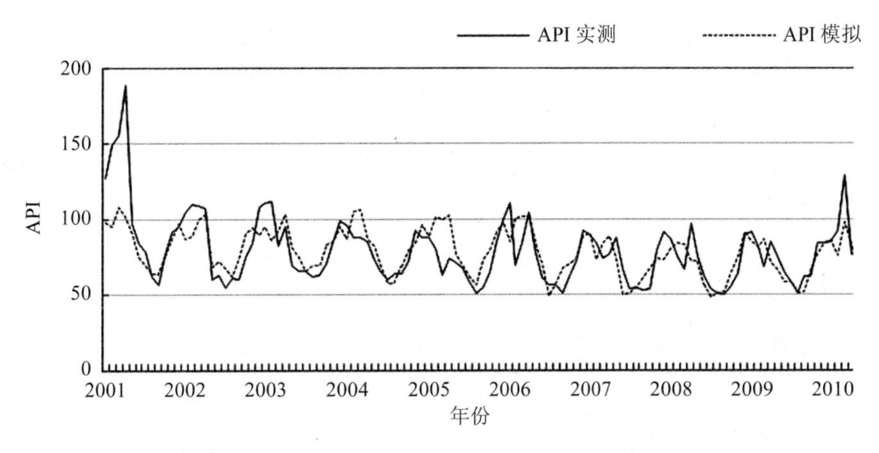

图 4-29　银川市 2001—2010 年 API 模拟值与实测值对比

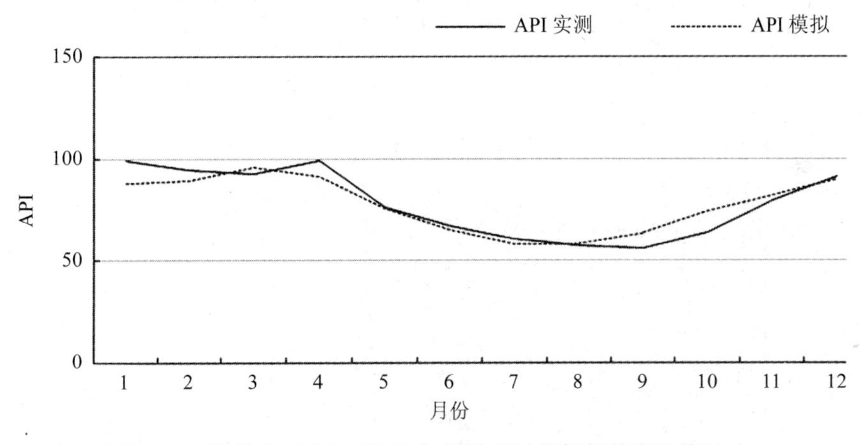

图 4-30　银川市 2001—2010 年月均 API 模拟值与实测值对比

图 4-31 和图 4-32 为兰州市 2001—2010 年 API 模拟与实测的对比，从图 4-31 中可以看出，利用回归方程得到的 API 模拟值与 API 实测值的变化趋势较为一致，个别月份相差较大，模拟值总体上表现更为平缓。由图 4-32 可见，回归方程对春季的 API 模拟值偏低，对秋季和冬季的 API 模拟值略偏高，对夏季 API 的模拟效果较好。

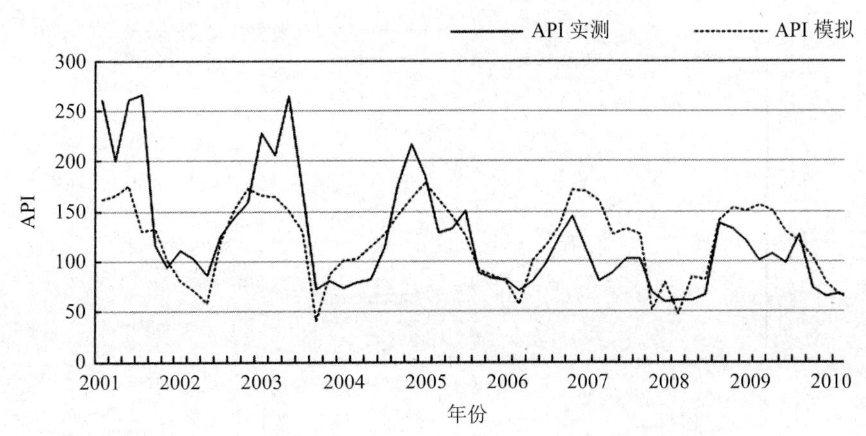

图 4-31　兰州市 2001—2010 年 API 模拟值与实测值对比

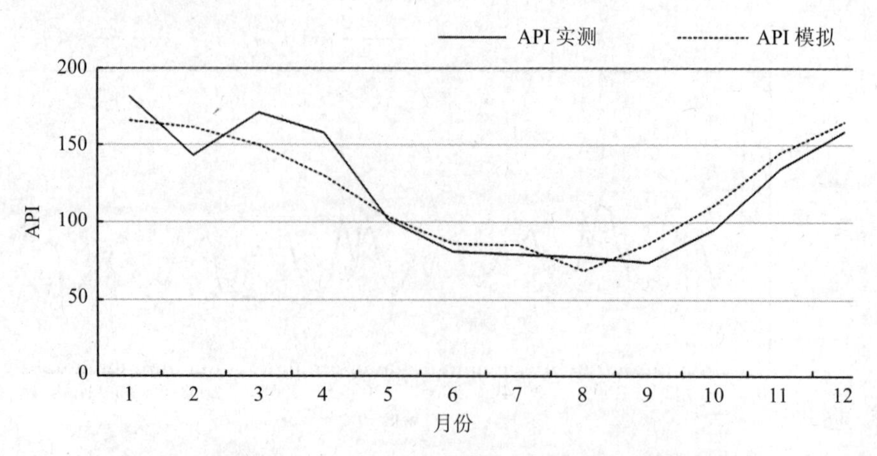

图 4-32 兰州市 2001—2010 年月均 API 模拟值与实测值对比

图 4-33 和图 4-34 为乌鲁木齐市 2001—2010 年 API 模拟与实测的对比，从图 4-33 中可以看出，利用回归方程得到的 API 模拟值与 API 实测值的变化趋势基本吻合，只有个别月份相差较大，总体模拟效果较好。由图 4-34 可见，回归方程对秋季的 API 模拟值偏高，对冬季的 API 模拟值偏低，对春季和夏季 API 的模拟效果较好。

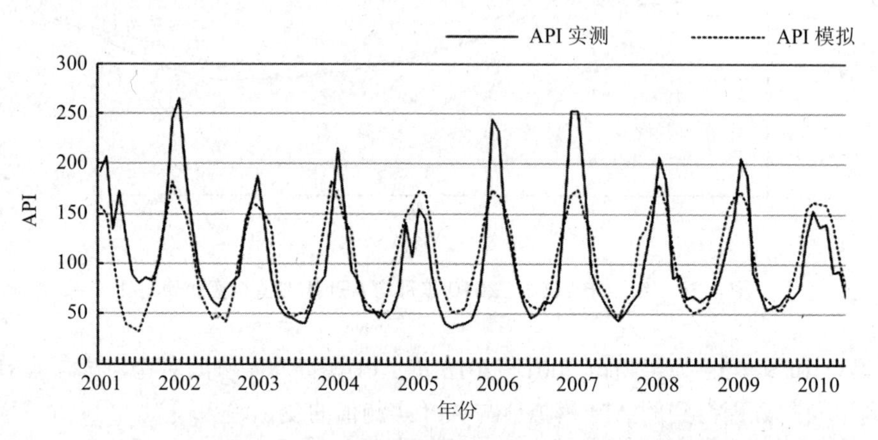

图 4-33 乌鲁木齐市 2001—2010 年 API 模拟值与实测值对比

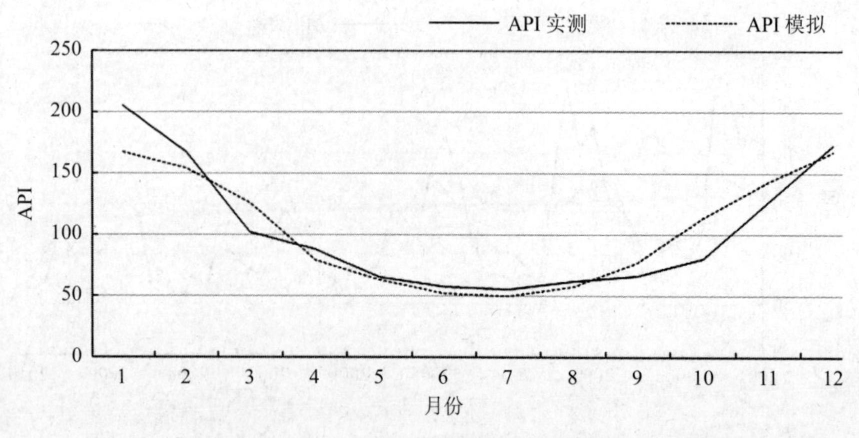

图 4-34 乌鲁木齐市 2001—2010 年月均 API 模拟值与实测值对比

4.3.4.2　未来气候变化对我国京津冀和西北地区 API 的潜在影响

假设未来大气污染物排放相对稳定，选择 1、4、7、10 月份代表春季、夏季、秋季和冬季，利用主成分回归分析得到的京津冀和西北地区 7 个代表性城市的 API 与气象要素的回归方程，结合 A1B 排放情景下区域气候模式模拟得到的各气象要素的变化情况，分季节和全年探讨未来气候变化对京津冀和西北地区空气质量的潜在影响。

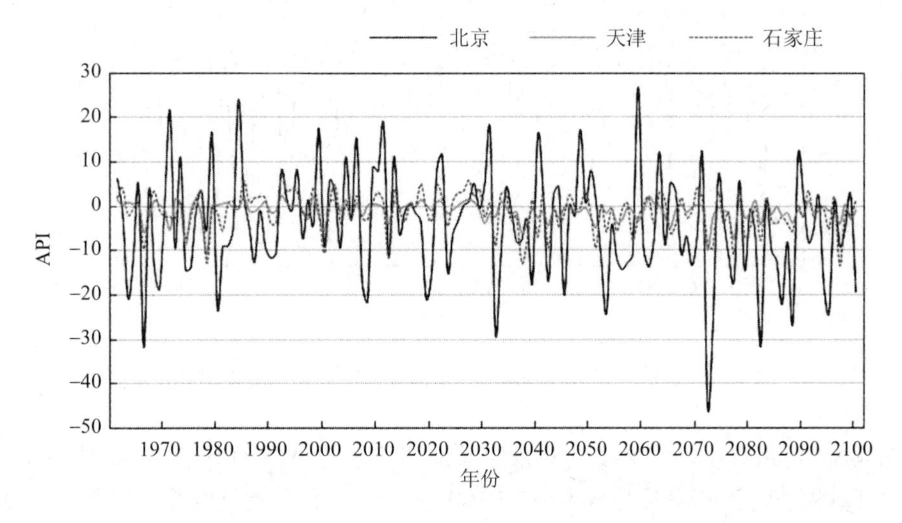

图 4-35　4 月份气候变化对京津冀地区春季 API 的影响（相对 2001—2010 年）

从图 4-35 可以看出，气候变化对京津冀地区春季的 API 降低有一定的促进作用。21 世纪，北京市春季的 API 变化趋势为−10.9/100 a，天津市春季的 API 变化趋势为−1.6/100 a，石家庄市春季的 API 变化趋势为−3.0/100 a。

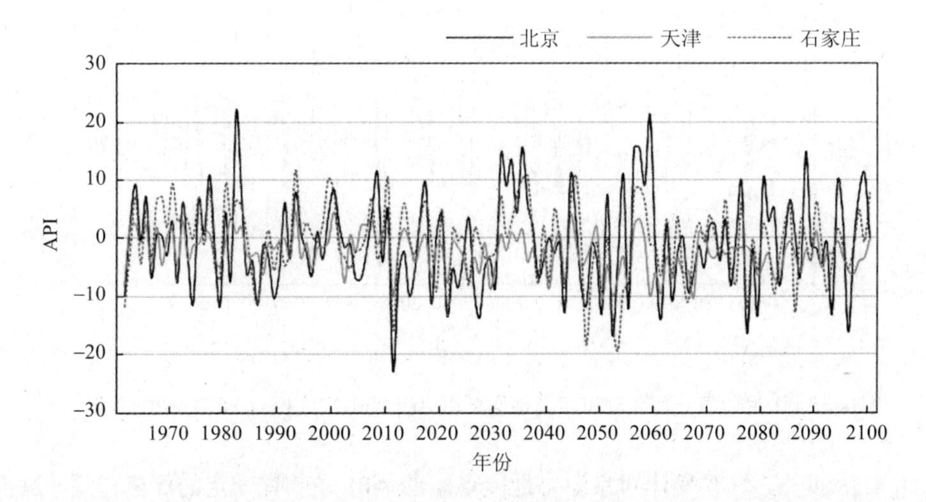

图 4-36　7 月份气候变化对京津冀地区夏季 API 的影响（相对 2001—2010 年）

由图 4-36 可见，气候变化对京津冀地区夏季的 API 影响不显著。21 世纪，北京市夏季的 API 变化趋势为 2.5/100 a（未通过显著性检验），天津市夏季的 API 变化趋势为

–2.2/100 a（未通过显著性检验），石家庄市夏季的 API 变化趋势为–0.9/100 a（未通过显著性检验）。

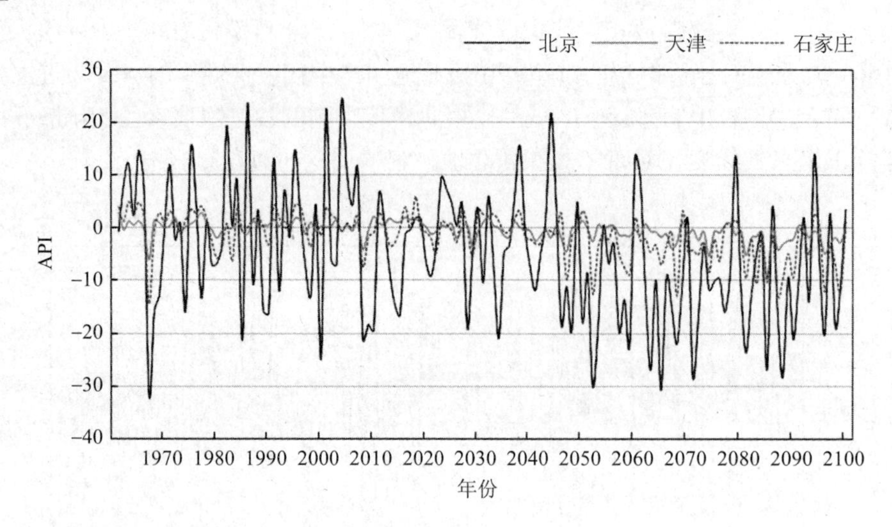

图 4-37 10 月份气候变化对京津冀地区秋季 API 的影响（相对 2001—2010 年）

从图 4-37 可以看出，气候变化对京津冀地区秋季的 API 降低有一定的促进作用。21 世纪，北京市秋季的 API 变化趋势为–12.7/100 a，天津市秋季的 API 变化趋势为–3.0/100 a，石家庄市秋季的 API 变化趋势为–6.9/100 a。

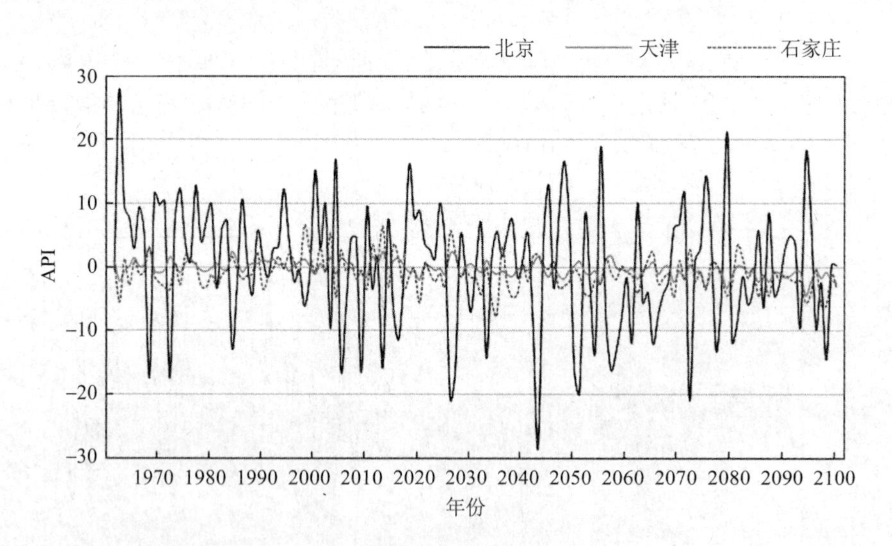

图 4-38 1 月份气候变化对京津冀地区冬季 API 的影响（相对 2001—2010 年）

由图 4-38 可见，气候变化对京津冀地区冬季的 API 降低有一定的促进作用。21 世纪，北京市冬季的 API 变化趋势为–0.8/100 a（未通过显著性检验），天津市冬季的 API 变化趋势为–2.0/100 a，石家庄市冬季的 API 变化趋势为–2.6/100 a。

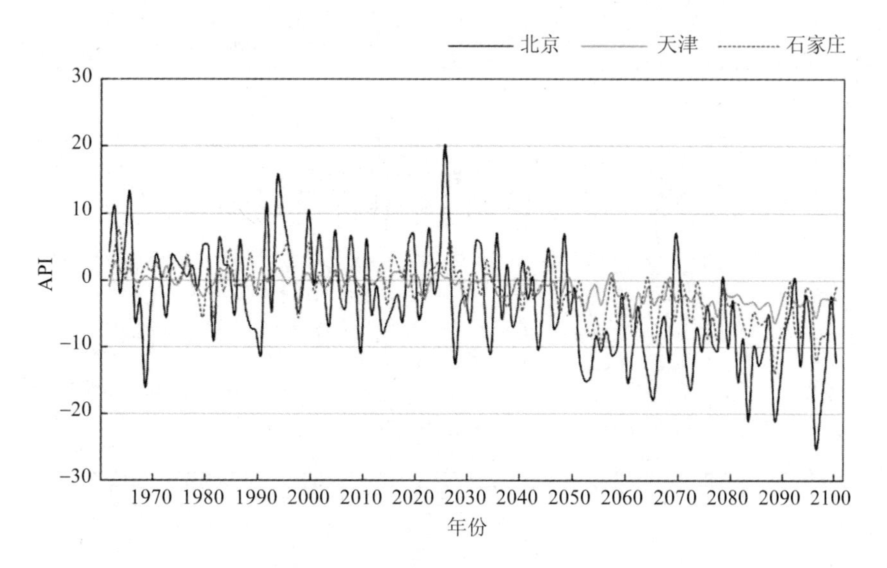

图 4-39　全年气候变化对京津冀地区年均 API 的影响（相对 2001—2010 年）

从图 4-39 可以看出，气候变化对京津冀地区全年的 API 降低有一定的促进作用。21 世纪，北京市年均 API 变化趋势为−7.0/100 a，天津市年均 API 变化趋势为−2.2/100 a，石家庄市年均 API 变化趋势为−4.2/100 a。

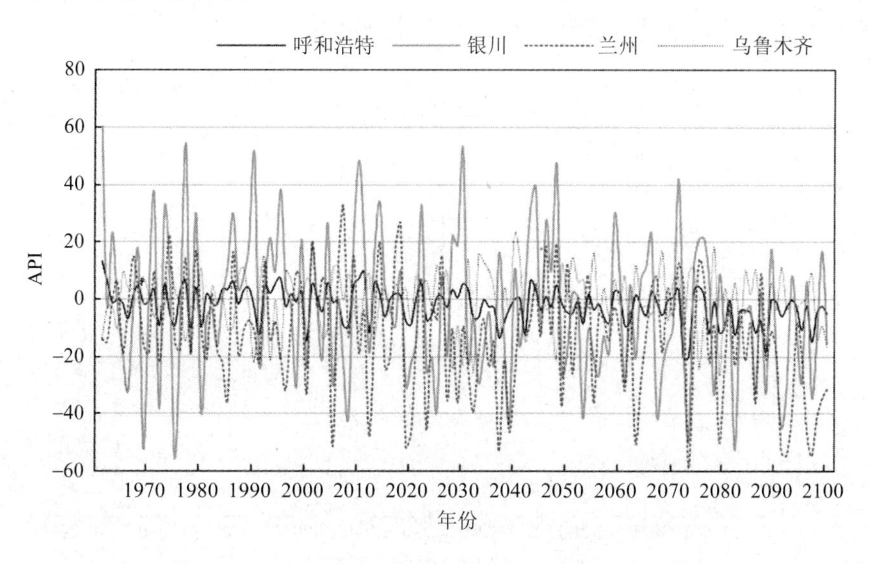

图 4-40　4 月份气候变化对西北地区春季 API 的影响（相对 2001—2010 年）

由图 4-40 可见，气候变化对西北地区春季的 API 降低有一定的促进作用。21 世纪，呼和浩特市春季的 API 变化趋势为−6.7/100 a，银川市春季的 API 变化趋势为−13.7/100 a（未通过显著性检验），兰州市春季的 API 变化趋势为−18.8/100 a，乌鲁木齐市春季的 API 变化趋势为−2.8/100 a（未通过显著性检验）。

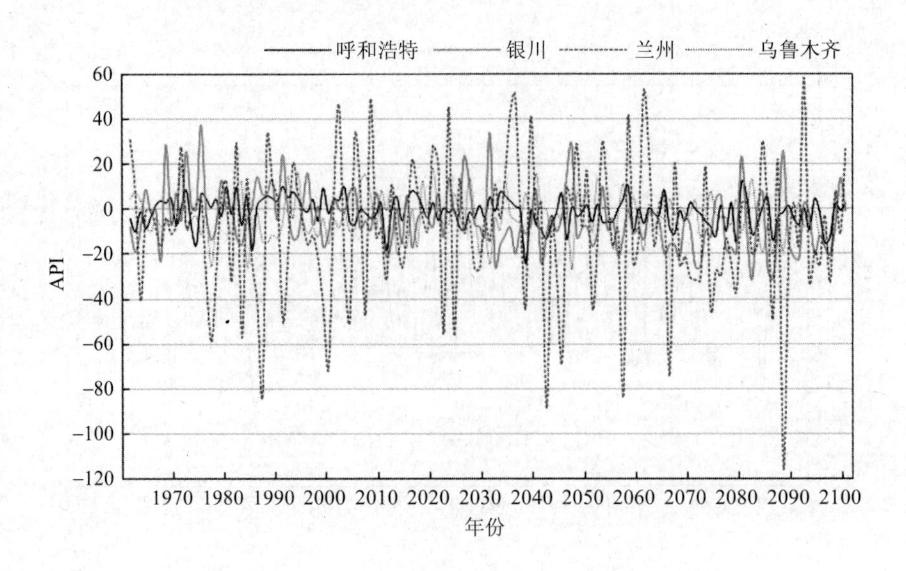

图 4-41　7 月份气候变化对西北地区夏季 API 的影响（相对 2001—2010 年）

从图 4-41 可以看出，气候变化对西北地区夏季的 API 影响不显著。21 世纪，呼和浩特市夏季的 API 变化趋势为–3.4/100 a（未通过显著性检验），银川市夏季的 API 变化趋势为–9.7/100 a，兰州市夏季的 API 变化趋势为–14.7/100 a（未通过显著性检验），乌鲁木齐市夏季的 API 变化趋势为–3.2/100 a（未通过显著性检验）。

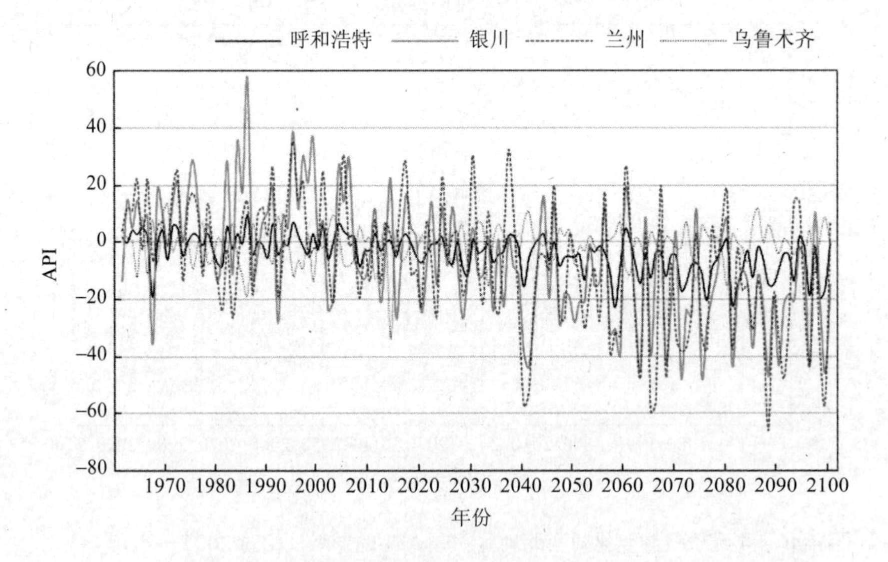

图 4-42　10 月份气候变化对西北地区秋季 API 的影响（相对 2001—2010 年）

由图 4-42 可见，气候变化对西北地区秋季的 API 降低有一定的促进作用。21 世纪，呼和浩特市秋季的 API 变化趋势为–10.9/100 a，银川市秋季的 API 变化趋势为–25.3/100 a，兰州市秋季的 API 变化趋势为–29.0/100 a，乌鲁木齐市秋季的 API 变化趋势为 1.5/100 a（未通过显著性检验）。

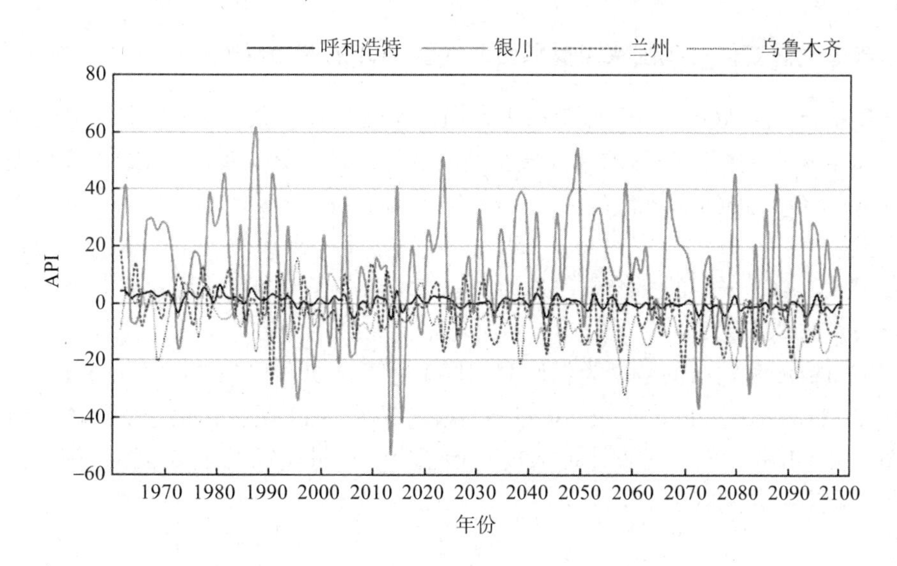

图 4-43　1 月份气候变化对西北地区冬季 API 的影响（相对 2001—2010 年）

从图 4-43 可以看出，气候变化对西北地区冬季的 API 降低有一定的促进作用。21 世纪，呼和浩特市冬季的 API 变化趋势为−1.8/100 a，银川市冬季的 API 变化趋势为 7.0/100 a（未通过显著性检验），兰州市冬季的 API 变化趋势为−5.2/100 a（未通过显著性检验），乌鲁木齐市冬季的 API 变化趋势为−11.3/100 a。

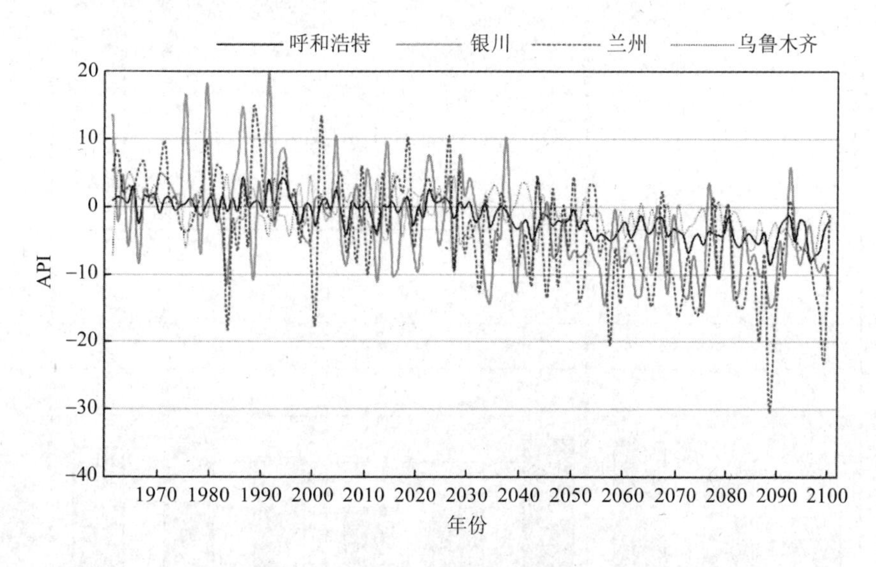

图 4-44　全年气候变化对西北地区年均 API 的影响（相对 2001—2010 年）

由图 4-44 可见，气候变化对西北地区全年的 API 降低有一定的促进作用。21 世纪，呼和浩特市年均 API 变化趋势为−5.8/100 a，银川市年均 API 变化趋势为−9.2/100 a，兰州市年均 API 变化趋势为−14.5/100 a，乌鲁木齐市年均 API 变化趋势为−4.9/100 a。

4.3.4.3 未来气候变化对我国京津冀和西北地区 AQI 的潜在影响

空气质量指数（AQI）与环保部原来发布的空气污染指数（API）有着很大的区别。AQI 分级计算参考的标准是新的《环境空气质量标准》（GB 3095—2012），参与评价的污染物为 SO_2、NO_2、PM_{10}、$PM_{2.5}$、O_3、CO 六项；而 API 分级计算参考的标准是老的《环境空气质量标准》（GB 3095—1996），评价的污染物仅为 SO_2、NO_2 和 PM_{10} 三项，每天发布一次。因此，AQI 采用的标准更严、污染物指标更多、发布频次更高，其评价结果也将更加接近公众的真实感受。

以上海市监测和发布的数据为例研究同样条件下 AQI 与 API 的关系，我们以 2012 年 11 月 11—20 日和 2013 年 1 月 1—10 日同时段 AQI 与 API 两种评价方法得出的结果进行对比（图 4-45 和图 4-46），这两个时段既包括了空气质量较好天数又包括了空气污染较严重的天数，具有一定的代表性。

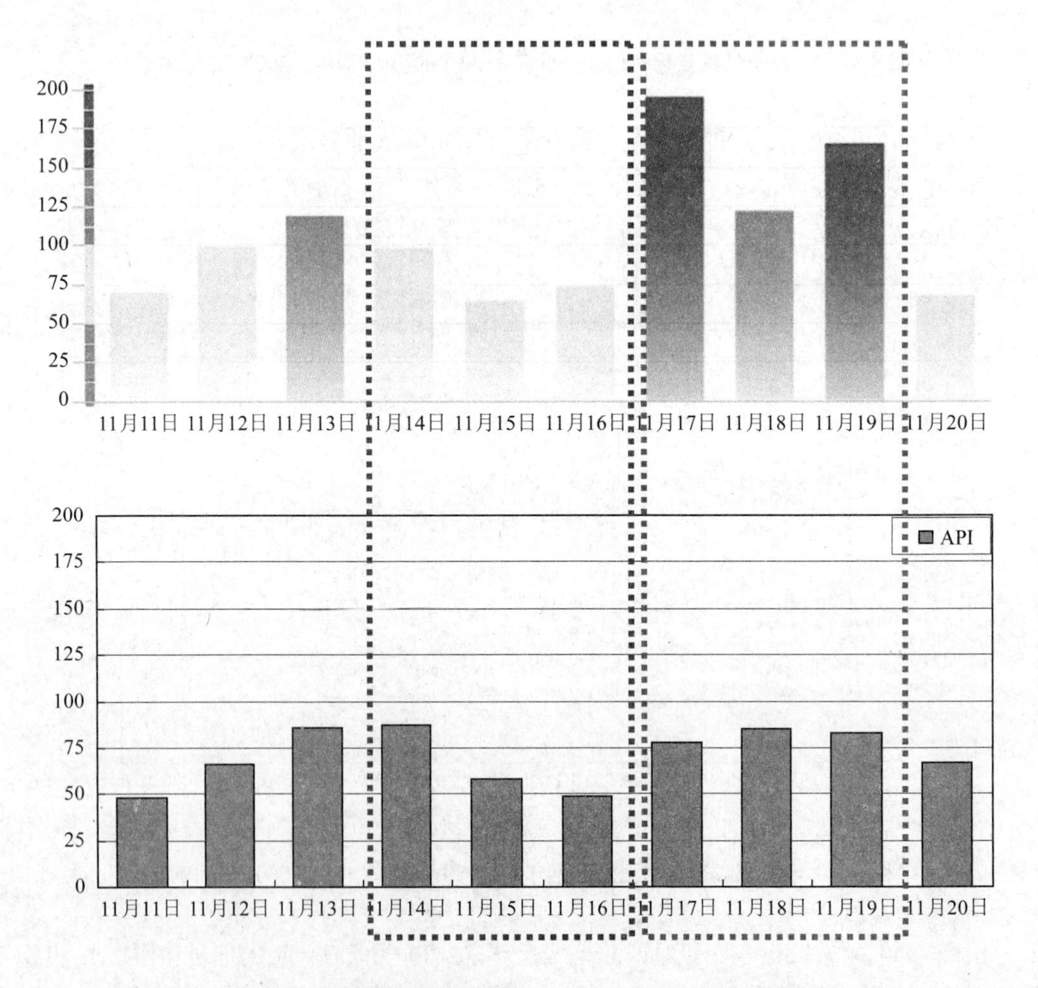

图 4-45 上海市 2012 年 11 月 11—20 日 AQI 与 API 对比

（上图：AQI；下图：API）

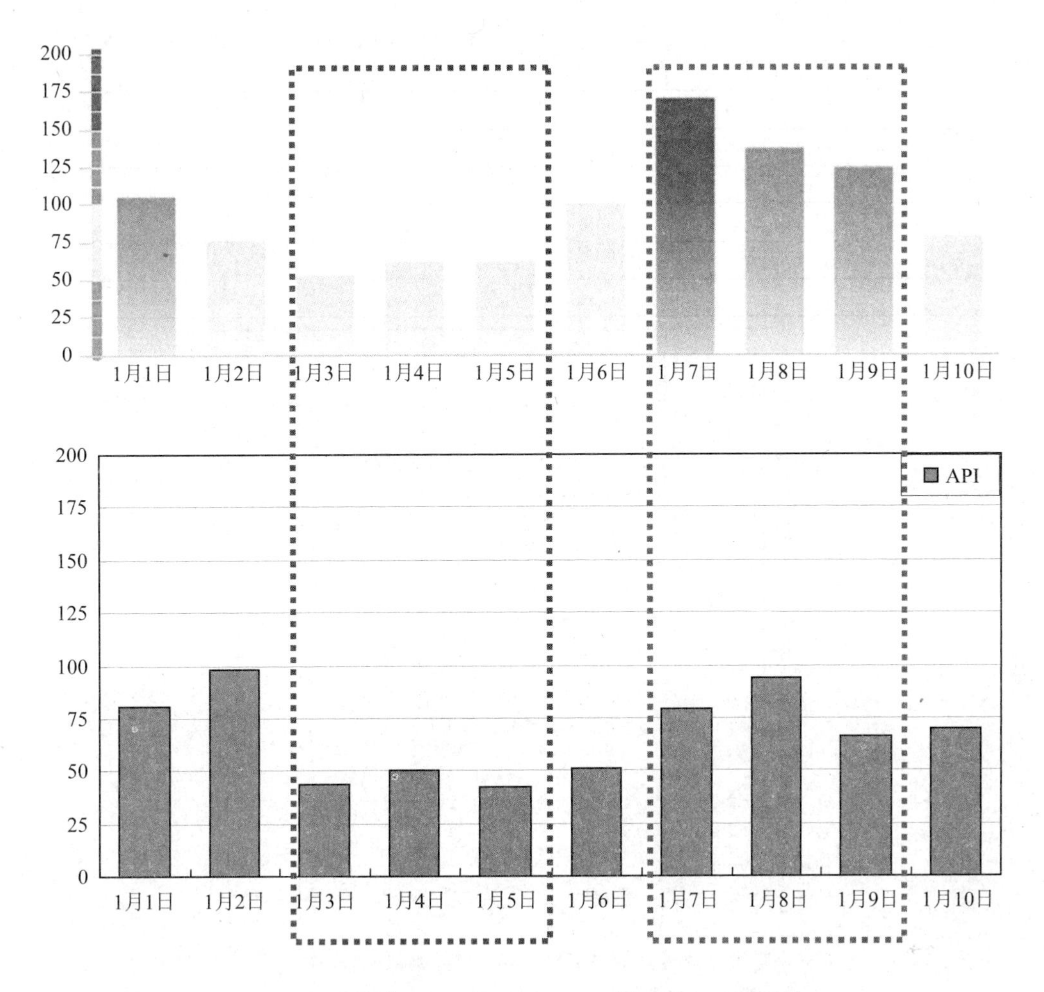

图 4-46　上海市 2013 年 1 月 1—10 日 AQI 与 API 对比

（上图：AQI；下图：API）

根据上海市监测和发布的空气质量数据，从图 4-45 和图 4-46 中可以看到，AQI 数值较 API 明显偏高，在非污染严重时期，AQI 比 API 略高，两者变化趋势一致，在个别污染较严重时间这种差距较为明显，可达两倍以上，比如 2012 年 11 月 18—20 日和 2013 年 1 月 7—9 日，AQI 数值明显较 API 数值偏大。

此外，还以北京车公庄大气环境监测站两个时段的 $PM_{2.5}$ 和 PM_{10} 观测数据，分别按照最新 AQI 计算方法（若最大污染物为 $PM_{2.5}$）和传统 API 计算方法（若最大污染物为 PM_{10}）进行假设对比（图 4-47）。可以看到，加入 $PM_{2.5}$ 后，AQI 总体上比 API 偏高，特别是污染较为严重的时段，而在非污染严重时期，AQI 与 API 较为相近，且二者变化趋势较为一致，这与上文得到的结论相同。

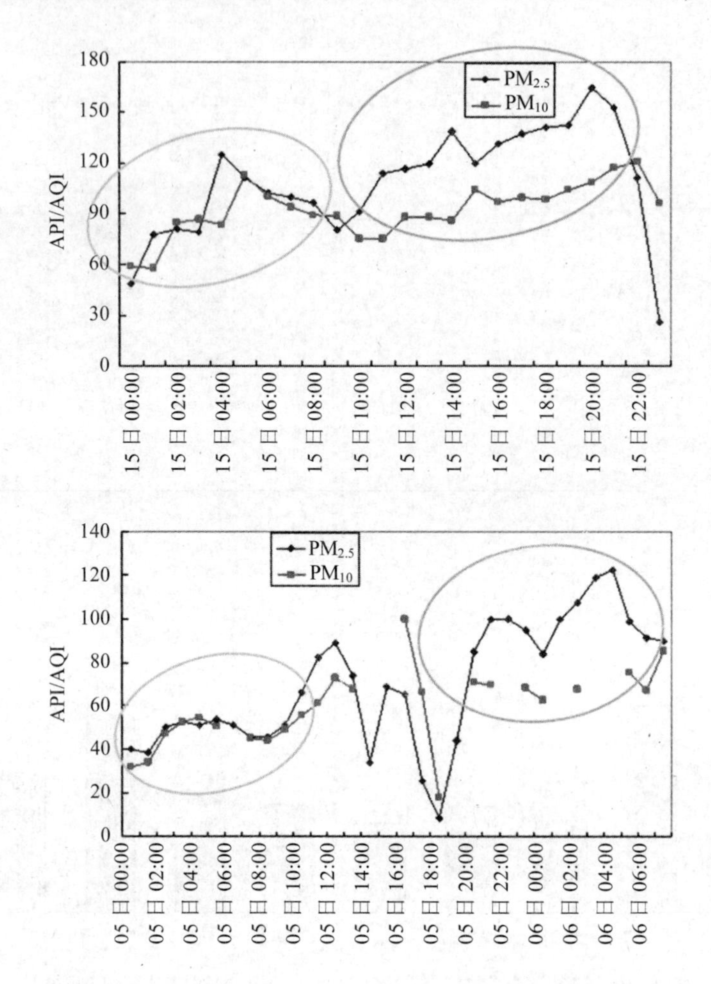

图 4-47 北京车公庄大气环境监测站 $PM_{2.5}$ 和 PM_{10} 观测值获得的假设 AQI 与 API 对比

综上所述，AQI 总体上比 API 偏高，特别是污染较为严重的时段，这种差距更为明显，而在非污染严重时期，AQI 与 API 较为相近，且二者变化趋势较为一致。因此，假设大气污染物排放相对稳定，在非污染严重时期，未来气候变化可能在一定程度上促进 AQI 降低，而在污染严重时期的影响存在很大的不确定性。

4.4 本章小结

首先选用国家气候中心提供的中国地区气候变化预估数据集（Version2.0 和 Version3.0）中 A1B 和 RCP4.5 排放情景下区域气候模式（RegCM3）和全球气候模式（BCC-CSM1-1）模拟得到的各气象要素的月平均数据，通过空间信息技术分析不同排放情景下全国和两个典型区域（京津冀城市群以及西北生态脆弱区）未来各气候要素的时空变化特征，包括时间变化趋势和典型年份空间变化特征；其次，在分析我国三大城市群 9 个典型城市近十年 API 变化特征的基础上，利用相关分析法和主成分回归分析法分析 2001—2010 年京津冀和西北地区 7 个代表性城市的 API 与同期地面气象要素的关系，得到各代表城市的 API 与气象要素的回归方程；最后，结合 A1B 排放情景下区域气候模式模拟得到的各气象要素的变化情况，综合分析未来气候变化对我国京津冀和西北地区空气质量的潜在影响。主要结论如下：

第一，A1B 排放情景下，21 世纪我国年平均地表气温将继续上升，气候倾向率为 5.3℃/100 a，北方的增温幅度明显高于南方；全国范围内降水量总体呈增加趋势，气候倾向率为 90 mm/100 a，占国土面积一半以上的地区降水量将有所增加，其中，西部地区尤为突出；海平面气压总体呈上升趋势，气候倾向率为 0.124 hPa/100 a；风速总体呈下降趋势，但变化不显著，气候倾向率为–0.044 m • s^{-1}/100 a；相对湿度总体上有少许下降，气候倾向率为–1.5%/100 a。

第二，RCP4.5 排放情景下，21 世纪我国年平均地表气温也呈现上升趋势，但增温幅度明显低于 A1B 排放情景，气候倾向率为 2.2℃/100 a；降水量总体呈增加趋势，但增加幅度低于 A1B 排放情景且地区间差异很大，气候倾向率为 63 mm/100 a；气压总体呈上升趋势，气候倾向率为 0.823 hPa/100 a；风速在全国范围内变化很小，可以忽略不计；相对湿度总体上有少许下降，气候倾向率为–1.4%/100 a。

第三，三大城市群典型城市近十年 API 总体上呈下降趋势，其中京津冀城市群下降最为明显，其次是长三角城市群，珠三角城市群 API 下降最不显著；年均和季节 API 由北向南逐渐降低，京津冀城市群的 API 最高，珠三角城市群的 API 最低，而城市群内部距离海洋近的城市 API 较低；三大城市群 API 均表现出冬春季高、夏季低的季节变化特征，气候背景对城市空气质量起到很大的决定作用；城市群不同城市年均和各季节 API 有趋于同步的变化趋势，大气污染呈现一定的区域同质化的特征；北京和石家庄近十年年均污染天数最多，分别为 131.6 天和 111.7 天，珠海污染天数最少；2001—2008 年 3 大城市群城市间的污染天数差距较大，2008 年之后各个城市间的污染天数明显缩小。

第四，分析京津冀和西北地区 7 个代表性城市 2001—2010 年的空气质量状况，结果表明，空气质量最好的时段为夏季，空气质量最差的时段主要集中在冬季和春季。此外，通过对研究时段的首要污染物进行分析，发现 PM_{10} 是造成两个典型区域大气污染的主要因素。

第五，相关分析结果得出，京津冀和西北地区的 API 与气温大都呈负相关关系，说明 API 与气温呈反向的变化，冬季较夏季污染较为严重；与降水量和相对湿度基本呈负相关，说明降水过程对污染物具有明显的湿清除作用；与气压均呈正相关，说明高压控制天气容易造成空气污染的加重；与风速的相关性有正有负，说明风速对空气污染物具有双重影响。在一定范围内，风速越大，越有利于大气污染物的稀释和扩散，API 指数越小；超过这一范围，大气中可吸入颗粒物浓度开始受地面开放源的影响，导致空气污染加重。此外，还受风向和地形的综合影响。

第六，利用主成分回归分析得到京津冀和西北地区 7 个代表性城市的 API 与气象要素的回归方程（与实测 API 对比，模拟效果较好），结合区域气候模式模拟得到的未来各气象要素的变化情况，综合分析未来气候变化对我国京津冀和西北地区空气质量的潜在影响。结果表明，A1B 排放情景下，假设大气污染物排放相对稳定，未来气候变化对京津冀和西北地区的春季、秋季、冬季和年均 API 降低有一定的促进作用，而对夏季的 API 影响不显著。

第七，AQI 总体上比 API 偏高，特别是污染较为严重的时段，这种差距更为明显，而在非污染严重时期，AQI 与 API 较为相近，且二者变化趋势较为一致。因此，假设大气污染物排放相对稳定，在非污染严重时期，未来气候变化可能在一定程度上促进 AQI 降低，而在污染严重时期的影响存在很大的不确定性。

第5章　应对气候变化的污染物防控政策和措施研究

5.1　国内外空气污染防控和应对气候变化措施及效果分析

气候变化和空气污染是环境问题的两个不同表现形式，然而却没有基于应对气候变化的空气污染措施，也没有基于解决空气污染的应对气候变化措施。对环境管理来说，如何寻求可行的基于应对气候变化的空气污染控制措施，显得尤为重要。由于发达国家和发展中国家所处发展阶段不同，在减缓温室气体排放和控制空气污染方面表现不同。

5.1.1　典型发达国家

美、日以及欧盟作为发达国家，其在大气环境管理研究方面远远走在我国前面。美国作为西方发达国家的代表，其大气环境管理具有典型意义，研究美国的管理现状，对于我国大气环境管理体制的创新具有极大的意义。日本作为亚洲国家，其大气环境管理对于我国而言具有更大的借鉴意义。欧盟作为一个整体，其大气环境保护成效相当显著，其区域合作进行大气环境管理的经验也值得我们学习。

5.1.1.1　美国

（1）空气污染防控措施

①美国环境管理体系

美国1969年设立环境质量委员会，直属于总统，1970年12月成立国家环保局（EPA），EPA设立十大区环保分局，各区局长向国家环保局长负责，协调州与联邦政府的关系。美国现在环境管理的整体特点是以立法为基础，以行政措施为主，辅之以一定的经济手段，大致包括以下五种形式：(a）直接的行政管理管制，先确立可能范围内的最低可污染标准，再由国家环境保护局执行，辅以经济惩罚强化实施；（b）自愿管制，政府对公民进行环境教育，提高公民爱护环境的自觉性，靠公民自觉维护环境；（c）责任赔偿，由污染者对造成的破坏承担责任赔偿；（d）污染税，政府对向环境中排放污染物质的企业和个人征收大气污染扩散税或者其他行政费用；（e）津贴，由州一级政府对地方政府或企业治理污染的行为提供一定的资助或税收优惠[①]。

---

① 贾斌，李婕．从美日两国浅谈中国空气质量管理体系[J]．太原城市职业技术学院学报，2010（4）：156-157.

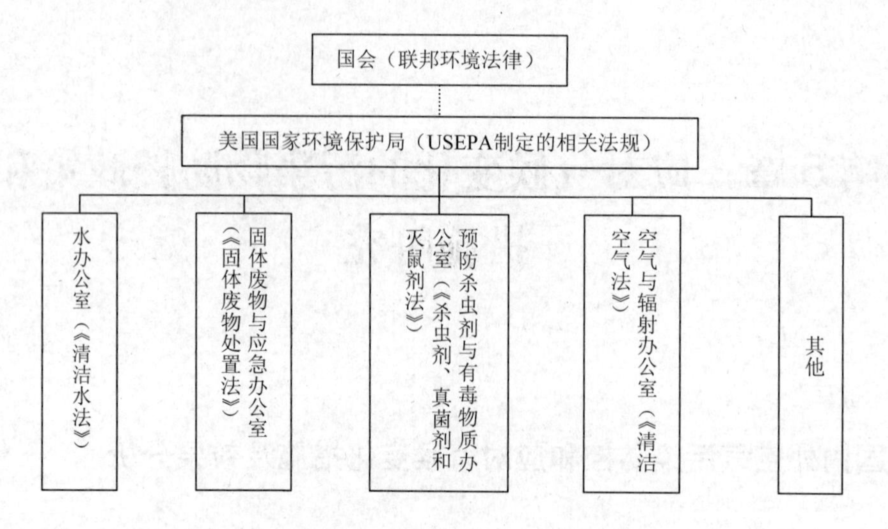

图 5-1 美国国家环境保护局的管理机制

②空气污染控制对策演化过程

美国的环保政策与经济、环境密切相关。其发展过程大致如下：[①]

a．20 世纪 60 年代以前，即鼓励治理阶段

继 20 世纪初实现资本主义工业化之后，美国的煤炭、钢铁、化工、交通运输业等开始迅猛发展，新城市不断涌现，城市人口急剧增加，工厂鳞次栉比，烟囱林立。繁荣的经济促进了社会的发展，但也产生了大量的废物，致使环境严重污染，发生了世界著名的洛杉矶光化学烟雾事件和多诺拉烟雾事件。在此环境危机的冲击下，反公害的公众运动达到高潮，公众舆论强烈要求政府采取有效措施进行国家干预。迫于形势，联邦政府采取强制性的管理措施，制定了 1955 年的《清洁空气法》，鼓励各州控制环境污染。由于缺乏联邦政府的大力支持和强有力的污染控制措施，环境污染未得到有效控制，美国经济遭到严重损失，如平均每个美国人因大气污染造成的损失额从 1948 年的 10 美元增加到 1958 年的 65 美元。1951—1960 年期间，每年因污染受损的农产品价值约 28 亿美元。

b．20 世纪 60 年代，即以治理为主阶段

随着美国经济进一步的迅速发展，煤烟污染和二氧化硫污染与日俱增，水污染开始突出。在 1960—1970 年期间，共发生了 130 多起水污染事件，造成 4 万多人发病和 20 人死亡。1965 年因污染造成的粮食损失费为 10 亿美元。

为了尽快控制污染的扩大，联邦政府从眼前利益出发，制定了“以治为主”的“近视”环保政策，确立了污染防治重点，采取了多种防污染措施，主要有：一是确立联邦政府控制污染的权限，二是强化法制手段，如制定防治大气污染的基本法以及制定严格全国汽车排放标准。

上述措施使煤烟污染基本得到控制。由于以治为主的环保政策不是从根本上解决污染控制的途径，故仍有污染事件发生，污染损失仍相当严重，如 1968 年因污染造成的器材损失费为 95 亿美元。

① 洪翠宝．美国环保政策的剖析——向“优化型”演变的美国环保政策[J]．中国环境管理，1985（5）．

c．20 世纪 60 年代末至 80 年代初

美国环境保护取得巨大进展，可以说是 1969 年以后美国发生了一场“环境革命”，被美国环保史学家称为美国历史上的“环保的 10 年”。1969 年，美国环境保护史上一个划时代的标志性事件出现了：国会通过了《国家环保政策法案》。这是美国历史上第一个全面地把环境保护作为国家基本政策的法律，意味着今后联邦政府要在环境保护上承担更为重要的责任。此后在 1970 年成立了美国环保局，加强行政手段对环境保护的控制。随着社会环保意识的勃兴，国会在 70 年代相继制定了一系列新的环保法案，所涉及内容包括空气和水的保护、杀虫剂的管制、濒危物种的保护、危险化学品的控制、海洋和大陆架的保护、公共土地的监管。1977 年国会还对《清洁空气和水法》进行了修订，提出了更高的环保要求，并拓展了法律的应用范围。经过联邦政府积极的立法与行政建设努力，到 70 年代末，美国已经基本上建成了一个较为完善环保体系。它由一系列覆盖面较广的环境保护法及以环保局为代表的环境保护行政机构组成。

在这场“环境革命”的影响下，美国社会各个层面都发生了深刻的变化。甚至以前对环境保护不甚积极的工商界也不得不作出调整以适应这一变化：几乎所有的公司和企业都成立了环境部，有的环境部的人数甚至达 500 人之多，并至少由副总经理负责；几乎所有的公司都标榜自己是环境保护的积极拥护者，宣传环境保护在工商界成为了一种风尚。

d．20 世纪 80—90 年代末，美国环境保护政策在平稳中发展

在这期间，美国经历了以里根、布什和克林顿为总统的三届政府，其环境保护政策受到政治因素的较大影响。作为战后保守主义意识形态较为浓厚的总统，罗纳德·里根早在任加州州长时，就坚信政府是造成当今美国诸多弊病之所在，而联邦政府规模的扩张，尤其是它的管制性的活动，造成了对政治、经济自由的根本性威胁，成为当今美国经济问题、社会问题的来源。在其大选过程当中，里根不遗余力地攻击 70 年代的福利计划、能源保护、环保政策等。1981—1983 年，环保局的财政预算削减超过了 1/3，总预算大致与 10 年前的水准相当。由于里根强调内政部的工作中心要转移到资源开发上来，故该部用于环保的资金遭到了压缩：用于支持可持续利用能源研究的资金遭到削减，用于自然资源和环境规划的费用也大为减少。按照 1982 年的不变美元计算，这方面的费用从 1980 年的 15.2 亿美元下降，一直徘徊于 11 亿～13 亿美元，到 1990 年甚至下降到了 9.6 亿美元。

而到了布什总统的任期内，由于里根总统在任 8 年期间消极的环保政策导致政府对一些新的环境问题没有采取相应的监控政策，如臭氧层破坏和城市的温室效应等，布什不得不吸取前任的教训开始重视环保。在空气污染政策上，布什支持通过新的清洁空气法案。1989 年 6 月，布什修改该法案的计划草案在媒体公布，主要的政策建议要比预想中的严格。7 月，该法案修正案递交国会时已经温和了许多，白宫在清洁汽车燃料等条款上做出了让步。1 年后修正案获得通过。其主要内容为：通过减少二氧化硫和氮氧化物的排放控制酸雨，减少 CFCs（氯氟烃）的排放来保护臭氧层——为此美国需要在 1994—1996 年削减 35%～60%的汽车尾气排放：在特定地区发展使用清洁燃料；一氧化碳含量高的地区被要求使用含有加氧添加剂的燃料；有严重臭氧问题的城市被要求使用燃烧彻底、残留物较少、挥发更慢的汽油。该法案最具革新性的措施是通过可交易计划减少二氧化硫的排放，这是市场机制在清洁空气法案中的实际运用。

在克林顿总统任期内，在空气政策方面，克林顿政府要求环保局每隔 5 年重新评估美

国空气质量标准的科学证据。从 1992 年起，在经过 4 年的科学研究后，环保局制定了新的关于臭氧和空气微粒的标准。环保局认为新标准既能向公众提供“充分的基本安全”，又符合成本—收益分析原则，因为新标准能极大降低每年因空气微粒引发呼吸系统紊乱造成的 15 000 人的死亡。与此同时，克林顿还积极促进将美国环保局升格为部，但由于受各种政治势力的制约而搁浅。克林顿时期美国环保政策的推动力主要来自于白宫，但是由于共和党控制了第 104、第 105 届国会，阻碍了政府积极环保政策的出台。不过，环保政策的改革仍在积极探索当中，克林顿政府希望通过发挥市场机制的作用，充当环境保护主义者和污染企业联系的桥梁，从而使这一新的管制环境的手段得到双方的共同支持。

尽管遇到了来自各方面的强大阻力，但总的来说，80 年代以后美国的环保政策继续坚持环境保护的大方向，而没有退回到 19 世纪的放任自流的老路上去。经过历届联邦政府的努力，在现代美国人的环境意识中，环境质量的不断改善已经成为美国人公共福利不可或缺的一部分。

e．21 世纪头十年，美国环境政策处于应对新的环境问题特别是全球性环境问题挑战的阶段

进入 21 世纪，全球性环境问题日益显现，如臭氧层空洞和全球变暖。作为世界上的超级大国，也是全球最大的两个温室气体排放国之一（中国和美国），美国在减少温室气体排放方面却拒绝有所作为。小布什政府上台以后，于 2001 年 3 月宣布退出《京都议定书》，而在 2005 年 11 月，《联合国气候变化框架公约》第 11 次大会上，美国政府正式拒绝签署《京都议定书》协议，拒绝设定减排承诺。在 2009 年 12 月哥本哈根气候峰会上，美国仍然没有对二氧化碳减排作出具体承诺，仅仅宣布一项总额为 3.5 亿美元的应对气候变化的计划，其中美国将提供 8 500 万美元。这项计划将用于在未来 5 年内帮助发展中国家尽快掌握可再生能源技术和提高能效的技术，以减少温室气体排放，减少对化石能源的依赖。但是，美国环保局于 2009 年 12 月宣布，二氧化碳和其他温室气体一样威胁公众健康，必须由环保局加以监管。因此，应对全球气候变化的新阶段，美国政府在二氧化碳减排和履行一个超级大国应该履行的义务方面作为太少。

③效果分析

以 SO_2 为代表的常规空气污染物方面，由于采取应对气候变化的政策措施，如使用清洁燃料，开发清洁燃烧技术等方面的一系列措施，使得空气中 SO_2 的浓度呈现持续下降的趋势，2008 年 SO_2 排放量下降到 1 037 万 t，相比峰值下降达到 64%，空气中 SO_2 平均浓度仅为 $0.003\,4\times10^{-6}$（图 5-2）。同样由于政策的实施，NO_x 也呈现类似 SO_2 的持续下降趋势，从 1990 年的 2 182.5 万 t 下降到 2007 年的 1 394.1 万 t，下降了 56.5%（图 5-3）。

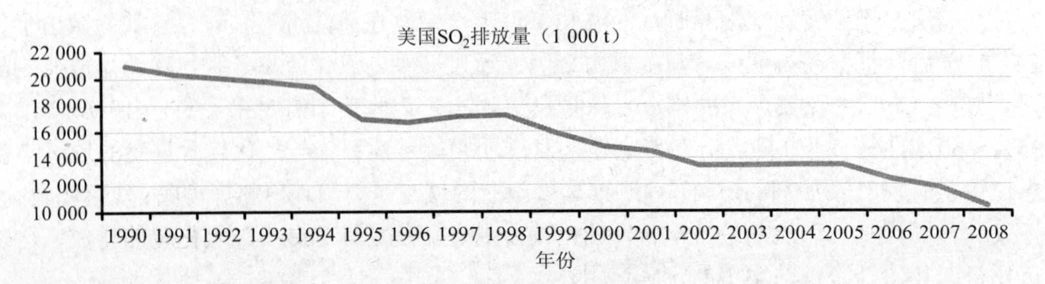

图 5-2 美国 SO_2 排放趋势

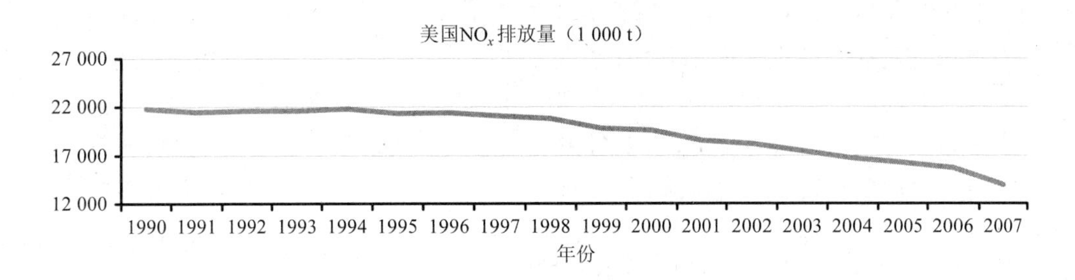

图 5-3　美国 NO_x 排放趋势

（2）应对气候变化措施

①应对气候变化措施概况

20 世纪 70 年代末，美国国家科学院就对气候变化的人为原因及其后果做出了评估，到 20 世纪 80 年代末，国外以及美国国内都发生了重大的气候变化事件，包括美国在内的国际社会才真正走上关注全球气候变化和致力于气候治理的轨道上。在近 30 年的气候治理工作中，美国气候变化政策经历了从一般程度到战略高度的转变和发展。

20 世纪 80 年代末，联合国政府间气候变化专门委员会（IPCC）发表了第一次评估报告。该报告认为气候变化的不确定因素，影响气候变化研究的准确性，这一阶段美国政府呼吁加强对全球气候变暖问题的深入研究，围绕“节约能源及改善空气污染问题”[①]开展实施了一系列政策措施。1992 年 10 月 15 日，美国政府签署了《联合国气候变化框架公约》，12 月制定了“全球气候变化国家行动方案”，该方案对美国温室气体的排放情况进行了评估，其中包含了与温室气体减排相关的政府行动，其后加紧了对气候变化的进一步研究。1993 年 10 月提出了旨在推动工业和政府高效的“美国气候行动方案”，其中设定了“2000 年的排放量回归到 1990 年水平”的目标以及为实现这一目标的近 50 个行动计划，主要以自愿性倡议为主。进入 21 世纪之后，美国政府从能源科学技术入手，以促进节约能源及发展再生能源技术为主要内容，从减少温室气体排放的角度减缓全球性气候变化趋势，2001 年 6 月，提出“探讨气候变化成因研究行动”，投入大量资金在多个部门推进气候变化的相关研究，并在之后的一年中实行“洁净天空行动计划”和“全球气候变化行动”，其主要内容是限制污染严重的氧化氮、二氧化硫、汞气体以及温室气体的排放量，有计划有步骤地削减排放水平。

现阶段，以 2008 年 11 月奥巴马在联合国气候会上发表“我的总统任期将标志着美国在气候变化方面担当领导的新篇章”的远程演讲为标志，美国在气候变化问题上迎来了一个崭新时期。奥巴马政府掀起了“绿色经济复兴计划”的应对气候变化的政策改革，主要包括四个方面：第一，开发新替代能源，十年内要在清洁能源开发上投入 1 500 亿美元，在 2012 年，实现可再生能源（生物能、太阳能和风能等）占美国总电力供应 10%的目标，2025 年这一指标提高到 25%。同时，政府大力增加科研支出，加强岗前培训，鼓励科研应用，设置相关标准规范，并任命气候变化方面的专家学者担任能源部门的领导；第二，鼓励技术创新，设立“清洁技术风险”基金，鼓励技术创新及其商业化。鼓励科学技术发展

① 郭博尧．美国温室气体管制政策走向[R]．台北：台湾国家政策研究基金会国政研究报告，2005-03-10.

的同时倡导清洁生产，减少生产过程中温室气体排放；第三，逐步推进节能减排进程，为可再生能源企业提供税收优惠，设立提高汽车燃料效率政策和全国低碳燃料标准（LCFS），资助汽车厂商提高汽车能效。鼓励消费者购买混合动力汽车，为购买工艺先进汽车的消费者提供直接或可转换的税收抵免，并且控制美国建筑物碳排放量，提高新建筑物的内效能；第四，建立气候变化机制，美国政府于2009年6月通过了《美国清洁能源与安全法案》，该法案制定了温室气体"总量控制与排放交易"机制，承诺到2020年美国的温室气体排放量比2005年降低17%，到2050年降低83%。同时在联合国、《联合国气候变化框架公约》以及G8峰会等既有国际组织的框架下，美国政府加强了应对气候变化的国际间合作力度，推进多边合作。为了加深国际间交流合作，2009年3月27日美国主办了"主要经济体能源与气候论坛"[①]，推进探讨如何增加对清洁能源的供给以及温室气体减排，同时就哥本哈根会议的众多议题展开磋商。

②温室气体减排效果

在温室气体排放总量方面，由于美国在国际上对于温室气体减排的不作为，导致其排放总量一直处于较平稳状态，甚至不降反升（图5-4）。

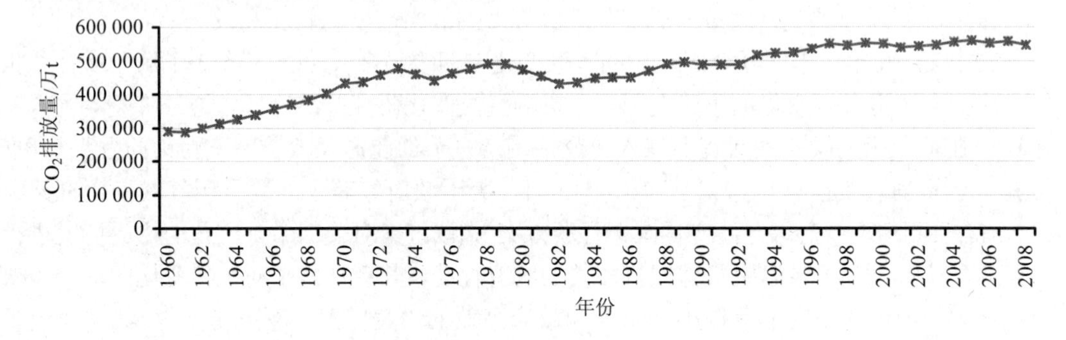

图5-4 美国单位GDP（美元）的CO_2排放趋势

与CO_2排放总量相比，单位GDP的CO_2排放呈现出下降趋势（图5-5）。1960—1972年间，其单位国内生产总值CO_2排放量由15.99 t上升至21.97 t二氧化碳/万元GDP。从1972年起，该数值则呈下降趋势，到了1975年达到最低值20.40 t二氧化碳/万元GDP。此后在1978年同样达到较高水平。进入20世纪80年代以后，该值则处于较平稳的状态，略微呈现下降趋势，到了2006年降至17.96 t二氧化碳/万元GDP，为历史最低值。

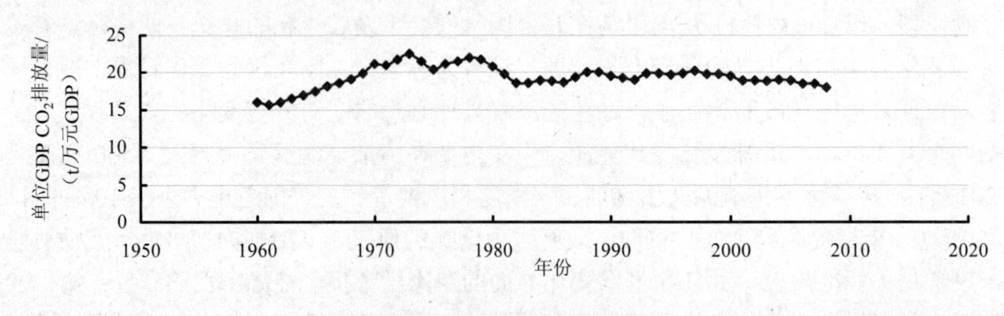

图5-5 美国CO_2排放趋势

① Merle David Kellerhals Jr.. United States to Host Climate Change Forum in April[N]. Washington File，March 31，2009：6.

5.1.1.2　日本

（1）空气污染防控措施

①日本环境管理体系

日本在 1971 年以前的环境管理体制是分散的，政出多门，管理混乱。1971 年 7 月 1 日成立环境厅，直属首相领导，厅长为内阁大臣，标志着日本的环境管理体制进入相对集中式的阶段，环境厅厅长直接参与内阁决策。地方设有道府县和市町村环境审议会，但与环境厅是相互独立的，无上下级的领导关系，国家在环境法的实施中，主要依靠地方自治团体，但中央政府在财政控制和行政指导与监督方面的权力比较大，对地方团体实施法律有很大的影响力，地方团体在法定范围内接受环境厅的领导与监督。2001 年，环境厅发展成为环境省，责任和权限进一步扩大。图 5-6 为日本公害防止组织的基本体系图[①]。

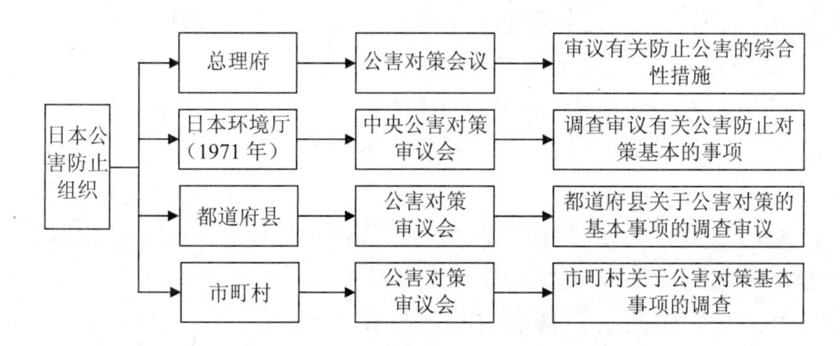

图 5-6　日本公害防止组织基本体系图

环境厅和公害对策会议两者的主要职能基本一致，它们的区别在于，环境厅主要负责组织、协调全国环境保护的事物性工作；而公害对策会议主要是就环境保护的方针、政策、计划、立法及重大环境行为向内阁总理大臣提出咨询意见，实际上是内阁总理大臣的环境咨询机构。

日本环境省机构由大臣官房、综合环境政策局、地球环境局、水和大气环境局、自然环境局、地方环境事务所以及环境调查研修所等组成。大臣官房负责省内人事、法令和预算等业务的综合协调，牵头制定各具体方针，此外还进行政策评估、新闻发布、环境信息收集等，致力于使环境省功能最大限度地发挥。综合环境政策局负责计划和制定有关环保的基本政策，并推进该政策的实施，同时就有关环保事务与有关行政部门进行综合协调。地球环境局负责推进实施政府有关防止地球温暖化、臭氧层保护等地球环境保全的政策。此外，还负责与环境省对口的国际机构、外国政府等进行协商和协调，向发展中地区提供环保合作。水和大气环境局通过积极解决由工厂和汽车等所排放出的物质造成的大气污染，噪声、振动和恶臭等问题，致力于保护国民的健康以及保全生活环境。此外，还将努力确保健全的水循环功能，把水质、水量、水生生物及岸边地纳入视野，加上土壤环境及基岩环境，对其进行综合施政。自然环境局对从原生态自然到我们周边自然的各个形态实施自然环境的保全，以推进人类与自然和谐相处，与此同时还负责推进生物多样性的保全、

① 于博．日本环境政策分析[D]．吉林：吉林大学，2010.

野生生物保护管理以及国际间合作交流等施政。地方环境事务所主要监督地方政府执法，促进采取废物循环方式；鼓励地方政府采取对应气候变暖的措施；开展环境教育，提高公众意识等职能。

②日本空气污染控制对策演化过程

日本的环境政策可以说是建立在重大事件之上的，包括对重大环境问题的对策和应对国际环境压力的反应，甚至在日本民间有这样的戏谑，“只有国外的压力和人类的悲剧才能让日本的政策发生变化。”在此主要以重大环境事件为依据，以国际相关重要会议为线索将日本环境政策的演变过程划分如下[①]：

a．末端治理阶段（20 世纪 70 年代初以前）

该阶段的工作重点是治理环境污染。明治时代开始直至战时环境污染问题较为严重，但未受到应有的重视，加之战后在以恢复经济为目的的经济政策下进行的工业化给环境带来了极大的负担，然而人们立志“赶超发达国家”的雄心壮志和政府著名的“收入加倍计划”都转移了人们的注意力，直到四大公害事件的相继发生不仅震惊了世界，更重要的是将大多数沉浸在大力发展经济的浪潮中的日本人唤醒了，包括四大事件——痛痛病，水俣病，新泻水俣病和四日市哮喘病在内的多起公害事件的受害者相继起诉，为政界和商界也敲响了警钟，据日本政府记录，到 70 年代，与环境污染有关的诉讼案件约有 6 万件。

日本于 1958 年制定了《工厂排污规制法》，1962 年制定了《烟尘排放规制法》等，在制订了少数专项的对策法令后，1967 年《公害对策基本法》公布，并于当日施行，1968 年颁布实施《大气污染防治法》，1970 年内阁设置公害对策部，同年的临时国会对《公害对策基本法》进行了指导方针上的更改，去掉了“保护环境与经济发展相协调”，从而确立了保护环境的重要地位，此次国会更因一举通过 14 项与公害对策相关的法案而被称为“环境国会”，此阶段的大多法令是对社会活动的直接限制规定，并都以严厉著称，而实际上各地方政府所制定的条文要更加严厉。1971 年以公害对策部为基础成立了环境厅，并收纳了厚生省、通产省、经济企画厅和林野厅下的几个相关部门，环境问题主管部门不仅级别提高，管理范围也更广泛而系统，这些都有力地强化了环境管理力度和环境政策的执行效率，标志着日本对环境问题的处理迈入了新阶段。

b．保护环境阶段（20 世纪 70 年代初到 90 年代初）

1970 年的公害国际会议发表的《东京宣言》中明确指出了“任何人都有享受健康、福利和自然资源的权利”，在其倡导下，加之“环境财产权”理论的提出，日本于同年正式提出了具有法学意义的环境权理论，从而明确了环境权是基本的人权，同时环境也是一种公共财产，任何人对其均有享用的权利与保护的义务。

1972 年联合国人类环境会议在瑞典首都斯德哥尔摩召开，来自 113 个国家的代表第一次在一起讨论全球环境问题及人类对于环境的权利与义务，并通过了具有划时代意义的《人类环境宣言》，声明人类有权享有良好的环境，也有责任为子孙后代保护和改善环境，各国有责任确保不损害其他国家的环境，环境政策应当增进发展中国家的发展潜力。尽管会后区域和全球性的环境问题并没有得到本质上的改善，然而一些工业国在环境治理方面逐渐取得了一些重大的成效。从 70 年代中期以来，生活条件的提升，空闲时间的

① 于博．日本环境政策分析[D]．吉林：吉林大学，2010.

增加以及重大污染问题的减少都促使民众的需求转移至强调生活品质的生活方式，尤其是自然和愉快的城市周围环境。OECD 也在其环境绩效评估中肯定了日本治理公害给人们造成的健康危害问题上取得成效的同时指出了保护环境以提高生活质量已经成为环境和其他政策上的重要部分。从而日本环境工作的重点也从治理公害转移到改善自然环境，并于同年制订了《自然环境保全法》，然而，随着公害带来的灾害得到一定程度的控制，新的工作（保护环境）似乎由于其概念上的含糊性和含义的深刻而使日本面临了一个难题。

自 70 年代初起，受石油危机的影响，日本的经济进入到了所谓的“安定成长期”，直至 80 年代后半段的泡沫期前一直处于较缓慢的增长阶段。此阶段日本的产业结构也由钢铁化学等重工业转变为以汽车、电器、电子等产业为重点，社会在完成工业化和城市化的基础上，步入后工业化时代，这使得产业型公害锐减，尤其进入 20 世纪 80 年代以后，随着人民生活水平不断提高，生活方式更加多样化，城市生活型污染迅速增多，机动车引起的大气污染问题。对此，自 1974 年起，日本在大气环境方面循序渐进地对引起环境污染的项目实行总量控制，实行地区排放总量和大型点源排放总量控制，并在东京、大阪等高污染区实行更严格的总量标准，在按总量进行排污削减的优化分配基础上，选择治理较佳的削减排污方案。1981 年日本政府在 OECD 的建议下，日本开始建立环境影响评价制度，确保在开发大规模项目时对环境保护做适当的考虑，经过试行，最终于 1984 年正式决定实施。

c．应对国际化问题阶段（20 世纪 90 年代初到 2006 年）

1992 年联合国环境与发展大会在里约热内卢召开，会议期间，154 个国家签署了《气候变化框架公约》，148 个国家签署了《保护生物多样性公约》，拉开了解决全球性环境问题的大幕。次年日本政府制订了《环境基本法》，同时废止了《公害对策基本法》，日本环境法律体系又一次得到了完善，这部综合性法律包括了对工业废物、产品、废料及土地利用的限制，对节能的改善，促进循环，环境污染控制计划安排以及对受害者的安抚和对相关处罚的规定。同时该法规定“为了谋求综合而有计划地推进有关环境保护的政策，政府应当制订有关环境保护的基本规划”，该计划主要拟定有关环境保护的综合性和长期性的政策大纲及包括旨在综合和有计划地推进有关环境保护政策的必要事项。

第一个环境基本计划于 1994 年制定实施，提出了“循环”、“共生”、“参与国际相关事务”的环境政策的理念以及环境政策的主题筛选和体系化，其目的是为了能够实现以环境负荷少的循环为基调的经济社会体系，并希望吸引所有的人参与环保行动，并形成国际性的环保事业。第二个环境基本计划于 2000 年制定实施，重点为“从理念向执行展开”和“确保计划的实效性”，通过设定对地球变暖等 11 个领域的战略性计划，以明确重点并确保实效性，并形成万全的环保政策以应对各种情况，同时发表“走进环境世纪”的环境政策指针为“实行污染者负担原则”，“提高环保效率性”，“坚持预防性方针”和“推行环境风险制”。

在环境基本计划的指导下，日本积极地应对全球性环境问题。1997 年签订的《联合国气候变化框架公约》的补充条款《京都议定书》表示要将大气中的温室气体含量稳定在一个适当的水平，进而防止剧烈的气候改变对人类造成伤害。同时，日本开始重视环境外交，也就是全球环境与发展领域的谈判。日本在积极参与有关国际会议及环境立法活动之时，以其世界领先的环保技术为优势，以“援助、贸易、投资”的三位一体指导思想，将不少环保技术转让出去，既带来了经济效益，也提高了国际地位。之后日本在 1997 年制订了《环境影响评价法》；于 1998 年制订了地球温暖化对策推进的相关法律；在 2000 年又制订了有重大意义的《循环型社会形成推进基本法》；2001 年环境厅发展成为环境省，同时接管了厚生省的废弃物处理工作，功能全面提升，责任也进一步扩大。

d. 环境与经济并行阶段（2006 年以后）

2006 年，第三个环境基本计划公布，其副标题“从环境开拓新的富裕之路”，直接点明了这一阶段环境政策的主题——“环境、经济和社会的综合提升”。此次计划提出形成环保型的可持续的国土和自然环境，加强技术研发，采取必要措施应对不确定性，推进国家、地方政府和国民的参与和协作，强化具有国际性战略的举措，并且勾画了以 50 年为视野的长期性政策。“通过环保工作搞活地区经济，再利用地区的活力促进环保工作”是对保护环境与发展经济之间的关系的新认知，这种环境和经济发展良性循环的思想不仅是以后环境政策的展开方向，也标志着环境政策进入了新的时代。

近年来，为完成《京都议定书》中签订的协议指标，日本将环境保护的重点转移到构建低碳社会和形成区域循环圈。2007 年，日本中央环境审议会确立低碳社会的三项基本理念：（a）实现低碳化。在产业、行政、民间等社会各领域，改变大量生产、大量消费、大量废弃的发展模式，推进节约型能源和低碳能源的利用，确立低碳社会经济体制。（b）实现观念转变，通过社会体制变革改变以往奢侈型人均碳排放水平，为构筑低碳社会创造条件。（c）实现人与自然的和谐。通过对森林、海洋等自然环境的保护、促进各地区生物能源的利用等，确保人与自然和谐相处。与此同时，日本从 2007 年起开始征收化石燃料税，征收的对象包括煤、石油、天然气，征收标准为每吨 21 美元。日本目前正在考虑对温室气体的排放征税。2009 年 12 月 7 日，《联合国气候变化框架公约》第 15 次缔约方会议暨《京都议定书》第 5 次缔约方会议开幕，世界目光聚焦哥本哈根，气候变化问题再次引起世人关注。此次会议虽然没有达成具有约束力的协议，但是日本政府出台了执行“到 2020 年在 1990 年的基础上减排 25%”这一目标的四个方案，其中在国际减排方面，日本政府允许最高达 60%的减排指标来自国际减排配额。日本环境部长小泽锐仁宣布至 2012 年，以“鸠山行动”为名义提供 150 亿美元的快速启动资金，来帮助那些最贫穷的国家和最受气候变化影响的国家抗击气候变化。此外，来自日本经贸部的数据显示，由于经济危机，日本 2008 年的温室气体排放量下降了 6.7%。

综上所述，对日本环境政策的发展进行小结见表 5-1。

表 5-1　日本空气环境政策发展小结

	社会经济背景	主要环境问题	政策及措施
1970 年代以前	1. 高速经济增长 2. 推崇经济规模 3. 扩张重工业和化学工业 4. 指定特别发展地区的经济集中 5. 社会生活基础设施发展滞后 6. 大批量生产和大众消费的生活方式	1. 保护环境为发展经济让路 2. 工业污染给民众带来的健康灾难 3. 开发活动引起的自然环境破坏	1. 加强对污染源的控制 2. 针对特定污染物和污染地区的单项法规

	社会经济背景	主要环境问题	政策及措施
1970 年代到 1980 年代末	1.“石油危机”及经济减速 2. 日本优势技术发展 3. 产业升级，由资源密集型逐渐向技术密集型转移	1. 由汽车等引起的大气污染 2. 城市氮氧化物和生活污染 3. 化学品污染 4. 污染者与受害者不再有清楚界限	1. 明确环境权 2. 推进综合控制污染物排放总量和保护环境的项目 3. 建立环境影响评价机制 4. 大力扶持环保产业发展
1990 年代到 2006 年	1.“平成大萧条” 2. 全球化 3. 大都市社会经济功能的集中 4. 大众消费和大批量生产的生活方式的扩展	全球环境问题	1. 重视国际合作 2. 环境与经济相互促进发展
2006 年至今	1. 仍处在“平成大萧条”中 2. 老龄化日益严重	1. 大气状况已大为改善 2. 减少碳排放以促进全球环境	1. 构筑低碳社会 2. 推进区域循环圈建设

③效果分析

日本显著改善了的环境质量是对日本环境政策实施效果的最有力的肯定。去日本旅游观光是很多人的心愿，这不仅是因为东京、大阪等大都市的繁华与时尚，日本的自然环境也为很多人称道，虽然城市鲜有壮丽风光，但不乏精心打理过的小景致，而远离都市的青山绿水与碧海蓝天更是让人感觉轻松惬意，加之尽善尽美的基础设施和彬彬有礼的日本国民，一起向大家展示了一个安全有序、环境整洁的国家，这一切与日本环境政策的实施是分不开的。

早在末端治理阶段，随着各项相关法律法规的制定、环境管理行政体制的不断完善，以及在国家鼓励下的企业大规模环保设备投入等，日本在很大程度上控制了公害对社会带来的灾害，在成为了世界上对公害限制最严厉的国家之一的同时逐步地改善了本来日趋恶化的自然环境，为日后的环境工作打下了思想和行为上的基础。例如 1985 年 OECD 在《环境白皮书》中专门介绍了日本北九州从“灰色之城”转变为“绿色之都”的过程，北九州工业带作为发展经济的重点地区曾经是日本大气污染最严重的地方。为此，政府颁布了《公害防治条例》，采取总量控制的同时，地方政府及组织以与企业签订公害防治协议书的方式促使企业对其排放物中的硫氧化物等污染物采取降硫等有效措施，1972—1991 年政府和企业共同投入了 8 043 亿日元环保费用，最终逐步使得昔日浓烟蔽日的北九州的天空还原至清澈湛蓝。

以 SO_2 为代表的常规空气污染物方面，由于采取了一系列的应对政策措施，如调整经济结构、改善能源结构、促进清洁燃烧技术开发等一系列措施，使得 SO_2 的排放量呈现下降的趋势（图 5-7），在 1994 年出现一个上升期，而在 1994 年以后则一直处于下降的阶段，直至 2008 年达到最低点，年排放量为 78 万 t，比 1990 年的 101.2 万 t 下降了 23.2 万 t，降幅达 23%。而日本 NO_x 的排放在 20 世纪 90 年代呈现波动趋势，进入 21 世纪，由于采取了较为强劲的减排措施，使得 NO_x 的排放呈现急剧下降趋势，由 2002 年的 214.6 万 t 下降到 2007 年的 187.4 万 t，下降了 27.2 万 t，降幅达 13%（图 5-8）。

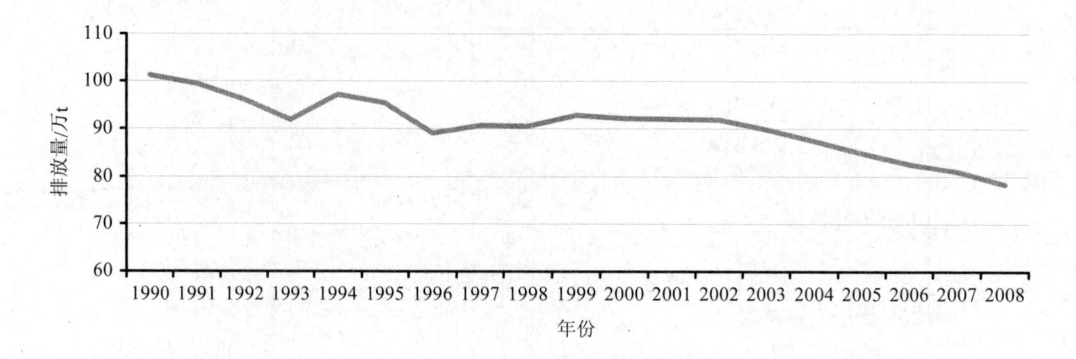

图 5-7 日本 SO_2 排放趋势

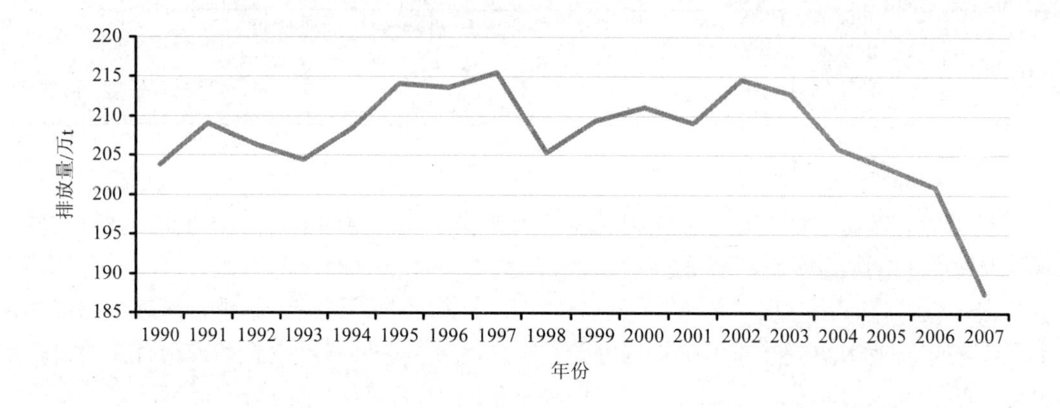

图 5-8 日本 NO_x 排放趋势

（2）应对气候变化措施

①应对气候变化措施概况

在全球气候变化问题备受关注的时期，日本从自身政治经济利益出发，以可持续循环发展为目标逐步建立形成了系统化的应对气候变化策略，并凭借资金技术优势，有效地开展了多元化国际气候变化合作。

日本应对气候变化的政策演进过程经历了两个主要阶段，首先加强环保方面的立法和政策引导阶段，强调政府监管职能。20 世纪 90 年代，日本提出“环境立国”的口号，并于 1993 年颁布实施了《环境基本法》。该法案进一步明确了日本政府在环保领域的长期施政方针和策略，是日本环境法发展史上的重要里程碑。以《环境基本法》为指导，日本从 1994 年开始制定“环境基本计划”，并根据需要定期进行更新①，从而具备了比较完备的环境保护法规和实施体系。另外，日本政府不断加大投入，努力促进环保技术研发和相关产业发展。在政府的引导和政策激励下，日本的环保技术在近二三十年取得了突飞猛进的发展，废弃物处理、烟尘脱硫、太阳能发电等多项技术均处于世界领先水平。先进的环保技术不仅有效降低了日本工业污染程度，而且使日本形成了大量有国际竞争力的环保企业。

① 新华网．日本“绿色新政”瞄准四大目标[Z/OL]. http://news. xinhuanet. com/environment，2009.

目前，日本政府对环境保护依然非常重视，在应对气候变化的政策制定和实施方面所做的工作也很全面。第一，日本政府制定分三个阶段的减排目标，保证第一阶段全面实施减缓气候变化对策，第二阶段对减缓气候变化工作进行总结、评估及修订，在对前两个阶段进行总结分析的基础上，进一步完善计划，最终形成第三阶段承诺的 6%的减排目标①；第二，构建法律保障体系，1998 年 4 月日本制定了《地球温暖化对策推进法》，其中对能源对策、控制温室气体排放源对策等制定了具体的目标和措施；第三，试行二氧化碳交易市场，其市场决定交易价格，试行秉持企业自愿参与、自主设定减排目标的原则；第四，征收环境税，执行强制税收的政策，对产生二氧化碳等温室气体较多的石油、煤炭、天然气等化石燃料从 2007 年 1 月起征收环境税；第五，鼓励新技术的研发，研究重点集中在温室气体储存、固定技术及化学吸收法、生物法、电化学法以及其他有利于应对气候变化的环保新技术；第六，出台节能与可再生能源政策，政府通过低息融资等手段扩大天然气管道的铺设范围，鼓励使用天然气，提高太阳能、地热、风能、核能发电比例。

②温室气体减排效果

日本对于应对气候变化一直都报以积极的态度，并在国际气候合作上做出很多努力。其单位 GDP 二氧化碳排放量自 1960 年至 70 年代末，呈现增长趋势，而在 1983 年左右又处于同期最低水平；1990—2008 年，则处于较为平稳的阶段，并略有上升（图 5-9）。而对于 CO_2 的排放量而言，其发展趋势与单位 GDP 二氧化碳排放量趋势相似（图 5-10）。

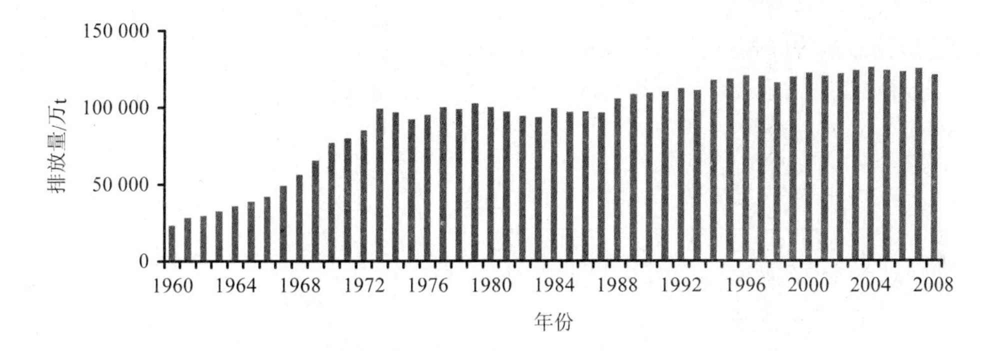

图 5-9　日本 CO_2 排放趋势

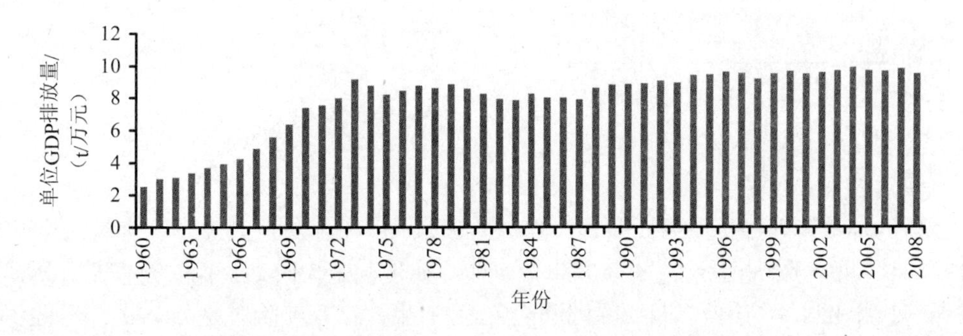

图 5-10　日本单位 GDP（美元）的 CO_2 排放趋势

---

① 评价日本京都议定书执行对策[EB/OL]. 2009-09-04.

5.1.1.3 欧盟

(1) 空气污染防控措施

①欧盟环境管理体系

欧盟作为一个具有超国家性质的区域性的国际组织，其内部设有相当完备的组织机构，其中与环境政策、法律有关的机构主要有：欧洲委员会、欧洲议会、部长理事会、欧洲法院、经济和社会委员会、区域委员会、欧洲环境局。这七个主要的欧盟组织形成了制定和实施欧盟环境政策和法律的组织框架，也是欧盟环境管理体系中的核心部分。欧盟委员会，正式公布和执行理事会做出决定或通过有关环境政策、法律。部长理事会，根据《欧洲联盟条约》145 条的规定，可以在通过的法令中，授权欧委会实施由理事会制定的法规，理事会可以就这些权利的行使规定某些要求。在特定的情况下，理事会也可以保留直接实施的权利，甚至可以授权欧洲法院执行理事会制定的环境规则和罚款决定。欧洲议会，根据《建立欧洲共同体条约》第 138C 条的规定，在履行其职责的过程中，如果发现违反环境政策、法律或者环境方面的失职行为，可以应 1/4 议员的要求，设立一个临时性的调查委员会，在不妨碍该条约赋予其他机构的权利的前提下，调查在实施欧盟环境法令中受指控的违法或失职行为。欧洲环境局于 1993 年在哥本哈根正式成立，是欧盟一个独立的机构，也是一个独立的法定实体，由每一个欧盟成员国的一名代表和两名由欧洲议会提名的科学人士组成。其职能为："以欧洲为基础，为欧盟和成员国提供客观、可信和可比较的信息。"其目的是为欧盟和成员国采取适当措施保护环境以及正确评价这些措施的效果提供帮助，并确保公众能适当地获取环境状况的信息。欧盟执行、实施机构示意如图 5-11 所示。

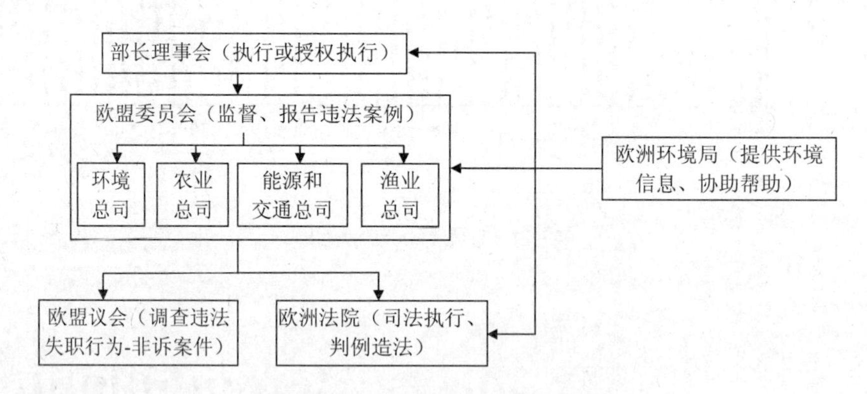

图 5-11 欧盟执行与实施机构示意图

②演化过程

欧盟的环境管理经历了四个阶段：第一阶段从 1967 年共同体第一个环境法令的制定到 1987 年《单一欧洲法令》(SEA) 生效，即"初步制定"时期；第二阶段从 1987 年到 1993 年 11 月 1 日《马约》(即《欧洲联盟条约》) 生效；第三阶段是从 1993 年到 2000 年欧共体第五个环境行动计划，即"迈向可持续发展"时期；第四阶段是 2001 年至今，欧共体第六个环境行动计划生效，为发展到新的历史时期。

a．初步制定时期

这个阶段是从 1967 年欧共体第一个环境法令的制定到 1987 年《单一欧洲法令》生效前。20 世纪 50—60 年代，欧洲地区出现了比较严重的环境问题，主要表现为工业污染。当时欧洲一些工业发达国家，面对这些工业污染，首先在各自国内通过了一些进行污染治理的法令。例如：英国 1956 年颁布的《清洁大气法》、荷兰于 1962 年制定的《公害法》、1972 年制定的《大气污染法》等；意大利 1966 年颁布的《大气清洁法》；联邦德国在此期间颁布的《空气污染控制法》等。

欧共体建立的初衷就是要集中西欧的力量进行经济建设，但是各自不同的环境政策与标准影响到共同体内商品的流动和公平竞争的实现，进而影响到共同体内部统一大市场的运行；再加上 20 世纪 60 年代出现的几次环境公害，如伦敦的几次大烟雾事件、1967 年爱尔兰约有 120 多种共十多万只海鸟因多氯联苯中毒而死亡事件，要求共同体采取措施加强环境保护方面的协调。欧共体便开始在共同体层面制定环境政策。这个阶段欧共体的环境政策主要由环境法令和环境行动计划两部分组成。欧共体在这一阶段总共颁布了 100 多项环境法令，涵盖了水法、空气法、废物法、化学物品法、噪声法、自然资源保护法等领域，基本上奠定了现有欧盟环境政策的基本框架。与此同时，欧盟还制定了环境行动计划，规定相应时期内的优先任务，提出一系列应当采取的措施，并对将采取的措施附带详细的说明和时间表。1972 年是欧盟环境政策发展标志性的一年。10 月，欧共体成员国首脑会议在巴黎召开，会议第一次提出了欧共体共同的环境政策，发出了制定欧共体环境政策的真正信号，成为欧共体环境保护史上的一个里程碑。

b．发展完善时期

这个时期是从 1987 年的《单一欧洲法令》生效起到 1993 年《马斯特里赫特条约》（简称《马约》）生效前。这个时期相比第一阶段，最大的不同就在于明确了共同体一级的环保权限，提高了环境保护在共同体政策中的地位。1987 年 7 月 1 日生效的《单一欧洲法令》对《罗马条约》进行了重大修改。该法在原来的《建立欧洲经济共同体条约》第三部分中新添了“环境目”，即“第十目”，为环境政策的制定和环境立法提供了专门的、明确的渊源，即第 130R，130 s 和 130T 条（称为“环境条款”）。这样欧共体的环境政策目标第一次被置于欧共体条约之中，正式将环境政策推向了欧共体的议程。同时，更加明确地要求把环境目标融入到其他政策中，并在控制和预防污染方面采取更严格的标准。1987 年欧共体理事会通过了《欧共体第四个环境行动计划》（1987—1992 年），该行动计划开始于单一市场建立之时，结束于单一市场完成之时。因此共同体非常关注单一市场对环境的影响，因而该计划将高标准环保要求纳入其他共同体政策领域中，强化污染控制的综合方法。据统计，1986—1992 年，一共颁布了 100 多项环境法令，制定了欧共体第四个环境行动计划，基本完善了环境政策法律体系。

c．迈向可持续发展时期

1993 年《马约》生效以来，欧盟环境政策进入全面可持续发展的阶段。这一阶段欧盟不再把环境问题简单地看做是环境污染、环境破坏问题，而是把它上升到事关人类可持续发展的战略高度。这是一个根本性的转变。《马约》进一步提升了环境保护在欧盟条约中的地位。它对《单一欧洲法令》中有关环境事务条款进行了修改和补充；其次，它对《单一欧洲法令》中的“环境条款”也做出了重大修改。除了上述基础条约对欧盟环境从战略高度做出安排以外，这个时期欧盟在具体的环境法令法规和指导性的环境行动计划方面取得更大的进步。一方面进一步完善了各单项环境政策法规，另一方面在一般性的环境立法方面取得重大突破。

这一时期，欧共体/欧盟的环境政策主要体现以下特点：第一，环境政策体系日益完善。经过不断的演变与发展，欧盟的环境政策无论是从战略高度、环境保护的指导思想，还是从政策法律体系或实施管理手段、监督检查手段来说，称得上是世界上最先进的环境政策体系之一。第二，积极实施可持续发展战略。1997 年签订的《阿约》即把促进经济增长、社会发展、环境保护相互协调的可持续发展列为目标，各成员国制定本国可持续发展的具体政策和措施。

d．发展到新的历史时期

21 世纪初，2001 年在瑞典哥德堡理事会上经过协商通过了欧共体的第六个环境行动计划（2001—2010），名为“环境 2010，我们的未来，我们的选择”（Environment 2010：Our Future，Our Choice），确定了气候变化、自然与生物多样性、环境与健康以及生活质量、自然资源的可持续利用和废弃物管理等四个优先领域，欧盟各成员国将根据该规划制定本国的环境政策，随着欧盟一体化进程的加快和扩大，欧盟成员国的环境政策一体化进程正在加快。此外，欧盟在推动有关国际环境活动和合作方面也做出了巨大努力。欧盟是国际气候谈判的发动者与推动者，欧盟从有利于解决温室气体排放问题的角度，提出了限制排放的具体目标，在清洁发展机制、环保技术转让、碳汇贸易等问题上采取与美日不同的立场，最终在 1997 年订立了关于国际气候变化的《京都议定书》。2001 年在美国放弃《京都议定书》的两难困境之下，欧盟起着主要的推动者和领导者的作用，并于 2002 年签署了《京都议定书》。在欧盟对俄、日、加做出让步的情况下，挽救了《京都议定书》而不至于半途而废。此外，在美国等国家迟迟不愿意主动设置减排目标的情形下，在 2007 年印尼巴厘岛缔约国会议上，欧盟便是推出了其雄心勃勃的减排计划而令人瞩目。欧盟在其提交的议案中声称，只有到 2050 年全球温室气体排放量下降到 1990 年的一半以下，才能保证自产业革命以来的气温增幅不超过 2℃，因此在 2013 年之后的框架协议中，他们提出发达国家所承担的减排义务应当比《京都议定书》中的规定还要多，除了这份提案，在欧盟散发的文件中还建议，2020 年的排放量要比 1990 年减少 30%，到 2050 年则要减少 60%～80%。而且欧盟已经为自己制定了单独的目标，即到 2020 年最少削减温室气体排放量 20%。可以说，欧盟在环境保护上面做了相当多的工作，其效果也得到显现。

③效果分析

由于有效执行欧盟空气质量政策，西欧空气污染物的排放从 2000 年以来每年下降 2%，预计这一趋势将持续到 2020 年。在欧洲东南部，2000—2004 年的排放量保持稳定，预计到 2020 年能减少 25%。在东欧，自 1999 年以来的经济复苏，导致空气污染物排放量增加了 10%，预计到 2020 年，除二氧化硫以外，排放量还将上升（Vestreng 等，2005）。实现更安全的空气质量水平需要更多的努力。在西欧和欧洲东南部，到 2020 年，预期的空气污染物减排将显著减少对公共健康和生态系统的影响，但尚不足以达到安全的水平。

从总体来看（图 5-12），对于 SO_2 的排放量而言，2001—2010 年的这十年间，其一直处于下降阶段，从 2001 年的 985 万 t 下降至 2010 年的 457 万 t；2010 年排放量相比于 2001 年，下降幅度达到 53.6%。

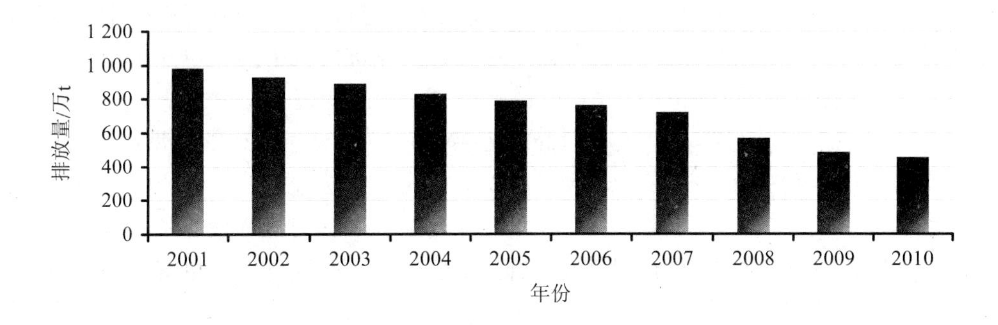

图 5-12　欧盟 SO_2 排放趋势

（2）应对气候变化措施

①应对气候变化措施概况

起源于欧洲环境保护运动的欧盟气候变化政策，其形式和内容同样也经历了一个循序渐进、逐步深入的过程，应对气候变化的政策在参与《联合国气候变化框架公约》和《京都议定书》两个国际法律文件谈判的过程中逐渐形成。作为欧盟气候变化政策的起源，欧洲环境保护运动经历了从环境保护主义运动的兴起阶段，到绿色政治转型阶段，再到积极环保政策三个阶段，进而把环保运动进一步推向深入，欧洲环境运动也从个别国家蔓延到整个欧盟。

1988 年 12 月联合国政府间气候变化专门委员会（IPCC）的成立标志着气候变化问题已经全面进入国际政治议程，成为一个事关各国重大利益的政治和外交问题，同时开启了欧洲各国应对气候变化政策的进程。欧盟坚持谁污染谁承担治理费用的原则，主张发达国家在应对气候变化和减缓气候变化带来不利影响方面应该承担更多义务[①]。为落实《京都议定书》承诺的减排目标，欧盟依据成员国不同经济环境水平制定和实施了应对气候变化的政策措施，其中包括一系列法规、指令、决议和建议等，加强内部整合力度的同时约束成员国制定具体的减排目标和措施。从 1990 年到 2005 年，欧盟 15 国的温室气体排放减少了 1.5%，欧盟 27 国的温室气体排放与 1990 年的排放水平相比减少了 7.9%。[②]

面对全球气候治理的新任务和新局面，欧盟应对气候变化的政策也有了新动向和新特点，主要包含五个方面：第一，欧盟排放权交易体系的修改，欧盟排放交易机制得到进一步的扩展；第二，在运输、农业和住房等部门建立具有约束力的二氧化碳排放目标；第三，制定约束性可再生能源目标，推行生物燃料；第四，成立全球能源效率和可再生能源基金，2008 年由欧洲投资基金协助实施的，全球能源效率和可再生能源基金（GEEREF）正式成立，其投资重点放在了被商业投资机构和国际金融机构忽视的环保项目上；第五，制定了关于碳捕获和封存以及环境补贴的规章制度。[③] 2007 年 3 月欧盟首脑会议提出了一项能源和气候一揽子决议，其对欧盟气候变化和能源政策方面具有标志性意义。核心内容概括为

① Furio Cerutti，Sonia Lucarelli. The Search for a European Identity：Values，politics and legitimacy of the European Union，Landon and New York. Taylor & Francis Group，2007：82.

② Annual European Community Greenhouse gas inventory 1990-2005 and inventory report 2007，http://reports.eea.europa.eu/technical_report_2007_7/en.Accessed on May10，2010.

③ 张焕波．中国、美国和欧盟气候政策分析[M]．北京：社会科学文献出版社，2010：73-76.

“20-20-20 行动”：第一，承诺到 2020 年欧盟温室气体排放量在 1990 年基础上减少 20%，若在实施过程中，其他发达国家相应大幅度减排并且先进发展中国家也能承担起相应的义务，则欧盟国家将承诺减少 30%；设定可再生能源在总能源消费中的比例提高到 20%的约束性目标，包括生物质燃料占总燃料消费的比例不低于 10%；以及将能源效率提高 20%。为了保障目标的顺利实施，欧盟委员会还提出了相应的立法建议，该项立法建议也被称为欧盟气候变化扩展政策。[①] 目前已有一些欧盟国家出台了应对气候变化的法律法案，其中 2007 年 3 月 13 日英国发布全球第一部气候变化法律《气候变化法》草案以指导英国的减排行动。

②温室气体减排效果

对于 CO_2 的排放量与单位 GDP 二氧化碳排放量而言，其总体的变化趋势是一致的（图 5-13、图 5-14）。1960 年至 1979 年这 30 年间，CO_2 排放量处于上升阶段，从 1960 年的 23.44 亿 t 增至 1979 年的 44.30 亿 t；而对于单位 GDP 二氧化碳排放量，1978 年之前一直处于上升阶段，在 1978 年达到历史最大值，9.717 t 二氧化碳/万元 GDP。进入 20 世纪 80 年代直至 2008 年，二者则处于稳中有降的阶段，这主要得益于欧盟对于节能减排的积极态度及努力。

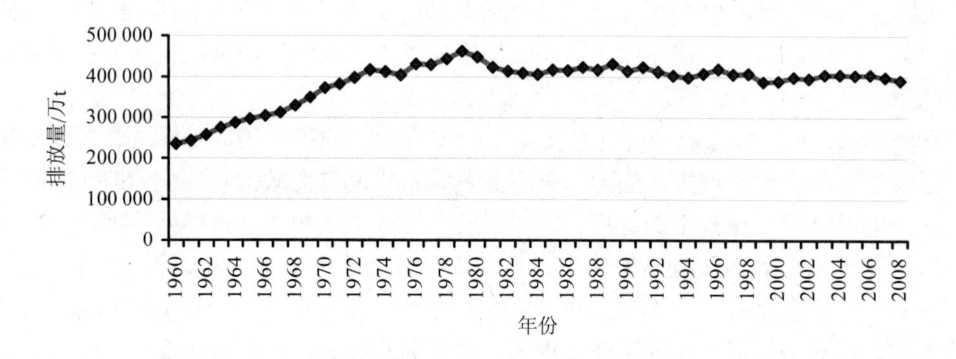

图 5-13 欧盟 CO_2 排放变化趋势

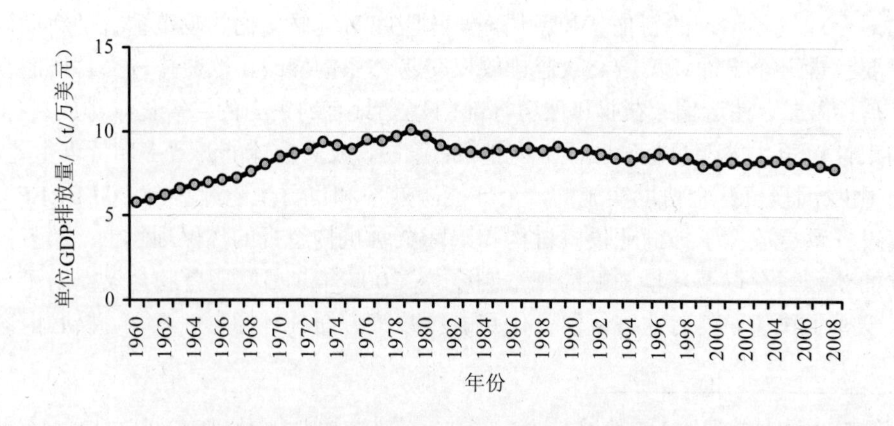

图 5-14 欧盟单位 GDP 的 CO_2 排放趋势

① EU，“20 20 by 2020 Europe's Climate Change Opportunity”，COM（2008）30/final Brussels 23.1.2008.

5.1.2　典型发展中国家

5.1.2.1　印度

（1）空气污染防控措施

①印度环境管理体系

印度的环境管理主要通过设立全国性的环境保护机构以及地方各邦设立相应的环境管理机关，从而在全国构建起相当完备而健全的环境管理机构。国家层面上，1972 年 2 月印度设立了“国家环境规划与协调委员会”，隶属于科技部，负责管理环境事务。1980 年 11 月 1 日成立了独立的“环境总局”，专门负责环境问题的管理事宜。1981 年 5 月设立了全国环境计划委员会，取代之前的国家环境规划与协调委员会，其主要职责是准备每个年份的“环境公告”。1985 年环境总局升格为“环境与森林部”，是现今印度环境与森林的最高行政管理机构。此外，印度政府还设立了具体的环境领域的管理组织、机构和单位。污染控制领域的管理机构有三个：中央污染治理委员会、国家河流保护局、国家环境控诉局，其下面还设立了环境影响评估机构局等来具体处理环境控诉事宜。

②印度空气污染防控对策与措施演化过程

a．独立前（1947 年以前）的环境保护

独立之前，印度受英国的殖民统治，这时期对于环境保护意识相当淡薄，在这一时期其环境污染并不严重。独立之前印度的污染防控政策主要是英国殖民统治时期所颁布的一系列法律法规来实现。控制空气污染的条例有 1905 年的《孟加拉烟雾损害条例》、1912 年《孟买烟雾损害条例》、1923 年《印度锅炉条例》、1938 年《机动车法》。在这一时期，由于英国的殖民统治，印度对环境保护的诉求无法得到保障。

b．1947 独立至 1972 年斯德哥尔摩大会前

在这一时期，印度举全国之力发展经济，环境质量有恶化的趋势。从 1952 年起，印度实施第一个五年计划，前三个五年计划中均没有明确提到环境和发展的问题，也未建立各种形式的组织机构来进行环境保护。但在这一时期，印度颁布了一些相关的环境法律法规，如：1947 年《矿山矿物（管理和开发）条例》、1948 年的《工厂法》、1954 年《食品掺假防治条例》，1956 年的《河滨路条例》，1958 年《古迹和考古遗址遗物法》，1960 年代颁布的法律有 1961 年《工业（发展和规划）法》、1962 年《原子能法》、1968 年《农药法》，1970 年《商船运输（修正）条例》、1971 年《辐射防护条例》等。

c．1972 年斯德哥尔摩大会到 1984 年博帕尔事件前

这一时期，印度在发展经济的同时开始注重环境保护，但是保护环境的效果并不明显，环境质量有恶化的趋势。从 1972 年起，印度进入第四个五年计划。印度第四个五年计划第一次明确提出了环境问题，指出必须把环境议题纳入国家的计划和发展中。“五五”计划进一步强调国家发展规划要与环境管理连接起来。1972 年 2 月印度设立了“国家环境规划与协调委员会”，隶属于科技部，负责管理环境事务。1980 年英迪拉政府开始有意识地加强环境管理的制度化建设，设立一个特别授权的高级委员会，其主席是国家计划委员会的副主席蒂瓦里。根据该委员会的建议，英迪拉政府在同年 11 月 1 日成立了独立的“环境总局”，专门负责环境问题的管理事宜。1981 年 5 月设立了全国环境计划委员会，取代

之前的国家环境规划与协调委员会，其主要职责是准备每个年份的“环境公告”。在这一时期，也颁布了相关的环境保护法律法规，如1981年《空气污染防治法》、1982—1983年《空气污染防治条例》等。

d. 1984年博帕尔事件后到现在

自博帕尔事件后，印度加大了对环境保护的力度，在发展经济的同时，通过采用一系列的环境管理措施加强行政管理之外，还通过立法来保障环境质量。1984年博帕尔毒气泄漏事件以及印度环境的持续恶化，促使拉吉夫政府大力加强环境管理的行政机制，1985年环境总局升格为“环境与森林部”，是现今印度环境与森林的最高行政管理机构。在法律层面，1984年博帕尔事件后的环境法。除了修订前期的法规外，还颁布了新的法律，包括1986年《环境保护法和环境保护条例》，1992年、1993年《环境（保护）条例——“环境声明”》，1992年《环境（保护）条例——“环境审计报告”》，1993年《环境（保护）条例——“环境标准”》，1994年《环境（保护）条例——“环境审批”》，1995年《环境损害赔偿法》，1995年《全国环境法庭条例》。总之，现在印度全国（包括地方、邦和中央）共有200多部环境法律法规和条例，这些法律法规既有继承性，又有开创性。印度的环境立法既涉及全球性的环境问题，又关注了印度特殊的环境问题，环境法的涉及面越来越细致和深入，越来越完备。

③效果分析

尽管印度政府采取很多改善空气质量的措施，并在交通领域采取了严格的排放标准，但是其成效依然甚微，需要进一步加大对空气污染的控制。据美国航空卫星发现，印度的发电厂在2005—2012年，对人体健康和气候有害的大气污染物SO_2排放量增加了60%以上[①]。2010年，印度超过美国成为全球第二高的SO_2排放国，仅次于中国，研究表明，虽然有些大气层的SO_2是由于火山爆发等自然因素造成的，但是大部分SO_2是由于人类活动造成，如燃烧含硫杂质和金属的燃料、铜和镍的冶炼，而大约一半的SO_2排放来自于印度火力发电行业。

（2）应对气候变化措施

①应对气候变化措施概况

目前，印度温室气体排放总量位于全球第四位，温室气体减排压力较大。2012年印度政府发布了《气候变化国家行动方案》，向人们展示了其减排的决心和努力。方案推出了减缓和适应气候变化的八大计划，增加可再生能源比重，提高应对气候变化能力，改善生态环境。

第一，提高利用太阳能的比重，扩大核能、风能和生物质能等的规模。通过国际合作，研发成本低的有利条件，推广太阳能发电系统和超长储存、超长使用技术；第二，设立能效部，推行可交易的节能证书制度，通过技术创新降低产品成本，加快设备升级改造，创新融资机制，加大对需求管理项目的融资，创新财政激励机制，促进能效提高；第三，实施《节能建筑规范》，优化新建和大型商业建筑能耗；加强资源循环利用和城市废弃物管理；优化城市规划，鼓励乘坐公共交通工具；提高基础设施可靠性、社区灾难管理水平及极端气候事件预警能力，增强气候变化适应能力，实施可持续生存环境计划；第四，建立

① http://www.twwtn.com/information/19_217794.html.

统一的国家水资源管理体系，通过合理的水资源管理建立水资源优化利用机制，将水资源利用效率在目前基础上提高 20%；第五，执行绿色印度计划，采取措施遏制林地退化，将森林覆盖率由目前的 23%提高到 33%；第六，加强新作物品种，尤其是耐高温作物的优选和研究；调整耕作方式，应对干旱、洪水和各种潮湿天气等极端气候的威胁，走可持续发展的农业道路；第七，建立科研资源共享平台，加强与全球研究机构的合作，开展高水平气候变化研究；预测气候变化对未来的影响，及早制定应对策略，实现气候变化科技计划。第八，维护喜马拉雅山脉生态系统，在喜马拉雅山脉建立淡水资源和生态系统监测网络，并与邻国合作扩大网络覆盖范围。

②温室气体减排效果

对于 CO_2 的排放量与单位 GDP 二氧化碳排放量而言，其总体的变化趋势是一致的（图 5-15、图 5-16）。从 1960 年至 2008 年，二者均处于上升阶段。单位 GDP 二氧化碳排放量和 CO_2 排放量分别由 1960 年的 0.269 2 t 二氧化碳/万美元和 1.206 亿 t 升至 2008 年的 1.463 3 t 二氧化碳/万美元和 17.42 亿 t，二者分别较 1960 年增长了 4.43 倍和 13.44 倍。数据的增长主要由于印度经济的发展对能源的需求量较大，且人口基数较多而导致的。

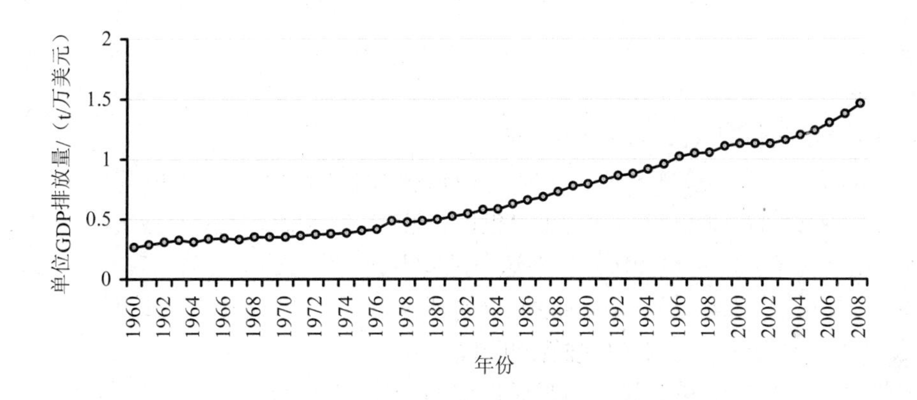

图 5-15 印度单位 GDP 的 CO_2 排放趋势

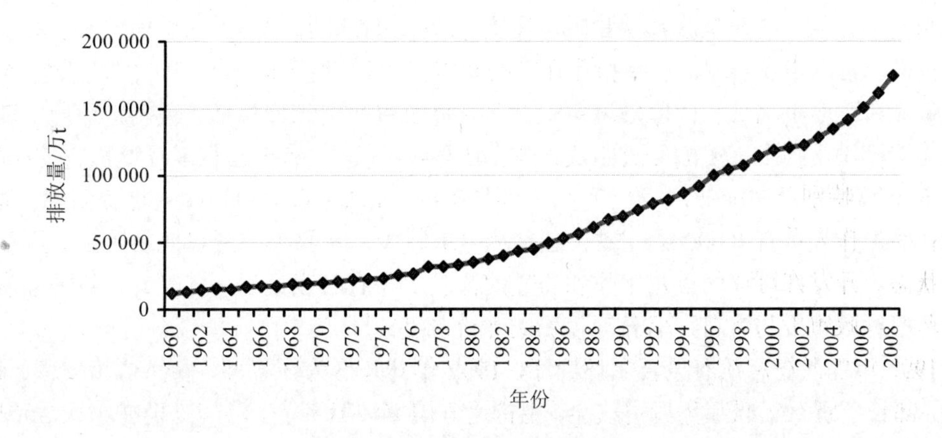

图 5-16 印度 CO_2 排放趋势

5.1.2.2 巴西

（1）空气污染防控措施

①巴西环境管理体系

1973 年巴西政府在内务部设置了环境特别局，这被视为巴西推行环境政策的开端，此后，巴西不断建立了相应的环境管理机构，环境管理体制逐步完善。巴西是联邦共和国，环境行政组织在联邦层面、州层面、市层面都有独立的机构，它们相互合作，发挥相互补充的功能。在联邦层面，1981 年巴西设置了制定环境政策的最重要机构——国家环境审议会，具体负责制定环境标准。1989 年环境特别局与渔业开发厅等 4 个部委合并，成立了环境可再生自然资源院，1990 年巴西在总统府设置了环境厅，1992 年其升格为环境部，负责政策立案、调整、监督，部长负责召集联邦环境审议会，主持运营国家环境基金。环境部现在由人居环境局、生物多样性与森林局、水资源局、可持续开发政策局、亚马孙调整局构成。在地方层面，州政府有联邦环境当局的分支机构，各支局按联邦政府制定的环境政策指针，实施各州内的环境行政责任与义务，也承担联邦所管辖外的环境项目。在市一级，有市环境审议会、市环境局。市环境审议会负责审议市的保护和改善环境的法令、基准；市环境局负责市的保护和改善环境的政策立案和行政，实行环境污染管理与监督等。

②演化过程

a．1972 年联合国人类环境会议以前

这一阶段，巴西环境处于疏于管理、不断恶化的状态。20 世纪 30 年代，巴西积极致力于工业化建设，60—70 年代创造了“巴西奇迹”，但这种奇迹的负效应十分明显，突出地表现为环境污染和自然资源破坏。在这个过程中，政府在应对环境问题立行了若干立法，如 1934 年制定了《森林法》、《水利法》、《狩猎法》，但因缺欠较多，未能防止环境恶化。

b．1972 年至 20 世纪末的加强管理阶段

巴西政府从行政上和法律上加强对环境的管理，巴西环境污染在一定程度上有所缓解。20 世纪 70 年代，巴西为管理和控制环境问题，1973 年在内务部设置了环境特别局，这被视为巴西推行环境政策的开端，此后，巴西不断建立了相应的环境管理机构，环境管理体制逐步完善。巴西是联邦共和国，环境行政组织在联邦层面、州层面、市层面都有独立的机构，它们相互合作，发挥相互补充的功能。在联邦层面，1981 年巴西设置了制定环境政策的最重要机构——国家环境审议会，具体负责制定环境标准。最初，环境审议会的最高决策机构由各个部委的长官组成，难以取得一致意见，有无法保障环境优先的局限性。1989 年环境特别局与渔业开发厅等 4 个部委合并，成立了环境可再生自然资源院，负责规制执行的工作人员有 8 000 人左右，因环境专家较少，预算不充分，职员工资的调整处于搁置状态。开发许可证的认定工作和罚金的征收工作有时也处于停滞状态，目前该院具体负责环境行政审批与许可，监督环境影响评价制度。

1990 年巴西在总统府设置了环境厅，1992 年其升格为环境部，负责政策立案、调整、监督，部长负责召集联邦环境审议会，主持运营国家环境基金。环境部现在由人居环境局、生物多样性与森林局、水资源局、可持续开发政策局、亚马孙调整局构成。相关团体有国家亚马孙审议会、国家水资源委员会、国家环境基金委员会、遗传基因管理委员会等。在地方层面，州政府有联邦环境当局的分支机构，各支局按联邦政府制定的环境政策指针，

实施各州内的环境行政责任与义务，也承担联邦所管辖外的环境项目。在市一级，有市环境审议会、市环境局。市环境审议会负责审议市的保护和改善环境的法令、基准；市环境局负责市的保护和改善环境的政策立案和行政，实行环境污染管理与监督等。

法律层面上，1972 年，联合国人类环境会议的召开对巴西来说是个转折点，1981 年巴西出台联邦《环境基本法》，两年后出台了实施细则。1985 年巴西军事政权结束，1988 年制定了新联邦宪法，历史上第一次规定了环境权条款，认为人人都有权享受一个生态平衡的环境。1988 年宪法为实现环境权，将人类健康、生态系统保护、遗传基因保存等广泛的环境保护纳入保护范围。到目前为止，巴西基本形成了应对大气污染、水质污染、废弃物泛滥以及保护自然资源的法律体系。

例如，在大气污染防治立法方面，1981 年的《环境基本法》作出了大气污染防治的规定，在该法的规制下，完善了具体的大气污染防治实施细则，其主要是通过联邦环境审议会决议方式发布的，具体内容有：第一，1986 年第 18 号决议书，关于汽车（移动污染源）大气污染物质管理大纲的设定；第二，1989 年第 5 号决议书，关于国家大气污染防治大纲的构筑；第三，1990 年第 3 号决议书，关于威胁健康的大气污染防治国家环境基准的设定；第四，1990 年第 8 号决议，关于固定污染源大气污染物质最大排放量的规定。上述决议书中，还具体规定了大气污染物质的环境基准和大气污染物质的排放基准。

c．2000 年以来，巴西积极应对环境问题，实施环境战略方针

2009 年 8 月，巴西环境部确立了新的战略方针，在 2008—2011 年度计划中确立了 7 个领域的重点目标：第一，温室效应气体发生源的排放削减和吸收源的重新配置，提高巴西的贡献度，同时，确立应对气候变化的对策。第二，巴西全境生态系中，稳步而持续地降低森林砍伐，控制沙漠化，促进生物多样性的保护。第三，结束环境许可证制度的整备，制定支援可持续开发的实施计划，使之成为环境管理的有用工具。第四，扩大在海洋、陆地和国土开发上被保护地区生物多样性的可持续利用。第五，通过水资源管理，保持水质可被利用，控制污染，促进河川流域的活性化。第六，通过强化国家环境体制、环境教育、市民参加、社会治理，促进组织间以及与环境市民的合作。第七，在城市和农村、在普通市民居住地和传统的共同体，促进各自的可持续生产和消费，推行环境管理。

在应对气候变化方面，2009 年 10 月，巴西总统卢拉面对哥本哈根会议的召开，宣布巴西政府承诺到 2020 年将现在亚马孙毁林的速度减少 80%。2009 年 11 月，巴西宣布关于温室效应气体的排放量，在不采用特别对策的情况下，到 2020 年至少削减 36%的政策目标。

③效果分析

从圣保罗市来看，该城市空气物污染以 VOC、NO_x、SO_2 和 TSP 为主，据世界银行发布的《世界发展指标》中指出，2006 年巴西圣保罗市 TSP 浓度为 34 μg/m^3，2001 年 SO_2 浓度为 43 μg/m^3，NO_2 浓度为 83 μg/m^3，均低于中国北京同期的数据。VOC 和 NO_x 主要污染源是陆上交通运输，SO_2 和 TSP 主要是自燃煤和扬尘。圣保罗市目前工业排放污染物很少。由于 20 世纪 80 年代实行了有效的工业污染控制项目，用法律的强制性手段保证了工业的低污染排放，圣保罗市的石油化工、钢铁工业和化肥厂排出的污染物减幅尤其明显，其硫化物、磷化物排放量由 80 年代的 236 t/d 直线下降到现在的 71 kg/d；而圣保罗市的污染物总排放量由 80 年代的 573 t/d 降至现在的 199 t/d。且圣保罗市的许多大公司也建立了

环保机构负责本公司的防治污染工作。

为控制城市交通污染，圣保罗市采取了多项措施，使用清洁燃料是圣保罗市交通污染治理的一个特色。圣保罗乃至整个巴西的机动车燃料主要是汽油、柴油及酒精汽油和乙醇两种相对清洁的替代燃料，圣保罗地区49%的轻型机动车使用乙醇作为燃料，另有部分轻型机动车使用MEG混合燃料（含33%的甲醇、60%的乙醇和7%的汽油）。事实证明，无论哪种替代燃料都可以大大减少污染量排放。同时，巴西的汽油中铅含量逐年降低，现在圣保罗市的汽油生产中已不再使用Pb。

SO_2污染仍是圣保罗市一个令人头痛的问题，其主要来源是高含硫量的柴油燃烧，因为圣保罗市所有的重型车辆都以柴油为燃料，而目前圣保罗市出售的柴油含硫量在0.5%左右（质量百分比）。鉴于这种情况，圣保罗市一方面制定法规，严格将柴油含硫量控制在0.5%以下，并已部分减至0.3%以下，同时，计划引进一种新型含硫量只有0.05%的柴油，计划于2000年用于市区的巴士上。另一方面，推广一种可替代柴油的CNG燃料，以减少SO_2的排放率。目前，已有180辆使用CNG清洁燃料的巴士在市区运行，另有3 000辆重型汽车装备了可使用柴油和低硫CNG燃料的双重发动机，以期最大限度减少SO_2的排放量。政府则以津贴、贷款等方式鼓励私人巴士公司和企业订购采用CNG燃料的巴士重型汽车。

（2）应对气候变化措施

①应对气候变化措施概况

巴西作为发展中大国，近年来温室气体排放量有所增长，而其主要排放集中在农业、土地利用和森林，占排放总量的81%，但是能源部门的排放仅占总排放的19%。基于经济社会发展现状以及特殊的温室气体排放结构，巴西政府提出了适合于本国的减缓温室气体排放和应对气候变化的政策措施。

巴西强调通过国际合作行动应对气候挑战，技术合作和技术转让是实现减缓变化目标的支柱，同时也是各国谈判的根本基础，鼓励和推广国际合作项目，特别是加快南南合作，同时要打通新的合作渠道。巴西已在优化能源结构、利用可再生能源以及减少森林砍伐方面取得了积极成果。巴西的代表性政策措施包括大力促进乙醇燃料、生物柴油和甘蔗渣的生产和使用，促进水电以及其他可再生能源的电力开发，节约用电，提高车辆燃油效率，退牧还草，生物固氮，建立作物家畜综合系统，增加生物燃料使用，增加水电站发电量，增加天然气消费比例以及减少亚马孙地区毁林等。

②温室气体减排效果

对于CO_2的排放量与单位GDP二氧化碳排放量而言，其总体的变化趋势是一致的（图5-17、图5-18）。从1960年至2008年，二者均处于上升阶段。单位GDP二氧化碳排放量和CO_2排放量分别由1960年的0.644 7 t二氧化碳/万元和0.496亿t升至2008年的2.052 9 t二氧化碳/万元和3.93亿t，二者分别较1960年增长了3.14倍和7.02倍。同样由于巴西作为一个发展中国家，其经济的发展对于能源的需求量较大，故CO_2排放量一直处于上升趋势。而巴西作为亚马孙河流域的国家，水力发电在其能源结构中占有重要地位，故CO_2排放量相比较于印度和中国而言其绝对值较小。

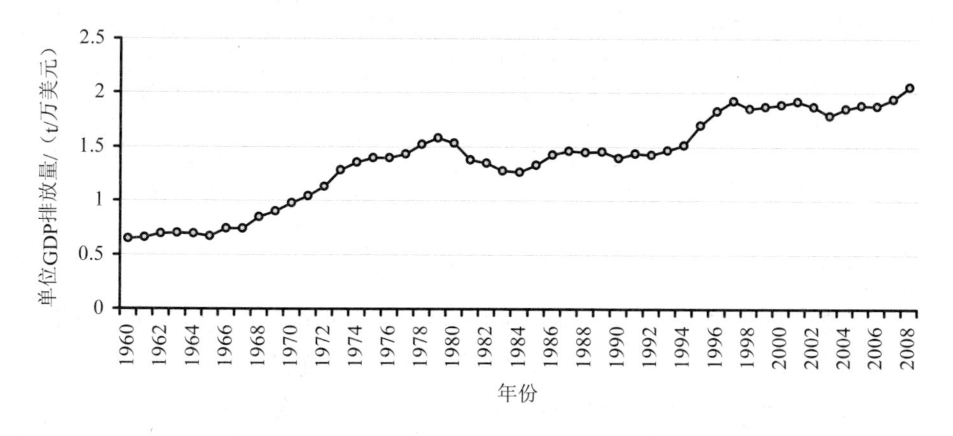

图 5-17　巴西单位 GDP 的 CO_2 排放

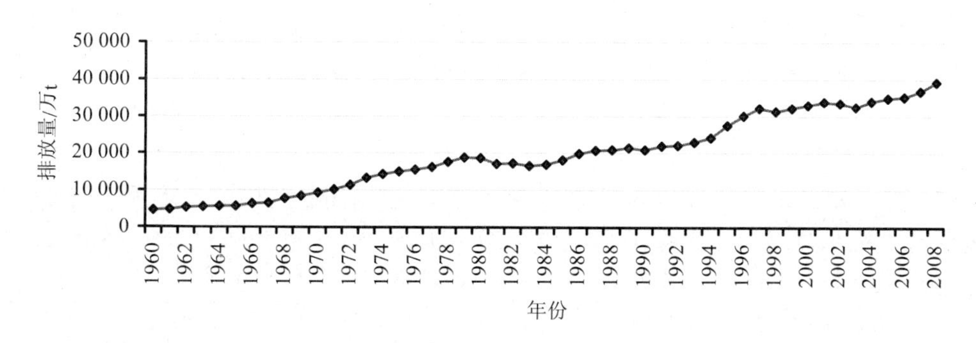

图 5-18　巴西 CO_2 排放总量变化趋势

5.1.2.3　中国

（1）空气污染防控措施

①环境管理体系

我国环境管理体制是统一管理与分级、分部门管理相结合。环境保护部是国务院环境保护主管部门，对全国环境保护工作实施统一监督管理。省、市、县人民政府设有环境保护主管部门，对本辖区的环境保护工作实施统一监督管理。我国环境管理体系的特点集中表现为“预防为主”、“谁污染谁治理”、“强化环境管理”三大政策。

②演化过程

我国的大气环境管理经历了三个阶段：主抓环境治理阶段（1973—1979 年）、以防为主和防治结合阶段（1980—1988 年）、大气环境管理更加科学化、定量化阶段（1989 年至今）。

a．环境保护起步阶段（1973—1979 年）

1973 年 8 月 5 日至 20 日，由国务院委托国家计委在北京组织召开的中国第一次环境保护会议，审议通过了“全面规划、合理布局、综合利用、化害为利、依靠群众、大家动手、保护环境、造福人民”的环境保护工作 32 字方针和中国第一个环境保护文件——《关于保护和改善环境的若干规定》。该会议推动了中国环境保护工作的开展，迈出了中国环境保护事业关键性的一步。第一次全国环境保护会议之后，从中央到各地区、各有关部门，都相继建立起环境保护机构，并制定各种规章制度，加强了对环境的管理。对某些污染严重的工矿区、城市和江河进行了初步的治理；环境科学研究和环境教育蓬勃发展起来。这个时期的环保工作主要是以组织治理污染为中心，通过组织污染治理，解决控制或者缓解了一部分环境污染危害。至20世纪70年代末，国内着重于单项炉窑的消烟除尘，各地环保部门做了大量工作，取得一定成绩，但效果不十分明显，环境保护在这一时期起步。

b．以防为主和防治结合阶段（1980—1988年）

1979年我国颁布了《中华人民共和国环境保护法》，提出了综合治理大气污染的措施。1987年9月全国人大正式通过了《中华人民共和国大气污染防治法》。在这期间，各地结合城市规划、合理布局、积极实施集中供热、城市气化等综合治理措施，取得了比较明显的环境效益、经济效益、社会效益，局部地区大气环境质量有所改善。但从总体上来看，我国大气污染仍然是很严重的。

在这近十年间，北京的锅炉改造治理率达90%以上，但改造后的完好运转率和达标率并不理想。1984—1986年，北京市西城区烟尘测试站对全区站内已改造的219台锅炉进行监测，其中达标87台，烟尘排放超标132台。通过分析说明，违章操作、设备损坏、管理不严是造成大气污染，烟尘排放超标的主要原因。经过强化管理，219台锅炉达标率由原来的39.9%提高到90.6%。1986年创建烟尘控制区376个，更新、改造锅炉1万多台，一些重点城市大气中的总悬浮微粒、烟尘和二氧化硫浓度略有降低，逐步得到控制。[①]

c．大气环境管理更加科学化、定量化阶段（1989年至20世纪末）

这一阶段在强化以前的所谓环境管理的同时，国家也表示了增加环保投入的意向，并准备开展一些重点区域、重点问题的治理。1996年，国务院批准了《国家环境保护“九五”计划和2010年远景目标》，并实施《“九五”全国主要污染物排放总量控制计划》和《中国跨世纪绿色工程规划》两项重大举措，在大气方面重点治理“两区”污染。由于我国能源结构主要以燃煤为主，1995年煤炭产量达到12.8亿t，因此燃煤是我国大气污染的主要来源。在这期间，我国的大气环境现状令人十分担忧，烟尘、粉尘、二氧化硫、氮氧化物以及由此产生的酸雨等对我国人气环境造成严重损害。在全国500多个设市的城市中，大气环境质量全面符合一级标准的城市不到1%。有关数据表明，1991年全国烟尘排放量为1 314万t，燃煤排放为9万t，占73%，火电厂排放364万t，占烟尘排放总量的27.7%；全国二氧化硫排放量1 622万t，燃煤排放1 460万t，占90%，火电厂排放量460万t，占排放总量的28.4%。由此可见，我国大气污染主要指标中，近1/3是由燃煤发电产生的。[②]

d．加强环境保护，应对气候变化阶段（2000年至今）

21世纪的头十年是我国加快建设小康社会开头的十年，在这期间相继实施了国民经济“十五”和“十一五”规划，经济社会取得较大发展。与此同时，也面临着越来越严峻的环境形势。“十五”规划中已经明确指出，其环境目标是在“十五”期间环境污染有所减轻，生态恶化的趋势得到初步遏制，城乡环境质量特别是大中城市环境质量有所改善，健

① 曹凤中．我国大气污染防治工作进展[J]．环境与可持续发展，1988（12）．

② 李吟天．改善我国大气环境，加快开发利用天然气资源[J]．中国能源，1997（7）：22.

全适应社会主义市场经济的环境法规、政策管理体系。具体任务为：大气方面，“十五”期间污染物排放总量削减 10%，SO_2 排放量削减 10%（“两控区”SO_2 削减 20%，从 2000 年的 1 995 万 t 减少到 2005 年的 1 800 万 t）。工业污染的排放要达到国家的排放标准，工业烟尘、粉尘要下降 13%（排放量控制在 2 000 万 t）。50%的城市（地级以上）空气质量要达到国家二级标准。

至“十五”末期，环境保护工作取得一定的进展。我国结合产业结构调整，淘汰了一批高耗能、高污染的落后生产工艺和设备。继续开展整治违法排污企业保障群众健康环保专项行动，重点流域、区域、城市、海域污染防治工作进一步加强，污染治理进度加快。但由于经济快速增长，增长方式粗放，资源能源消耗大，主要污染物排放总量有所增加，“十五”计划确定的二氧化硫和化学需氧量排放量削减目标没有完成，环境形势依然十分严峻。2005 年全国废气中二氧化硫排放量 2 549.3 万 t，比上年增加 13.1%。烟尘排放量 1 182.5 万 t，比上年增加 8.0%。工业粉尘排放量 911.2 万 t，比上年增加 0.7%。工业燃料燃烧二氧化硫排放达标率和工业生产工艺二氧化硫排放达标率分别为 80.9%和 71.0%，比上年分别提高 2.3 个百分点和 11.6 个百分点。

“十一五”环保规划中强调，坚持预防为主、综合治理，强化从源头防治污染，坚决改变先污染后治理、边治理边污染的状况。以解决影响经济社会发展特别是严重危害人民健康的突出问题为重点，有效控制污染物排放，尽快改善重点流域、重点区域和重点城市的环境质量。在大气方面，加大重点城市大气污染防治力度。加快现有燃煤电厂脱硫设施建设，新建燃煤电厂必须根据排放标准安装脱硫装置，推进钢铁、有色、化工、建材等行业二氧化硫综合治理。在大中城市及其近郊，严格控制新（扩）建除热电联产外的燃煤电厂，禁止新（扩）建钢铁、冶炼等高耗能企业。加大城市烟尘、粉尘、细颗粒物和汽车尾气治理力度。同时，作为约束性指标的总量控制指标中，SO_2 排放量必须削减 10%。规划还新增了气候变化的相关内容。在刚刚颁布的“十二五”规划中，又将 SO_2 和 NO_x 作为总量控制指标中的约束性指标，体现了国家对大气环境保护更加重视。

③效果分析

由于我国当前大多数空气污染物属于“存量型”污染，即当前环境质量不仅决定于当前的污染排放量，还受以往排放的污染物的影响，当前排放的污染物不仅影响当前的环境质量，也对今后的环境质量造成影响。

1995 年以来，由于国家对 SO_2、烟尘、工业粉尘等主要污染物的排污实施总量控制和经济结构的调整，到 2002 年，全国 SO_2、烟尘、工业粉尘排放量呈逐年下降趋势。但从 2002 年末开始，SO_2 排放总量快速增长，烟尘排放也略有升高，直至 2007 年起，排放才逐渐减少。

a．二氧化硫排放

2008 年，全国工业废气排放量 403 866 亿 m^3（标态），比上年增加 4.0%。全国二氧化硫排放量为 2 321.2 万 t，比上年减少 6.0%。其中，工业二氧化硫排放量为 1 991.3 万 t，比上年减少 6.9%，占全国二氧化硫排放量的 85.8%；生活二氧化硫排放量 329.9 万 t，比上年增加 0.5%，占全国二氧化硫排放量的 14.2%，见表 5-2、图 5-19。

表 5-2 全国近年废气中主要污染物排放量 单位：万 t

年份	二氧化硫			烟尘			工业粉尘	氮氧化物		
	合计	工业	生活	合计	工业	生活		合计	工业	生活
2001	1 947.8	1 566.6	381.2	1 069.8	851.9	217.9	990.6	—	—	—
2002	1 926.6	1 562	364.6	1 012.7	804.2	208.5	941	—	—	—
2003	2 158.7	1 791.4	367.3	1 048.7	846.2	202.5	1 021	—	—	—
2004	2 254.9	1 891.4	363.5	1 094.9	886.5	208.4	904.8	—	—	—
2005	2 549.3	2 168.4	380.9	1 182.5	948.9	233.6	911.2	—	—	—
2006	2 588.8	2 237.6	351.2	1 088.8	864.5	224.3	808.4	1 523.8	1136	387.8
2007	2 468.1	2140	328.1	986.6	771.1	215.5	698.7	1 643.4	1 261.3	382
2008	2 321.2	1 991.3	329.9	901.6	670.7	230.9	584.9	1 624.5	1 250.5	374
增长率/%	−6	−6.9	0.5	−8.6	−13	7.1	−16.3	−1.2	−0.9	−2.1

注：我国从 2006 年开始统计氮氧化物排放量，生活排放量中含交通源排放的氮氧化物。

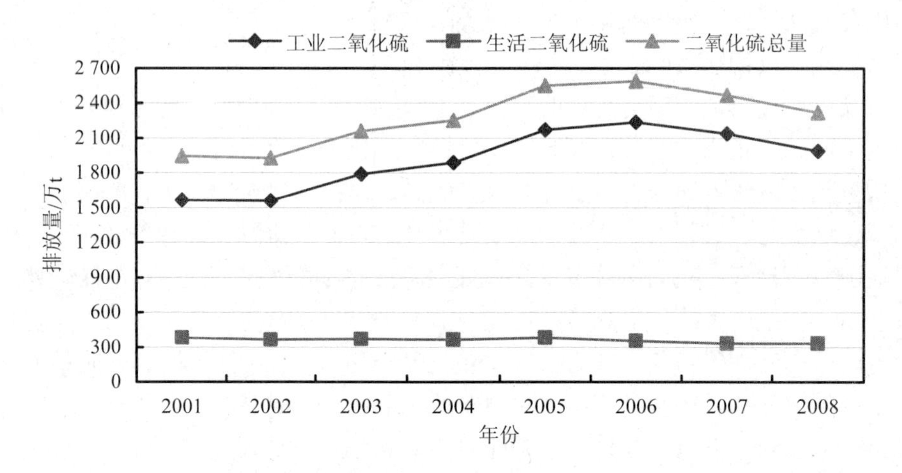

图 5-19 全国二氧化硫排放量年际变化

b．氮氧化物排放

2008 年，氮氧化物排放量为 1 624.5 万 t，比上年减少 1.2%。其中，工业氮氧化物排放量为 1 250.5 万 t，比上年减少 0.9%，占全国氮氧化物排放量的 77.0%；生活氮氧化物排放量为 374.0 万 t，比上年减少 2.1%，占全国氮氧化物排放量的 23.0%。其中交通源氮氧化物排放量为 282.2 万 t，占全国氮氧化物排放量的 17.4%。

c．烟尘及工业粉尘排放

2008 年，烟尘排放量为 901.6 万 t，比上年减少 8.6%。其中，工业烟尘排放量为 670.7 万 t，比上年减少 13.0%，占全国烟尘排放量的 74.4%；生活烟尘排放量为 230.9 万 t，比上年增加 7.1%，占全国烟尘排放量的 25.6%。工业粉尘排放量为 584.9 万 t，比上年减少 16.3%，见表 5-2、图 5-20。

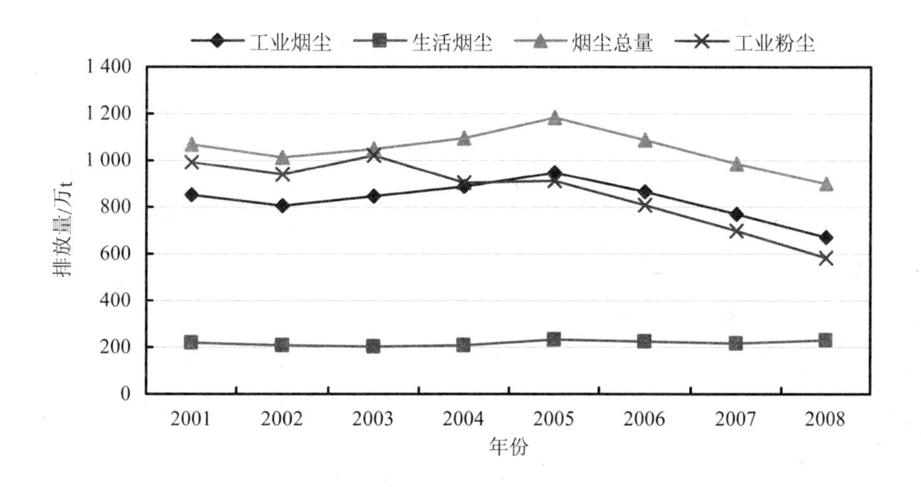

图 5-20　全国烟尘和工业粉尘排放量年际变化

总体而言，随着国家对环境保护重视程度的增加，各地对环境污染也下了大力气进行治理。从上述数据可以看出，各类大气污染物年排放量有逐渐下降的趋势，环境污染加剧的趋势有所减缓。

（2）应对气候变化措施

①应对气候变化措施概况

在应对气候变化方面，我国积极参与各项国际会议的谈判。继 1998 年中国加入《京都议定书》以来，我国积极履行自己的减少温室气体的承诺，在共同但有区别责任的原则下，开展各项工作，确保温室气体的减排。2009 年 12 月在丹麦首都哥本哈根举行的气候变化大会上，其争论的焦点在于是否还应当遵循共同但有区别的责任的原则，西方发达国家要求发展中国家，特别是中、印等发展中大国与发达国家执行相同标准，而发展中国家则坚持所谓的“双轨制”（共同但有区别的责任原则）。经过马拉松式的谈判，最终达成了一项不具有法律效力的哥本哈根气候协议，发达国家承诺向发展中国家提供环境保护援助资金，发展中国家则履行自己的减排承诺。在气候峰会以后，国务院决定，到 2020 年我国单位国内生产总值二氧化碳排放比 2005 年下降 40%～45%，作为约束性指标纳入国民经济和社会发展中长期规划，并制定相应的国内统计、监测、考核办法，这是根据我国国情采取的自主行动，是我国为应对气候变化做出的巨大努力。

②温室气体减排效果

与其他国家一样，对于 CO_2 的排放量与单位 GDP 二氧化碳排放量而言，其总体的变化趋势是一致的（图 5-19、图 5-20）。1960—2008 年，总体上二者均处于上升阶段，仅仅在 20 世纪 60 年代末期与 20 世纪 90 年代末期存在下降的阶段，这主要是由于当时特定的历史时期经济发展困难造成的。单位 GDP 二氧化碳排放量和 CO_2 排放量分别由 1960 年的 1.170 4 t 二氧化碳/万元和 7.807 亿 t 升至 2008 年的 5.153 5 t 二氧化碳/万元和 67.92 亿 t，二者分别较 1960 年增长了 3.40 倍和 7.70 倍。作为占世界人口 1/5 的国家，对能源的需求量大是必然的，而中国以燃煤为主导的能源结构也导致了其 CO_2 的排放量巨大。

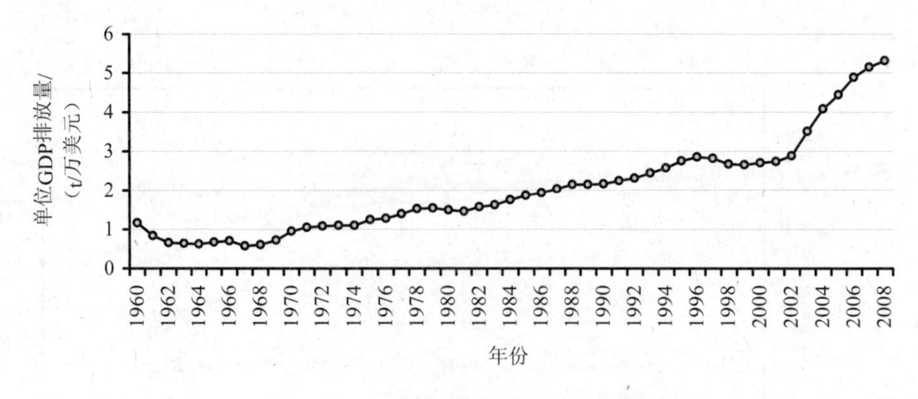

图 5-21 我国单位 GDP 的 CO_2 排放

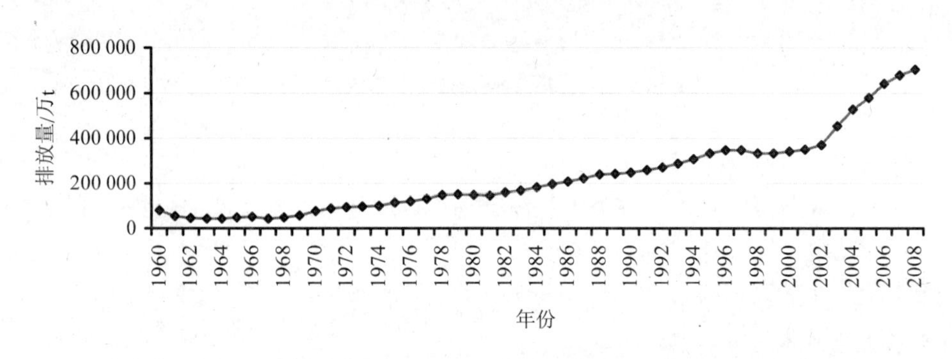

图 5-22 我国 CO_2 排放总量

5.2 空气污染与气候变化的相互影响

全球气候变化主要由大气温室气体浓度的日益增加引起，而空气污染主要由悬浮于空气中的大气气溶胶粒子造成，它们都主要由矿物燃料的燃烧排放形成。有研究表明，大气气溶胶粒子也具有气候效应：一是通过散射和吸收太阳光，减少到达地面的太阳辐射而具有制冷作用，可抵消一部分由温室气体造成的变暖作用；二是可以作为云中凝结核改变云微物理过程和降水性质，改变大气的水循环。大气气溶胶对于经济社会的许多方面，如农业、水资源、人体健康、城市化等也表现出重要的影响。

5.2.1 空气污染对气候变化的影响

空气污染主要由大气气溶胶造成的，因此空气污染对温室气体的影响则主要体现在大气气溶胶对温室气体的影响。

大气气溶胶可以作为颗粒物（初生源）直接被排放出来，也可以由气态前体物通过化学反应（如光化反应）间接形成于大气中（次生源）。以排放源分类，大气气溶胶大致可分为自然源和人为源两类。细粒子在大气中一般居留几天到几星期，因而它们在被清除前可输送几千千米的距离。结果全球许多地区经常被大范围的包含大量细粒子污染物的气层所覆盖。在适当的气象条件下，受影响区可扩展到排放源周围几百万平方千米。因而大气气溶胶是造成空气污染的主要原因，尤其是在人类活动排放源很强的工业区，大城市以及频繁生物质燃烧地区及其周边。

全球主要气溶胶包括 NO_x，NO_2，CO，SO_2 等，从气溶胶种类而言，部分气溶胶也为温室气体，如个别氮氧化物。因此，空气污染排放量的增加势必会导致有关的温室气体排放量的增加。

大气气溶胶与温室气体影响气候的原理一样，但它与温室气体不同。温室气体影响长波辐射，而气溶胶主要影响太阳短波辐射，并且不同种类的气溶胶粒子，由于它们的物理性质不同，即吸收和散射作用的不同，它们在大气顶层和大气中产生的辐射强迫是不同的，因而对于地球气候的影响也不完全相同。大气中硫酸盐气溶胶对于短波基本上是完全散射的。在近红外谱段吸收很小，因而由于它的存在反射了更多的太阳辐射，它在大气顶层产生负的 RF，当太阳光通过大气层时，由于硫酸盐气溶胶吸收很少，到达地面的太阳光与大气顶层接收到的基本相近，所以 RF 也是负，且其量值与大气顶层的值相近。其结果是在地面和大气中都产生制冷作用。这种作用与温室气体的增暖作用正好相反，它具有抵消温室效应增暖的作用。有研究表明，若考虑主要大气气溶胶组成部分引起的辐射强迫，根据观测结果可以得出，RF=–0.5[±0.4]W・m^2。这意味着，平均而言，大气气溶胶的辐射强迫为负，是使地球温度降低。由于气溶胶在大气中尚有部分的吸收作用，所造成的地面辐射强迫比上述值甚至更负，即对地表的制冷作用更大。但这与所有长生命温室气体由温室效应产生的总辐射强迫+2.63[±0.26]W・m^2 相比要小得多，不到其 1/5。

5.2.2　气候变化对空气污染的影响

温室气体排放的增加是导致气候变化的主要原因，目前气候变化对空气污染也产生一定影响。气候变化能反作用于大气污染，并且能够放大大气污染特别是空气污染对人类健康、农业生产和生态的影响。首先，目前全球气候变化的特征是平均气温上升，温度变得越来越高，利于光化学污染的形成，很多光化学反应，温度越高的时候反应越快。其次，温度升高，大气环流的格局可能发生变化，会影响污染物的输送传输。再次，气候变化影响降水，部分污染物以降水为渠道，沉降到地表。

5.2.2.1　气候变化对 O_3 及其前体物的影响

研究表明，O_3 生成与其前体物 NO_x 和 VOCs 呈高度非线性关系，多数城市处于 O_3 生成的 VOCs 控制区或过渡区，而乡村则处于 NO_x 控制区。较早的观测研究就表明，气候变化伴随的气温升高将增加很多区域 VOCs 的生物源排放，而暖湿气候条件下的闪电可以增加 NO_x 的产生率。因此，气候变化可能会通过增加 O_3 的主要前体物 NO_x 和 VOCs 浓度而加速 O_3 的生成，使地面 O_3 增加，进而会对人体健康产生影响。

5.2.2.2　气候变化对大气颗粒物浓度的影响

与 O_3 相比，气候变化对大气颗粒物的影响更加复杂，不确定性也更大。降水频率和混合层的厚度是对颗粒物浓度最重要的影响因子，也是最不确定性因子。GCM-CTM 模拟研究发现，未来 10 年间，气候变化引起的颗粒物的环境浓度变化范围是在–1.1～0.9 mg/m^3，气候变暖导致的自然大火可能成为颗粒物污染加剧的元凶。

5.2.2.3 气候变化对大气污染物传输路径的影响

有研究发现，亚洲地区人为排放气溶胶通过跨太平洋的长距离输送和沉降作用影响到了美国的地面环境空气质量。Takemural 等对比模拟和观测的气溶胶光学厚度结果后发现，除日本以外的东亚地区人为气溶胶（碳和硫酸盐气溶胶）和沙尘气溶胶长距离输送对日本春季的环境空气质量有较大影响。Liu 等研究指出，尽管亚洲沙尘暴是影响气溶胶浓度最常见的天气现象，但冬春季节通过长距离输送到台湾地区的 PM_{10} 所占份额不到 15%。冬季风盛行下的东北向冷峰过境是污染物长距离输送的主要过程。气候变化可能导致某些区域风场减弱，天气系统停滞现象出现频率增多，这可能会削弱大气污染物长距离输送造成的污染，使局地污染加剧。

5.2.3 应对气候变化与空气污染控制的协同研究

气候变化问题，涉及气候、环境、经济、政治体制、社会和技术领域复杂的相互作用。协同控制的研究是目前气候变化领域的热点问题，许多国家和国际组织都在对其进行系统研究。目前对有关“协同控制”的研究还比较有限，但其为减缓气候变化和实现可持续发展提供了一套综合的方法。

目前，国际上对协同效应的研究主要集中在方法论、模型开发、区域协同效应潜力分析等方面。关于“协同控制”的研究可分为三类：一是关注减缓气候变化政策可能带来的其他领域的协同效益；二是关注其他领域政策措施，例如减少空气污染，可能在减缓气候变化方面带来的协同效应；三是关注综合政策，以集成的观点研究其总成本和效益。协同控制取得的效益可以包括：减少空气污染和通过牧场减排 CH_4 带来的健康效益，对生物多样性、材质和土地利用的影响等[①]。

OECD 先后在智利各地进行了 CO_2 排放控制的效应研究，用一般均衡模型（CGE）模拟了能源消费与 CO_2 控制的协同效应关系；全球环境基金会（GEF）在其支持的气候变化研究项目中，制定了一套规范化的方法估算增量成本；挪威对本国参与的 CO_2 控制项目所能带来的协同效应进行了深入研究，认为减少温室气体排放对改善当地的大气环境很有意义[②,③]。

但现有研究所提供的协同效应净效益的评估结果存在较大差异，有些只能抵消减排成本的小部分，而有些协同效益却高于全部减排成本，这是因为所考虑的部分和研究的地理区域具有不同的潜在特征。但是这种不确定性，也反映了关于目前协同效应的平局缺乏一致的定义、范围、尺度以及评估方法[④,⑤]。

① 江年．1970 年以来美国大气污染控制取得巨大进步[J]. Chemical & Engineering News，2003（25）.

② Rothman D S. Estimating Ancillary Impacts，Benefits，and Costs on Ecosystems from Proposed GHG Mitigation Policies. Experts Workshop on Assessing theAncillary Benefits and Costs of Greenhouse Gas Mitigation Policies，March 27-29，Washington，DC，2000.

③ Brendemoen A，Vermemo H. A Climate Treaty and the Norwegian Economy：A CGE Assessment. The Energy Journal，1994，15（1）：77-93.

④ Burtraw D，KruPniek A，Palmer K，et al. Ancillary Benefits of Reduced Air Pollution in the US from Moderate Greenhouse Gas Mitigation Policies in the Electricity Sector. Discussion Paper 99-51，Resources for the Future. USA.

⑤ Pearce D. Policy Frameworks for the Ancillary Benefits of Climate Change Policies. Expert Workshop on Assessing the Ancillary Benefits and Costs of Greenhouse Gas Mitigation Policies，March 27-29，Washington，DC，2000.

5.2.3.1　协同效应评估标准

目前，可供选择的气候变化与大气污染协同效应评估标准包括①：减排量，健康影响及货币化的健康效益，控制措施的成本。

（1）减排量的大小

为了体现综合效益与协同效益，选择评估减排量的排放物要同时包含局地大气污染物和具有高减排潜力的温室气体。在具体评估协同效益时，应通过对比当地空气质量监测数据和现有的空气质量标准选择目标排放物，同时还应将环境浓度接近或高于国家标准的排放物纳入其中。可供选择的局地大气污染物有：一次污染物，包括 PM_{10}、Pb、SO_2、NO_x、CO 以及 HAPs；二次污染物包括 $PM_{2.5}$ 和 O_3 等。而具有高减排潜力的温室气体有：CO_2、CH_4、N_2O、HFCs、PFCs 以及 SF_6 等。

（2）健康的货币化影响

暴露在常规大气污染物特别是颗粒物下，会导致一系列疾病甚至死亡，其中有些健康影响可以被量化，而有些则不能。例如，目前大多数评估都分析了 PM_{10} 年均浓度的变化对健康的影响；其他主要的目标污染因子还包括 O_3、SO_2、CO、NO_x、Pb 等；但到目前为止，还没有将二氧化碳浓度与健康影响联系在一起的研究。由此可见，避免健康影响这一评估标准，只适用于评估温室气体减排措施对局地大气污染物减排的协同效益，反之，则不可行。

国外大多关于协同效益的研究，都采取了这一评估标准。有些研究是通过建立剂量—响应模型，研究根据排放变化和暴露减少分区域进行评估；而也有使用专家判断法，以国家为单位评估每吨排放的损失②。

（3）控制措施的成本

虽然对于决策者来说，减排量及其避免的健康影响所产生的经济效益固然重要，但是他们也关注控制措施的成本。通过分析控制货币化效益与成本之间的关系，就可以评价不同类型控制措施的净效益。因此，要体现控制措施的成本，可以通过以下指标：净社会效益（控制措施收益与成本之差）、费效比（控制措施成本与收益之比）和排放去除效果比（货币化健康效益、控制措施实施成本或者社会净效益比上大气污染物或温室气体减排量）来评估各项措施的协同减排效益。对于不同的政策制定者而言，其重视的判别标准不同，因此可以根据各自选定的标准将综合控制情景方案排序，从而选择最优方案。

对于不同的政策制定者而言，其重视的判别标准不同，因此可以根据各自选定的标准将综合控制情景方案排序，从而选择最优方案。

5.2.3.2　协同效应评估模型

人为温室气体的产生主要是来自于经济活动中化石燃料的开采、运输和燃烧。针对温室气体减排和对经济影响的建模方法，方法学的不同主要在于这些方法如何表示能源系统

---

① 贺晋瑜．温室气体与大气污染物协同控制机制研究[D]．太原：山西大学，2011.

② Cifuentes L，Sanma E，Jorquera H，et al. Co-controls Benefits Analysis for Chile：Preliminary estimation of the Potential co-control benefits for Chile. COP-5：Progress Report（Revised Version），L.A.，12Nov1999，2000.

和经济之间的相互作用。有两种主要类型的方法：自顶而下的方法和自底而上的方法，其评估方法流程见图 5-23。

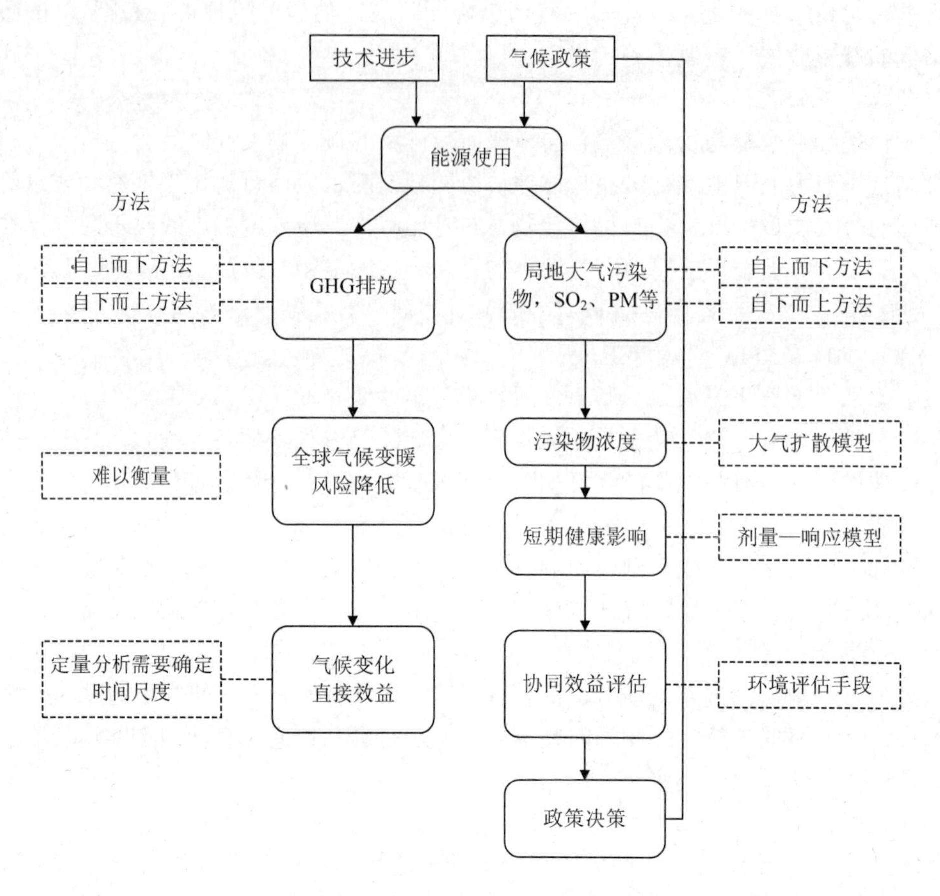

图 5-23　协同效应基本评估方法流程图

自上而下模型（Top-Down Model）以经济学模型为出发点，以能源价格、经济弹性为主要的经济指数，集中地表现它们与能源消费和能源生产之间的关系，主要适用于宏观经济分析和能源政策规划方面的研究①。该模型易于进行经济学分析，可以在不同的国家碳排放税收政策情景下进行模拟，因此，其对评价协同效应是十分有效的。

自下而上模型（Bottom-Up Model）则是以工程技术为出发点，对能源消费和能源生产过程进行详细的描述和模拟，并以能源消费、生产方式为主进行供需预测及环境影响分析。自下而上模型主要用于模拟具体的生产部门，可用于最小成本技术的识别。

两种模型都有其不足之处，自上而下模型不能详细地描述能源技术，往往低估了技术进步的潜力，而且不能很好地控制技术进步对宏观经济的影响。而自下而上模型缺乏对宏观经济的反应。因此，既包括自上而下的宏观经济模型，又包括自下而上的能源供应、需求模型的混合模型应运而生。

最具代表性的混合能源模型是由美国环境规划署（EIA）、能源部（DOE）开发的 NEMS

① 魏一鸣，吴刚，刘兰翠，等. 能源—经济—环境复杂系统建模与应用进展[J]. 管理学报，2005（2）：159-170.

模型和奥地利国际应用系统分析研究所（the International Institute for Applied Systems Analysis，IIASA）与世界能源委员会（the world Energy Council，WEC）合作开发的动态线性规划的能源-经济-环境模型（IIASA-WECE3）。这类模型是对整个能源-经济-环境系统的模拟和仿真，是一个巨复杂系统，目前我国的应用研究还很少。

（1）国外协同效应模型应用实例

英国政府出台的《英国气候变化法案》（The UK Climate Act）是世界上首个应对气候变化的约束性框架，它提出到 2050 年英国温室气体排放比 1990 年降低 80%的目标，这一过程将通过一系列五年碳减排计划实现。在最初的行动方案制定过程中，LCTP 未考虑温室气体减排措施对大气环境质量的影响，该方案在削减温室气体排放的同时导致了大气环境质量改善步伐放缓。在新修订的行动方案中，LCTP 采用了整体政策，综合考虑了气候变化应对和大气污染防治。应用 UK MARKAL-ED 模型，行动计划优化了交通、电力、居民生活、道路交通和工业五个部门的减排措施，形成减排成本最低的措施组合。研究结果表明，初始行动方案到 2050 年的减排效益约为 15 亿英镑，而采取整体政策的修订方案的减排效益达到 40 亿英镑。

美国环保局（US EPA）1998 年启动了国际协同控制分析项目（CAP）。随后又在全球范围内组织进行了综合环境战略（IES）项目。根据他们的研究方法，J. Jason West，Patricia Osnaya 等研究了“墨西哥城市群大气污染改进方案”（PROAIRE）的协同效应，也认为其除了能够达到既定目标外，还可以得到明显的温室气体减排效果。Luis A.Cifuentes 研究了智利圣地亚哥地区实施城市交通项目的协同效应，结果表明对其温室气体、局地大气污染物都有着重要的减排作用。Yeora Chae，Sangyeop Lee 研究了韩国首尔地区实行不同的协同控制方案的成本效益以及不同行业污染物的削减率，结果表明“首尔地区大气污染管理规划”（SAQMP）的实施可在研究区域内同时降低 8%的温室气体排放量。美国环保局的 IES 主要侧重于综合措施的效益评估及政策内涵，而非注重于污染物之间的相互协调性、污染控制措施之间的关联性。IIASA 的 Fabian Wagner，Markus Amann 采用 GAINS 模型模拟了《京都议定书》附件一国家实施温室气体减排措施的效果，结果表明达到 CO_2 减排目标的同时可以额外削减 5%的 SO_2、NO_x、PM 排放量[①]。

（2）国内协同效应模型应用实例

在 IES 项目中，清华大学贺克斌等对中国的研究结果表明气候变化政策是比污染控制政策更好的选择，积极的能源政策可以产生地方、国家和全球不同层面的环境效益以及明显的健康效益。上海环科院大气污染协同效应案例研究结果也表明，通过改善空气质量、减少温室气体排放等措施，可大大减少因暴露在空气污染中而导致的未成年人死亡数，到 2020 年可以获得 3.27 亿～28.8 亿美元的经济收益。贺克斌等完成的大气污染协同效应北京案例研究认为，如果积极实施清洁能源、工业结构调整、能源效率提高、绿色交通等政策，北京 2010 年可以减少 18.5 万 t SO_2，41.5 万 t NO_x，5.6 万 t PM_{10} 排放，同时还能大约减少 841 例死亡，并可以减少 2 590 万 t 标煤的能源需求以及 1 050 万 t CO_2 排放。

环保部环境与经济政策研究中心胡涛等与挪威合作伙伴，运用 DRC-CGE 模型，对我国的协同效应进行了估算。田春秀等对我国“西气东输”项目的协同效应进行研究，其

① 胡涛，田春秀，毛显强．协同控制：回顾与展望[J]．环境与可持续发展，2012（1）：25-29.

使用 AIM-LOCAL/China 模型，在环境、资源、需求等约束条件下采用线性规划方法进行最优方案选择，结果发现西气东输工程对环境质量的改善有着巨大的贡献，其中对 SO_2 以及温室气体的减排起到了关键作用。李丽平等以四川省攀枝花为案例开展的协同效应与协同控制研究表明，攀枝花市“十一五”总量减排措施对减少温室气体排放总体上有显著的协同效应，实施关闭四川华电攀枝花发电公司 1 号机组等 28 项措施可以削减二氧化硫 5.58 万 t，同时，能够减排二氧化碳排放 210.4 万 t。此外，胡涛等采用 CGE 模型对我国实施不同的温室气体控制措施进行了分析，研究结果表明 CO_2 强度控制措施对环境的协同效应最大。

此外，国内还进行了一些案例研究，如太原案例。通过自下而上的模型计算：如果积极实施清洁能源战略及提高能源效率、产业结构调整、推进绿色交通等协同控制政策，每年可削减 100 万～600 万 t SO_2 排放，9 000～48 000 人免受健康损失；同时碳减排效果显示，每年可实现 300 亿元人民币的收益。

5.2.3.3 协同效应控制措施

协同控制是指为了获得协同效应，而采取的相应控制措施。协同控制目标是在考虑温室气体和其他污染物协同效应的基础上，在控制局地大气污染物和温室气体的同时追求经济效益。协同控制的关键是对协同控制措施的选择，要实现温室气体和大气污染物协同控制，应选择常规大气污染物与温室气体协同控制政策及工程措施（如图 5-24 中第一象限中的措施），确保可以改善区域环境空气质量，同时也可以支持或者至少不会妨碍实现应对气候变化这一目标的实现。

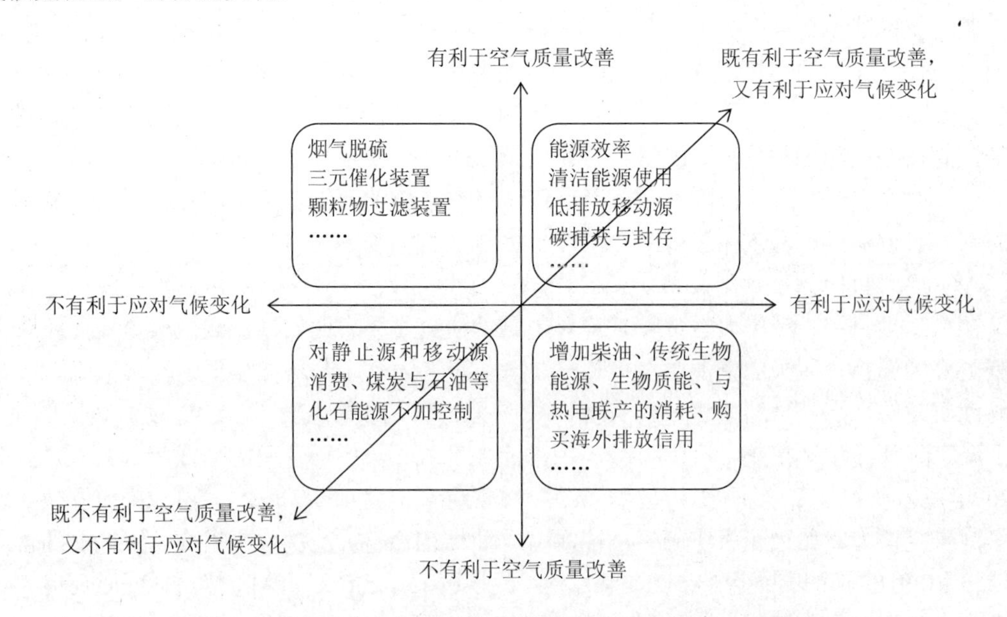

图 5-24 常规大气污染物与温室气体协同控制政策及工程措施图

（1）大气污染物控制措施

目前，在常规大气污染物的控制中常用的措施包括：第一，污染治理工程。通过各种技术手段减少污染物的排放，这些措施既可能对温室气体有正的协同效应，也可能会有负的协同效应。如火力发电厂采取除尘措施，可以减少黑炭的排放，可以带来正的气候效应；而火力发电厂的脱硫工程将消耗较多的能源，而且会额外产生二氧化碳排放，这种情况下就会有负的协同效应。第二，产业结构调整。通过淘汰落后产能，完善落后产能退出机制。合理控制固定资产投资增速和火电、钢铁、水泥等重点行业的发展规模，提高环保准入门槛，加快淘汰落后生产工艺装备和落后产品。第三，机动车控制。对机动车大气污染问题突出的重点城市加强机动车需求管理，探索城市调控机动车保有量总量；制定更高的机动车排放标准；全面实行环保标志管理，淘汰破旧车辆；全面提高燃油品质，推进车、油同步升级。

（2）温室气体减排措施

能源活动则是 CO_2 的主要来源，通过化石燃料的燃烧排放 CO_2。控制 CO_2 排放的措施有：第一，调整能源结构，减少煤炭以及石油等化石燃料在能源结构中的比重，加大清洁能源的开发和应用；第二，提高能源效率，通过提高能源生产、转化、分配和使用过程中的效率，可以大大减少资源的浪费以及降低温室气体的排放量；第三，加大可再生能源的利用，合理利用水能、风能以及太阳能等可再生能源。

（3）温室气体与大气污染物协同控制措施

协同控制的关键是对协同控制措施的选择，要实现温室气体和大气污染物协同控制，应选择常规大气污染物与温室气体协同控制政策及工程措施，确保可以改善区域环境空气质量，同时也可以支持或者至少不会妨碍应对气候变化这一目标的实现。

能源特别是化石能源的使用，是温室气体和大气污染物排放的共同来源，也是最主要的来源。通过减少能源消耗，提高能源使用效率，减少化石能源使用来提高可持续发展能力的政策和措施，将会在降低温室气体排放的同时减少空气污染。

温室气体与大气污染物协同控制措施主要有：提高能源利用效率，使用清洁能源，使用低碳排放汽车，碳捕获及封存技术的研究等。根据目前国内外研究和实践，总结的温室气体与大气污染物协同控制措施见表 5-3。

表 5-3　大气污染物与温室气体协同控制措施

部门	协同控制措施
交通	大力发展地铁、铁路、电车与公共交通 改善道路状况 改善交通流量，例如改变收费结构、同步交通信号灯、速度控制 安装柴油颗粒过滤装置 实施 I/M 制度 发展混合动力汽车 机动车运营管理与培训 降低机动车的增长速度 改进、建立自行车道 采用无级变速器 采取道路收费/行车收费措施 实施交通需求管理 提高车用燃料效率 降低机动车重量 推广稀薄燃烧发动机技术 出台旧车淘汰激励政策

部门	协同控制措施
电力/工业	发展燃料添加剂 提高锅炉能效 使用可再生能源，例如太阳能、风能与填埋气 热电联产 改进泵与马达 需求侧管理 能效电厂 智能电网 使用清洁煤 使用增压液化床/整体煤气化联合循环燃烧技术 提高 HC、PM_{10}、NO_x、SO_x 控制的效率 烟囱控制 锅炉使用低硫燃料 产业结构调整 能源结构调整
居民生活	使用节能电器 减少炉灶液化气泄漏 采暖采用更加高效和清洁的燃料 使用高效照明装置 使用太阳能热水装置 提高隔热标准 使用蓄热式冷凝锅炉
商业	使用高效照明装置 使用高效马达 使用太阳能热水装置 提高建筑能效 使用蓄热式冷凝锅炉 提高空调系统效率
其他	征收碳税 发展碳捕集、封存与利用 土地利用管理，例如重新布局教育与商业系统 森林保护与修复 改进废水/废物处理技术 燃料收费 发展免耕农业技术 实施更加严格的 SO_2、NO_x、PM_{10} 控制目标 发展高效畜牧业 废物减量与焚烧 挥发控制 开发农业林

5.3　应对气候变化措施对空气污染控制的影响

5.3.1　国外基于应对气候变化的空气污染控制实践

5.3.1.1　欧盟

2007 年欧盟为了推进气候与能源政策一体化进程、应对气候变化、增加能源供应安全性并向高能源效率、低碳经济转变，提出了三个 20%的目标，即：到 2020 年温室气体比 1990 年减少 20%、可再生能源比例达到 20%、一次能源使用量减少 20%。为实现上述三大目标，欧盟出台了一系列应对气候变化和低碳发展的政策措施。在政策制定过程中，欧盟对各类政策进行了系统评估、比较筛选，其中重要的原则之一就是，气候能源一体化政策对常规大气污染物的协同减排效益、对欧盟第六次环境行动目标实现的贡献。《气候与能源一体化政策评估报告》认为，温室气体减排的协同效益还包括由于减少了高污染燃料的使用而带来的工业污染物排放控制的成本降低。

此外，欧盟还推出了 CAFE 计划，CAFE 计划认为，大气污染与气候变化之间会产生突出的协同效应。基于上述原因，CAFE 计划尤为注重保持污染控制政策与气候政策的一致性，目的是获得额外的效益，尤其是能以最为经济有效的方式实现温室气体与大气污染物的协同减排。CAFE 计划的上述认识是建立在气候变化与大气污染相互关系深入分析的基础上。首先，对流层臭氧是一种区域性大气污染物，同时也是一种温室气体，目前已经成为第三大辐射强迫物质；其次，控制甲烷与氮氧化物排放将有利于减少臭氧的形成；最后，黑炭等一次颗粒物对人体健康以及大气变暖有很大的影响。

CAFE 计划同时指出，大气污染控制政策与气候变化政策既有一致的情况，也有相冲突的情况。比如降低臭氧浓度以及减少道路机动车颗粒物的排放对控制大气污染和减缓气候变暖都有利，而由二氧化硫和氮氧化物形成的二次气溶胶对人体有害，但却对大气有显著的降温作用。

5.3.1.2　英国

英国政府出台的《英国气候变化法案》是世界上首个应对气候变化的约束性框架，它提出到 2050 年英国温室气体排放比 1990 年降低 80%的目标，这一过程将通过一系列五年碳减排计划实现。在最初的行动方案制定过程中，未考虑温室气体减排措施对大气环境质量的影响，该方案在削减温室气体排放的同时导致了大气环境质量改善步伐放缓。主要表现在两个方面：第一，到 2020 年，实施气候变化法案计划的氮氧化物排放量相比不实施的情景有所上升。第二，生物质燃烧比燃料煤和燃料油燃烧排放的颗粒物都要少，但与低排放天然气锅炉相比，却是其颗粒物排放的 10～100 倍。在新修订的行动方案中，应对气候变化法案采用了整体政策，综合考虑了气候变化应对和大气污染防治。应用 UKMARKAL-ED 模型，行动计划优化了交通、电力、居民生活、道路交通和工业五个部门的减排措施，形成减排成本最低的措施组合。研究结果表明，初始行动方案到 2050 年的减排效益约为 15 亿英镑，而采取整体政策的修订方案的减排效益达到 40 亿英镑。

5.3.1.3 美国

综合环境战略项目（Integrated Environmental Strategies，IES）是美国国家战略的一部分，主要目的是帮助发展中国家识别、分析和实施一系列技术政策措施来改善大气环境质量、同时减少温室气体排放，增强经济发展的可持续能力。纳入该计划的发展中国家以及新兴经济体国家包括阿根廷、巴西、智利、中国、印度、墨西哥、菲律宾和韩国。

2005 年，在 IES 项目的支持下，韩国运用综合环境战略与协同控制的思想对首尔空气质量管理规划（Seoul Air Quality Management Plan，SAQMP）中的污染控制措施进行了优化。IES 项目在对首尔常规大气污染物控制措施与温室气体控制措施评估过程中发现，规划中的部分控制措施对常规大气污染物与对温室气体的减排效果差异显著。

5.3.2 气候变化应对措施对空气污染控制的影响

气候变化的应对措施根本目标是温室气体减排，本质是减缓气候变化趋势的政策，而温室气体和空气污染物往往是同根同源的，因此针对温室气体的控制政策也会在一定程度上达到治理和减少空气污染物的作用。面对日益严峻的空气污染和气候变化问题，加之受当前国际局势和地区能源禀赋的影响，空气污染和气候变化的协同控制思路逐渐被各国接受和认可。空气污染和温室气体排放主要都是来源于矿物燃料燃烧，因而应对气候变化政策措施在某一方面也可以达到对空气污染的治理效果。从政策强制性角度考虑，气候变化应对措施分为强制减排措施、资金技术保障措施、市场机制措施，其中制定温室气体减排目标、法律法规、税收政策，属于强制减排措施，低碳技术的研发、可再生能源政策、资金支持政策，属于资金技术保障措施，建立应对气候变化的碳交易市场体系和开展试点区域属于市场机制措施。这些政策措施在治理空气污染方面发挥着不同的效应（表 5-4），各国各地区在完成强制减排目标的同时，也减少了矿石燃料的燃烧，同时空气污染物也在某种程度上得到了治理，反过来，减排目标的实现有助于缓解全球气候变暖趋势，优化空气质量；资金技术保障措施主要用于支持低碳技术和可再生能源的开发和推广以及提高能源使用效率。先进的清洁能源技术和减低碳排放的技术本质上改变了能源消费结构，降低会产生空气污染的矿石燃料在能源系统的使用比重。科学技术投入对能源利用效率的影响也愈发深入，一方面高效的能源开采和能源转换技术的应用，减少了能源浪费，另一方面节能降耗技术，直接降低了单位产品能耗，提高了能源利用率。

表 5-4 气候变化应对措施对空气污染的影响

措施分类	体现形式	对控制空气污染的影响
强制减排措施	制定温室气体排放目标	由于空气污染物和温室气体的同根同源性，在温室气体减排过程中，空气污染物也会相应减少；减排目标有助于缓解全球气候变化趋势，同时优化空气质量
	应对气候变化的法律法规	强制性法规的出台为治理工作提供了法律保障
	强制性税收政策	税收政策在控制二氧化碳排放方面起到了一定作用，作为碳减排的连带效应空气污染也在一定程度上得到了治理

措施分类	体现形式	对控制空气污染的影响
市场机制措施	建设应对气候变化市场体系	规范碳交易市场，一方面改变了不同行业的耗能成本，引起产业结构调整升级，新兴低耗能产业快速发展；另一方面一定程度上减少发达国家 CO_2 排放，给予相对落后国家一些资助，某种意义上调整了能源分配结构，改变了空气污染物的地区分布
资金技术保障措施	减缓气候变化的低碳技术与研发	低碳技术是缓解气候变化的重要途径之一，新能源的推广和利用是实现低碳能源技术方面的突破，为减少空气污染物提供了保障，为长期的可持续发展战略提供科学可靠的依据
	可再生能源政策	由于各国温室气体和空气污染物排放源主要为能源消耗，倡导使用可再生的清洁能源，本质就是减少温室气体和空气污染物
	资金支持	雄厚的资金支撑，一方面确保了科研工作的推进，另一方面保证了各项政策的顺利进行

市场机制措施是从建立完善碳交易体系的角度，鼓励减少碳排放，最终达到调整产业和能源分配结构、改变空气污染地区分布的目的。一些发展中国家产业结构中依然存在着产业层次低、工业结构重型化等结构障碍，高耗能产业所占比重依旧可观，而随着碳交易市场的建立和完善，对产业结构调整的影响也逐步深入，碳交易市场机制提高了能耗较高产品的生产成本，导致这些产业市场竞争力减弱。在提倡低碳经济的国际背景下，产业结构升级调整是必然选择，一些耗能低、效率高的新兴产业逐步发展起来，新兴产业能源利用水平相对较高，单位耗能较小，有利于减少空气污染物的产生。碳交易是使用市场机制来解决耗能排碳的问题，虽然本质上是一种金融活动，但它更紧密地连接了金融资本与基于绿色技术的实体经济，导致碳的排放权和减排量额度成为一种有价产品，在一定程度上减少发达国家 CO_2 排放，并给予相对落后国家一些资助，因此各国各地区的能源分配结构调整，最终改变空气污染物的地区分布。

基于应对气候变化的空气污染防治措施主要集中于结构调整、技术进步和强制性政策三个方面，而基于这三方面从微观角度提出具有可操作性的措施建议，才能真正发挥减缓温室气体排放的空气污染控制作用。首先，包括产业结构和能源结构的结构形成是生产方式和消费模式综合作用的结果，只有改变生产方式和消费模式才能达到结构调整，进而实现既定目的。其次，技术进步体现在生产过程和资源产品的开采利用中，通过市场竞争机制加以实施。最后，强制性政策是在措施可行性的基础上上升为国家意志，才能得以体现。

5.3.3 基于应对气候变化的空气污染措施

空气污染和气候变化的协同控制逐渐被各国接受和认可，二者均需从单一治理模式转向复合治理，必须考虑多种污染的协同控制，确保可以改善区域环境空气质量，同时也可以支持或者至少不会妨碍实现应对气候变化这一目标。因此，采取“源头削减—过程控制—末端治理”的一体化综合整治，但以源头削减为优选措施，审慎选取末端治理措施。

5.3.3.1 体现一体化综合整治思想

欧美发达国家与部分新兴经济体国家为了获取协同效益，在指定城市/区域空气质量管理规划或温室气体减排计划时，往往设计了综合、一体化措施，并且进行多种规划方案比选。为了便于规划制定者进行决策选择，不同国家设立了不同判别标准：费用—效益标准（即以最小成本获取最大协同效益）、常规大气污染物与温室气体协同减排量、空气质量改善的健康效益、常规污染因子的辐射驱动效应（Radioactive Forcing，RF）等。如韩国首尔空气质量管理计划，采用费用—效益判别标准；欧盟气候与能源一体化政策，采用健康效益作为判别标准；而英国低碳转变计划，则采用协同减排量作为其判别标准。

5.3.3.2 把应对气候变化作为防控空气污染的前端举措

前端控制措施包括源头控制与过程控制两部分内容。所谓源头控制是指通过调整产业结构、淘汰落后产能、优化能源结构、实施绿色消费等应对气候变化措施，来降低社会和经济各领域对资源、化石能源的需求，从而实现常规大气污染物与温室气体的协同减排；而过程控制是指对各类行业实施全过程技术管理，通过技术进步和清洁生产，提高能效，降低资源、化石能源消耗量与污染物产生量，这是社会经济运行过程环节的工作。国外实践表明，源头控制与过程控制是实现常规大气污染物与温室气体协同减排最常用也是最有效的手段。

5.3.3.3 审慎选择并合理组合末端治理措施

所谓末端治理措施是指加大污染源治理力度，实施工程减排，这是在污染产生后实施的，是费效比最大的减排途径，而且往往对温室气体的协同控制没有贡献甚至由于增加了能耗而产生负面的影响。但是有些末端治理措施，例如欧盟的法律规定要在重型与轻型机动车上安装过滤装置，能够降低黑炭排放，又能产生部分气候变化效益。因此，要科学理解不同末端治理技术的原理与特征，以便于审慎选择，从而协调改善空气质量与应对气候变化目标间的关系。

综合比较空气污染的控制和温室气体的减排，二者综合整治模式有着一致的共同点：通过结构调整（产业结构、能源结构）、技术进步（脱硫、脱硝、脱碳）和强制政策（绝对或相对的限制目标）实现既定目标。因此，应对气候变化的空气污染控制措施兼顾了二者共同点，能够有效应对气候变化和减少空气污染物的排放，达到空气污染防控的效果。

5.4 政策建议：应对气候变化措施必须考虑其对空气质量的影响

应对气候变化措施的根本目标是温室气体减排，依靠手段是减缓气候变化趋势的政策，关于气候变化与空气质量协同的研究均得出这样的结论：温室气体和大气污染物的排放强度具有较为一致的相似性，协同效益非常可观。然而在温室气体减排的同时，大气污染物如何减少、减少的危害程度多大直接决定着人体健康。

应对气候变化必须考虑空气质量的影响，原因有三：一是温室气体减排带来的大气污染物（SO_2/NO_x 等）的减少进一步表明应对气候变化政策的有效性；二是不同温室气体排放源的大气污染物影响强度（单位碳排放的大气污染物危害）差异明显，协同效益较高的行业应对气候变化的政策能够实现更好的减排效果；三是温室气体效应的全球性与大气污染物效应的局地性之间存在矛盾，对于靠近温室气体排放源的区域而言，大气污染物具有明确而立即的环境与健康效应。

5.4.1　不考虑大气污染物的气候政策存在的问题

应对气候变化的政策中考虑大气污染物的危害程度及其不均衡性分布更能体现减排的效率和公平。一项气候政策如忽略大气污染物的协同效益，在效率方面，将不能形成整体最佳的减排目标，在公平方面，假如最终的温室气体减排力度在污染严重的地区较小，那么将会放大大气污染物的危害。

对于没有考虑大气污染物的气候变化政策，可能导致一些地方大气污染物影响程度的绝对和相对的增长现象。例如，在燃烧天然气的发电机组上提高燃烧温度能够减少 CO_2 排放，但会增加 NO_x 的排放；如果碳捕捉和封存（CCS）的技术可行，由于额外的能源需求，即使在减少 CO_2 排放的同时，污染物的排放也会增加；从煤到天然气发电的转移涉及发电厂地理位置的转移，其结果便是天然气发电厂所在的特定地点的污染物排放增加；燃油费的增加可能导致柴油机车辆使用的大幅增加，原因在于柴油机每英里排放的 CO_2 较少（约为汽油机的 70%），但排放的颗粒物质更多。

5.4.2　不同污染源 CO_2 减排的协同效益差异明显

对于不同的温室气体排放源而言，温室气体与大气污染物的协同效益可能极为不同。由于 CO_2 是一个全球性的“公敌”，其边际减排效益是相同的，但对于不同的大气污染源而言，其边际减排成本并不相同。如果大气污染物的影响强度对于所有的污染源而言都是统一的，则减排的总边际效益也会一致，效率最高的做法是对所有的污染者实施同样的政策。但事实上，大气污染物的影响强度会随着污染源而变化，减排的效益也会相应地变化。因此，CO_2 减排的协同效益对不同的污染源各不相同。

工业污染源是温室气体排放和大气污染物排放的关键源。绝大部分的大气污染物和温室气体排放来自于电力、热力的生产和供应业、非金属矿物制品业和黑色金属冶炼及压延加工业三大行业。2010 年，我国这三大行业的二氧化硫排放量均超过 100 万 t，占统计行业二氧化硫排放量的 73%。其中，电力及热力行业最多占 53%；三大行业的烟尘排放占工业烟尘排放的 66%；氮氧化物的工业排放中，三大行业占统计行业氮氧化物排放量的 63.9%，其中电力、热力的生产和供应业占 53.8%；二氧化碳的排放量中，三大行业占工业二氧化碳排放量的 82%。

5.4.3　大气污染物影响强度的行业变化与空间差异

不同行业部门大气污染物影响强度（影响强度指单位温室气体排放的伴生大气污染物的危害（量）不同，在空间分布上呈现明显地域差异。对我国的整体分析可以观察到如下变化。

首先，行业部门内部污染物的碳排放影响强度差别较大。

如图 5-26 所示，造纸及纸制品业 SO_2、烟尘、粉尘和 NO_x 的碳排放影响强度分别为 4.72 kg/t CO_2、2.67 kg/t CO_2、0.07 kg/t CO_2、2.73 kg/t CO_2，SO_2 的碳排放强度分别为烟尘、粉尘和 NO_x 的 1.77 倍、67.43 倍和 1.73 倍；电力、热力的生产和供应业的污染物的碳排放强度更是差别悬殊，SO_2 的碳排放强度分别为烟尘和粉尘的 3.85 倍和 952.5 倍。这说明，减排单位 CO_2 对不同污染物的影响不同。

其次，行业部门间的大气污染物的碳排放影响强度差别较大。

行业部门间的大气污染物的碳排放影响强度差别较大表明 CO_2 减排的协同效益也有相应的变化，所有其他条件相同的情况下，大气污染物的碳排放影响强度越高的行业可以实现更高的 CO_2 减排。如图 5-26 所示，电力、热力的生产和供应业 CO_2 的碳排放影响强度（3.81 $kgCO_2/t$）是石油加工、炼焦及核燃料加工业（0.44 $kgCO_2/t$）的 8.66 倍，但仅为有色金属采选业的 40%。

最后，大气污染物碳排放影响强度空间差异显著。

从空间分布来看（图 5-25），不同类型大气污染物碳排放的影响强度空间差异显著。广西、重庆、贵州、陕西的 CO_2 的碳排放影响强度较大，而山西、内蒙古、陕西、新疆的 NO_x 的碳排放影响较大。在同一区域内，不同类型大气污染物碳排放的影响强度同样存在显著差异。上述差异与当地的产业结构密不可分。

5.4.4 协同效益融入气候政策设计的建议

出于效率和公平的考虑，在气候变化政策设计中融入大气污染物的因素，是非常合理的做法。从效率的角度，如不能考虑不同碳排放源之间在空气质量协同效益方面的差别，则等同于牺牲人体健康；从公平的角度，大气污染物排放是气候政策和环境正义之间的一道关卡。

（1）强化碳减排目标

大量的证据已表明大气污染物对于公众健康具有非常大的影响。因此，在设定碳减排目标时，应包含空气质量协同效益的内容。将这一信息融入气候政策的设计中将会更加促进碳减排目标。

（2）确立大气污染物监测的机制

气候政策设计应同时规定对于大气污染物排放的影响监测政策，特别是对于高排放的设施和地点。每年应对监测结果加以评审，如发现气候政策的实施导致大气污染物排放出现绝对增长，则应立即采取政策措施，确保减少大气污染物的数量。

（3）指定高优先级别区域

气候政策的设计应包括识别高优先级别的区域。在这些区域中减少碳排放的协同效益可能会特别大。在这些区域中，气候政策应确保减排等于或超出政策规定的平均减排水平。在气候政策依赖于基于价格工具的情况下，为了实现上述目标，则可以为这些区域规定特别的限额，限制拍卖或分配给这些区域中设施的许可证数量，并阻止从其他地方购买冲销或许可证额度。

（4）指定高优先等级的行业部门和设施

指定高优先级别的行业部门，通过常规的管理工具或通过行业部门特定的排放限额，限制分配给这些行业部门和设施的许可证数量，并禁止从其他行业部门和设施处购买许可证，进而加快大气污染物的减排。

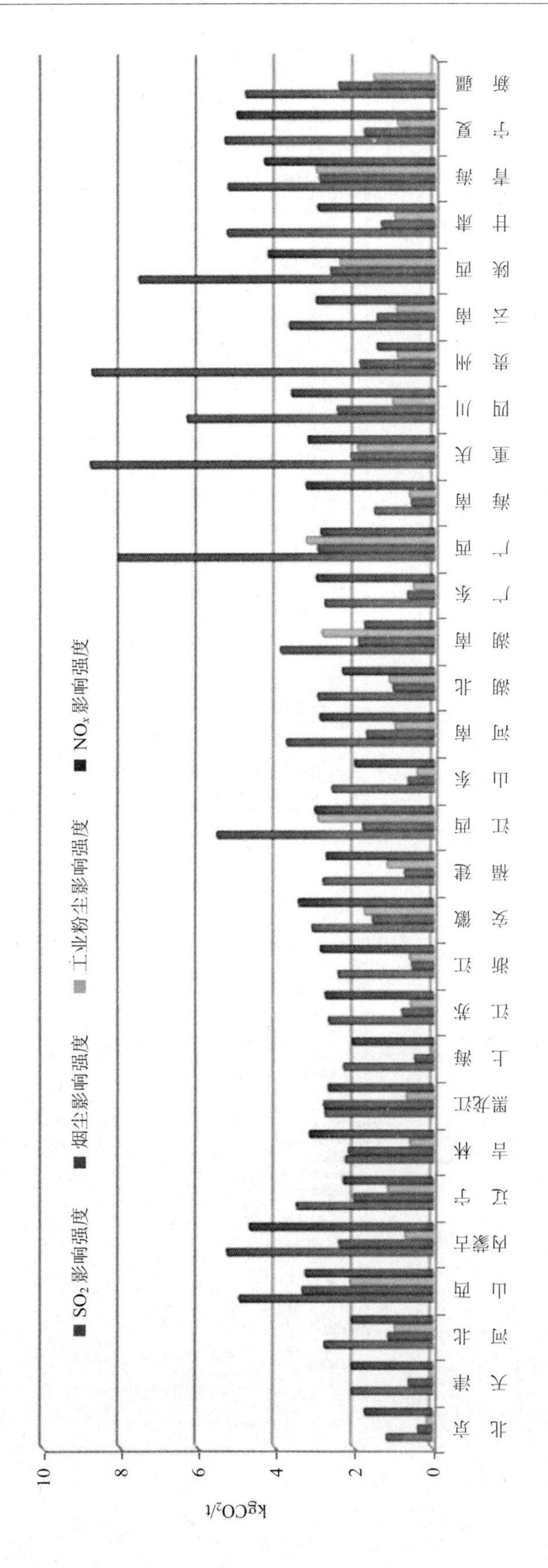

图 5-25　分区域的碳排放影响强度

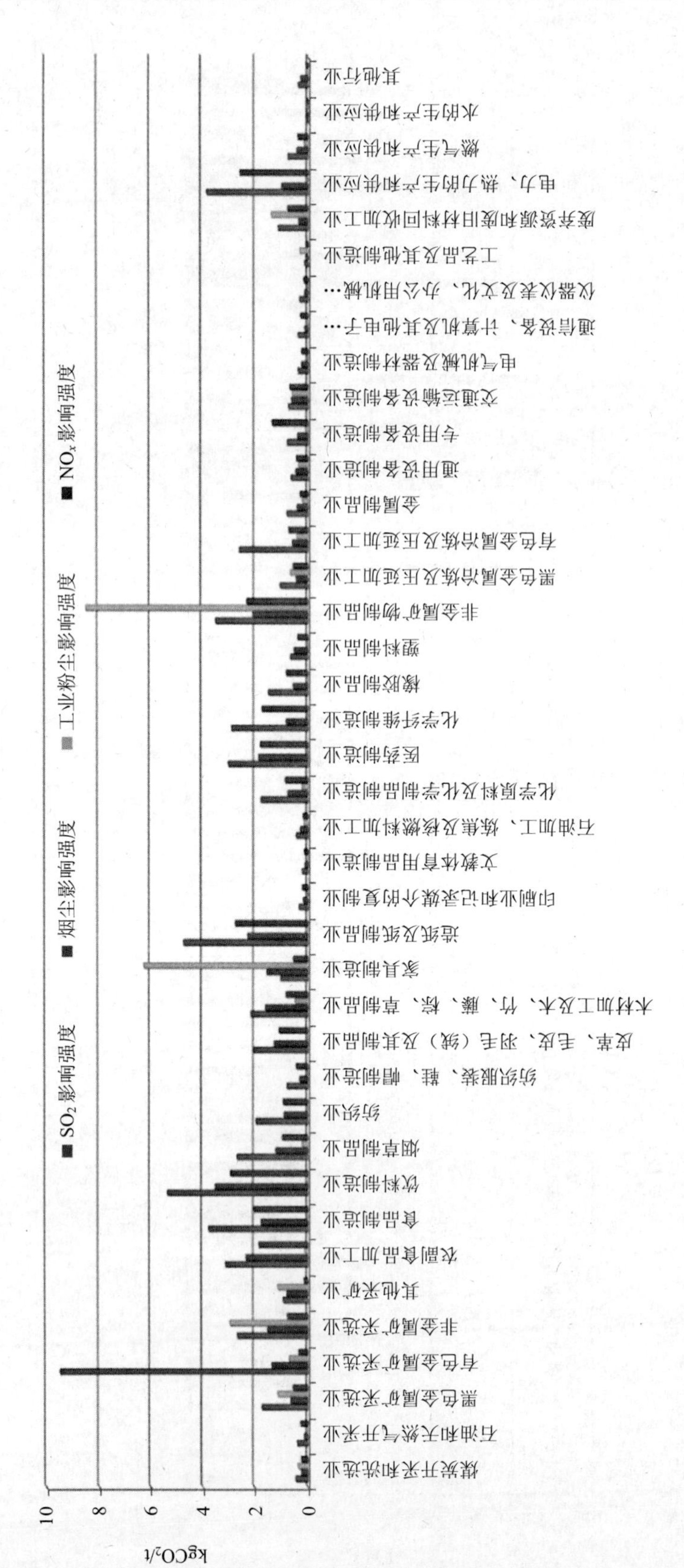

图 5-26　分行业的碳排放影响强度

第6章　数据库与互馈集成系统

6.1　空气污染对气候变化影响综合数据库

在综合分析国内外相关文献和资料的基础上，根据全国空气污染物及温室气体排放的总体情况，整理国内外现有空气污染物及温室气体排放数据，借鉴相关研究成果，通过引用新的统计数据、修正排放因子和估算等手段更新与整合现有的排放数据，建立基准年典型空气污染物（SO_2、NO_x、颗粒物等）和主要温室气体（CO_2）排放数据库，为进一步开展我国空气污染物和温室气体排放现状与趋势分析、空气污染对气候变化的影响综合评估提供良好的基础条件。

建立空气污染与气候变化数据库，为开展空气污染和气候变化相互影响奠定基础。

6.1.1　数据库需求

（1）数据库设计需要涵盖基准年典型空气污染物排放数据、主要温室气体排放数据、碳排放数据、气象数据、空气质量数据、地理空间数据等。

（2）利用获得的主要空气污染物排放资料，充分收集整理国内外文献和现有科研数据并进行数据 QA/QC 和标准化，建立模式污染源数据集，为空气质量模式提供网格标准化的污染源数据，构建基准年区域污染物源排放数据集；收集多年全国各省污染物排放量、去除量，包括污染物数据分行业数据。

（3）收集了环境监测站点空气质量日报数据；时间序列的空气质量小时值数据；收集研究区域空气监测数据。

（4）收集我国气象台站温度、湿度、降水、风向、风速、气压等气象观测数据是研究区域污染输送特征的基础，为此需建立气象要素观测数据集以及 NCEP（美国国家气象中心）再分析气象数据；研究区域逐日气象数据；研究区域天气现象数据；收集历史天气背景和天气型资料。

（5）研究中所涉及的基础地理空间数据，包括地形图、行政边界、交通等矢量空间数据和卫星遥感观测数据。

6.1.2　数据库内容

数据来源主要包括已经公布或通过实验分析得出的公开数据、研究报告、指南、数据库、文献、资料等。

表 6-1 数据库内容

类别	来源	内容
区域污染物排放数据	国内外文献 现有科研数据 Intex-B 计划亚洲清单 全国污染物排放数据	基准年区域污染物源排放数据 模式污染源数据集 全国各省污染物排放量、去除量
温室气体排放数据	国家统计年鉴 已有研究成果 温室气体排放数据 研究成果与研究文献	能源碳排放、污染物排放、 碳生产力、碳排放强度
空气质量数据	站点观测数据 研究区域空气污染监测数据	空气质量日报数据 空气质量小时值数据 空气污染指数（API），空气污染，级别，空气质量状况
气象数据	台站观测数据 NCEP 再分析气象数据 研究区逐日气象数据 研究区域天气现象数据	温度、湿度、降水、风向、风速、气压 NCEP 再分析气象数据 区域地面气象观测逐日数据 区域天气现象数据
基础地理空间数据	地形图 行政边界图 遥感影像 已有空间数据库	电子地图

6.1.3 数据库设计

根据项目建设要求，设计中依据数据来源进行数据划分。空气污染与气候变化数据库建立了“区域污染物源排放数据集”、“温室气体排放数据集”、“空气质量数据集”、“气象数据集”和“基础地理空间数据集”五类数据，在 Microsoft Access 2007 中建立了相应的数据库表结构，并已完成数据导入工作。

（1）区域污染物源排放数据集

ITEX-B 计划发布的 2006 年亚洲地区污染物排放清单，此清单包括电力、工业、交通、居民等四大类人为排放源的 SO_2、NO_x、CO、PM_{10}、$PM_{2.5}$、BC、OC、VOCs 等八大类污染物，空间分辨率为 0.5°×0.5°。

（2）温室气体排放数据集

包含能源碳排放数据、污染物排放数据、碳生产力数据、碳排放强度等数据。

（3）空气质量数据集

根据国家空气质量日报的有关技术规范，包含环境监测站点空气质量日报数据、时间序列空气质量小时数据。研究区域空气污染指数，包含空气污染指数（API）、空气污染级别、空气质量状况等数据。

（4）气象数据集

包含气象站点的数据和气象资料。建立气象/要素的数据集，包括温度、湿度、降水、风向、风速、气压等气象要素数据等。研究区域地面气象观测逐日数据包含极大风速，极大风速的风向，平均本站气压，平均风速，平均气温，平均水汽压，平均相对湿度，日照时数，日最低本站气压，日最低气温，日最高本站气压，日最高气温，最大风速，最大风速的风向，最小相对湿度。研究区域天气现象数据。包含 NCEP 再分析气象数据集。

（5）基础地理空间数据集

包含全国及相关区域的地形、行政区域和遥感影像等基础地理空间数据及各类专题空间与资源数据。

6.1.4　数据库成果

建立了“区域污染物源排放数据集”、“温室气体排放数据集”、“空气质量数据集”、“气象数据集”和“基础地理空间数据集”五类数据，在 Access 中建立了相应的数据库表结构，已完成总体数据导入与录入工作，目前已完成表格 1 091 个。

利用 Geodatabase 地理数据模型实现了空间数据和属性数据的无缝集成和一体化管理。空间数据库支持矢量数据和栅格数据，均存储在 Geodatabase 中，矢量数据支持 shapefile 格式导入，栅格数据支持 TIFF、GRID、IMG 等格式导入。

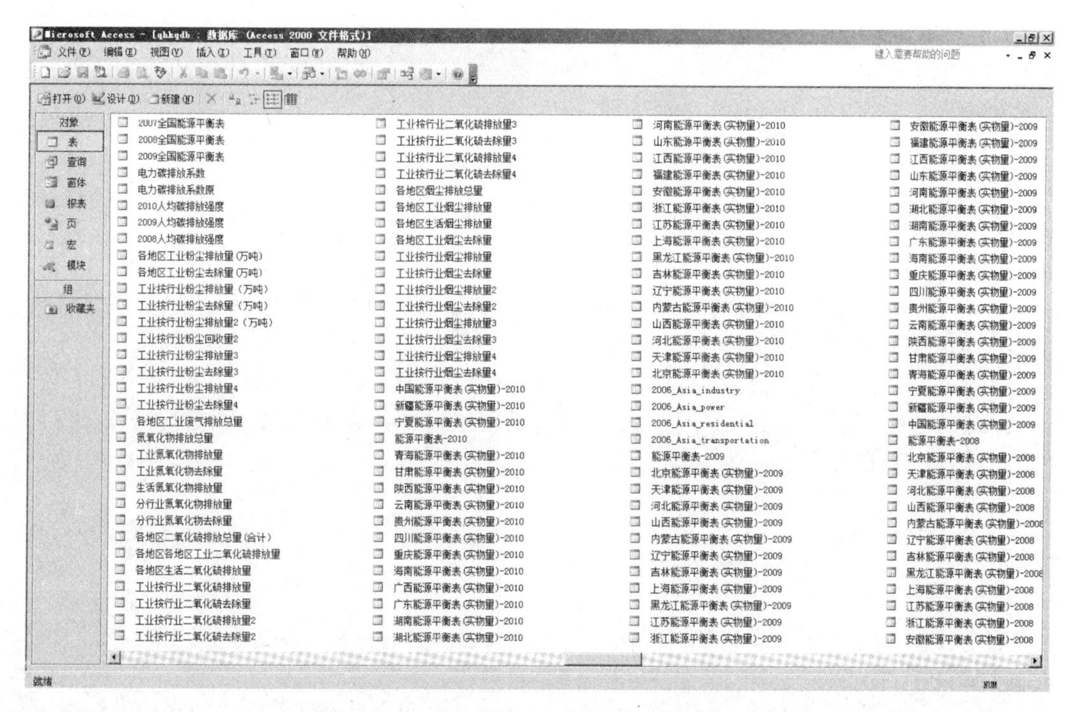

图 6-1　空气污染对气候变化影响数据库

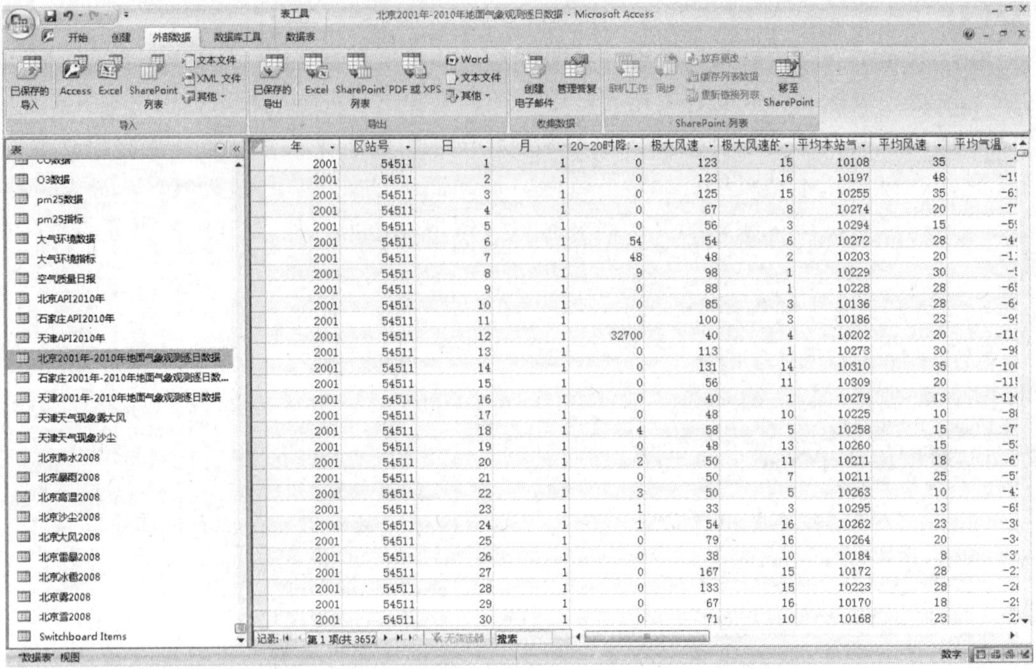

图 6-2 数据样例图（北京 2001—2010 年地面气象观测逐日数据）

6.2 空气污染对气候变化影响共享网站平台与系统

空气污染对气候变化影响共享网站平台与系统包含两部分，即“空气污染对气候变化影响共享网站平台”和“空气污染与气候变化影响集成系统”。

6.2.1 总体设计

根据系统总体功能与划分，将系统总体划分为两个部分，即共享网站平台和集成系统，整体采用 B/S+C/S 混合模式。

根据各个部分应用的内容与特点，共享网站平台以 B/S 模式（即浏览器/服务器）进行构建；综合数据库建立在服务器上；模型耦合系统以 C/S 模式（即客户端/服务器）进行构建。总体功能结构如图 6-3 所示。

6.2.2 系统主要功能

（1）共享网站平台

影响论坛：为网络用户提供一个有关气候变化、空气污染及其相互影响的论坛，用户可以在论坛上自由讨论、交流。

成果展示：将气候变化对空气污染的影响课题中产生的成果、数据、结论以丰富多彩的方式向用户展示。

新闻资讯：提供气候变化、空气污染领域的最新新闻资讯、快报、图片新闻等内容。

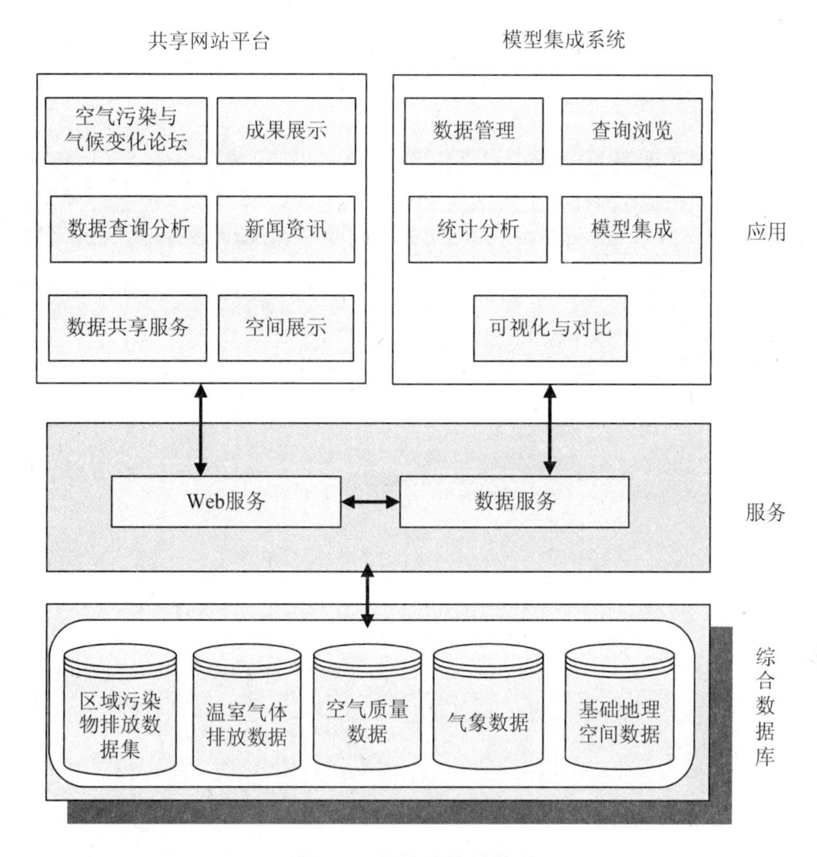

图6-3　总体功能结构图

数据查询浏览功能：满足数据查询浏览的常规操作，可以对课题中常规空气污染物和温室气体的排放数据信息进行浏览。

数据共享服务：针对常规空气污染物和温室气体的排放数据中的部分或全部资源进行共享和利用。支持文档、数据表级数据下载等功能。

（2）模型集成系统

将系统划分为数据管理、查询浏览、模型集成和可视化与分析等功能。数据管理模块主要完成系统数据的导入、导出及数据增加、修改、删除等编辑功能；查询浏览模块实现数据浏览、查询和模型数据检索等功能；模型集成模块实现了系统与模型之间的耦合，提供模型数据获取、数据解译与数据导出功能；可视化与分析挖掘模块能够进行模型及条件数据的可视化、分析及最终结果的对比分析等；提供地图显示、平移、缩放、全局、距离测量等基本GIS功能；支持基于空间位置的共享数据展示与空间信息查询功能。

可以对常规空气污染物和温室气体的排放数据信息中不同指标、属性进行统计分析，并提供直方图、曲线图等进行可视化分析。

6.2.3 网站与系统成果

（1）共享网站平台

图 6-4　网站首页

图 6-5　成果展示

图 6-6　图片成果

图 6-7　新闻资讯-1

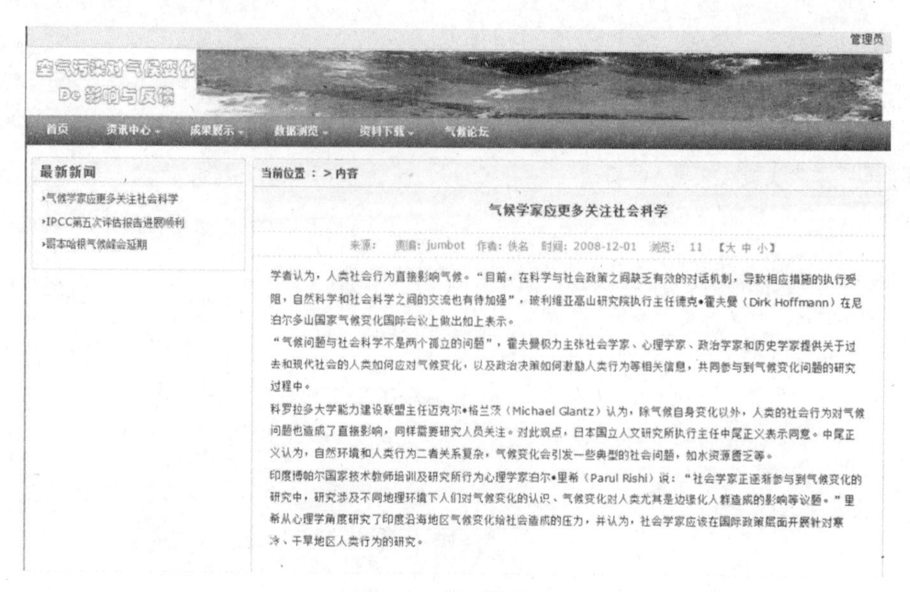

图 6-8 新闻资讯-2

图 6-9 网站论坛

（2）模型集成系统

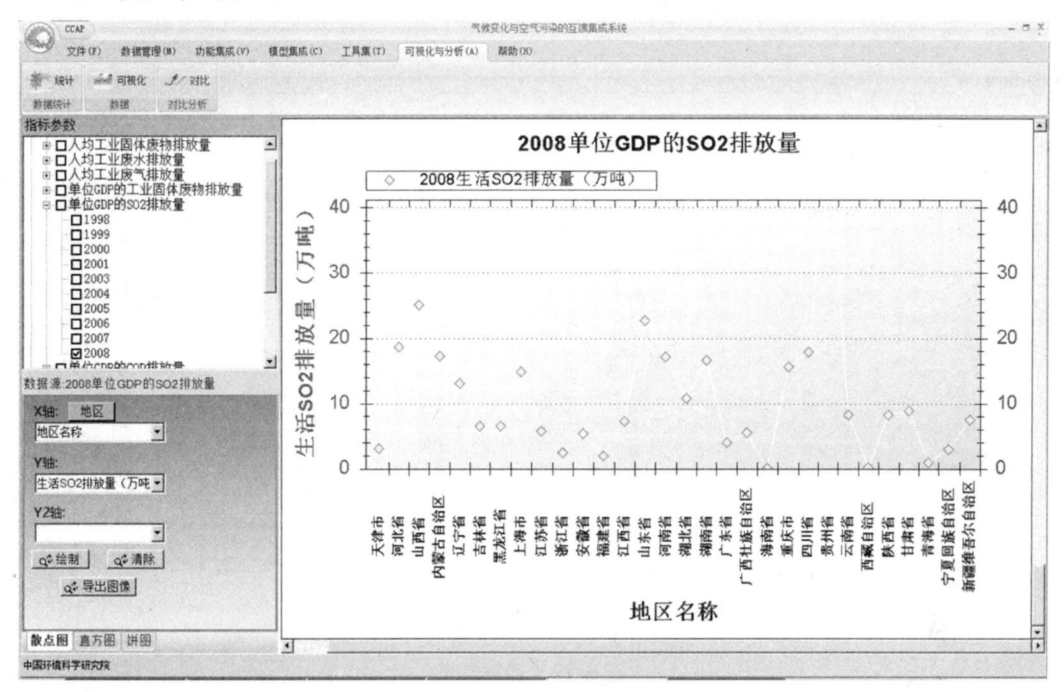

图 6-10　可视化

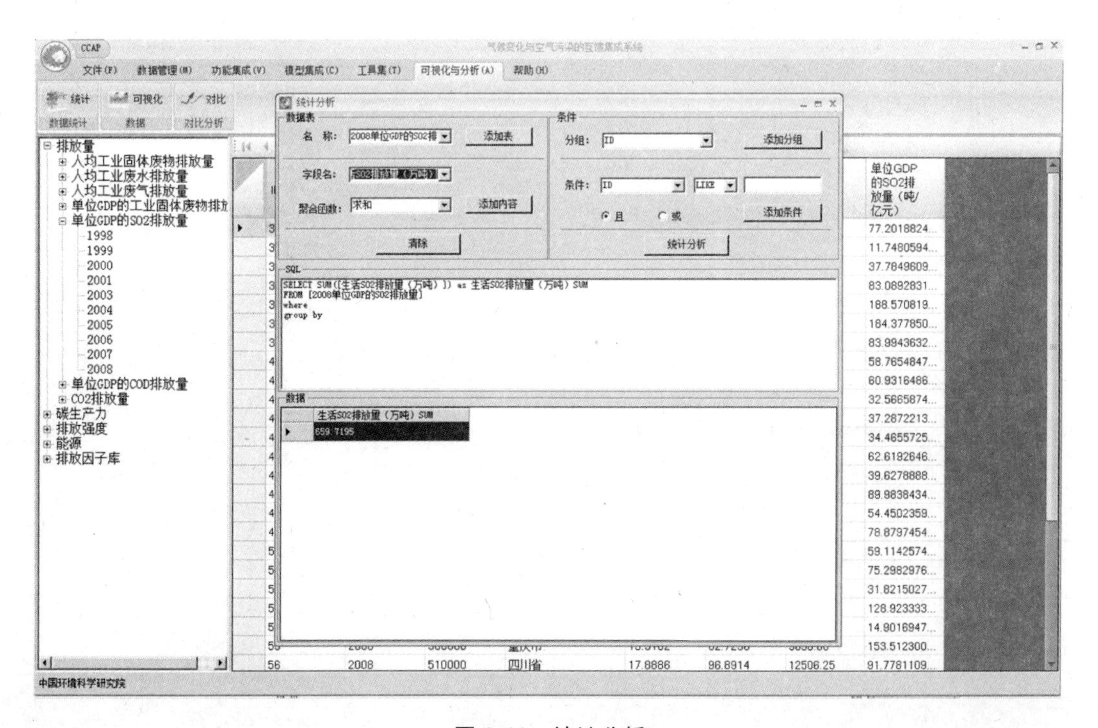

图 6-11　统计分析

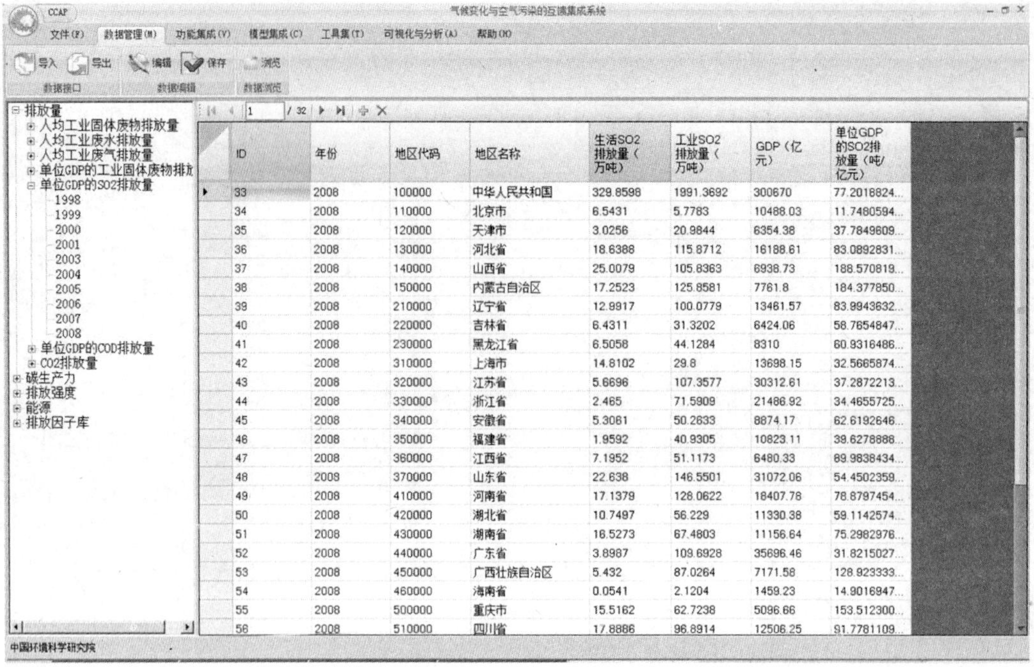

CCAP 气候变化与空气污染的互馈集成系统

文件(F) 数据管理(M) 功能集成(V) 模型集成(C) 工具集(T) 可视化与分析(A) 帮助(H)

导入 导出 编辑 保存 浏览

数据接口 数据编辑 数据浏览

排放量
- 人均工业固体废物排放量
- 人均工业废水排放量
- 人均工业废气排放量
- 单位GDP的工业固体废物排放
- 单位GDP的SO2排放量
  - 1998
  - 1999
  - 2000
  - 2001
  - 2003
  - 2004
  - 2005
  - 2006
  - 2007
  - 2008
- 单位GDP的COD排放量
- CO2排放量

碳生产力

排放强度

能源

排放因子库

1 / 32

ID	年份	地区代码	地区名称	生活SO2排放量（万吨）	工业SO2排放量（万吨）	GDP（亿元）	单位GDP的SO2排放量（吨/亿元）
33	2008	100000	中华人民共和国	329.8598	1991.3692	300670	77.2018824...
34	2008	110000	北京市	6.5431	5.7783	10488.03	11.7480594...
35	2008	120000	天津市	3.0256	20.9844	6354.38	37.7849609...
36	2008	130000	河北省	18.6388	115.8712	16188.61	83.0892831...
37	2008	140000	山西省	25.0079	105.8363	6938.73	188.570819...
38	2008	150000	内蒙古自治区	17.2523	125.8581	7761.8	184.377850...
39	2008	210000	辽宁省	12.9917	100.0779	13461.57	83.9943632...
40	2008	220000	吉林省	6.4311	31.3202	6424.06	58.7654847...
41	2008	230000	黑龙江省	6.5058	44.1284	8310	60.9316486...
42	2008	310000	上海市	14.8102	29.8	13698.15	32.5665874...
43	2008	320000	江苏省	5.6696	107.3577	30312.61	37.2872213...
44	2008	330000	浙江省	2.465	71.5909	21486.92	34.4655725...
45	2008	340000	安徽省	5.3061	50.2633	8874.17	62.6192646...
46	2008	350000	福建省	1.9592	40.9305	10823.11	39.6278888...
47	2008	360000	江西省	7.1952	51.1173	6480.33	89.9838434...
48	2008	370000	山东省	22.638	146.5501	31072.06	54.4502359...
49	2008	410000	河南省	17.1379	128.0622	18407.78	78.8797454...
50	2008	420000	湖北省	10.7497	56.229	11330.38	59.1142574...
51	2008	430000	湖南省	16.5273	67.4803	11156.64	75.2982976...
52	2008	440000	广东省	3.8987	109.6928	35696.46	31.8215027...
53	2008	450000	广西壮族自治区	5.432	87.0264	7171.58	128.923333...
54	2008	460000	海南省	0.0541	2.1204	1459.23	14.9016947...
55	2008	500000	重庆市	15.5162	62.7238	5096.66	153.512300...
56	2008	510000	四川省	17.8886	96.8914	12506.25	91.7781109...

中国环境科学研究院

图 6-12 数据浏览

第7章　结　论

以控制温室气体和空气污染物排放以及应对气候变化为宗旨，在对污染物与温室气体排放现状与趋势评估的基础上，选择典型污染物，开展空气污染对气候变化的影响及反馈研究，探讨了未来气候变化对空气污染的影响，并提出了应对气候变化的空气污染控制对策及措施。

7.1　我国空气污染和温室气体排放特征

选取我国30个省（市、自治区）1985—2010年面板数据，对主要大气污染物（SO_2、烟尘、NO_x）和CO_2的排放总量、人均和单位GDP排放强度和排放弹性系数等排放特征进行了分析，并对SO_2、CO_2进行了统计意义上的关联性分析，主要结论如下：

第一，从年际变化特征看，1995—2010年，我国SO_2、CO_2排放量的年际变化具有很强的相似性，大致可以分为1995—2001年缓慢波动增长阶段，2002—2005年快速增长阶段和2006—2010年下降或增幅放缓阶段3个阶段；烟尘排放总量、工业烟尘排放量自2005年后开始呈现逐年下降趋势；“十一五”期间全国NO_x排放量的年际变化总体呈上升态势。

第二，从地区分布特征看，我国30个省区的经济发展、能源结构的水平差别较大。“双高”的省区是未来重点控制的区域。SO_2“双高”的省区为内蒙古、河北、山西、河南、辽宁、贵州、陕西；烟尘“双高”的省区为河北、山西、内蒙古、辽宁、黑龙江和新疆；NO_x“双高”的省区为河北、河南、内蒙古、山西、安徽、新疆、陕西和黑龙江；CO_2“双高”的省区为内蒙古、山西。

第三，从行业分布特征看，绝大部分的SO_2和CO_2排放量来自电力行业、黑色金属冶炼及压延加工业、非金属矿物制品业和化学原料及化学制品制造业4个行业，其中，电力行业的排放量最大，2010年电力行业排放的SO_2和CO_2分别占行业排放总量的53%和55%；电力、热力的生产和供应业、非金属矿物制品业和黑色金属冶炼及压延加工业，这3个行业为我国主要的烟尘排放行业；电力行业和移动源是NO_x的主要排放来源，2010年，火电占48%，移动源排放占9.57%，其次是制造业的非金属矿物制品业和黑色金属冶炼及压延加工业。

第四，SO_2和CO_2同根同源，通过数理统计的方法计算，相关系数为0.806；4大区域SO_2和CO_2排放量的相关系数特征为$r_{西部}>r_{中部}>r_{东北}>r_{东部}$；30个省区中，有18个省区的$SO_2$和$CO_2$排放量间呈正强相关，上海和北京2个市$SO_2$和$CO_2$排放量间呈负强相关，其余10个省区的相关系数计算未通过假设检验，各省区SO_2和CO_2排放量的相关系数的特征与其SO_2的治理水平一致。

第五，从国内外诸多研究成果来看，我国温室气体排放未来将总体呈上升趋势，若我国采取一定的低碳发展措施并实现全球紧密协作，可能会在 2030—2050 年出现排放峰值即温室气体排放下降拐点。

综上所述，我国空气污染物和温室气体的排放特征有一定的相似性，有关研究也显示传统污染物控制措施会对温室气体减排产生一定的协同效应，同时，温室气体减排措施也会对传统污染物的排放产生一定的协同效应。虽然利用协同控制措施减排大气污染物和温室气体的理念已基本得到认同，但目前国内关于协同控制效应及协同控制效应评价方面的研究还处于起步阶段。结合二氧化硫和二氧化碳排放特征和关联性，我国未来大气污染物和温室气体减排应更注重协同效应，积极开展大气污染物与温室气体的协同控制研究。

7.2 典型区域的空气污染对气候变化影响研究

空气污染与气候变化间的相互影响和反馈是当前世界上最受关注的重大环境问题之一。利用数值模拟和情景分析方法定量评估了我国气溶胶污染对区域气象要素和气候变化的影响，并对我国“十五”、“十一五”期间污染物减排政策实施效果进行了评估。收集整理了我国的多年区域气象资料、天气背景资料、区域污染源排放数据以及环境三维监测数据等重要基础资料，并对上述数据进行了标准化处理和数据分析，建立了项目研究所需的三维区域资料数据库，为进行大气气溶胶气候效应定量评估、黑炭气溶胶和硫酸盐气溶胶气候效应定量评估和我国污染物减排政策实施效果定量评估等研究提供了科学有效的基础数据平台。

（1）气溶胶气候效应对区域气象要素的影响

研究构建了 WRF-chem 空气质量模式和 RegCM 区域气候模式，用于对气溶胶气候效应的研究。模式地图投影均采用兰勃托投影，模拟区域覆盖我国，WRF-chem 模式采用 54 km×54 km 网格分辨率，网格数 92×78；RegCM3 采用 60 km×60 km 网格分辨率，网格数 88×76。选用 WRF 气象模式模拟各层嵌套的气象流场。气象初始场数据采用美国国家环境预测中心（NCEP）发布的气象再分析数据，网格分辨率为 1°×1°，时间分辨率为 6 h。采用 INTEX-B 污染源排放清单和 MEIC 污染源排放清单作为人为污染源排放数据，经过利用气象监测数据、空气质量监测数据分别与气象和空气质量模拟结果进行验证，验证结果证明建立的数值模拟系统在我国具有较好的模拟效果。

气溶胶污染对区域气象要素和气候影响定量评估结果表明，气溶胶气候效应可造成区域太阳辐射量、温度和 PBL 高度下降，我国受气溶胶污染影响最严重的区域集中在东部地区，特别是京津冀、长三角、珠三角、山东、武汉及周边地区、长株潭和成都—重庆等污染较重的地区，月均入射太阳辐射量下降 20 W/m^2 以上、月均温度下降 0.3℃以上、月均 PBL 高度下降 30 m 以上。我国与美国、欧洲和印度等地区相比较，由于气溶胶污染较重，气溶胶气候效应更加显著。

（2）黑炭气溶胶和硫酸盐气候效应评估

为探究黑炭气溶胶和硫酸盐气溶胶对区域气象要素的影响，分析了北京、天津、石家庄、上海、南京和广州 6 个地区，2010 年 1 月和 7 月黑炭气溶胶和硫酸盐气溶胶对太阳辐射量、温度、PBL 高度等的影响。由于气溶胶在大气中的停留时间为一周甚至更短，并且在空间和时间分布上变化大，多在排放源附近达到浓度峰值，其在短时间内可导致太阳辐射量、温度、风速、大气边界层高度以及降水等气象要素等的急速变化，因此拟分别探究气溶胶严重污染时期和非严重污染时期上述各气象要素的影响。

研究结果显示，黑炭气溶胶的气候效应既可造成我国部分地区温度上升，也可造成温度下降，这是由于黑炭气溶胶的状态不同，其对气温的影响不同。黑炭气溶胶气候效应使得区域太阳辐射量和 PBL 高度等气象要素下降。气溶胶污染较重时（$PM_{2.5}$＞250 μg/m^3 或者 AQI＞150 时），黑炭气溶胶和硫酸盐气溶胶气候效应作用更加显著。

（3）未来气候变化和空气污染

预测了 2030 年、2050 年、2070 年和 2100 年主要污染物排放变化趋势，并基于预测的污染源排放清单，利用 RegCM 模型预测了我国未来气温变化趋势。结果表明，未来主要年份 SO_2 和颗粒物相比 2005 年和 2010 年均有所减少，而氮氧化物呈增长趋势。未来 2030 年、2050 年、2070 年和 2100 年等代表年份全国气温的地区分布趋势较为一致，且 2070 年之前基本呈缓慢升高的变化特征，其中长江中下游区域、新疆南疆盆地、华北部分地区、内蒙古西部是升温较为明显的区域。

（4）污染排放控制政策评估

为了探究“十五”、“十一五”期间我国污染物减排措施的实施效果，以 2000—2010 年我国主要大气污染物 SO_2、NO_x、$PM_{2.5}$ 年排放量及浓度分布为基础，综合考虑燃煤使用量、电力消费量、人口变化、机动车保有量等的变化情况，设置对比情景，定量评估减排措施对上述污染物的源排放及空气质量改善效果。研究结果表明我国在“十五”和“十一五”期间实施的污染物减排政策可有效控制污染源排放、抑制控制污染，并在应对气候变化中起到积极作用。

假如我国不实施减排政策，经济自然线性增长，则“十五”期间我国将多排放 69%的 SO_2、73.9%的 NO_x 和 52.1%的 $PM_{2.5}$，“十一五”期间将多排放 59.5%的 SO_2、90.1%的 NO_x 和 41.9%的 $PM_{2.5}$；“十五”和“十一五”期间有效抑制 $PM_{2.5}$ 浓度 50%。在应对气候变化方面，我国实施的减排政策可有效缓解气溶胶污染对太阳辐射量、温度和 PBL 高度的影响。评估结果表明，“十五”和“十一五”期间我国实施的减排政策有效缓解 3～15 W/m^2 气溶胶对太阳辐射的散射和吸收，缓解 0.05～0.5℃气溶胶对温度的影响，5～25 m 气溶胶对 PBL 高度的影响。

7.3 未来气候变化对空气污染的影响

首先选用国家气候中心提供的中国地区气候变化预估数据集（Version2.0 和 Version3.0）中 A1B 和 RCP4.5 排放情景下区域气候模式（RegCM3）和全球气候模式（BCC-CSM1-1）模拟得到的各气象要素的月平均数据，通过空间信息技术分析不同排放情景下全国和两个典型区域（京津冀城市群以及西北生态脆弱区）未来各气候要素的时空变化特征，包括时间变化趋势和典型年份空间变化特征；其次，在分析我国三大城市群 9 个典型城市近十年 API 变化特征的基础上，利用相关分析法和主成分回归分析法分析 2001—2010 年京津冀和西北地区 7 个代表性城市的 API 与同期地面气象要素的关系，得到各代表城市的 API 与气象要素的回归方程；最后，结合 A1B 排放情景下区域气候模式模拟得到的各气象要素的变化情况，综合分析未来气候变化对我国京津冀和西北地区空气质量的潜在影响。主要结论如下：

第一，A1B 排放情景下，21 世纪我国年平均地表气温将继续上升，气候倾向率为 5.3℃/100 a，北方的增温幅度明显高于南方；全国范围内降水量总体呈增加趋势，气候倾向率为 90 mm/100 a，占国土面积一半以上的地区降水量将有所增加，其中，西部地区尤为突出；海平面气压总体呈上升趋势，气候倾向率为 0.124 hPa/100 a；风速总体呈下降趋势，但变化不显著，气候倾向率为–0.044（m/s）/100 a；相对湿度总体上有少许下降，气候倾向率为–1.5%/100 a。

第二，RCP4.5 排放情景下，21 世纪我国年平均地表气温也呈现上升趋势，但增温幅度明显低于 A1B 排放情景，气候倾向率为 2.2℃/100 a；降水量总体呈增加趋势，但增加幅度低于 A1B 排放情景且地区间差异很大，气候倾向率为 63 mm/100 a；气压总体呈上升趋势，气候倾向率为 0.823 hPa/100 a；风速在全国范围内变化很小，可以忽略不计；相对湿度总体上有少许下降，气候倾向率为–1.4%/100 a。

第三，三大城市群典型城市近十年 API 总体上呈下降趋势，其中京津冀城市群下降最为明显，其次是长三角城市群，珠三角城市群 API 下降最不显著；年均和季节 API 由北向南逐渐降低，京津冀城市群的 API 最高，珠三角城市群的 API 最低，而城市群内部距离海洋近的城市 API 较低；三大城市群 API 均表现出冬春季高、夏季低的季节变化特征，气候背景对城市空气质量起到很大的决定作用；城市群不同城市年均和各季节 API 有趋于同步的变化趋势，大气污染呈现一定的区域同质化的特征；北京和石家庄近十年年均污染天数最多，分别为 131.6 天和 111.7 天，珠海污染天数最少；2001—2008 年 3 大城市群城市间的污染天数差距较大，2008 年之后各个城市间的污染天数明显缩小。

第四，分析京津冀和西北地区 7 个代表性城市 2001—2010 年的空气质量状况，结果表明，空气质量最好的时段为夏季，空气质量最差的时段主要集中在冬季和春季。此外，通过对研究时段的首要污染物进行分析，发现 PM_{10} 是造成两个典型区域大气污染的主要因素。

第五，相关分析结果得出，京津冀和西北地区的 API 与气温大都呈负相关关系，说明 API 与气温呈反向的变化，冬季较夏季污染较为严重；与降水量和相对湿度基本呈负相关，说明降水过程对污染物具有明显的湿清除作用；与气压均呈正相关，说明高压控制天气容易造成空气污染的加重；与风速的相关性有正有负，说明风速对空气污染物具有双重影响。在一定范围内，风速越大，越有利于大气污染物的稀释和扩散，API 越小；超过这一范围，大气中可吸入颗粒物浓度开始受地面开放源的影响，导致空气污染加重。此外，还受风向和地形的综合影响。

第六，利用主成分回归分析得到京津冀和西北地区 7 个代表性城市的 API 与气象要素的回归方程（与实测 API 对比，模拟效果较好），结合区域气候模式模拟得到的未来各气象要素的变化情况，综合分析未来气候变化对我国京津冀和西北地区空气质量的潜在影响。结果表明，A1B 排放情景下，假设大气污染物排放相对稳定，未来气候变化对京津冀和西北地区的春季、秋季、冬季和年均 API 降低有一定的促进作用，而对夏季的 API 影响不显著。

第七，AQI 总体上比 API 偏高，特别是污染较为严重的时段，这种差距更为明显，而在非污染严重时期，AQI与API较为相近，且二者变化趋势较为一致。因此，假设大气污染物排放相对稳定，在非污染严重时期，未来气候变化可能在一定程度上促进AQI降低，而在污染严重时期的影响存在很大的不确定性。

7.4 应对气候变化的空气污染防控对策与措施研究

出于效率和公平的考虑，在气候变化政策设计中融入大气污染物的因素，是非常合理的做法。从效率的角度，如不能考虑不同碳排放源之间在空气质量协同效益方面的差别，则等同于牺牲人体健康；从公平的角度，大气污染物排放是气候政策和环境正义之间的一道关卡。

（1）强化碳减排目标

大量的证据已表明大气污染物对于公众健康具有非常大的影响。因此，在设定碳减排目标时，应包含空气质量协同效益的内容。将这一信息融入气候政策的设计中将会更加促进碳减排目标。

（2）确立大气污染物监测的机制

气候政策设计应同时规定对于大气污染物排放的影响监测政策，特别是对于高排放的设施和地点。每年应对监测结果加以评审，如发现气候政策的实施导致大气污染物排放出现绝对增长，则应立即采取政策措施，确保减少大气污染物的数量。

（3）指定高优先级别区域

气候政策的设计应包括识别高优先级别的区域。在这些区域中减少碳排放的协同效益可能会特别大。在这些区域中，气候政策应确保减排等于或超出政策规定的平均减排水平。在气候政策依赖于基于价格工具的情况下，为了实现上述目标，则可以为这些区域规定特别的限额，限制拍卖或分配给这些区域中设施的许可证数量，并阻止从其他地方购买冲销或许可证额度。

（4）指定高优先等级的行业部门和设施

指定高优先级别的行业部门，通过常规的管理工具或通过行业部门特定的排放限额，限制分配给这些行业部门和设施的许可证数量，并禁止从其他行业部门和设施处购买许可证，进而加快大气污染物的减排。

7.5 数据库与互馈集成系统

针对数据库与互馈集成系统，主要研究工作包括：第一，空气污染对气候变化影响数据库，已完成数据库整体设计，录入、转化部分数据内容；第二，空气污染对气候变化影响网站，已完成功能框架设计，完成新闻资讯、论坛、数据下载、部分成果展示等功能。第三，空气污染与气候变化影响集成系统，已完成系统初步设计，已完成数据管理、统计分析、可视化、对比分析等功能。

参考文献

[1] 王鑫，傅德黔，李锁强．美国国家污染物排放清单[J]．中国统计，2007（2）：60-61．

[2] Monks P S，et al．Atmospheric composition change-global and regional air quality [J]．Atmospheric Environment，2009（43）：5268-5350．

[3] Streets D G，Bond T C，Carmichael G R，et al．An inventory of gaseous and primary aerosol emissions in Asia in the year 2000[J]．J.Geophys.Res，2003，108（D21）：8809-8820．

[4] Streets D G，Waldho S T．Present and future emissions of air pollutants in China：SO_2，NO_x，and CO[J]．Atmospheric Environment，2000（34）：363-374．

[5] Ohara T，Kimoto H，Yan X，et al．An Asian emission inventory for the period 1980-2020[J]．Atmos.Chem.Phys.Discuss.，2007（7）：6843-6902．

[6] 吕亚辉，黄俊，余刚，等．中国二噁英排放清单的国际比较研究[J]．环境污染与防治，2008，30（6）：71-74．

[7] 贺克斌，余学春，陆永祺．城市大气污染物来源特征[J]．城市环境与城市生态，2003，16（6）：269-271．

[8] Yang Dongqing，Stephanie H．Kwan．An Emission Inventory of Marine Vessels in Shanghai in 2003[J]．Environ.Sci.Technol.，2007，41（15）：5183-5190．

[9] 雷宇．中国人为源颗粒物及关键化学组分的排放与控制研究[D]．北京：清华大学，2008．

[10] 田贺忠，郝吉明，陆永琪，等．中国氮氧化物排放清单及分布特征[J]．中国环境科学，2001，21（6）：493-497．

[11] 曹国良，张小曳，龚山陵，等．中国区域主要颗粒物及污染气体的排放源清单[J]．科学通报，2011，56（3）：261-268．

[12] 吴季松，刘斐．国内外温室气体排放的对比分析[J]．生产力研究，2009（13）：9-11，20．

[13] 2008 中国统计年鉴[M]．北京：中国统计出版社，2008．

[14] 2008 中国能源统计年鉴[M]．北京：中国统计出版社，2008．

[15] 胡涛，田春秀，李丽平．协同效应对中国气候变化的政策影响[J]．环境保护，2004（9）：56-58．

[16] 李丽平，周国梅．切莫忽视污染减排的协同效应[J]．环境保护，2009（24）：36-38．

[17] 田春秀，李丽平，胡涛，等．气候变化与环保政策的协同效应[J]．环境保护，2009，（12）：67-68．

[18] 李丽平，周国梅，季浩宇，等．污染减排的协同效应评价研究：以攀枝花市为例[J]．中国人口、资源与环境，2010，20（5）：91-95．

[19] 毛显强，曾桉，胡涛，等．技术减排措施协同控制效应评价研究[J]．中国人口、资源与环境，2011，21（12）：1-7．

[20] 杨宏伟．应用 AIM-local 中国模型定量分析减排技术协同效应对气候变化政策的影响[J]．能源环境保护，2004，18（2）：1-4．

[21] 王金南，宁淼，严刚，等．实施气候友好的大气污染防治战略[J]．中国软科学，2010（10）：28-37．

[22] Chae Y．Co-benefit analysis of an air quality management plan and greenhouse gas reduction strategies in the seoul metropolitan area[J]．Environmental Science & Policy，2010（13）：205-216．

[23] 李惠民，齐晔．中国 2050 年碳排放情景比较[J]．气候变化研究进展，2011，7（4）：271-280．

[24] 朱永彬，王铮，庞丽，等．基于经济模拟的中国能源消费与碳排放高峰预测[J]．地理学报，2009，64（8）：935-944．

[25] 渠慎宁，郭朝先．基于 STIRPAT 模型的中国碳排放峰值预测研究[J]．中国人口、资源与环境，2010，20（12）：10-15．

[26] 贾斌，李婕．从美日两国浅谈中国空气质量管理体系[J]．太原城市职业技术学院学报，2010（4）：156-157．

[27] 于博．日本环境政策分析[D]．吉林：吉林大学，2010．

[28] 洪翠宝．美国环保政策的剖析——向“优化型”演变的美国环保政策[J]．中国环境管理，1985（5）．

[29] 江年．1970 年以来美国大气污染控制取得巨大进步[J]．Chemical & Engineering News，2003，12（9）：25．

[30] 曹凤中．我国大气污染防治工作进展[J]．环境与可持续发展，1988（12）．

[31] 李吟天．改善我国大气环境，加快开发利用天然气资源．中国能源，1997（7）：22．

[32] 环境保护部．中国环境统计年报·2008[M]．北京：中国环境科学出版社，2009．

[33] 肖主安．试论欧盟环境政策的发展[J]．欧洲，2002（3）：75-81．

[34] 杨廷俊．欧共体/欧盟环境政策与环境外交研究[D]．武汉：华中师范大学，2008．

[35] 赵伟．欧盟环境政策的历史演变[J]．河北理工大学学报：社会科学版，2009，9（4）：25-30．

[36] 林可也．完善我国环境管理体制的法律思考——以欧盟环境管理体制为参照[D]．上海：华东政法大学，2008．

[37] 联合国环境规划署．全球环境展望 4[M]．北京：中国环境科学出版社，2008：231-239．

[38] 唐孝炎，张远航，邵敏．大气环境化学[M]．北京：高等教育出版社，2006：232，262．

[39] Jacob D J，Winner D A．Effect of climate change on air quality[J]．Atoms.Environ，2009（43）：51-63．

[40] Takemura T，Nozawa T，et al．Simulation of future aerosol distribution，radiative forcing and long-range transport in East Asia[J]．J.Meteor.Soc.Japan，2001，79（6）：1139-1155．

[41] Rothman，D S． Estimating Ancillary Impacts，Benefits and Costs on Ecosystems from Proposed GHG Mitigation Policies.Experts Workshop on Assessing the Ancillary Benefits and Costs of Greenhouse Gas Mitigation Policies[J]．Washington：DC，2000（3）：27-29．

[42] Brendemoen A，Vermemo H．A Climate Treaty and the Norwegian Economy：A CGE Assessment[J]．The Energy Journal，1994，15（1）：77-93．

[43] Burtraw D，KruPniek A，Palmer K，et al．Ancillary Benefits of Reduced Air Pollution in the US from Moderate Greenhouse Gas Mitigation Policies in the Electricity Sector[R]．Discussion Paper，Resources for the Future，USA，1999：99-51．

[44] Pearce D．Policy Frameworks for the Ancillary Benefits of Climate Change Policies.Expert Workshop on Assessing the Ancillary Benefits and Costs of Greenhouse Gas Mitigation Policies[J]．Washington：DC，2000（3）：27-29．

[45] Burtraw D，Toman M．The Benefits of Reduced Air Pollutants in the U.S from Greenhouse Gas Mitigation

Policies[R]. Discussion Paper98-01-REV，Resources for the Future，USA，1997（12）：98.

[46] Ekins P. How Large a Carbon Tax is justified by the Secondary Benefits of CO_2 Abatement[J]. Resource and Energy Economies，1996，18（2）：161-187.

[47] 贺晋瑜. 温室气体与大气污染物协同控制机制研究[D]. 太原：山西大学，2011.

[48] Cifuentes L，Sanma E，Jorquera H，et al. Co-controls Benefits Analysis for Chile：Preliminary estimation of the Potential co-control benefits for Chile. COP-5：Progress Report（Revised Version），L A，1999（12）.

[49] Garbaeeio R F，Ho M S，Jorgenson D W. The Health Benefits of Controlling Carbon Emissions in China.Expert Workshop on Assessing the Ancillary Benefits and Costs of Greenhouse Gas Mitigation Policies[J]. Washington：DC，2000（3）：27-29.

[50] Wang X，Smith K. Near-term Health Benefits of Greenhouse Gas Reductions：A Proposed Assessment Method and Application in Two Energy Sectors of China[R]. Geneva：World Health Organization，1999.

[51] Aunan K，Aaheim H A，Seip H M. Reduced Damage to Health and Environment from Energy Saving in Hungary.Expert Workshop on Assessing the Ancillary Benefits and Costs of Greenhouse Gas Mitigation Policies[J]. Washington：DC，2000（3）：27-29.

[52] Kanudia A，Loulou R. Robust Responses to Climate Change via Stochastic MARKAL：The Case of Quebec[J]. European Journal of Operations Research，1998（106）：15-30.

[53] Seheraga J D，N A Leary. 1993：Costs and Side Benefits of using Energy Taxes To Mitigate Global Climate Change. Proceedings 1993 National Tax Joumal. 133-138.

[54] 魏一鸣，吴刚，刘兰翠，等. 能源—经济—环境复杂系统建模与应用进展[J]. 管理学报，2005（2）：159-170.

[55] 胡涛，田春秀，毛显强. 协同控制：回顾与展望[J]. 环境与可持续发展，2012（1）：25-29.

[56] 贺克斌. 北京案例研究[R]. 清华大学：中日促进环境对策协同效应座谈会，2007.

[57] Chen C，Fu Q，Chen M，et al. Integrated Assessment of Energy Option and Health Benefit-Full Report[R]. USEPA IES Program，2000.

[58] 胡涛，田春秀，李丽平，等. 修订“城考”指标体系的政策建议[J]. 环境与可持续发展，2007（5）：55-57.

[59] 田春秀，李丽平，杨宏伟，等. 西气东输工程的环境协同效应研究[J]. 环境科学研究，2006，19（3）：122-127.

后 记

气候变化是当前世界上最受关注的重大环境问题之一。我国处于气候变化的敏感带和脆弱带，是气候灾害多发地区，也是受气候变化影响最为严重的国家之一。《国家中长期科学和技术发展规划刚要（2006—2020 年）》在环境重点领域研究中指出："加强全球环境公约履约对策与气候变化科学不确定性及其影响研究，开发全球环境变化监测和温室气体减排技术，提升应对环境变化及履约能力。"我国目前面临污染物和温室气体减排的国际压力越来越大，特别是在温室气体的控制和减排方面，如果不能很好地处理温室气体和大气污染的控制与国民经济重点行业的相互协调问题，将严重影响未来我国经济的可持续发展和人民生活水平的提高。开展空气污染对气候变化的影响与反馈研究和综合评估对于我国应对气候变化、经济社会的可持续发展有着十分重要的紧迫性。

基于环保公益项目"空气污染对气候变化的影响及反馈研究"（201109065）编写，以控制温室气体和空气污染排放应对气候变化为宗旨，在对污染物与温室气体排放现状与趋势评估的基础上研究了空气污染物和温室气体排放特征、空气污染对气候变化综合影响分析、未来气候变化对大气环境可能影响以及应对气候变化的污染控制对策及措施四个方面的内容，为我国合理减排提供技术支撑，也为我国应对气候变化的空气污染防控提供对策建议。

全书由师华定、高庆先负责总体设计及编审工作，具体承担各章编写的是：师华定、高庆先、史华伟（第 1 章）；罗宏、吕连宏（第 2 章）；陈东升、杜吴鹏、马欣（第 3 章）；张时煌、杜吴鹏、周兆媛（第 4 章）；付加锋（第 5 章）；王占刚（第 6 章）；师华定、高庆先、史华伟（第 7 章）。在撰写过程中得到了环境保护部、中国环境科学研究院的大力支持，参阅、吸收了众多个人与组织的文献及研究成果。在此对所有为本书的编辑出版付出辛勤劳动的领导和同志们表示衷心的感谢。

由于水平有限，书中不当之处，敬请批评指正。

师华定

2014 年 5 月